北京尘暴与环境

刘艳菊　韩同林
　　　　　　　　等　编著
刘清珺　刘庆阳

U0200345

科学出版社

北　京

内 容 简 介

全书分三篇。上篇从沙尘暴的定义、历史记录、负面影响、发生特征、诱发因素、传输路径、来源解析、治理和预报防护等方面系统地综述了沙尘暴研究的历史及现状。中篇从地学角度介绍了尘暴尘源区范围、气候及地质地貌特征；从实验学角度表征了尘源区不同地表类型土壤／粉尘、尘暴降尘的物化及藻类特性并进行相似性分析，并表征尘暴大气颗粒物的污染特征，借助气团传输路径、铅同位素示踪、来源估算等手段，推断内蒙古、河北北部、天津、北京周边对北京尘暴均有一定程度的贡献，证明干盐湖是北京尘暴的重要来源之一。进而表征了包括我国北方、西北和东北地区在内的北京尘暴潜在源区表土的物化特征，提出其土地普遍呈现盐渍化程度重的结论。下篇通过实验等论证了北京尘暴治理的可行性建议。

本书集资料综述和实验验证于一体，涉及地质、地貌、地理、大气、气象、化学、生物等多学科领域，是围绕北京尘暴这一主题展开的资料翔实、内容丰富、思路新颖的著作，很多一手资料首次面众。可作为从事环境地质、地貌、地理、气象、大气科学等领域的工作者和高等院校师生的专业参考书目，也是广大环境关注者的有益科普读物。

图书在版编目（CIP）数据

北京尘暴与环境 / 刘艳菊等编著. —北京：科学出版社，2017. 2
ISBN 978-7-03-049243-2

Ⅰ. ①北… Ⅱ. ①刘… Ⅲ. ① 沙尘暴－研究－北京市 Ⅳ. ①P425.5

中国版本图书馆CIP数据核字（2016）第147840号

责任编辑：杨帅英 / 责任校对：何艳萍
责任印制：徐晓晨 / 封面设计：图阅社

科 学 出 版 社 出版
北京东黄城根北街 16 号
邮政编码：100717
http://www.sciencep.com

北京教图印刷有限公司 印刷
科学出版社发行　各地新华书店经销

*

2017年2月第 一 版　开本：787×1092　1/16
2018年4月第三次印刷　印张：18
字数：390 000

定价：298.00 元
（如有印装质量问题，我社负责调换）

前　言

　　人类的发展与自然环境息息相关。沙尘暴是非常独特的一种自然现象，曾经把土壤从贫瘠的地表转移到平原和谷地，借助适宜的温度、水文等其他自然条件，形成了肥沃的土地，滋养着生灵万物。然而，正是这位人类自然发展史上的功臣，却正在进一步使贫瘠地区的土地荒漠化进程加剧，并对生态环境、经济和人群带来巨大的危害。我国北方干旱、半干旱地区的严重荒漠化一直被认为是沙尘暴形成的重要原因，而沙漠则被作为首要元凶而一度受到各界关注，为此，政府针对沙漠、沙地治理启动了"三北防护林工程"和"京津风沙源治理工程"，有效改善了荒漠地带的生态环境，沙尘暴似乎暂时风平浪静。但北京于 2002 年 3 月 19 日和 2006 年 4 月 16 日发生的两起特大"沙尘暴"事件，涉及面之广、危害之大均令人瞠目，其降尘具有水溶盐含量极高等以往沙尘暴降尘所不具备的特性，因而有人认为"沙尘暴"应该被称为"尘暴"、"盐碱尘暴"或"化学尘暴"，并大胆提出其来源地应该包括干涸盐湖区，但由于缺乏系统性的研究佐证，政府始终没有启动针对干盐湖治理的大型工程。

　　基于以上基本情况，《北京尘暴与环境》一书作者，围绕北京尘暴来源问题，对潜在尘源区进行全面考察，并对其表土、尘暴期间北京及其周边的降尘和大气颗粒物进行了大量的调研和分析，明确了北京尘暴的来源问题，并尝试量化尘源区不同类型地表对北京尘暴的贡献，最终确定干盐湖是北京尘暴最重要的来源地，并借助详细的实验分析、提出未来可行的干盐湖治理策略。作者进一步对我国西-西北、北部、东-东北地区潜在尘源区进行调研发现，我国北方土地面临严重盐渍化，需要引起关注。《北京尘暴与环境》一书的出版，将为北京尘暴的防治工作提供翔实的数据资料和新的治理思路，为政府有关部门制定相关政策、法规和措施提供科学依据。

　　全书共分上篇、中篇和下篇。由刘艳菊撰写内容简介和前言，全书结构分布由刘艳菊、韩同林、刘清珺共同策划和最终校对。上篇共 8 章（第 1～8 章），为综述部分，由刘艳菊、刘清珺撰写。中篇共 9 章（第 9～18 章），为调查与分析，主要由韩同林、刘艳菊共同撰写完成，为了本书结构的完整，第 15、第 16 章内容编辑了刘庆阳、刘艳菊等共同发表的部分论文内容。下篇共 3 章（第 19～21 章），为尘暴治理，主要由韩同林完成。著作后期，杨峥做了全书的校对工作和考察路线图的绘制，朱明淏、张婷婷、邢波、刘蔚轩对部分章节校对。专著涉及大量的野外取样工作，其中韩同林参与了2002～2011 年的所有考察和采样工作，刘艳菊参与了 2007～2015 年的所有大型野外土壤样品采集和北京及周边地带的样品采集，刘庆阳参与了 2011 年、2013 年、2014年的野外样品采集，王欣欣参与了 2012 年和 2015 年的样品采集，刘蔚轩、刘新建参与了 2013 年和 2014 年的大型野外样品采集工作和北京及周边的土壤样品采集，杨峥和张鹏骞参与了2015年新疆的野外采样。室内样品分析工作同样繁重,韩同林分析了土壤的人工粒度、进行了藻类培养、释尘量实验和盐碱治理实验,刘艳菊参与完成了大部分土壤样品的前处理和pH、电导率分析,张婷婷完成了大部分土壤、降尘的水溶性离子及所有颗粒物的元素碳和有机碳的分析工作,刘庆阳主要完成了2012年北京西三环大气颗粒物的采样和大部分成分分析及土壤样品的重金属元素分析,朱明淏完成了2014～2015年的土壤前处理、pH和电导率分析。邢波协助进行了部分2012年土壤的前处理和部分降尘样品的收集。

项目进行过程中得到多方支持:中国科学院植物研究所王宇飞团队、张家口环境保护局赵强团队和中国科学院天津工业生物技术研究所刘新建团队协助进行了北京植物园、张家口和天津三地2012年春季3～5月大气颗粒物样品的连续采集;北京自然博物馆王志学帮助鉴定藻类属种;北京市理化分析测试中心(以下简称"理化中心")物理部高原等帮助分析了大部分土壤的激光粒度及化学全元素;郑柏裕、朴祥镐先生参与了2011年的野外考察,朴祥镐提供了其团队于2012年9月采集的部分盐碱地土壤样品;林景星、宋怀龙、王绍芳、庞健峰、孙珍全参与了2007年野外考察,殷学波等协助了部分降尘样品采集。整个项目实施中得到理化中心原环境污染分析与控制研究室同事及北京麋鹿生态实验中心生态室同事的协助,还有由于时间久远可能遗漏的热心人,一并感谢。

资金是研究工作进行的重要支撑,从理化中心、中国地质科学院地质研究所等的小额启动,到北京市财政专项的部分支撑,使项目初期的野外考察才能实现,2011年以后北京尘暴进一步深入的研究工作,则是在国家自然科学基金项目(41175104,41475133)的资助下才得以展开,期间还得到北京现代汽车有限公司的赞助,在此表达诚挚谢意。

项目实施过程中得到北京市科学技术研究院领导班子、理化中心领导及各级管理部门的大力支持,尤其是2012年国家自然科学基金项目负责人工作单位调动后,理化中心和北京麋鹿生态实验中心的领导和同事能共同支持,才使项目按计划顺利完成,在此表示衷心感谢。

最后,把深深的感谢留给作者的家人们,正是他们长期默默的付出,才有了此稿的顺利产出。

因作者知识局限,书中对北京尘暴的认识和论述难免粗浅不当,愿能抛砖引玉,推动学界创新。

目　　录

下篇　尘暴治理

上篇 综 述

第1章 沙尘暴概述

1.1 沙尘天气的定义和分类

沙尘天气是半干旱、干旱和荒漠化地区特有的一种天气现象，是在特定的地理环境和下垫面条件下，由特定的大尺度环流背景和某种系统诱发的一种小概率、危害大的灾害性天气。与普通百姓所认识的"风沙""黄沙""黑风暴"等一般常用叫法不同，气象学依据大气水平能见度的大小将沙尘天气分为沙尘暴、扬沙和浮尘等天气现象，这也是影响北京的 3 种主要沙尘天气类型（方修琦等，2003），只要出现其中一种即为出现沙尘天气（方翔等，2002）。

根据《地面气象观测规范》（以下简称《规范》）和其他有关资料，现对扬沙、浮尘和沙尘暴的具体定义及细节阐述如下：

扬沙是由于风大将地面尘沙吹起，使空气相当混浊，水平能见度为 1.0 ～ 10.0 km 的一种自然天气现象。

在《规范》中浮尘被定义为"尘土、细沙均匀地浮游在空中，使水平能见度小于 10.0 km 的自然天气现象"（何清和赵景峰，1997）；也是指沙尘微粒在风力作用下，从地面扬起进入大气，悬浮、飘移、沉降的全过程；或是远处大风引起尘暴、扬沙之后，尚未下沉的细粒随高空气流移来本地，均匀地浮游于空气中的现象（易仁明，1982）。以往研究认为，我国浮尘主要起源于甘肃、内蒙古、宁夏等地的干燥沙漠地带，其次为南疆沙漠（张德二，1984）。浮尘按粒径（D）可分为 3 类：粉尘（$1\ \mu m < D \leqslant 10\ \mu m$）、飘尘（$D \leqslant 1\ \mu m$）、降尘（$D > 10\ \mu m$）（何清，1997）。近代气溶胶成分观测表明，粉尘在大气中可进行远距离输送。大气降尘可根据搬运风力大小和源区差别被划分为尘暴降尘和非尘暴降尘。一方面，两类降尘物质外观色泽不同，尘暴降尘样品为黄褐色，更多源于地壳物质；非尘暴降尘为灰褐色，可能是因为其含有更多人类活动排放的燃烧物质。另外，尘暴降尘粒度比非尘暴降尘偏粗，分选更差。典型的非尘暴降尘的粒度频率曲线呈近似正态分布，而尘暴降尘则因远近距离共同搬运和强烈气流对粗细颗粒混合搬运的共同作用而呈现双峰态粒度分布特征（王赞红，2003a）。

沙尘暴一词源于 1935 年 4 月 14 日的"黑色星期天"——美国 20 世纪 30 年代最可怕的一次沙尘暴，是指强风（强烈扰动气流）把地表大量的沙粒尘土猛烈地卷入空中，使空气特别混浊，水平能见度小于 1 km 的一种天气现象。沙尘暴是沙漠化的主要过程之一，是特殊条件下产生的一种灾害性沙尘天气（王式功等，2000），是沙尘天气中最强烈的一种表现形式。风速和能见度是确定沙尘暴强度的主要依据，当沙尘暴水平能见度小于 200 m、风速 ≥ 20 m/s 时为强沙尘暴；沙尘暴水平能见度小于 50 m、风速 ≥ 25 m/s 时则被称为特强沙尘暴也被称为黑风暴，有时将强沙尘暴和特强沙尘暴统称为黑风暴（唐丹妮，2012）。

另外，沙尘暴又可作为沙暴和尘暴两者兼有的总称，地学研究中依据大气中所含物质颗粒的大小、扬起的高度和搬运的距离长短来区分沙暴和尘暴（杜恒俭，1981）。文献研究认为，沙尘中粒径大于 150 μm 时不能飞到高空，粉沙可被带入 1500 m 以上的高空，黏粒则可悬浮于整个对流层中被搬送到几千千米以外（文情等，2001）。沙暴颗粒多集中分布在 0.1 ~ 0.5 mm，扬起的高度和搬运的距离有限，仅数米或数十米。尘暴颗粒物小于 0.074 mm，扬起的高度可达数千米至万米以上的高空平流层，搬运的距离在数百千米至上千千米以外。沙暴和尘暴的起沙风速不同，沙暴的起沙风速为 5 m/s，合适条件下，风力超过起沙风速，沙粒便能被风吹起，以跳跃式和滚动式运移，常可被高于 1 m 的障碍物阻滞，更无法翻越高大的山体，沙暴发生区域一般在东北三省西部、燕山以北、晋北、陕西黄龙山、宁夏南部山区、西秦岭以北半干旱和干旱地区。尘暴的起沙风速比沙暴小，二者起因相同，但由于颗粒细小，可随风翻山越岭而到达我国北方半湿润甚至湿润区，影响区域可从黄土高原南部、华北平原、东北平原直达东部沿海。

以上三类灾害天气现象关系密切。扬沙和浮尘这两种自然天气现象同属一个性质，即都是尘沙在空中的悬浮，造成的视程障碍程度基本相同，在大气中造成的光、色、态等在人们视觉上有几乎相同的表现。扬沙与沙尘暴是由于本地或附近尘沙被强风吹起而造成的，其共同特点是能见度明显下降，出现时天空混浊，一片黄色，北方春季容易出现；所不同的是扬沙天气风较大，能见度在 1 ~ 10 km，而沙尘暴风很大，能见度小于 1 km。浮尘是由于远地或本地产生沙尘暴或扬沙后，尘沙等细粒浮游空中而形成，俗称"落黄沙"，出现时远方物体呈土黄色，太阳呈苍白色或淡黄色，能见度小于 10 km，无风或风力不大（李青春等，2003）。有描述称：沙尘暴的主要成分是比沙粒更小、更轻的微粒，因其体积小，比重轻，并且所在范围大，草原、农田、工厂、矿山、道路等到处都有，很容易被风卷起，长途飞荡，沿路还可补充，因而可以横扫亚洲大陆，甚至漂洋过海，远涉澳大利亚大陆（郝志邦，2013）。从搬运方式讲，强风扬起的土壤颗粒有 3 种移动方式：悬浮漂移（直径小于 0.02 μm），地表蹦跃（直径为 0.02 ~ 0.10 μm）和贴地滚动（直径为 0.10 ~ 0.90 μm），扬沙或沙尘暴的发生主要是通过悬浮漂移方式形成的。

近年来，一直被人们坚信的京津地区的"沙尘暴"被质疑可能是尘暴。其实，沙尘暴和沙暴、尘暴，均是因强风暴吹蚀地面沙和尘土而起，只是搬运距离和颗粒大小不同而已。沙尘暴扬起和搬运的物质既有沙也有粉尘物质，是沙暴和尘暴的混合体。据报道，京津地区"沙尘暴"所含的物质主要为粉尘，含沙粒极少，且粉尘物质主要从高空数千千米以外搬运而来。人们把它们称为尘暴，也不过因为其所含的主要物质是粉尘而已。从北京沙尘暴降尘的颗粒大小、扬起的高度和搬运的距离分析，北京的沙尘暴相当于地学分类中的尘暴（张万儒和杨光滢，2005；张宏仁，2007；韩同林，2008a）。早在 35 年前，刘东生院士根据 1980 年 4 月 17 日至 4 月 20 日北京沙尘暴期间落尘的粒度，指出当时的落尘主要是尘，而不是沙尘（Liu et al.，1981）。另外，北京城因北有燕山阻隔，又是半湿润区域，出现的局部扬沙来自大兴区沿永定河河滩的沙，属就地起沙，不应称为来自沙漠沙尘所指的"北京沙尘暴"，确切地说应该是尘暴

（申元村等，2000）。北京"尘暴"更被称为"化学尘暴"，除物理学特性与尘暴相同外，化学尘暴更多强调了尘暴的化学物质成分为盐碱物质，主要来源于干涸的盐碱湖、盐碱地、退化草地中的盐渍化土壤、盐碱荒漠等。有时除了盐碱成分外，还有相当比例的有毒副作用的化学物质和元素，如亚硝酸盐、溴、锌、锶、锰等，所以称为化学尘暴（人人健康综合，2012）。例如，2006年4月16日发生的尘暴事件（简称4.16尘暴）带来的水溶盐重达1.1万余t，被认为不是一般的沙尘暴，而是含有大量水溶盐化学物质的化学尘暴（宋怀龙，2006）。尽管对北京发生的是沙尘暴还是尘暴或化学尘暴的分类或叫法上仍存异议，并不影响我们关注其危害程度和对其进行各种研究。我们暂且延用文献中提及的惯用名称。

1.2 沙尘暴的历史记录

1.2.1 我国沙尘暴的历史记录

据正史记载，公元300～1909年，我国共发生尘暴436次，尘暴日数达901日。根据每10年中尘暴的次数与日数之乘积以值，推测尘暴频发时段有：公元480～509年，1170～1219年，1690～1729年，1840～1879年，在这些时段内的以值都不小于25，对应于历史时期中的冷干期，在所研究的1610年内，每年降尘的平均厚度约为0.54 cm。

20世纪以来我国北方强沙尘暴呈急剧上升趋势，50年代发生5次，60年代发生8次，70年代发生13次，80年代发生14次，90年代发生23次。1954～2000年我国尘暴事件发生频率较上半个世纪有降低趋势，但自1998年后又逐渐增加（Wang et al.，2005a）。21世纪初我国沙尘暴加剧，2000年沙尘暴发生15次，2000年3～4月，在我国北方地区连续出现12次沙尘暴和浮尘（史培军等，2000），2001年发生18次。国家林业局发布的《2002年沙尘天气及灾情评估报告》指出，2002年3～5月，我国北方地区共发生12次沙尘天气过程，其中11次为沙尘暴（黄淼等，2008）。在2001～2010年的近10年间民勤沙尘暴强度没有减弱，强沙尘暴变化不大，以6月出现最多的局地性沙尘暴为主，4月出现最多的区域性沙尘暴为辅（赵明瑞等，2013）。2013年和2014年我国沙尘天气有减少趋势，2013年春季共出现了7次沙尘天气过程，其中沙尘暴2次、扬沙5次，是沙尘天气频次总体偏少，但发生时间偏早、影响范围较广的一年（段海霞和李耀辉，2014）。2013年3月8～10日，北方自西向东有新疆、青海、甘肃、内蒙古、宁夏、陕西、山西、河北、北京、天津、辽宁、河南、山东等省（自治区、直辖市）出现大范围浮尘、扬沙或沙尘暴天气，是近几年来出现范围最广、强度最大、影响时间最长的沙尘暴天气（顾佳佳，2013）。

我国不同地区沙尘暴发生呈现各自的特点：长江以北地区20世纪50年代沙尘暴发生日数较多，60年代发生日数较少，70年代略有增加，80年代又处于逐渐减少的趋势，90年代有明显增加，21世纪初则上升到一个新阶段，为百年所罕见（王式功等，2000）。同时期西北地区沙尘暴呈急剧上升趋势，20世纪50年代5次，60年代8次，70年代13次，80年代14次，90年代19次。新疆大范围沙尘暴发生的次数从

20 世纪 60 年代到 90 年代逐年减少（李强，2013）。阿拉善盟的沙尘暴，在新中国成立初期 3～5 年一见，70 年代 2 年一见且强度都较弱、危害也较轻，但进入八九十年代以来，几乎年年发生；到了 90 年代后期，每年发生数十次，发生频率明显加强，强度加大。呼和浩特地区的沙尘暴在 1954～2001 年发生次数总体减少，但 90 年代后有所增加，特别是 2000 年开始急剧增加（王文彪等，2013）；1961～2010 年观测结果表明，内蒙古中西部巴彦淖尔地区 20 世纪 90 年代沙尘暴频次明显减小，进入 21 世纪又呈现增长态势（梁凤娟，2014）；1980～2006 年鄂尔多斯市春季大风、沙尘暴日数的时间总体呈减少趋势（崔桂凤等，2010）；锡林郭勒地区在 1981～2010 年的 30 年间沙尘暴风险呈增加趋势，且西部地区高于东部地区（武健伟等，2012）。黑龙江省在 1958～2007 年的 50 年内扬沙、浮沙、沙尘暴日数都呈减少趋势，其中扬沙减少速率为 1d/10a，浮尘减少速率为 0.1d/10a，沙尘暴减少速率为 0.3d/10a（王凤玲和李江宁，2012）。黄土高原近 43 年来的沙尘、强沙尘暴天气呈减少趋势（刘国梁和张峰，2013）。位于腾格里沙漠南缘的民勤县的沙尘暴的发生次数存在着 5 年和 7.5 年的周期变化，发生次数总体呈下降趋势，但在一段时期又存在着波峰 - 波谷的波动变化（邱进强和高峰，2014）。内蒙古通辽市在 1954～2001 年的近 48 年间沙尘暴天气总体呈减少趋势，20 世纪 50～70 年代是高发期，且变化幅度大；80 年代后沙尘暴发生次数急剧减少，进入 90 年代后又呈上升趋势（刁鸣军等，2013）。世界上受风沙危害最严重的地区之一新疆绿洲农业区 54 年来沙尘暴发生次数均呈负趋势变化（郝璐和穆斯塔发，2012）。

1.2.2　北京沙尘暴的历史记录

我国首都北京关于沙尘暴的记录更为详细。北京地区历史上第一次可靠的沙尘暴记录是在北魏太平真君元年（公元 440 年）（陈广庭，2000），其凶猛"坏屋庐，杀人"。北魏景明元年（公元 500 年）二月，沙尘暴"杀一百六十一人"。景明三年（502 年）九月，"暴风混雾，拔树发屋"。正始二年（505 年）春二月，"黑风拔树杀人"。《元史》中记载，致和元年（1328 年）三月壬申，"雨霾"；天历二年（1329 年）三月丁亥、至顺元年（1330 年）三月丙戌，"雨土霾"；至元四年（1338 年）四月辛未，"天雨红沙，昼晦"；至正二十七年（1367 年）三月庚子，"大风自西北起，飞沙扬砾，白日昏暗"，史籍中有"幽燕沙漠之地，风起则沙尘涨天"的记述。辽金时期，北京城最严重的沙尘暴出现在公元 1367 年，长达 44 天。到了明代，北京的沙尘天气更加严重，《明实录》记载的随大风而起的"扬黄土沙""扬尘四塞""扬尘蔽空""拔木飞沙"等现象，可视为扬沙天气，其中特别猛烈的，如"大风扬尘，天地昏暗"等，则很可能是沙尘暴天气；而"风霾""雨霾""黄雾四塞""雨土濛濛""日色变白"一类的记录，则应属于浮尘天气。明代的 276 年间，北京地区共有 95 个年份出现春夏之交的大风沙尘暴天气，前 71 年没有沙尘暴的记载，沙尘暴多出现在正统五年（公元 1440 年）以后的 205 年里。几次特大沙尘暴毁坏建筑，死伤人众，损失惨重。以 20 年为间隔，将洪熙元年（1425 年）至崇祯十七年（1644 年）的 220 年划分为 11 个时间段，各时段沙尘天气发生次数分别为 16 次、9 次、11 次、17 次、6 次、23 次、15 次、8 次、18 次、19 次，呈递增趋势。

北京被描述为"其山童,其川污,其地沙土扬起,尘埃涨天"。在季节的分布上,明代北京的沙尘天气主要集中于冬春时节,特别是农历正月到四月。《明实录》中的沙尘天气记录在各月份的分布情况是:正月19次,二月36次,三月36次,四月20次,五月5次,六月0次,七月0次,八月1次,九月4次,十月3次,十一月3次,十二月6次。正月至四月共计111次,占总数133次的83.46%。《翁同龢日记》记载的晚清1860～1898年北京年沙尘日数平均值为11天左右,其中春季沙尘日数平均值为7天左右,均低于1961～2000年相应的平均值。沙尘日数的月际分布为4月最高,8月最低,与1961～2000年基本一致。1860～1898年北京全年和春季沙尘日数与冬季(上年12月至当年2月)和春季降水量可能有较高的负相关关系。民国时期,战乱稀疏了沙尘暴记载,1937年出版的《中国救荒史》记录的河北省北部1935年的特大风灾是一次涉及北京地区的沙尘暴。通过老人们对强烈的风沙活动和多沙丘郊区的回忆,推测20世纪40年代初北京沙尘暴活动强烈。从有记录到1949年的1000多年的时间里,最少有数百次沙尘暴发生的记录。

自20世纪50年代开始至2006年,北京发生的沙尘暴有123次,扬沙天气1213次,浮尘天气324次(尹晓惠等,2007)。据统计,1971～1998年北京地区发生沙尘暴25次,年均1次,扬沙355次,浮尘111次。且在50～90年代,沙尘天气平均每年有60天,到90年代减少到平均每年仅15天。对北京气象台1951～2000年大风和沙尘暴资料分析发现:扬沙、浮尘和沙尘暴天气分别占71%、20%和9%(陈广庭,2001)。据国家气象中心资料记载,1954～1991年的近48年中,北京平均每年有沙尘暴2.08日1.79小时。其中,1966年最为严重,沙尘暴多达20日,累计持续约30小时;其次是1965年,沙尘暴12日,持续14小时多;七八十年代逐渐减少,90年代以来更少(邹受益等,2007)。

到目前为止,尚无迹象表明北京的沙尘暴活动是趋于加强还是减弱。一方面,气象站历年观测记录显示,20世纪沙尘暴的年度变化似乎趋于减弱:50年代较严重,年均3.83日1.96小时,其间2年未发生沙尘暴;60年代最严重,年均5.3日6.6小时,其间1年未发生沙尘暴;70～80年代逐渐减少,70年代年均1.1日1.61小时,有3年未发生沙尘暴;80年代0.9日0.72小时,有5年未发生沙尘暴;90年代以来更少,12年中沙尘暴年均0.42日0.62小时,有7年未发生沙尘暴。另一方面,21世纪初,沙尘暴却又有抬头迹象。2000年3～4月,我国北方地区连续出现12次沙尘暴和浮尘(史培军等,2000),4月6日北京地区发生的特大沙尘暴期间的粗粒子($D > 2 \mu m$)数浓度是沙尘暴后的20倍以上,细粒子($D < 2 \mu m$)数浓度是沙尘暴后的7倍(张仁健等,2000),发生沙尘暴时大气气溶胶的污染水平极高(王玮等,2002)。2000年3月22～23日,内蒙古自治区出现大面积沙尘暴天气,部分沙尘被携至北京上空,加重了扬沙程度;沙尘暴于3月27日又一次袭击了北京城,局部地区瞬时风力达到8～9级。2000年11月4～7日沙尘型污染的污染物是受上游沙尘天气影响而形成的黄土、浮尘(王耀庭等,2003)。2002年3月沙尘暴给北京带来3万t降尘、156t水溶盐物质和成吨计的重金属元素(张万儒和杨光滢,2005)。2002年3月20～22日北京发生了有历史记录以来最大的沙尘暴,影响到我国北方地区140万km^2的面积和1.3亿人口,其中危害易感人群(老人和儿童)的总颗粒物浓度高达10.9 mg/m^3,高出国家颗粒物污

染标准 54 倍，部分污染元素比平时高出几倍至近十倍。沙尘暴中对人体健康影响很大的 $PM_{2.5}$ 细粒子占总悬浮颗粒物（TSP）的 30% 左右，污染物在 $PM_{2.5}$ 细粒子中的浓度占 TSP 总浓度的 45% ～ 69%。各种污染物在沙尘暴过后普遍增加。粉尘还飘到韩国、日本。2003 年，沙尘暴稍事休整。2004 年，在我国春季出现的 17 次沙尘天气过程中，北京地区共出现了 4 次沙尘天气，出现频次基本接近常年。2006 年春季，从 1 月 1 日起至 5 月 18 日止，我国北方共出现了 16 次沙尘暴天气，其中有 10 次严重地影响了北京地区，4 月 7 ～ 11 日北京地区连续 5 天的浮尘天气使呼吸道患者激增 30% ～ 40%（北京晚报，2006）；4 月 16 ～ 18 日，我国北方地区出现的第一次大范围的浮尘天气，估算其沙尘影响面积约为 30.4 万 km^2，仅北京市的降尘量就有 20 g/m^2，总降尘量为 33 万 t。这是自 2002 年遭遇沙尘天气 5 年来，北京遭受污染最为严重的一次。到 5 月下旬，影响北京的沙尘天气已有 14 次之多，使北京市呼吸道患者增加了 20% ～ 30%，严重影响市民的生活质量和身体健康。2007 年春季，北京市观象台共出现了 3 个沙尘天气，比常年明显偏少，是北京 20 年来沙尘最少的一年。

1.3 北京沙尘暴的研究阶段

北京沙尘暴的研究，依据研究重点不同，大致可划分为 3 个不同发展阶段。即 1949 年以前只有零星的记录，故称为历史记录阶段。1950 ～ 2001 年，因绝大多数研究者的研究课题、文章、报纸、杂志等，都以"沙尘暴"名字出现，故称此阶段的研究工作为沙尘暴研究阶段。2002 年开始至今，因发现所谓的"沙尘暴"实质上是含盐碱物质极高的"盐碱尘暴"，故称之为"盐碱尘暴"或"尘暴"研究阶段。现将各阶段研究的大致情况简介如下：

1.3.1 初步研究阶段（1950 ～ 2002 年）

尽管人类承受沙尘暴的危害已有 1000 多年的历史，但自 1950 年才开始对北京沙尘暴进行系统的研究和防治。该阶段人们对沙尘暴的认识仅限于一直以来的沙尘暴概念（陈广庭，2000；史培军等，2000；张仁健等，2000；陈佐忠，2001；周自江，2001；路明，2002；韩秀云，2003；李耀辉，2004；张万儒和杨光滢，2005；张钛仁，2008 等），因此，本阶段又称为"沙尘暴"研究阶段，对改善当地百姓的生存环境和生活质量作出应有的贡献。

1997 年国家林业局成立了"国家荒漠化管理中心"（林业局防沙治沙办公室），于 2000 年 6 月试点启动"京津风沙源治理工程"项目，2001 年全面铺开，2002 年 3 月国务院批复工程建设规划，工程全面实施。该阶段政府投入的资金和人力、物力等所关注的目标物为"沙"。

1.3.2 盐碱尘暴起步阶段（2002 年至今）

气象部门依据能见度将 2006 年 4 月 16 日和 2010 年 3 月 19 日两次恶劣天气事件

划归为特大的"沙尘暴"。但后来对降尘物质采样分析发现,未见沙粒级颗粒物存在(邵龙义等,2006;张兴赢等,2004),从粒径大小及所占的比例看,应是"尘暴",因为沙粒不可能远走高飞(张宏仁,2007)。因此有学者提出尘暴、盐碱尘暴的概念,对沙尘暴的研究也逐渐进入从形态观测到物质化学结构、源解析等。

小结 沙尘暴是在半干旱、干旱和荒漠地带发生的一种沙尘天气现象,因人们对它的认识不断加深而又被称为尘暴、盐碱尘暴、化学尘暴等,均不影响对其进行研究。我国包括北京市具有悠久的沙尘暴历史记录,而真正系统的研究和防治始于1950年,2006年4月16日和2010年3月19日的两次特大沙尘暴,再次引起研究热潮。

第2章 沙尘暴的危害

关于沙尘暴危害的系统性研究尚不多，多停留在零星描述和表象记载（王钰国和张润锁，2003；白俸洁和宋洋，2003；裴著峰，2007；高卫东和姜巍，2002；卞学昌和张祖陆，2003；黄维等，1998；张庆阳等，2001；周燕，2001；李明玉，2002；冯晓红，2002）。对已有文献进行分析总结，发现沙尘暴的危害具有以下特点。

2.1 影响范围广

沙尘暴的影响之大、范围之广，令人刮目。很多情况下，境外沙尘暴进入我国时，境内沙尘源区则成为加强源区，强风经过，一路上不断有当地的沙尘加入，使空气中沙尘浓度急剧上升，沙尘暴的范围、规模和强度持续增大。特别是大风经过我国沙漠化土地集中地区、裸露农田和退化草原时会补充大量沙尘，成为影响人民生活的环境灾害。1993年震惊中外的"5.5"特强沙尘暴横扫甘肃、宁夏、内蒙古中西部并波及北京地区和韩国；1995年的"5.16"沙尘暴天气波及宁夏、内蒙古中西部地区及华北地区，同时影响到日本海；受1998年"4.15"内蒙古中西部地区出现的沙尘暴影响，华北地区及北京"4.16"出现泥雨天气。2000年春季沙尘暴更加凶猛，如"4.19""5.10"最大风速为26 m/s（10级），最小能见度为30～50 m，在阿拉善盟境内持续时间长达13～14 h，其中影响范围广、强度大的有"3.22""3.26""4.8""4.12-13""4.19-20""5.10-11""5.13""5.25"8次沙尘暴。2000～2002年我国西部连续出现的30余次沙尘天气，出现之早、发生频率之高、影响范围之大，为国内外罕见，不仅影响到北方的14个省（自治区、直辖市），而且波及中国台湾和日本。2000年"4.6"发生的沙尘暴天气影响了我国的大半地区，2001年再一次发生的强沙尘暴天气涉及我国18个省（自治区、直辖市）140万 km^2 的地区，影响人口达1.3亿（宋迎昌，2002）。2001年"4.7"，我国西北、华北北部和东北大部分地区均出现了沙尘暴天气。2002年沙尘暴强度大、单次时间长、多发区东移，共10个省份遭受强沙尘暴和沙尘暴袭击，18个省份遭受浮尘和扬沙天气侵袭，累计受沙尘影响的人口达4.9亿、耕地面积3193万 hm^2、草地13 250万 hm^2，给韩国、日本等国家也带来较大危害（黄淼等，2008）。2002年"3.16"和"3.19"是10年内出现的强度最大、波及范围最广、危害最严重和持续时间最长的两次沙尘天气，袭击了我国北方140多万 km^2 的大地，影响人口达1.3亿（裴著峰，2007）。2002年"3.20-22"发生席卷北京的特大沙尘暴给北京带来3万 t降尘，156t水溶盐物质和成吨的重金属元素（张万儒和杨光滢，2005）；这次沙尘暴也席卷了蒙古国，造成蒙古国牧民死亡和失踪，粉尘还飘到韩国（Chung，1992）、日本（Fujiwara et al., 2007）。日本学者于 2002 年 3 月在本国西北部海岸地区的降尘中发现了明显水平的 Cs^+、Cs^{3+} 和 Cs^{7+}，认为源于我国沙尘暴源区曾用于核测试的草原表土（Fujiwara et al., 2007）。2006 年 "4.11-17" 的尘暴事件带来的水溶盐重达 1.1 万余 t，被认为是含有大量水溶盐化学物质的 "化学尘暴" 或 "盐碱尘暴"，影响到 18 个省份的 140 多万 km^2 国土和 1.3 亿人的健康（宋怀龙，2006）。近年来沙尘天气对我国尤其是北方地区的影响程度很大，春季对我国东中部地区城市还构成严重威胁，大范围的沙尘天气过程还影响到我国东南包括台湾地区和香港、澳门地区（李亮等，2013）。

2.2　直接经济损失和受灾程度重

沙尘暴天气常造成交通供电受阻或中断、房屋倒塌、火灾、人畜伤亡等危害，对工农业生产造成直接或间接经济损失。

沙尘暴导致交通破坏、阻塞、中断，严重影响交通、通信、电力网等的正常运行。使汽车、火车车厢玻璃破损、停运或脱轨（袭著峰，2007）。1993～1999 年，连续发生于阿拉善盟、河西走廊、宁夏平原及华北地区的多次特大沙尘暴，因损坏设备及线路等，造成交通供电受阻或中断，特别是乌吉铁路因沙埋造成停运。强沙尘暴携带有大量的沙砾，刮断电杆、破坏车厢、刮翻车辆，交通线路等被大量的流沙淹没（黄维等，1998），1986 年 "5.17-20" 的沙尘暴使兰新铁路线多处被沙掩，造成停运 31 小时，交通安全受到严重影响。另外，危害精密仪器，干扰无线电通信，降低高精度产品质量，引起机械和设备的磨损，使食品加工工业变得更加脆弱，使商用建筑物的清洁成本和修理重建成本增加。造成能见度的降低严重威胁机场和飞行安全（雷建顺，2012），造成飞机不能正常起飞或降落，影响航班正常运行。与一般的沙尘暴相比，化学尘暴含有密度很高、很细微的盐碱及其他多种化学物质粉尘，具有极强的化学污染、化学腐蚀和化学毒性，经风力搬运和沉降作用污染下风方向广大地区造成更大危害。

据塔里木盆地几次沙尘暴及其危害资料记载：1961 年 5 月 15 日，该地区农田受灾 1559.7 亩[①]，作物死亡 30%～50%，刮倒树木 999 株、房屋 3 间、畜棚 2 间，伤畜 1 头，沙埋渠道 6 km，挂断电线 20 处。新疆阿克陶县 1984 年 11 月 4 日的沙尘暴刮坏塑料大棚价值 2 万元，沙埋 1530 亩农田，刮失棉花 25 t、水稻 9 t。和田 1986 年 5 月 18～19 日的沙尘暴使小麦减产 2.5 万 t，棉花减产 12～15 万担[②]，死亡人数 10 人，失踪人数 9 人，丢失和死亡牲畜 4128 头，房屋倒塌 218 间、棚圈倒塌 125 个，刮倒电线杆 736 根，直接经济损失 5000 万元以上。1989 年 4 月 19～20 日的沙尘暴导致喀什 3.8 万亩棉花、3500 亩油料作物、1000 余亩蔬菜受灾；疏附县 2 万亩冬麦被沙埋，3 万多株树木被刮倒，供电通信线路多处被刮断。1993 年 5 月 5 日发生在甘肃省金昌、武威、民勤、白银等地市的强沙尘暴过程中，受灾农田 25 355 万亩，损失树木 428 万株，直接经济损失达 236 亿元，死亡 50 人，重伤 153 人。1993～1999 年，连续发生于阿拉善盟、河西走廊、宁夏平原及华北地区的多次特大 "沙尘暴"，损失惨重。据不完全统计，沙尘暴给阿拉善盟造成的经济损失高达 24 亿元以上，其中 1993 年、1994 年、1995 年震惊中外的黑

---

① 1 亩≈666.67 m^2。

② 1 担 =50 kg。

风暴造成直接经济损失 0.6 亿元, 间接经济损失 15 亿元。据悉, 甘肃、宁夏在 1993 年 5 月 5 日的沙尘暴中死亡 85 人, 伤残 264 人、失踪 31 人, 直接经济损失达 7 亿多元。仅 1993 年、1994 年两次沙尘暴阿拉善盟受灾面积就达 21.6 万 km^2 (占全盟面积的 80%), 受灾人口 4.4 万人, 丢失牲畜 8.69 万头 (只)、死亡 3.52 万头 (只); 3.6 万亩农田、366 眼机井被沙埋没, 2000 多亩果木受损, 32 处蔬菜塑料大棚及 11.2 万 m 封育围拦被毁, 20 多万株胡杨林、200 多万亩梭梭林被毁, 1780 间民房、100 余座蒙古包、60 多顶帐篷受到不同程度的毁坏, 2.5 万人沦为生态难民, 远徙他乡, 横贯东西 800 km^2 的 1700 亩梭梭林仅存 300 亩, 几大盐场再生盐池被沙填埋, 电视、电话中断; 黑河断流, 居延海干涸, 额济纳旗绿洲以每年 2 万亩的速度锐减。2000 年沙尘暴光顾频繁, 造成直接经济损失 6596.5 万元, 草场受灾面积约 18.2 万 km^2, 阿拉善全盟有 540 眼人畜饮水井被风沙淤填, 损坏 562 台风力发电机、140 间房屋、牲畜棚圈 966 座、蔬菜塑料温棚 189 座, 刮走储备饲草 180 万 kg, 死亡牲畜 6100 头 (只)、丢失 13 427 头 (只)。3 月底 4 月初, 正值夏粮作物春播时节, 23 万亩农田被风沙掩埋, 300 多亩果树枝干被大风折断; 几大盐场及硝化厂被沙尘暴掩埋盐池、刮走芒硝、损坏设备及线路等, 乌吉铁路因沙埋造成停运 (梁贞和梁慧彬, 2007)。2000 年 4 月 12 日在永昌、金昌、武威、民勤等地市发生的强沙尘暴天气, 仅金昌、武威两地市直接经济损失达 1534 万元。阿克苏地区八县一市于 2000 年 4 月在 8 ~ 12 级大风下产生的沙尘暴, 导致大面积停电、停水, 部分电杆、房屋倒塌, 大量广告牌、路牌、树木等城市设施遭到毁坏, 温室大棚和保护地不同程度受损, 已播棉花的地膜被掀起, 已开花果树花被吹落; 气温下降对山区畜牧业生产和牧民生活造成巨大威胁; 由大风造成电线短路引发数起火灾。据不完全统计, 强风暴给该地区造成直接经济损失近 3 亿元人民币, 间接损失更是无法估计 (高卫东和姜巍, 2002)。2010 年 4 月 24 日出现的罕见黑风天气, 给河西走廊中部地区的工农业生产、交通运输及人民生活带来了极大的危害, 且由大风沙尘暴引起的火灾、沙尘暴天气后的暴雪低温冻害天气使经济损失更加严重 (郭萍萍等, 2011)。

2.3 通过高空运输大范围影响空气质量

沙尘暴经过远距离输送后, 会演变成尘暴或浮尘暴, 粒径在 10 μm 以下的颗粒物占 55% 以上 (张宁和倾继祖, 1997), 使受影响地区大气污染加剧, 危害性加大。沙尘暴远距离运输造成全球性空气质量下降, 源解析认为, 2001 年远距离运输的硫酸盐和跨大陆沙尘占了美国曼哈顿城总 $PM_{2.5}$ 质量的近一半 (Lall and Thurston, 2006)。大陆沙尘暴是亚洲地区已知的大范围空气污染来源之一 (王竹方, 2011), 我国占亚洲土地面积最大, 受影响范围最大。沙尘暴发生后, 颗粒较大的粒子大多影响源地或邻近地区后, 即沉降到地面, 颗粒较小的粒子可以向上传送到相当于 1 ~ 3 km 高空, 再借由西风带的气流向东传送。中国西北方的沙尘可东移到日本、韩国及 10 000 km 外的夏威夷, 往南可影响到我国台湾、香港, 甚至菲律宾 (吴宣儒和林锐敏, 2011)。2005 ~ 2010 年我国环保重点城市空气质量日报监测网数据表明, 影响 113 个环保重点城市空气质量的沙尘天气过程次数范围每年在 5 ~ 14 次 (李亮等, 2013)。受沙尘暴降尘影响,我国西部甘肃省多年来大气降尘环境背景值总体水平呈上升趋势（张武平，2010）。2007 年 1 月 15～17 日拉萨地区出现了一次浮尘天气，造成空气质量污染，能见度下降，生产、生活及交通运输受到了较大影响（何晓红等，2007）。2008 年 "5.27-28" 我国北方发生的一次沙尘暴天气过程，使沈阳市相继出现了以浮尘天气为主的轻度污染事件（任万辉等，2011），于 5 月 30 日到达厦门，引起当地 PM_{10} 和 SO_2 含量升高（汪建君等，2010）。2009 年 4 月 23 日我国北部和西北部的部分地区出现沙尘暴或强沙尘暴，从北往南到广州的沿途省份先后出现明显的浮尘天气，污染指数短时间内急剧上升，4 月 25 日下午开始，广州及周边地区的大气监测点可吸入颗粒物浓度也依次从北往南异常急剧上升（梁桂雄等，2010）。2010 年 3 月中旬珠江三角洲地区的空气质量下降事件中，可吸入颗粒物浓度的异常上升是一次受北方沙尘暴产生浮尘南下影响所致（姚磊和朱汉光，2011）。同样受北方强沙尘暴活动影响，2010 年 3 月 21～22 日到达福州的气团经过强沙尘暴、沙尘暴地区，气团将大量的沙尘粒子携带至福州，使该地发生了一次严重的空气污染事件（余永江等，2012）。2013 年 3 月 1～20 日，北方特别是甘肃暴发 30 年来最强沙尘暴，成都市中心城区连续污染 19 天，其中，重度污染 7 天，严重污染 5 天，显示出明显的较大粒径颗粒物输入性污染特征（谭钦文和姚太平，2014）。

2.4 对农业和生态造成负面影响

当沙尘暴遇到冷空气随降水落到地面，影响雨水组分含量的变化，对生态造成影响（吕娜娜等，2012）。沙尘暴伤害植物，沙尘暴粉尘附着于作物叶片，对作物的光合作用、蒸腾作用、气孔导度及呼吸作用有明显的负面影响（Rotem，1965；赵华军等，2011），造成作物减产，且颗粒越小，Al、Pb 与 SO_4^{2-}、Cl^- 和 NO_3^- 的比例越大（Nishikawa et al.，2000），危害越严重。有研究表明，浮尘阻碍小麦对氮、磷、钾以及各种微量元素的吸收，使小麦含氮量降低约 46.2%，含磷量降低了约 71.9%，对小麦造成多种损害如发育不良、籽粒不饱满、减产等（苏松等，2009）。在以色列盖夫沙漠西部，频繁的沙尘暴严重损伤种植季节期间的生菜、胡萝卜、花生和马铃薯的幼苗（Genis et al.，2013）。而盐碱尘暴具有更大的破坏性，苏联科学家在 20 世纪五六十年代研究指出盐（沙）尘暴是中亚、伊朗、印度和美国西部荒漠地区大盐湖或盐漠地区经常出现的风沙灾害形式，会导致大量耕地高度盐碱化、毁灭淡土植被、污染水源（邢军武，1993）。在查干诺尔咸水湖干涸的当年就已经发现下风方向大片草原被污染，植物枯萎死亡，草场退化。以后几年里，这些被污染退化的草场被大风侵蚀，表面植被基本上消失，表层土壤被强风剥离，出现了类似戈壁或者雅丹地貌的特征（郑柏峪，2011）。

盐碱尘暴直接侵害土地，使土地盐渍化加快。毁灭淡土植物，使粮食生产减产、使草场退化，加剧沙化、荒漠化进程。据中央电视台经济频道在 "追踪沙尘暴 '新元凶'" 节目中，在对张北地区安固里诺尔干盐湖附近村民张树民的采访中称，2006 年安固里诺尔发生特大盐碱尘暴时，附近庄稼因洒上盐碱粉尘后，当年的粮食减产一半（京华时报，2006）。在北京盐碱尘暴尘源区调查时普遍发现，干盐湖下风方向的草地、灌木因受盐碱粉尘污染，普遍呈斑秃状枯死成片，且土地沙化、草场退化特别严重。

2.5 严重危害人群健康

沙尘暴携带大量的生物活性粒子,其健康影响受到关注(Wu et al.,2004)。特别是沙尘暴和特强沙尘暴严重影响了人们正常的生活和工作。富含盐碱物质的盐碱尘暴,或称之为化学尘暴(宋怀龙,2006),具有极强的腐蚀性、污染性和毒性,对人、畜健康危害极大,引发人畜呼吸道黏膜水肿、眼睛病变和引发多种疾病。细盐碱粉尘还污染空气、食物,腐蚀设备,就连牛羊吃了粘上盐碱尘土的草都要拉肚子,死亡率高达10%(邢军武,1993)。安固里诺尔发生极大盐碱尘暴时,附近村庄村民这样描述所遭受的健康影响:牲畜呼吸道严重不适,咳嗽不止。阿拉善右旗的西居延海干盐湖附近的牧民说:每次盐碱尘暴发生时,人就像得了一次重感冒,喉咙肿痛、咳嗽不止。20世纪50~60年代北京地区的沙尘暴是新中国成立后60余年来最严重的时期(赵文才,2011)。在沙漠地区引发的沙尘暴,即沙漠暴可引起沙漠暴肺炎(desert storm pneumonitis)(Korenyi-Both et al.,1992),在沙特阿拉伯王国曾引起急性细菌性、非典型性肺炎(Kurashi et al.,1992)。Nouh(1989)把沙漠暴引起的肺疾患称为沙漠肺综合征,属非职业性尘肺。沙尘暴事件可引发以呼吸系统疾病为主的一系列健康问题,可潜在引发过敏性和非过敏性呼吸道疾病(Kwaasi et al.,1998),显著提高呼吸和哮喘住院率(Thalib and Al-Taiar,2012)。沙尘暴期间大气颗粒物浓度显著增高,而支气管患者和哮喘患者的住院人数,与空气中污染物的可吸入颗粒物浓度呈正相关关系(魏复盛等,2000,2004;姚红,2001;戴海夏等,2004;叶任高和陆再英,2005;刘力等,2007;翟秋敏等,2010)。在北京市,颗粒物浓度每提高100 pg/m³,儿科门诊、急诊中上呼吸道感染就诊人数分别增加1.04%,肺炎增加7.67%,气管炎增加7.04%。2006年4月7~11日北京地区连续5天的浮尘天气使呼吸道患者激增30%~40%(北京晚报,2006)。2011年3月23日,一场席卷大半个中国的沙尘暴暴发时,北京市的呼吸道疾病患者同比激增36%左右;南方的广州市,感冒、咳嗽、哮喘、慢阻肺等呼吸道疾病患者也比往常多了10%~20%(人人健康综合,2012)。沙尘暴可能与澳大利亚哮喘高发密切相关,2009年1月~10月31日,澳大利亚东部与风暴相关的紧急入院率增加39%(Barnett et al.,2012)。沙尘天气增加了心血管疾病患者发生急性呼吸道感染的概率,并影响其心脏功能,加重心脏负担,有可能导致心脏衰竭(李栋栋,2014),美国科学家研究也认为,细微沙尘颗粒与肺病、心脏病死亡率之间存在相关关系。沙尘暴期间,台北缺血性心脏病入院率比其他时间高出16%~21%(Bell et al.,2008)。近年来国外研究表明,沙漠暴与风湿病、黑热病,尤其与肺炎有关(Korenyi-Both et al.,1992)。

人们对沙尘暴造成人群健康的危害机制研究尚处在探索阶段。通常认为,沙尘暴可造成烟尘与粉尘携带细菌侵入人体呼吸道,烟尘与粉尘颗粒表面富集各种有毒有害物质,尤其是直径在0.5~5 μm的微小颗粒,可以直接通过呼吸道沉积在人的肺部,从而对肺组织产生强烈的刺激作用,并可以被肺泡吸收进入血液循环,导致其他器官疾病;滞留在鼻咽部和气管的颗粒物,与进入人体的 SO_2 等有害气体产生刺激和腐蚀黏膜的联合作用,引起炎症和增加气道阻力,持续不断的作用会导致慢性鼻咽炎、慢性气管炎。滞留在细支气管与肺泡的颗粒物也会与 NO_2 等产生联合作用，损伤肺泡和黏膜，引起支气管和肺部炎症。大量飘尘在肺泡上沉积下来，还可引起肺组织的慢性纤维化，导致肺心病、心血管病等一系列病变。沙尘暴事件中浓度骤增的颗粒物，对人肺成纤维细胞产生明显毒性作用的敏感部位可能是线粒体（金昱等，2004）。颗粒物表面除会吸附化学有害物质外，还对多种有害病原体，如细菌和病毒等有吸附作用，导致传染病传播的机会大大增高。Kwaasi 等（1998）用皮刺试验（SPT）和火箭免疫电泳方法研究了沙尘暴粉尘中的气溶胶致敏源和抗原，发现猫皮屑（Cat dander）、阿拉伯树胶（*Acacia*）、曲霉菌素（*Aspergillus*）、藜菌属（*Chenopodium*）、分生孢子菌属（*Cladosporium*）、百幕大草（Bermuda grass）及其提取液均呈阳性；沙尘暴期间细菌和霉菌分别较非沙尘暴期间高 100% 和 40%，暗示沙尘暴是潜在的过敏性和非过敏性系统疾病的激发因素。

2.6 其他方面危害不可忽视

沙尘暴给人们日常生活带来无法预测的负面影响。据报道，2000 年 3 月 27 日，沙尘暴袭击北京城，局部地区瞬时风力达到 8 ～ 9 级。突如其来的狂风夹带着滚滚黄沙在数小时内把整个北京城全部笼罩，沙尘漫卷大街小巷，风中的行人捂着嘴吃力地行走。《北京日报》报道："北京：27 日中午，正在一座两层楼楼顶施工的工人被大风掀下，其中两人死亡。同一日，丽泽桥东一家汽配商店被大风掀翻，海淀区某饭馆 5 m 高的烟囱被刮成'斜塔'。2000 年 4 月 6 日 12 时许，整个北京城笼罩在风沙当中。强沙尘天气使一些地区的能见度不足 100 m，路上的车辆纷纷打开了车灯，雨刷也纷纷启动用于清除挡风玻璃上满布的沙尘；一些建筑工地停止了作业；首都国际机场的进出港航班被延误——这已是当年开春以来的第五次沙尘暴侵袭北京。

沙尘暴带来的能见度降低、空气污染等易使人心情沉闷，工作学习效率降低（雷建顺，2012）。

沙尘暴对农业生产的负面影响会增加贫困、移民和难民人数（王式功等，2000）。

沙尘暴对气候环境影响值得关注。沙尘暴可使太阳直接辐射通量衰减 10% ～ 90%，气溶胶数浓度比晴朗时高 2 ～ 10 倍（Xin et al.，2005）；沙尘暴向大气输送的沙尘气溶胶通过影响太阳辐射，造成大气的不同加热、冷却效应，直接影响大气环流和气候变化（周秀骥等，2000）；还通过改变云凝结核的微物理特性影响成云和降水物理过程，通过影响云的辐射特性进而间接影响气候变化（罗双和王鑫，2012）。沙漠腹地沙尘过程对低层大气日平均温度均有显著的增温效应，显著地缩短了大气的逆温时间，减弱了逆温强度（陈霞等，2012）。

小结 沙尘暴危害不可忽视，其影响范围广，造成严重的直接经济损失和受灾程度，暴发期间引起大范围空气质量严重下降，对农业和生态带来严重的负面影响。沙尘暴发生严重危害人群健康，造成的能见度急剧下降会严重影响交通运行，长期还会带来气候环境的变化。

第3章 沙尘暴发生特征

沙尘暴的频发已经成为我国北方生态环境恶化的重要标志（史培军等，2000），是影响全球生态环境变化的关键因素（孙业乐等，2002）。史书对尘暴发生情形的描述措词简单，却形象逼真：如大风昼晦，赤风，黑风；扬沙走石，昏尘蔽天；土雾，昏雾，黄雾；风霾，尘霾，昏霾，黄霾，赤黄霾，黑霾；雨黄沙，雨红沙；雨赤雪。《晋书·志·天文中》认为："凡天地四方昏漾若下尘，十日五日已上，或一月，或一时，雨不沾衣而有土，名曰霾。"《隋书·志·天文下》认为："天地霾，君臣乖，大旱。"因此，"霾"是尘暴的表现形式之一，是环境干旱化的反映（刘多森和汪枞生，2006）。以下就沙尘暴的时空分布特征和颗粒物污染特征进行阐述。

3.1 沙尘暴发生的时空分布特征

3.1.1 我国沙尘暴发生的时空分布特征

沙尘暴具有明显的时空分布特征。我国沙尘暴天气多发区主要位于西北地区的新疆和田及吐鲁番地区、甘肃河西走廊、宁夏黄河灌区及河套平原、青海柴达木盆地、内蒙古鄂尔多斯市和阿拉善高原、鄂尔多斯高原、陕北榆林及长城沿线（李令军和高庆生，2001）。各季节沙尘天气和沙尘暴影响范围和发生程度不同，总体而言，沙尘暴发生在干旱转入湿润时期（Rotem，1965），在我国主要发生在春季和夏季（Qiang et al.，2007；李生宇等，2007），西北地区沙尘暴以春季最为多发，约占全年总数的1/2，再依次为夏季、冬季和秋季（韩兰英等，2012）。我国222个气象站1997～2007年的观察同样发现：春夏沙尘暴频度比秋冬高（Tan and Shi，2012）。2000年发生的15次沙尘暴中，12次出现在3～4月的北方地区（史培军等，2000）。又有研究表明，我国沙尘暴事件具有强大的单峰分布，呈3～4月和11～12月两个周期、春季最大的年际变化特征。1961～2010年内蒙古中西部巴彦淖尔地区沙尘暴天气多发生在春季3～5月，沙尘暴日数占全年的59.3%（梁凤娟，2014）。锡林郭勒地区1971～2000年气象数据资料表明：锡林郭勒地区春季为沙尘暴高发期，占全年的77.28%，多发区位于荒漠草原区和农牧交错区（武健伟等，2011）。呼和浩特市6个气象站1971～2010年沙尘暴天气主要集中于春季（白静等，2013），一年中春季沙尘暴发生持续时间和次数都偏高，尤其是4月为全年最高，5月以后沙尘暴发生次数急剧下降，8月和10月为全年最低（王文彪等，2013）。科尔沁沙地2011年春季14次当地尘排放事件表明，各季节都发生尘暴，但主要集中在春季（Li and Zhang，2012）。2008年9月1日～2010年8

月 31 日塔克拉玛干沙漠的塔中地区沙暴活动的测定同样发现：一年中春夏沙暴活动最频繁（Yang et al.，2013）。位于腾格里沙漠南缘的民勤县的沙尘暴发生频次最多也在春季，依次为夏季、冬季、秋季（邱进强和高峰，2014）。内蒙古通辽市一年中春季 3 个月，尤其是 4 月是沙尘暴发生高峰期（刁鸣军等，2013）。我国大部分地区沙尘暴事件通常在 4 月发生最频繁，西藏 - 青海地区早些，新疆晚些。新疆塔里木盆地南缘和田地区沙尘暴天气主要发生在 3 ～ 6 月、西缘 4 ～ 6 月（高卫东和姜巍，2002）。而且，沙尘暴事件发生频繁的月份在东北地区和河套地区相对集中，在新疆地区相对分散（Wang et al.，2005a）。沙尘暴事件具有日变化特征，常发生于午后，午后至傍晚是沙尘暴的多发期（王文彪等，2013）。高水平的沙传输过程发生在下午，特别是 13：00 ～ 16：00时段（Yang et al.，2013）。黄土高原 1958 ～ 2000 年沙尘天气主要发生在春季，多开始于 10：00 ～ 17：00（刘国梁和张峰，2013）。1961 ～ 2010 年近 50 年来，巴丹吉林沙漠北缘拐子湖地区沙尘暴主要出现在 4 ～ 6 月，中午前后出现的频次最多，而在夜间出现频次相对较少（王多民等，2014）。

3.1.2 北京沙尘暴发生的时间特征

关于北京沙尘暴发生的时间，已有大量资料记载和文章记述（王石英等，2004；李文杰，2001；丁瑞强等，2003；秦文华，2011）。依据 1951 ～ 1999 年大量资料统计结果，北京沙尘暴主要集中在春季，3 ～ 5 月最多（胡金明等，1999；杨东贞等，2002；刘晓春等，2002；方翔等，2002；韩同林等，2007）。另外，据统计 1979 ～ 1996 年发生的扬沙天气和浮尘天气，同样也是集中分布于 3 ～ 5 月。2000 ～ 2011 年的沙尘暴，同样也是以春季发生频率最高，2000 年春天，连续出现的 13 次沙尘暴、扬沙、浮尘天气，均发生于 3 月、4 月（史培军等，2000；宋迎昌，2002）。2002 年的沙尘暴发生于 3 月的 15 日、20 日、21 日，4 月的 6 日、7 日等（方翔等，2002）。2010 年最强的尘暴天气发生于 3月 19 ～ 21 日，单日降落北京的粉尘量高达 56.2212 万 t。目前尚没有迹象表明北京沙尘暴活动是趋于加强还是减弱（宋迎昌，2002；陈广庭，2002）。

从 2002 年本书作者研究和收集北京尘暴降尘物质样品开始，也完全证明北京尘暴发生时间也是每年春季的 3 ～ 5 月最多最频繁。例如，2006 年 4 月 26 日发生于北京盐碱尘暴尘源区查干诺尔附近的盐碱尘暴有如"黑风暴"来临。2008 年 4 月 19 日发生于北京盐碱尘暴尘源区查干诺尔干盐湖区的"盐碱尘暴"。2013 年 4 月 21 日发生于锡林浩特之北的盐碱尘暴盐碱粉尘"铺天盖地"，能见度不到数十米。

3.2 沙尘暴期间的气溶胶污染特征

沙尘暴的搬运能力极强，1983 年 6 月沙尘暴期间，阿拉善附近地区进行的飞机观测表明，在 2 ～ 3.3 km 高度层内有一高沙尘含量层，其中沙尘含量大部分是 2 ～ 32μm 大小的粒子，此次还在银川 3000 m 上空发现最大尘粒直径为 350 μm 的粒子（周秀骥等，2002）。沙粒点源扩散风洞实验显示：混合沙粒扩散后不同高度处的平均粒径随高度增加呈线性递减，这与已有的野外沙尘暴期间的粉尘粒径观测结果一致（李青春等，

2013）。

　　沙尘暴期间大气气溶胶的污染水平极高（王玮等，2002），表现出特有的污染特征。冰岛的雷克雅未克（Reykjavík）发生的沙尘暴事件使 PM_{10} 的浓度提高（Thorsteinsson et al.，2011）。亚洲沙尘暴期间，戈壁滩和塔克拉玛干沙漠的边境地区民勤、酒泉和敦煌 3 个地点 2004 ～ 2007 年的气溶胶 PM_{10} 的质量浓度高达 $7 ～ 8\ mg/m^3$，是晴天的 10 ～ 100 倍；$PM_{2.5}$ 的散射系数是 $2000 ～ 2500\ 10^{-6}/m$，是晴天的 20 ～ 25 倍；能见度急剧下降到 2 km，仅为晴天的 1/30 ～ 1/20（Fu et al.，2012）；北京沙尘暴期间总颗粒物高达约 $6000\ μg/m^3$，比平日高近 30 倍（庄国顺等，2001）。2000 年 4 月 6 日北京地区特大沙尘暴发生时，近地层风速明显增大，空气相对湿度迅速减少，边界层湍流交换强烈，土壤尘浓度高达 $3906\ μg/m^3$，是 1999 年春季非沙尘期间土壤尘浓度的 40 倍以上，其中粗粒子占大部分（张仁健等，2005），其中直径 $D > 2\ μm$ 的粗粒子数浓度是沙尘暴后的 20 倍以上，细粒子（$D < 2\ μm$）数浓度是沙尘暴后的 7 倍（张仁健等，2000），沙尘暴期间风速与大气中可吸入颗粒物的浓度存在显著的正相关关系，风速越高的地区，可吸入颗粒物的浓度越大（吕艳丽，2011）。但强风作用使气体污染物如 SO_2、NO_x、NO_2、O_3 水平较低。$PM_{2.5}$ 浓度约 $230\ μg/m^3$，占总 PM_{10} 质量浓度的 28%，地壳元素占化学组成的 60% ～ 70%，较低的相对湿度使 SO_2 向 SO_4^{2-} 的转变率变低，硫酸盐和硝酸盐含量低（Xie et al.，2005a）。2000 年 4 月北京一次浮尘期间 20 种元素总质量浓度为 $181.49\ μg/m^3$，小于同一监测分析方法下沙尘暴期间的总元素质量浓度，浮尘过后与 1999 年 3 月非沙尘期间的元素总质量浓度相近（周家茂等，2007）。兰州市 2006 年 3 月 31 日沙尘暴发生前后，PM_{10} 主要由燃煤飞灰、烟尘集合体组成，其次是少量的矿物颗粒；而沙尘暴高峰期的矿物颗粒的数量比例（59.31%）和体积比例（99.39%）有明显增加，其数量和体积粒度分布则相反。根据 PM_{10} 的组成变化特征可将沙尘暴过程分为 4 个不同的阶段：本地污染物清除阶段、新污染物携入阶段、本地新污染物吹入及外来沙尘颗粒减少阶段、沙尘颗粒基本清除阶段（肖正辉等，2010）。

　　我国北方沙尘天气期间，降尘颗粒物形态主要有微团聚体、棱角状单粒、次棱角状单粒、柱状单粒和球形颗粒（吕艳丽，2011）。NaCl 和 Na_2SO_4 是 2002 年 3 月 20 日沙尘暴期间颗粒的主要成分（Zhang et al.，2009）。2006 年 3 ～ 4 月北京沙尘天气导致 PM_{10} 和 $PM_{2.5}$ 质量浓度上升，粗颗粒物质量浓度明显上升，细颗粒物受到的影响相对较小（孙珍全等，2010）。2006 年 4 月 16 ～ 17 日沙尘暴期间大气降尘约占北京全年总降尘的 10%，降尘量达 20.5 万 t。尘粒主要呈角状、次棱角状、近圆形，中值粒径约 12 mm。细砂和粗粉粒含量高，尘粒中的主要元素是 C、O、Si、Al、Fe、Ca，而主要矿物为石英、钠长石、方解石和黏土矿物（Lue et al.，2010）。而我国干旱区内陆湖泊的干涸湖床沉积物多以细粒物质为主，当沙尘暴途经这些地区时，可能卷起沙尘物质（宋阳等，2005）。大气气溶胶本身含有一定的盐分组分，城市上空大气气溶胶还含有 NO_x、SO_x 等污染物，当沙尘暴途经这些地区时，由于颗粒细小，很容易吸附在沙尘表面并发生二次化学反应，使盐分组分相对富集，造成沙尘中盐分含量较高的现象（李锋，2009）。我国中路沙尘暴 8 个站位的颗粒物各粒级样品中无机磷（IP）含量远高于沙尘暴源地及沿途地区地表颗粒物，粒径小于 57 μm 的颗粒物样品的总磷 TP、无机磷 IP、钙磷 PCa 含量均高于自然粒径颗粒物样品（杨宏伟等，2012）。但是，沙尘暴过程中水溶性化学物质仅在海拔低于 1 km 时与气溶胶混合（Zhang and Tang，2011）。

沙尘暴天气下，云层 pH 相对较高，云端水分的所有离子浓度达到异常高的水平（Wang et al.，2011a）。2000 年 2 次沙暴天气发生时大气气溶胶的污染水平极高，同时其酸度相对较低，对酸化有非常强的缓冲能力，可在一定程度上避免酸性降水的发生（王玮等，2001）。

采用 BIOLOG 生态微平板（BIOLOG EcoPlateTM）技术，对采自塔克拉玛干沙漠南北缘 5 个地区的空气样品进行研究，目的是了解空气微生物群落碳代谢功能的特点与差异。结果表明，塔克拉玛干沙尘暴源区周边地区空气微生物群落碳代谢能力较低，呈现区域性特征，非生物因素显著影响空气微生物群落碳代谢强度及微生物群落对 31 种单一碳源的利用（段魏魏等，2012）。

小结　我国的沙尘暴主要发生在春季和夏季，3～4 月发生最集中，多发区为西北地区。沙尘暴发生期间，气溶胶中的粗细颗粒浓度急剧上升，能见度急剧下降。尘粒以 C、O、Si、Al、Fe、Ca 为主要元素，石英、钠长石、方解石和黏土矿物为主要矿物，盐分含量较高，空气微生物群落碳代谢强度及微生物群落对单一碳源的利用受到影响。

第4章 沙尘暴发生的诱发因素分析

沙尘暴是一种在特定地理环境和下垫面条件下，由特定的大尺度环流背景和某种天气系统发展所诱发的灾害性天气，其形成要满足 3 个基本条件（Pye，1987）：一是要有强冷空气即大风，风速大于风沙的起动风速；二是要有冷暖空气的相互作用，即不稳定的大气层结；三是要有沙源，地面上有大量疏松的沙尘源区（李耀辉，2004）。影响内蒙古自治区沙尘暴的因素，不仅有风速、大风持续时间与频率等动力因素，亦有物质组成（颗粒）、植被盖度、土壤含水量等下垫面因素（董建林等，2012）。塔里木盆地沙尘暴发生频次一般为每年 10～30 次，多则达到每年 35 次，主要是因为该地区有沙尘暴形成的气象条件、下垫面条件和环流条件（高卫东和姜巍，2002）。对我国北方地区的 344 个气象台站（1954～2005 年）的沙尘暴日值资料分析发现，我国沙尘暴的空间分布格局及变化趋势是气候波动、植被覆盖变化、水土流失以及人为破坏等因素共同驱动下形成的（丁凯和刘吉平，2011）。2007 年 1 月 15～17 日拉萨地区出现的一次浮尘天气，是由于冷暖空气在高原地区对峙，温度梯度和锋区加强；以及 200 hPa 高空西风急流的影响，引发西藏地区大风，使干燥、疏松的地表形成扬沙、沙尘暴，大量的细小沙尘粒子随高空偏西气流携带至拉萨。加之拉萨本地低空处于弱辐合区，大气层结稳定，风速较小或静风，导致了拉萨浮尘天气形成（何晓红等，2007）。1961～2010 年哈尔滨市沙尘暴发生次数与大风日数、风速风向、气温等气象条件存在着较好的相关性，远距离沙源地科尔沁沙地、浑善达克沙地，近源地即哈尔滨市周围的耕地和沙化地，也是哈尔滨沙尘天气主要为扬沙和浮尘的重要原因（杨艳等，2012a）。生态环境日益恶化，植被稀疏，地表裸露，腾格里沙漠、巴丹吉林沙漠和乌兰布和沙漠为形成沙尘暴和特强沙尘暴提供了充足的物质条件——沙尘来源；干旱季节大风盛行的风向与内蒙古高平原东南部周沿的雅布赖山、贺兰山、阴山、大兴安岭山地相交的交角大，又与南北向和北西向季节性河床和内陆古河洼地呈喇叭口，顺主风向为风蚀土壤沙地加大风速，为阿拉善沙尘暴的发生提供了条件（梁贞和梁慧彬，2007）。而大风日数减少、平均风速减小；当地植被覆盖率逐年提高；近地层多暖平流、冷空气活动减弱可能是 21 世纪初甘肃民勤沙尘暴减少的原因（赵明瑞等，2013）。

4.1 大风和不稳定的空气层结为沙尘暴的助推因子

大风和不稳定大气是由大气运动状态决定，是沙尘暴形成的驱动因子，主要决定了沙尘暴的强度、移动路径和持续时间（李耀辉，2004）。

4.1.1 持久的强风是卷起沙尘的动力

风速只有等于或大于起沙临界值，才能裹挟沙粒进入大气层（Yang，2010）。研究认为，风速是 2002 年 3 月 20 日沙尘暴的一次降尘量变化的重要因素（王赞红和夏正楷，2004），摩擦速度和自由对流速度能反映粉尘排放通量的趋势（Li and Zhang，2012）。风速与沙尘暴强度相关，造成不同程度的大气颗粒物污染。塔克拉玛干沙漠腹地强沙尘暴发生时的分钟观测数据表明，随着风速的逐渐增强，沙尘暴强度逐渐增强，不同粒径颗粒物浓度达到最大值（刘新春等，2011）。1959～2007 年玛纳斯河流域内沙尘暴和大风日数减少趋势明显，且关联显著（凌红波等，2011）。1961～2003 年塔里木盆地西部浮尘与大风表现出明显的正相关（江远安等，2007）。尘暴初，微风，降尘物可能为高空气流带来的远源细粒粉尘；随着风速加大，尘暴粉尘浓度增加，降尘中较粗颗粒物比例也加大（王赞红和夏正楷，2004）。1960～2008 年塔克拉玛干沙漠沙尘暴观测也表明：大风沙尘天气可能使大气中粗、细颗粒物总量均有所增加，但细颗粒物增加更明显（李晋昌等，2012）。在沙尘暴过程中风速存在一定的变化规律，利用风廓线雷达探测资料对 2010 年 4 月 19 日塔克拉玛干沙漠腹地塔中地区一次强沙尘暴过程中的边界层三维风场分析发现，近地面风速在沙尘暴暴发初期迅速增大至 18.3 m/s，中后期逐渐变小，但依然保持 10 m/s 左右的较大风速。在 300～1000 m 高度，沙尘暴发时段的风速小于过程前后；1000～2000 m 高度内，沙尘暴暴发前风速达到最大，然后随时间变化呈递减趋势；3000 m 以上高空，在沙尘暴暴发期间风速可达 20 m/s。沙尘暴过程中塔中上空存在明显的沙尘颗粒沉降运动，平均下沉速度为 1.2 m/s（王柯等，2013）。另外，最强的沙尘暴天气瞬间最大风速可达 10 级以上，相应的最大能见度小于 50 m，最强沙尘暴瞬时能见度仅有 0 m。因此，风速和能见度是确定沙尘暴强度的主要因素。

4.1.2 不稳定的空气条件有利于风力加大及强对流的发生发展

对 1970～2010 年 3～5 月甘肃 41 年的 48 例沙尘暴过程分析表明，高空急流带（核）的引导作用与甘肃强沙尘暴发生、发展、强度以及波及范围有直接关系（杨先荣等，2011）。西北干旱区沙尘暴源地甘肃省民勤县 1971～2008 年共 1811 个沙尘暴事件表明：沙尘暴多由风场的剧烈扰动和锋面过境引起，近地层越干冷、西北风越强，强沙尘暴持续时间越长，沙尘暴持续时间与最大混合层厚度成反比（李岩瑛等，2014）。2000年 4 月 3～9 日发生的大范围影响我国的沙尘暴，主要是连续 3 次东北低涡及其后部的春季强季风冷平流作用形成的（李令军和高庆生，2001）。2009 年 4 月 23 日发生在内蒙古中西部地区的扬沙及沙尘暴天气过程是受高空槽发展加强、强锋区南压、地面冷锋影响，气压梯度大是造成沙尘暴的天气形势（陈静等，2011），该日在甘肃省的区域性沙尘天气过程受干燥空气、高低层温度平流之间发生的对流影响较大（张宇等，2011）。2011 年 4 月 29～30 日乌海市的一次沙尘暴天气过程发生的主要影响系统也是由于地面冷锋，气流的低层辐合、高层辐散提供了动力条件（张洪杰等，2013）。500

hPa 高空锋区中不断加深的波动是 2008 年 5 月 2 日海西西部地区的茫崖、冷湖出现的特强沙尘暴天气形成的主要影响系统，它与高空锋区相伴的高空急流南移，通过高空动量下传增大了近地面层风速（罗显发，2010）。而低空急流的形成和维持在 2010 年 3 月 19 日内蒙古中西部地区发生的强、特强沙尘暴天气过程中发挥了重要作用，由于近地面前期强烈增温，导致地表热力不稳定，由蒙古气旋产生上升运动起沙。高空西北气流上升，斜压扰动不稳定发展，高空冷平流激发了垂直于地面的锋面次级环流，地面气旋转为强冷锋过境，内蒙古中西部地区产生强沙尘暴天气。高空急流对沙尘暴天气的产生具有重要作用。高空急流出口区右侧，下沉气流落于地面冷锋后，引起大风，加强了沙尘暴天气。在冷锋移动过程中，冷高压强度少变，处于其前沿锋区内的山西、河北、河南、山东等地产生了扬沙或沙尘暴天气（宋桂英等，2012）。2010 年 4 月 24 日河西走廊大风在沙尘暴过程中起到关键作用（王伏村等，2012），该日特强沙尘暴在民勤过境时地面水平风风向经历了从稳定到多次调整，再到稳定，最后崩溃的演变（赵旋等，2012）。新疆三十里风区、百里风区及其周边地区，特别是典型大风区，系统性天气配合地形条件，常常形成很强的下坡风和狭管风，为沙尘暴的发生、发展提供了充分的动力条件（霍文等，2011）。2010 年 4 月 24～25 日甘肃河西走廊地区出现区域性强沙尘暴天气时垂直螺旋度存在着上负下正的分布特征，更加有利于强对流天气的发生（李红英等，2013）。使用 GRAPES_SDM 沙尘暴数值模式，对 2011 年 4 月 28～30 日中国北方强沙尘暴天气进行分析，讨论高空急流在此次过程中对沙尘传输的影响，高空强纬向风速的加强能够促使中低层形成垂直环流圈，其下沉支流使高空动量有效下传到近地面，进而在地面形成大风及扬沙和沙尘暴天气，强沙尘暴中心位于此垂直环流圈的下沉支（段海霞等，2013a）。

4.1.3 蒙古气旋是影响我国沙尘暴天气的主要系统之一

2006 年 3 月 26～27 日发生在锡林郭勒盟地区的大风沙尘暴天气过程的主要影响系统就是蒙古气旋，冷锋后大风是沙尘的主要动力，前期持续增温使得低层大气不稳定层结，中低层强的上升气流及低层辐合，为沙尘暴产生提供了有利的抬升条件（王学强，2012），特强沙尘暴出现在气旋中心轴线附近和轴线偏南的地区（闫淑清等，2011）。2008 年 5 月 27～28 日中国北方发生的沙尘暴天气过程是由强冷空气和蒙古气旋引起的，蒙古气旋发展和地面冷锋移动经过蒙古国和华北北部等干燥、疏松的地表形成扬沙、沙尘暴（任万辉等，2011）。2009 年 4 月 23～24 日出现在我国内蒙古中西部的一次强沙尘暴天气过程的主要影响系统是高空动量下传的蒙古气旋（陈磊等，2013a），该时间段发生在我国西北大部、华北西部等地的一次强沙尘暴天气过程是由于极地冷空气南下以及蒙古气旋共同影响下产生的。沙尘暴发生前期，持续剧烈的升温和高空急流的变化导致了对流层中下层锋区的加强，为沙尘暴的发生提供了有利的大尺度环流背景（任楠等，2012）。2010 年 3 月 12～14 日发生于兰州的一次较强沙尘暴天气过程属于蒙古冷槽型，强冷空气的堆积及暴发导致沙尘天气的发生，同时涡度平流变化、高空急流的发展也是形成沙尘天气的重要特征（Ling et al.，2011）。冷涡及强锋区、蒙古气旋和冷锋是触发 2011 年 5 月 11 日发生在锡林郭勒盟地区的强沙尘暴过程的重要天气系统，由蒙古气旋和冷锋共同作用引起（马素艳等，2013）。巴丹吉林沙漠北缘拐子湖地区是西伯利亚高压和蒙古高压交汇处，2011 年 2～3 月的沙尘暴过程受巴丹吉林沙漠湍流的影响（岳高伟等，2003）。2012 年 4 月 19 日锡林郭勒盟地区的沙尘暴是一次强冷空气东移南下时产生的，蒙古冷涡是造成这次强沙尘暴的主要高空系统，地面影响系统为蒙古气旋和冷锋，冷锋过境时，强烈的温度平流作用使得风力加大，垂直运动加强，将地面沙尘输送至高空，冷锋不仅是静力不稳定能量的机制，同时锋区内还存在对称不稳定，有利于垂直运动进一步加强，最终形成沙尘暴（白海云，2013；王学强，2014）。

4.1.4　西伯利亚冷涡也是我国北方沙尘暴天气发生的主要因素

2010 年 4 月 24 日发生在甘肃河西走廊的特强沙尘暴是由中西伯利亚至新疆北部的偏北大风携带的极地强冷空气侵入引起。地面热低压的强烈发展，一方面使气压梯度加大，另一方面导致边界层对流不稳定，都增大沙尘暴的强度（赵庆云等，2012）。而春季西伯利亚、蒙古国的冷锋过境频繁，产生的大风水平辐合流场和垂直输送场，为沙尘的远、近输送创造了良好的气象条件，是北京沙尘暴的主要诱导因素（韩同林，2008b）。2006 年 4 月 7～11 日北京浮尘天气过程主要受 500 hPa 西西伯利亚冷涡、鄂霍次克海暖高压以及青藏高原高压脊影响；700 hPa 有利于冷空气不断向北京地区输送，冷平流和斜压性都很强，大风和沙尘暴发生在强冷平流区域；由于华北南部地区近地面至中低层存在弱的不稳定层结，容易产生弱的上升运动。在近地面低压前部偏东风的作用下将沙尘粒子向北京地区输送，北京地区上空大气在中低层基本处于中性或不稳定层结状态，沙尘粒子不易在北京上空沉降，造成较长时间的浮尘天气（段海霞和李耀辉，2007）。

4.1.5　沙尘暴发生是一系列气候气象因素共同作用的结果

基于 1981～2010 年台站沙尘观测资料和 NCEP/NCAR 再分析资料，春季北方沙尘日数与前冬季风环流系统关系密切。春季沙尘日数偏多时，前一年冬季东亚大陆陆地 - 西太平洋气压差较常年偏大，东亚大槽偏深，低层的我国北方地区——蒙古国北风分量偏强，高层的东亚副热带纬向急流偏强、高纬度急流偏弱（高辉等，2012）。对 2010 年 3 月 19 日、2011 年 4 月 28 日甘肃省发生的两次强沙尘暴天气过程分析表明：两次过程前期均具有气温偏高、降水稀少的气候背景；高空斜压槽和强锋区、地面强冷高压和锋前蒙古气旋或热低压是发生此类强沙尘暴的环流形势；高低空急流配置和地面气象要素演变对沙尘暴天气有指示意义（狄潇泓等，2014）。一次发生在辽宁，由蒙古气旋引发的沙尘暴过程分析发现：高空气流的辐散抽吸，使由蒙古国中部向东南方向延伸至韩国南部的副热带西风急流，为此次辽宁沙尘暴过程提供了充足的沙源，此外，蒙古气旋内部的垂直环流与控制辽宁地区的冷平流对此次沙尘暴和降温过程具有一定的触发与维持作用（刘宁微等，2011）。下垫面向大气输送的热量能够为沙尘暴天气的发生、发展提供能量并对其产生重要的影响。绿洲内部沙尘暴沙尘质量体积浓度和沙尘水平通量的垂直变化规律较荒漠和荒漠－绿洲交错带对地－气温差敏感，沙尘质量体积浓度随高度的增加降低趋势更明显（詹科杰等，2011）。民勤荒漠区沙尘暴发生日数的减少与空气相对湿度的增大密切相关，与春季植物物候的提前和秋季植物物候的推迟之间存在一定的相关关系（常兆丰等，2012）。2009年4月23～24日在我国内蒙古中西部出现的一次强沙尘暴的条件与近地层的干燥大气有关（陈磊等，2013b）。2010年5月14日和7月5日发生在青海格尔木的两次强沙尘暴发生前相对湿度都比较小，气压都在下降，但是相对湿度和极大风速都呈波动式变化，在沙尘暴发生后，气压和相对湿度都突增，极大风速先急剧增加到最大，然后又急剧下降（海显莲，2011）。采用激光雷达观测2002年4月塔克拉玛干沙漠北部尘暴的垂直分布的数值模拟调查表明，粉尘层高度明显的日变化受到塔里木盆地的特征地形和天气条件影响的局部环流的强烈影响（Kim et al.，2009）。对2006年4月10日沙尘暴过境期间塔克拉玛干腹地情况分析，近地层风速有先降低后增大的过程，10 m高度上动量向下输送明显，热量输送只有很小的上传趋势。沙尘暴过境前，近地面为弱稳定的逆温层，空气处于暖干状态，10 m高度上垂直气流表现为系统性的下沉运动，随着沙尘暴暴发，湍流交换显著增强，空气进入相对冷湿状态，气流有上升运动趋势，但强度不大，仍以水平湍能为主（温雅婷等，2012）。2011年春季，中国北方大部地区降水仍偏少，地面植被状况虽未得到改善，但气温仍偏低，土壤解冻较晚，而2011年春季冷空气较常年偏弱，使得2011年沙尘暴发生时间较常年偏晚，且沙尘天气过程偏少（段海霞等，2013b）。

气象因子是影响沙尘暴发生的重要因素，沙尘暴与年平均气温和风速呈正相关关系（贾振杰，2011），与降水量和前一年最大植被覆盖度呈负相关、与当年的风力强劲程度呈正相关（王文彪等，2013）。用1971～2010年常规气象观测资料和典型沙尘暴个例探空气象资料分析发现，大风日数减少、平均风速减少；地植被覆盖率逐年提高；近地层多暖平流、冷空气活动减弱是沙尘暴减少的原因（赵明瑞等，2013）。当然，尘暴的频繁发生并不总与大量植被、高温以及大量降水资料相一致（Lim and Chun，2006）。鄂尔多斯市春季沙尘暴日数与前一年5个月（1月、5月、7月、11月、12月）的高原季风指数平均值呈负相关关系（崔桂凤等，2010）。1998年4月15日阿拉善盟沙尘暴是由风沙源头额济纳旗产生并在东移过程中加强：在大风的作用下，首先在额济纳旗境内将已干涸的西、东居延海表面上的盐碱颗粒及暴露在地表面的沙尘扬起，形成沙尘暴，并在拐子湖碱湖盆地得到加强，然后沿着辽阔无垠的戈壁滩扫荡南下，经诺尔公，直逼头道湖和巴音浩特。2000年阿拉善沙尘暴主要是西伯利亚的风、额济纳旗的沙造成的。2000年3～4月影响北京地区沙尘暴过程起沙的动力条件与春季冷空气活动等气候因素有关，并与北方土壤干土层面积、地面风场摩擦速度呈异常显著相关（游来光等，1991）。1961～2009年古尔班通古特沙漠南缘沙尘暴分析表明：大风、春季大风、夏季大风、前一年冬季温度、年均温度、春季温度6个气候因素与沙尘暴年日数序列关系最密切，是影响沙尘暴发生的主要因素（禹朴家等，2011）。1961～2006年近46年来北方地区沙尘暴平均天数随气温的升高而递减，沙尘暴与年均温变化趋势具有线性一致性，二者呈现明显的负相关（马琪等，2011）。通过对2009年4月22～25日发生在甘肃、宁夏、内蒙古的一次沙尘暴观测和模拟回报试验表明非绝热加热作用在沙尘暴的维持和发展中起着重要的作用（王澄海等，2013）。1961～2007年塔里木河流域沙尘暴的空间分布既受天气系统的制约，还受地形等环境因素的影响（李红军等，2012）。

4.2　沙源是沙尘暴发生的物质基础

4.2.1　干燥的气候环境为起尘提供了保障

气候干旱是导致生态恶化的重要因子（赵光平等，2004），植被覆盖度和积雪指数的时间异质性是导致春季沙尘暴灾害多于其他季节的直接原因（武健伟等，2012）。沙尘暴频发期均处于干旱期，如1060～1270年、1640～1720年、1810～1920年3段干旱期，同期也是沙尘暴高发期（彭珂珊，2002）。沙尘暴发生在干旱半干旱的草原区，我国北方草原的地理分布从大兴安岭东边的东北平原向西经内蒙古高原、黄土高原直至新疆山地，其年平均降水量从东往西呈有规律的递减，草甸草原年降水量400 mm以上、典型草原年降水量350 mm左右、荒漠草原年降水量低于250 mm（陈佐忠，2001）。对1951～2005年巴丹吉林沙漠逐月降水量和沙尘暴频次分析发现：逆反馈机制是巴丹吉林沙漠周边地区各季沙尘暴与降水量间的主要作用方式（李万元和吕世华，2013）。当然，沙尘暴形成还受其他诸多因素的影响，如受阴山地形影响，山前海拔、纬度低，后山海拔、纬度高，巴彦淖尔地区年沙尘暴日数、强度由西北向东南呈下降和减弱趋势（梁凤娟，2014）。

4.2.2　沙源是沙尘暴的物质基础

除干燥气候和上游影响区有大风沙尘暴出现外，裸露丰富沙尘源的下垫面是形成沙尘暴的物质条件（张洪杰等，2013）。沙尘的吹扬是与一定的地表土壤特征相联系，它与地表土壤的植被、地表粗糙度、地表土壤紧松结构、土壤湿度、土壤的矿物成分和地表风应力有关（周秀骥等，2002）。我国沙漠地区2月下旬到3月上旬降水稀少且植被稀疏，地表裸露，气温偏高，使地表土壤颗粒疏松，容易起沙（顾佳佳，2013）。2010年4月24日西北地区的新疆、青海、甘肃、内蒙古、宁夏等地发生的一次近年来罕见的大范围强沙尘暴天气过程，除了短期强大风天气是关键元凶外，河西多戈壁植被稀少、地表土层松散的沙漠提供了有力的物质条件（郭萍萍等，2011）。

沙漠是重要的沙尘源区，为沙尘暴形成提供了丰富的沙粒和尘埃，主要决定了沙尘暴源地空间分布。我国沙漠和沙地总面积达171万 km²，90%以上分布在西北地区，主要位于新疆和田及吐鲁番地区、甘肃河西走廊、宁夏黄河灌区及河套平原、青海柴达木盆地、内蒙古鄂尔多斯市和阿拉善高原、鄂尔多斯高原、陕北榆林及长城沿线，位于南疆的塔克拉玛干沙漠面积33.76万 km²，是我国最大也是世界著名的大沙漠；北疆的古尔班通古特沙漠面积4.88万 km²，在全国位居第二；我国中东部沙区也是沙漠分布最多的地区，自东北向西南分布有呼伦贝尔、科尔沁、浑善达克、库布齐、毛乌素、乌兰布和、腾格里、巴丹吉林、甘肃河西走廊绿洲外缘沙漠、青海柴达木等处沙漠和沙地，总面积达26.9万 km²（彭珂珊，2002）。

在世界范围内，沙尘暴主要发生在沙漠及其邻近的干旱、半干旱地区，包括中亚、北美、中非（又一说，包括中非和西亚在内的中东地区）及澳大利亚四大沙尘暴区。北美洲的沙漠主要分布于美国西部和墨西哥的北部。澳大利亚是个干旱国家，陆地面积的 75% 属于干旱和半干旱地区，其中部和西部海岸地区沙尘暴最为频繁，每年平均有 5 次之多。中东地区的沙尘暴主要在非洲撒哈拉沙漠南缘地区。亚洲沙尘暴源区分干旱、半干旱和耕作 3 个区（Lim and Chun，2006）。

基于 Nd-Sr 同位素范围，东亚沙尘源区可分为 4 个同位素区域：区域 A1 为我国东北的准噶尔盆地和呼伦贝尔沙地、古尔班通古特沙漠地区；区域 A2 包括浑善达克沙地、科尔沁沙地和蒙古国南部；B 区涵盖塔里木盆地的塔克拉玛干沙漠、青藏高原东北部、黄土高原、阿拉善高原、巴丹吉林沙漠和腾格里沙漠；C 区包括鄂尔多斯高原的库布齐沙漠和毛乌素沙漠。通过 Nd-Sr 同位素比较推断：东亚沙尘暴粉尘大多来源于 B 区，少部分来源于区域 A2（Yang et al.，2009）。

我国西北地区是中亚沙尘暴区的一部分，属全球现代沙尘暴的高活动区之一（Mainguet，1994），但对沙尘暴策源地的分布中心有多种看法。过去普遍认为，我国有两大沙尘暴多发区：第 1 多发区在西北地区，为干旱和半干旱地区，主要集中在塔里木盆地周边地区，吐鲁番 - 哈密盆地经河西走廊、宁夏平原至陕北一线，内蒙古阿拉善高原、河套平原及鄂尔多斯高原；第 2 多发区在华北，直接影响北京的安全，该区主要是浮尘天气，是西北沙尘暴远距离输送的结果。有人根据 1954 ～ 2007 年我国北方气象站点的数据分析认为，我国北方沙尘暴空间分布的两个主要中心区为，以和田、民丰为中心的塔里木盆地南缘地区，以及河西走廊至内蒙古中西部阿拉善的部分地区，且沙尘暴以这两个地区为中心向四周扩张，影响着我国北方 13 省的大部分地区（贾振杰，2011）。还有人认为，我国主要有四大沙尘暴策源区，即甘肃河西走廊，内蒙古阿拉善盟地区，陕西、内蒙古、宁夏、山西西北沿线的沙地、沙荒土旱作农业区，位于北京北部、东部的浑善达克、呼伦贝尔、科尔沁沙地及新疆塔里木盆地边缘。其中甘肃河西走廊和内蒙古阿拉善盟是强度最大的沙尘暴策源地，除对周边地区造成危害外，还对华北、东北，甚至黄河、长江中下游地区的天气产生影响。依据沙尘暴发生的频率、强度、沙尘物质的组成与分布并结合区域环境背景如生态现状、土壤水分含量、水土利用方式和强度等，推测我国北方沙尘暴中心和源区主要有 4 个：甘肃河西走廊及内蒙古阿拉善盟、南疆塔克拉玛干沙漠周边地区、内蒙古阴山北坡及浑善达克沙地毗邻地区、内蒙古 / 陕西 / 宁夏长城沿线（王涛，2002）。

尘暴主要发生在我国北部的干旱和半干旱地区，而扬尘和浮尘发生在这些地区和邻近地区，与尘暴和扬尘相比，浮尘很少在高纬度地区发生（Wang et al.，2005a）。1998 ～ 2003 年中国北方的强沙尘暴最多发生于内蒙古中西部，其次是河西地区和塔里木盆地，据估算，内蒙古中西部的强沙尘暴几乎占我国北方总频数的 2/3，来自蒙古国的浮尘、扬沙和尘暴分别占沙尘暴天气的 71%、20%、9%（Shao and Dong，2006；Liu et al.，2004）。每年影响我国的沙尘暴，其源区有境内源区和境外源区。境外源区主要有蒙古国东南部戈壁荒漠区和哈萨克斯坦东南部荒漠区。2001 年我国共监测到 32 次沙尘暴事件，有 18 次是在蒙古国境内形成后移入我国的，占全年总数的 56%。哈萨克斯坦东部沙漠区是影响我国新疆北疆和河西走廊地区的主要沙源地之一，但这个地区沙尘暴发生的频次少，只有很偶然的特强沙尘暴才会波及华北和北京地区。境内源区主要有内蒙古东部的浑善达克沙地中西部、阿拉善盟中蒙边境地区（巴丹吉林沙漠）、新疆南疆的塔克拉玛干沙漠和北疆的库尔班通古特沙漠。

　　沙漠地区近地表水平输送的沙尘物质通量及其随高度变化的变化是沙尘输送过程的重要特征（李耀辉，2004），沙尘物质的水平通量随高度的增加而减小，约 66% 的沙尘在地表 50 cm 高度以内传输，80% 的沙尘在地表 100 cm 高度以内传输（杨兴华等，2013）。近年来，当人们把目光也投射到盐碱尘暴时，发现除了沙漠外，干盐湖的贡献不可忽视。80 km^2 的查干诺尔干湖盆到处都是白茫茫的盐碱粉尘，反复的冻结融化使湖盆的表层土变得非常细微松散，粉尘厚度在 5 ～ 10 cm，有的地方可达 20 cm，松散的盐碱粉尘在风力不是很大的时候就会被扬起，一般在 5 ～ 6 级风时，在湖盆局部升起的几乎是纯的盐碱粉尘，在湖盆区上空笼罩一片白色的盐碱烟雾；当风力加大到 7 ～ 8 级的时候，连尘土也被卷起，成为强烈的盐碱尘土混合尘暴（郑柏峪，2011）。

4.2.3　严重的荒漠化是酝酿沙源的重要因素

　　土地荒漠化进程不断加剧，联合国环境规划署（UNEP）早在 1987 年就宣告，每年有 2700 万 hm^2 肥沃的土壤在不断消失，以此速度，200 年内肥沃土壤将消失殆尽（Thomas，1993）。在已有沙漠地区的基础上，沙漠面积不断扩大，如世界上最大的撒哈拉大沙漠，50 年里向南吞没了大约 65 万 km^2 的耕地和牧场；苏丹北部的沙漠，19 年内南移了 100 km，印度和巴基斯坦的塔尔沙漠，每年前移 8 km，掩盖了肥沃土地达 1.3 万 hm^2。我国现有沙漠及沙漠化面积达 168.9 万 km^2，占国土面积的 17.6%，主要分布在北纬 35.0º ～ 56.0º 的内陆盆地、高原，形成了一条西起塔里木盆地东至松嫩平原西部，东西长 4500 km，南北宽约 600 km 的沙漠带，并以每年 2460 km^2 的速度扩展。我国西部地区荒漠化仍在不断加剧，为沙尘暴的发生形成了日益丰富的沙源（陈晖，2003）。沙尘暴的频起和不断加剧与荒漠化扩展的步伐是一致的，20 世纪 50 ～ 60 年代，沙化土地每年扩展 1560 km^2，70 ～ 80 年代，沙化土地每年扩展 2100 km^2，90 年代，沙化土地每年扩展 2460 km^2。沙尘暴就是土地荒漠化的警报，沙尘暴发生的频率与强度的增大，敲响了生态危机的警钟。我国已发生荒漠化的面积达 262.2 万 km^2，占陆地国土面积的 27.3%，仅西北五省和内蒙古自治区荒漠化面积就占全国荒漠化面积的 80% 左右，所以它又是西北地区特有的灾害天气之一（任楠等，2012）。通过对甘肃省 1971 ～ 2000 年共 30 年沙尘暴、扬沙、浮尘天气发生日数的分析发现，从武威开始，经景泰、白银、会宁到天水、徽县存在一个沙舌区，是浮尘天气的多发区。该沙舌的存在是甘肃省中东部生态环境脆弱、荒漠化进一步发展的重要因素（张存杰和宁惠芳，2002）。1971 ～ 2000 年宁夏中部干旱带春季 3 ～ 5 月沙尘暴平均持续时间的显著延长主要就是由于生态退化（赵光平等，2008），当地植被覆盖和土壤是影响沙尘暴产生和运移的因素（陈志刚和周坚华，2010），植被盖度季节变化和积雪指数季节变化影响着沙尘暴孕灾环境季节变化（李锦荣，2011）。巴彦淖尔地区属极干旱 - 干旱的荒漠和半荒漠地区，生态环境十分脆弱，沙尘暴多发（梁凤娟，2014）。2010 年报道咸海的萎缩导致有毒沙尘暴的产生（陈志刚和周坚华，2010）。

荒漠化加剧的因素众多，目前发生在许多国家的荒漠化现象大多数与人类活动有关（邹晶，2006）。北美洲沙尘暴的原因主要是土地利用不当、持续干旱等原因；澳大利亚由于许多地方气候干燥，加上耕作和放牧，土壤表层缺乏植被的覆盖，导致土地的逐渐沙化，一旦刮起大风，沙尘暴就会产生；中东地区从20世纪70年代初到80年代中期，由于连年旱灾以及当地人过量放牧和开垦，造成草场退化，田地荒芜，沙漠化土地蔓延，沙尘暴加剧；前苏联的中亚五国是荒漠化比较严重的地区，总面积有近400万km²，由于人口的快速增加，人为过量灌溉用水，乱砍滥伐森林，超载放牧，草场退化，沙漠化十分严重，中亚地区盐土面积非常辽阔，达到15万km²，所以造成了沙尘暴和盐尘暴的混合发生。1990～2005年遥感数据资料和NDVI计算表明：影响博尔塔拉河、精河流域绿洲土地荒漠化的主要自然因素是年降水量和年蒸发量，而人口剧增带来的水土资源开发强度增大则是主要人文因素（毋兆鹏等，2011）。

人为引起的地表植被严重破坏在荒漠化过程中发挥着重要作用。生态环境破坏与工业文明的发展息息相关（朱育和和张月明，2001），内蒙古西部乌海市的大气污染非常严重，生态环境十分脆弱，沙侵、沙埋面积不断扩大（杨美霞，2000）。例如，1934年5月美国发生震惊世界的西部沙尘暴，苏联曾多次出现的沙尘暴，中国在1933～1996年，西部地区曾连续4年出现的沙尘暴，都是由于人类破坏自然生态平衡而导致的结果（李明玉，2002）。人为过度放牧、滥伐森林植被，工矿交通建设尤其是人为过度垦荒破坏地面植被，形成大面积沙漠化土地（席关凤和高晓燕，2011）。主要表现有：①人口过度增长导致的滥垦滥种、大面积毁林开荒导致土地沙化。甘肃河西地区原本是一条山青水绿的走廊，祁连山"水草茂美"，唐朝时人口不足8万，清朝嘉庆年间接近100万人，1982年增至343万，而今为420万人。据联合国拟定的标准，干旱地区对人口的承载力极限是每平方千米有7人，而河西走廊目前每平方千米竟有15.8人，对粮食的过度需求靠扩大耕地来满足，因此，草场、牧区变成农区，表土很快流失。据调查，1986～1996年，黑龙江、内蒙古、甘肃、青海4省（自治区）开垦的2912万亩土地中，有一半因沙化而撂荒。内蒙古鄂尔多斯开垦了66.7万km²，却造成了120万km²草原沙化；内蒙古、黑龙江、甘肃和新疆等省（自治区）1986～1996年开垦194万km²，竟有98.6万km²撂荒，呈"一年开草场，二年打点粮，三年五年变沙梁"的局面。②过度放牧致使地表裸露、表面沙化。河西地区草场理论值为460万只羊单位，现在实际已达700万只，超载率达52%。③无组织、无计划地乱砍滥伐，森林覆盖面积下降，自然生态环境严重恶化。据内蒙古额济纳地区1999年统计，胡杨林已从1949年的4.67万km²下降到1999年的2万km²。塔里木河天然胡杨林从1958年的52万km²减少到2000年的20万km²，180km绿色长廊面临干枯，下游340km河道断流，罗布泊湖干涸（彭珂珊，2002）。④乱开小煤窑，淘金热等短期经济行为，也是造成森林、草场被毁，土地荒漠化的原因之一。发菜，因与"发财"谐音而受到人们的垂青，成了款待贵宾的菜肴，大肆搂发菜对草场造成大面积破坏，仅内蒙古自治区近几年因搂发菜破坏的草原面积达1.97亿亩，其中6000多万亩已沙化。常见中药野生甘草20世纪50年代在我国的经济蕴藏量达到200多万t，目前还不到35万t。例如，宁夏每年可供采挖甘草的能力为0.15万～0.2万t，1992年实采1万t；破坏植被5万hm²；新疆每年挖甘草5万t，造成1000km²土地被沙化。当然，大的自然灾害，如大地震在地表造成岩石、土层破裂和沙土颗粒黏聚性的破坏加剧了地表的沙漠化，也会偶尔为沙尘暴的形成进一步提供物质来源（仇立慧和庞奖励，2003）。

4.3　北京地区的沙尘暴发生因素分析

北京地区受到的沙尘暴影响，也需要从大的环境背景下认识。北京沙尘暴的沙尘来源，既有本地的，也有异地的。全球气候变化是北京沙尘暴出现的外部原因；人口压力过大，人地关系不协调则是北京沙尘暴形成的内部原因（宋迎昌，2002）。春季北方地区土壤干土层面积、冷空气相关的气旋活动以及地面风场摩擦速度特点分布均为2000年3～4月影响北京地区沙尘暴天气发生的重要起沙动力条件，沙尘暴的移动轨迹的重要路径为以沙尘暴源地沿西北偏北及偏西移动路径影响北京地区（周秀骥等，2002）。2000年3～4月影响北京地区沙尘暴过程起沙的动力条件与春季冷空气活动等气候因素有关，并与北方土壤干土层面积、地面风场摩擦速度呈异常显著相关。北京冬春季沙尘天气类型分为高空传输-地面扬尘混合型（占40%）、高空传输-沉降型（占40%）、地面扬尘型（占13%）和高空传输过境型（占7%）4种，其带来的外来沙尘对北京市大气颗粒物浓度的影响率为53%～72%。2001年4月底5月初北京地区出现了一次以浮尘天气为主，夹杂轻雾、雷阵雨、烟幕等复杂天气过程的持续重污染过程是由于高空冷涡发展东移，蒙古气旋发展和地面冷锋移动经过蒙古国南部和华北北部等干燥、疏松的地表形成扬沙、沙尘暴，大量的细小沙尘粒子随高空偏西气流携带而至北京，形成浮尘天气。本地低空处于弱辐合区，层结稳定，风速小、逆温频繁，这些均不利于沙尘粒子和本地污染物的扩散，导致连续可吸入颗粒物重污染的形成（张小玲等，2004）。

小结　沙尘暴是一种在特定地理环境和下垫面条件下，由特定的大尺度环流背景和某种天气系统发展所诱发的灾害性天气。强冷空气即大风（风速大于风沙的起动风速）、冷暖空气的相互作用即不稳定的大气层结、沙源即地面上有大量疏松的沙尘源区是沙尘暴天气发生需要满足的3个基本条件。蒙古气旋、西伯利亚冷涡是导致我国大气层结不稳定的重要诱因，而严重的荒漠化为沙尘暴提供了充足的沙源。北京的沙尘暴则是其受外部气候变化和内部人地关系不协调双重因素影响的结果。

第 5 章　沙尘暴的传输路径

美国国家航空航天局官网报道，2010 年 3 月下旬，成海干旱的湖床沉积层上升起大量的沙尘羽状物，形成沙尘暴；美国国家航空航天局"Aqua"卫星上的中分辨率成像光谱仪于 3 月 26 日拍摄了成海上空沙尘暴的真彩色照片；分析该资料认为沙尘暴的传输分为 4 种类型：高空传输过境型；高空传输沉降型；高空传输和地面扬沙混合型；地面扬沙型，发生的比率分别为 7%、40%、40%、13%（韩秀云，2003）。

5.1　我国沙尘暴传输路径

研究者常从单次或几次沙尘暴和浮尘天气现象，分析沙尘传输路径（陈广庭，2001；杨东贞等，2002；段海霞和李耀辉，2007；张小玲等，2004）。一般认为，引发中国北方沙尘暴的冷空气路径主要有 3 条：贝加尔湖附近形成的冷空气向南通过蒙古国进入中国，常会在华北戈壁地区引发沙尘暴；由西北方向来的冷空气会在河西走廊和华北戈壁地区引发沙尘暴；西路冷空气不仅会在河西走廊和华北戈壁地区引发沙尘暴，也是塔克拉玛干沙漠上沙尘暴的重要促发因子，其中西北路径最为常见（Sun et al.，2001）。徐建芬等（2002）对 1977 年以来西北地区发生的 22 例区域性强沙尘暴天气过程进行了综合分析，根据尘暴的天气形势特点、冷空气来源及云图特征等将沙尘暴移动路径分为西方路径、西北路径、北方路径三大类：①西方路径。冷空气从中亚翻越帕米尔高原进入南疆西部，沿塔里木盆地东移影响南疆、河西西部及青海北部而出现大风沙尘暴天气，并随冷空气途经塔克拉玛干和古尔班通古特沙漠东移。此类沙尘暴占 14%，主要发生在塔里木盆地、河西走廊西部和青海省。②西北路径。冷空气源于北冰洋冷气团，强冷空气自西西伯利亚向东南经我国北疆、内蒙古西部入侵河西走廊，造成大风沙尘暴，穿过巴丹吉林和腾格里沙漠，然后东移至鄂尔多斯高原。此类沙尘暴具有范围广、强度大、灾害严重的特点，易形成黑风，发生次数最多，占 68%，如 1993 年"5.5"黑风、1977 年"4.22"黑风以及 2000 年"4.12"强沙尘暴等。③北方路径。冷空气来自极地气团或变性气团，经贝加尔湖、蒙古国南下，影响我国西北地区东部和华北等地，从而引发大风沙尘暴。沙尘暴从蒙古国经我国内蒙古中部到达西北的宁夏、陕北以及华北等地区，此类路径的沙尘暴占了 18%（徐建芬等，2002）。

5.2　北京沙尘暴传输路径

作为北方沙尘多发区中的一个国际大都市，北京的沙尘来源和成因愈发受到关注。影响北京地区的沙尘天气输送路径基本有 3 条，不同学者提出的路径中只是沿途具体点位有些许不同。

第一种路线划分中，北路包括：源区（蒙古国东南部）—内蒙古乌兰察布市—锡林郭勒盟西部的二连浩特市、阿巴嘎旗—浑善达克沙地西部—朱日和—四子王旗—张家口—北京。西北路包括：源区（蒙古国中、南部）—内蒙古阿拉善盟的中蒙边境—乌拉特中、后旗—河西走廊—从贺兰山南、北两侧分别经毛乌素沙地和乌兰布和沙漠—呼和浩特市—张家口—北京。西路包括：源区（新疆塔里木盆地塔克拉玛干沙漠边缘）—敦煌—酒泉—张掖—民勤—盐池—鄂托克旗—大同—北京（尹晓惠等，2007）。

第二种划分路径与第一种相似，北部路径：（蒙古国东南部）—二连浩特—苏尼特右旗—四子王旗—化德—集宁—张家口—宣化—北京。西北路径：（蒙古国中、南部）—额济纳旗、阿拉善高原—乌拉特中、后旗—河西走廊—贺兰山南、北两侧分别经毛乌素沙地和乌兰布和沙漠—呼和浩特市—大同—张家口—北京。西部路径：（新疆塔里木盆地、塔克拉玛干沙漠边缘）—河西走廊—银川、西安—大同、太原—华北地区（北京），经由该路径传输的沙尘暴很少影响北京（陈司和李一楠，2010）。

第三种划分路径与第一种类似，北路主要来自浑善达克沙地，沿途经过朱日和、四子王旗、化德、张北县、张家口、宣化，然后进入北京；西路主要来自新疆的哈密、茫崖，沿途经过河西走廊、银川、大同，然后进入北京；西北路源自中蒙边境地区的阿拉善、马特拉，沿途经过贺兰山区、毛乌素沙地、呼和浩特、张家口，然后进入北京（李令军和高庆生，2001）。

第四种划分路径简洁，第一条路径：蒙古国南部—内蒙古浑善达克沙地—河北省西北部—北京地区；第二条路径：蒙古国南部—内蒙古朱日和一带—河北省西部—北京地区；第三条路径：山西高原—河北—北京地区（郑新江等，2004）。

第五种通过对遥感卫星图像中沙尘高浓度区的走向分析认为，第一条由内蒙古浑善达克沙地一带—河北黑河河谷—北京，称偏北路径；第二条，由内蒙古朱日和一带—张家口—河北洋河河谷—北京，称西北路径；第三条由河北桑干河地区—沿永定河谷—北京，称偏西路径（郑新江等，2004）。

依据《天气地面图》、《中国地面气象记录月报》资料，结合卫星云图中沙区高浓度走向，参考各气象站的主导风向等气象资料（郑新江和刘诚，1995；方宗义和王炜，2003），认为中国沙尘暴的主要3条移动路径中，以"泰梅尔半岛—西伯利亚中、西部—蒙古国—新疆东部及内蒙古地区—华北地区"为路径的北路是影响京津地区的主要源区（杨艳等，2012b）。

还有人将沙尘暴路径分两路：北路由内蒙古乌兰察布市和锡林郭勒盟西部的二连浩特、阿巴嘎旗—浑善达克沙地西部—张家口—北京；西路由哈密市以东至内蒙古阿拉善盟的中蒙边境—沿河西走廊—从贺兰山南、北两侧分别经毛乌素沙地和乌兰布和沙漠—呼和浩特市—张家口—北京（刘晓春等，2002）。

Nd-Sr同位素分析表明，2006年4月北京地区的沙尘暴物质，主要贡献者是鄂尔多斯高原的库布齐沙漠和毛乌素沙地，是远程沙漠沙尘和本地尘混合作用的结果（Yang et al.，2009）。卫星图像揭示，2006年4月16～17日北京发生的强沙尘暴，其沙尘来源于内蒙古东北部的阿拉善盟，向东南方向穿过宁夏北部，内蒙古中部，陕西北部，山西和河北；然后尘暴在北京和天津附近移出中国大陆，浮尘引起呼和浩特、大同和北京严重的空气污染（Lue et al.，2010）。

关于北京盐碱尘暴发生的路径，目前还处于众说纷纭的局面，尚无法做到完全统一。但是，如果从北京盐碱尘暴降尘物质常温水溶盐含量高的特点，结合北京周边的地形地貌的分布特征、春季尘暴发生时的风向（主要来自西、西北和北），和盐碱尘暴尘源区应该是有大量含盐量高的干盐湖分布区（毫无疑问，这一区域主要分布于内蒙古中部范围，即基本属于锡林格勒盟和乌兰察布市范围所辖）。以及来自西北地区的尘暴移动过程中，受到阿尔泰山脉、贺兰山、阴山山脉、吕梁山、太行山脉等的多次阻挡，到达北京的粉尘也是寥寥无几。实际采样分析结果也完全得到证实。例如，2013 年 4～5 月，据气象部门报道新疆、甘肃等地，虽然发生巨大沙尘暴，但到达北京后的降尘，与北京地区在这一时段的日降尘量十分接近。

因此输送北京盐碱尘暴降尘物质的路径可能存在 3 条，但最重要的应自北京的西北方向。即主要通过内蒙古二连一带经张北、张家口到达北京。大量北京盐碱尘暴的后向轨迹分析结果得到了充分的肯定和证实（张仁健等，2005）。而其他路径至今尚未见到有关后向轨迹分析结果。

另外，如果从影响北京盐碱尘暴 3 条路径的降尘量分析结果，和考虑到途经地区的地形、地貌特征、纬度，以及产生高气压区的特征等，影响北京盐碱尘暴最重要路径，应该是途经内蒙古二连地区的西北路径。2012 年北京盐碱尘暴后向轨迹分析结果同样表明主要路径来自西北。

小结 我国沙尘暴传输路径可概括为三大类：西方路径、西北路径和北方路径。不同学者提出的具体路径基本上是这 3 条中的具体点位变化而形成。北京沙尘暴传输路径则设定北京为中间站或终点站的前提下，对我国北方沙尘暴传输路径的个性化。输送北京盐碱尘暴降尘物质的路径可能存在 3 条，后向轨迹分析结果表明，最重要的应以北京的西北方向，即主要通过内蒙古二连一带经张北、张家口到达北京。

第6章 沙尘暴源解析

6.1 沙尘暴源解析方法

研究沙尘暴成因问题，不仅涉及边界层的气溶胶力学问题，还涉及沙尘暴天气动力学问题以及沙尘暴的气候学问题（周秀骥等，2000）。卫星监测技术和对气象流场的分析表明：我国沙尘源有境外和境内两种。2001 年通过卫星、气象观测和沙尘地面监测网络观测到的 32 次沙尘暴事件中，有 18 次是在蒙古国南部形成沙尘暴后移动到我国境内的。境内初始源地位于我国内蒙古中、西部地区及河西走廊和农牧交错带大面积的开垦地及荒漠化地区等。以往研究认为，北京尘暴主要来源于内蒙古、哈萨克斯坦和我国北方荒漠和半荒漠地区（Ho et al.，2003；Hoffmann et al.，2008；Gallon et al.，2011）。近年来的研究认为，我国内蒙古地区是现阶段北京尘暴的主要来源地，模型定量估算该地区每年对尘暴的输出贡献达 31%，数值模拟研究认为尘暴源地还包括河北北部、山西东北部、甘肃和青海北部等地区，38 例沙尘过程的卫星图像配合天气流场分析将尘暴源的土地和地貌类型确定为内蒙古中西部地区、河西走廊、农牧交错带大面积的开垦地及荒漠化地区等（Xie et al.，2005b；Zhang et al.，2010a；Zhang and Tang，2011）。目前，常见的确认沙尘暴天气发生和追溯其来源地的方法有元素富集系数法、后向轨迹法、卫星云图法和同位素法等（Ashbaugh et al.，2003；Song et al.，2007；Bozlaker et al.，2013），现介绍几种如下。

6.1.1 同位素

铅、铁等的同位素分析，黑碳／元素碳值（OC/EC）中 $^{13}C/^{12}C$ 的比率分布（Huang et al.，2006；Chen et al.，2008；Majestic et al.，2009）曾用于沙尘暴源解析。Chen 等（Bozlaker et al.，2013）使用 ^{13}C 同位素方法确认松嫩平原是潜在的亚洲尘暴来源地之一。Yang 等（2009）使用 Sr-Nd 方法确定西藏高原的北部是发生于 2006 年 4 月北京尘暴的来源地之一。初步研究表明，中国北方沙尘源区风成沙 Pb 同位素的空间分布具有明显的区域差异，毛乌素沙地具有最低的 $^{206}Pb/^{204}Pb$、$^{207}Pb/^{204}Pb$ 和 $^{208}Pb/^{204}Pb$ 值，塔克拉玛干沙漠具有最大的 $^{206}Pb/^{204}Pb$、$^{207}Pb/^{204}Pb$ 和 $^{208}Pb/^{204}Pb$ 值，其他地区介于两者之间。对比发现，Pb 同位素在中国北方黄土、格陵兰冰芯粉尘和北太平洋深海沉积物源区示踪方面具有较好的有效性（李锋，2007）。基于我国不同地域的 $^{206}Pb/^{207}Pb$ 和 $^{206}Pb/^{208}Pb$ 值差异较大，铅同位素可以作为有效的确认沙尘暴来源地的示踪方法。Cheng 和 Hu（2010）归纳了亚洲不同城市地区土壤中 $^{206}Pb/^{207}Pb$ 和 $^{206}Pb/^{208}Pb$ 的数据，确认 Pb 同位素可以作为有效确认城市土壤是否受到污染的化学特征指标。而 Erel 等（Erel et al.，2006）

则发现沙尘天气发生时，美国西海岸地区大气颗粒物的 $^{206}Pb/^{207}Pb$ 值升高，据此，确认 $^{206}Pb/^{207}Pb$ 可以作为有效的化学指标确认沙尘天气。

6.1.2　受体模型

源解析中常用的几种受体模型方法包括化学质量平衡（CMB）、UNMIX、正向矩阵因子模型（PMF）、主成分分析/多元线性回归（PCA/MLR）（Chelani et al.，2008；Song et al.，2008；Zeng et al.，2010；Amodio et al.，2010；Demir et al.，2010），其区别在于释放源的化学特性是否已知。CMB 要求更多的相关源的知识和影响样点的概况，当研究区内源组成信息不易获取时 PMF 就派上用场（Almeida et al.，2005），因为多元受体模型因子分析（FA）、绝对主成分得分（APC）和正向矩阵分解（PMF）只要求环境数据测量。EV-CMB 方法可用于确定发展地区特有的地质源、通过敏感试验优化来源组成、用释放和概念模型验证源解析（Chen et al.，2010）。利用意大利国际理论物理研究中心发展的耦合了沙尘模块的区域气候模式（RegCM$_3$）对 2006 年 4 月 9～11 日发生在我国北方的一次强沙尘暴进行了数值模拟研究，对比他人研究结果，RegCM$_3$ 对沙尘的起沙、传输等过程以及 AOD 的时空分布模拟合理（孙辉等，2012）。

6.1.3　色度

色度尤其是黄度可作为示踪沙尘暴大气颗粒物的指标（钱鹏等，2012）。沙尘暴大气颗粒物的色度特征介于非沙尘暴大气颗粒物和黄土之间，指示沙尘暴期间大气颗粒物部分物质与黄土具有相同的物源联系，部分物质来源于人为源污染。

6.1.4　元素及其比率

特征元素或成分的含量在某种程度上也可指示沙尘暴的来源，当颗粒物含 Ca 的相对浓度达到某量值时，这些颗粒最可能的来源是中国的沙漠或黄土高原（徐力等，1998）。很可能富含 S、Cl、Na 的颗粒物来自富含氯化物和硫酸盐的干盐湖和盐碱化表土。Cl，Na，Mg 是沙尘暴的同类因子，其 Cl/Na 值为 5，完全不同于海水的 1.8，后者基本基于 NaCl 和 MgCl$_2$ 的存在（Zhang et al.，2009）。2002 年 3 月 20 日沙尘暴期间单个颗粒物分析表明，NaCl 和 Na$_2$SO$_4$ 是这些颗粒的主要成分，说明我国北部和西北部的干盐湖和盐碱土壤是沙尘暴源之一，该证据表明除沙漠外，干旱和半干旱地区的干盐湖和盐碱土也是北京沙尘暴的来源。对北京沙尘暴期间沉降样品进行多溴联苯醚测定分析，其主要来源可能与十溴二苯醚潜在相关，另外，在北京西北至东部的污染加重，二溴联苯醚（PBDEs）与沙尘暴沉积样品的最小颗粒大小有关（Fu et al.，2009）。

元素比率分布也可用于沙尘暴的源解析，如有机碳/元素碳值（OC/EC）中 $^{13}C/^{12}C$ 的比率分布（Huang et al.，2006；Chen et al.，2008；Majestic et al.，2009）等。研究者通过 Ca/Al 比率与后向回归分析结合，发现我国榆林大气尘来源于西北沙漠和蒙古戈壁滩（Wang et al.，2011b）。

典型元素浓度变化、富集因子、气象场分析和后向轨迹等多种手段结合，也可推断尘暴来源（王静等，2011）。2009年4月23～25日我国内蒙古、甘肃、陕西等地区出现的1次强沙尘暴天气过程，沙尘暴产生的浮尘自北南下，于26日开始影响广州期间，浮尘时段的Na、Ti、Zn、Cu、Cr浓度较非浮尘时段的增加幅度为0～100%，从富集因子来看，非浮尘时段均高于浮尘时段，说明污染源主要来自广州本地源；浮尘时段的K、Mg、Al、Fe、Mn、V、Co浓度较非浮尘时段的增幅在100%以上，其富集因子均高于非浮尘时段，说明污染源主要来自于外来源。气象场分析和后向轨迹计算表明，此次广州沙尘的源地来自内蒙古地区（申冲等，2012）。从2006～2008年春天对沿亚洲沙尘暴沿线的塔克拉玛干沙漠腹地、玉林、多伦、北京和上海5个地点的$PM_{2.5}$和TSP的监测表明：矿物是沙尘和非沙尘天气下气溶胶最重要组分。即使在沙尘天气，气溶胶的Cd、Pb、Zn和S的浓度也比地壳中的平均值高。高浓度的SO_4^{2-}有两个来源：本地排放的SO_2转化生成和其他运到玉林的原发性粉尘。Na^+、Ca^{2+}和Mg^{2+}主要来自地壳源，而NO_3^-和NH_4^+来自本地源。Ca/Al作为尘源研究的示踪剂，与后向轨迹结合分析表明，入侵玉林的沙尘气溶胶的来源可能是中国和蒙古国戈壁滩的西北沙漠（Wang et al.，2011b）。北京沙尘暴期间主要污染源元素As、Sb、Se的富集系数比平日更高，主要污染源不仅来自于北京局部地区，而且来自于其长距离传输过程中的区域。污染源元素Pb、Zn、Cd、Cu相比于平日富集系数下降，主要来源于北京地区自身。Al、Fe、Sc、Mn、Na、Ni、Cr、V、Co 9种元素的富集系数均接近1，主要来自于地壳源。S在沙尘暴中含量高达10 μg/m³，比正常高出4倍，主要来源于长期传输过程中由气体到气溶胶的转化。在沙尘暴中检测出Fe（Ⅱ）为大洋表层水带去可供生物吸收的营养元素Fe，从而导致表层生物二甲基硫排放的增加（庄国顺等，2001）。

根据地面观测、天气图和卫星云图分析以及粉尘和降尘的测量和分析结果推断，1995年3月11～12日青岛地区出现的严重浮尘天气事件与西北和华北地区的尘暴或扬沙事件密切相关（李安春等，1997）。利用粒级-标准偏差算法对哈尔滨 2006年沙尘沉降物进行了物源区敏感粒度组分的提取，共取出4个物源区组分（谢远云等，2009）。

6.1.5 成分相似性

成分相似性分析也被用来解析尘暴来源。2009年10月～2010年10月一年内沙尘暴期间的上海市普陀、闵行、青浦3个区的大气颗粒物，以及南通、郑州、西安、北京等沙尘暴输沙沿途城市追踪采集的春季大气颗粒物样品，运用XRF及ICP-MS分别测试了样品的主量及稀土元素含量。闵行、普陀、青浦区这3个区的大气颗粒物的化学组成非常相似，表明样品物源相似。将主量元素数据UCC标准化显示，沙尘暴样品主量元素含量较非沙尘暴样品更接近黄土，可能主要来源于西北内陆地区，部分为局地源物质。北方各城市沙尘暴样品的稀土元素分配模式一致，且与黄土相似，说明沙尘暴样品物质来源与黄土接近，以壳源物质为主（钱鹏等，2013）。

6.1.6 颗粒粒径

颗粒粒径甚至也成为挖掘尘暴来源的重要参数。起沙（沙粒起动）、移沙（地面沙尘的移动和堆积）、扬沙（地面沙粒升空）、对流层水平输送（包括远距离输送）和干、湿沉降过程是沙尘暴过程的关键环节。土壤颗粒有 3 种移动方式：悬浮漂移（直径小于 0.02 μm），地表蹦跃（直径为 0.02 ～ 0.10 μm）和贴地滚动（直径为 0.10 ～ 0.90 μm）。扬沙或沙尘暴的发生主要是通过悬浮漂移方式形成的。对哈尔滨 2006 年 3 月 10 日沙尘天气来源研究指出，颗粒短期悬浮和长期悬浮的沙尘沉降物粒级界限为 19.2 μm，沙尘颗粒悬浮搬运的粒径上限是 152.4 μm。沙尘沉降物包含 4 个物源区组分，粒径＜ 1 μm 组分代表大气粉尘的本底值；粒径 1 ～ 19.2 μm 组分代表非本地源的远距离外源输入，可能与高空气流的搬运有关，包括甘肃和内蒙古在内的半干旱地区为哈尔滨沙尘提供了一定量的粉尘物质；粒径 19.2 ～ 152.4 μm 组分为短期悬浮组分，主要是区域内部沙尘天气产生，松散地表裸土是该组分的重要物源；粒径＞ 152.4 μm 组分为跳跃或滚动组分，源于近源物质堆积，是就地起沙（谢远云等，2009）。

6.2　北京沙尘暴来源研究现状

北京作为我国政治、经济和文化交流中心，其沙尘暴来源问题一直是探索焦点。20 世纪 80 年代以来，研究者针对单个沙尘暴具体事件的研究，采用各种手段对北京沙尘暴的来源问题展开探索，部分回答了北京沙尘暴的来源问题。

利用近几年气象卫星对沙尘天气的监测结果得出，影响北京地区沙尘的源地可分为 3 类：第一类沙尘起源于蒙古国南部地区，第二类沙尘起源于我国内蒙古地区，第三类沙尘起源于北京本地（郑新江等，2004）和周边环境。元素示踪法证实了北京地区沙尘暴以外来源为主的已有推论（韩国慧等，2005），针对 2001 年冬春多次肆虐北京地区的沙尘暴，国家环境保护总局组织"沙尘暴与黄沙对北京地区大气颗粒物影响的研究"，结果发现：沙尘暴发生的境外源（起始源区）主要有蒙古国东南部戈壁荒漠区和哈萨克斯坦东部沙漠区。境内源区有内蒙古东部的苏尼特盆地和浑善达克沙地中西部；内蒙古阿拉善盟中蒙边界地区；新疆南疆的塔克拉玛干沙漠和北疆的古尔班通古特沙漠（赵俊杰，2002）。气溶胶中元素比值 Mg/Al 是区分北京地区矿物气溶胶本地源与外来源有效的元素示踪体系，矿物气溶胶即沙尘、硫酸盐和硝酸盐为主的无机污染气溶胶，根据元素示踪法，沙尘暴期间外来源贡献最高达 97%，成为北京大气颗粒物的主要来源（韩力慧等，2005）。地面气象和天气图谱资料进一步确定北京地区外源型沙尘暴的入侵地点（刘晓春等，2002）。

Wang 等（2004）认为中国西北地区干涸湖床沉积物、退化草地及沙化土地是风成粉尘的主要来源。除从物化成分上追索来源外，从发生沙尘暴的天气过程探索形成、演化过程，认为北京沙尘暴的主要沙尘来源为翰海盆地、阴山北坡、浑善达克沙地、坝上高原（陈佐忠，2001）。依据北京近地层气象要素的变化和沙尘期间土壤尘谱分布，推测蒙古国和内蒙古国地区为北京沙尘暴的可靠来源（张仁健等，2005）。后向轨迹分析表明，2000 年 4 月 6 日沙尘暴主要来源于蒙古国和内蒙古地区，并在强烈的西北气流的推动下经过高空长距离输送到达北京（张仁健等，2005）；后向轨迹分析 2000 年 4 月 6 日和 25 日的 2 次强沙尘天气，将沙尘源地圈定在蒙古国的东南部和内蒙古的中西部（荆俊山等，2008）。数值模拟研究认为，沙尘源地除了蒙古国南部，内蒙古中西部外，还涉及河北北部、山西东北部、甘肃和青海北部等地区（孙建华等，2004）。而 38 例沙尘过程的卫星图像配合天气流场分析把沙尘暴源的土地和地貌类型具体确定为内蒙古中西部地区及河西走廊和农牧交错带大面积的开垦地及荒漠化地区等（任阵海等，2003）。在挖掘沙尘暴源地的过程中，吕达仁院士带领团队对北京沙尘暴源之一的内蒙古浑善达克沙地沙尘天气成因、沙尘暴气候特征、沙尘气溶胶离谱特征、物化特性进行了系统的研究，获得了一批宝贵资料（王革丽等，2002；成天涛等，2005a，2005b，2006a，2006b）。

而另外一些研究也观察到本地源对北京沙尘暴的贡献，将北京的尘暴基本确定为本地污染源和土壤的自然源，且细颗粒物的浮尘多来自外地源（孙珍全等，2010），有认为北京沙尘暴沙源有来自本市建筑工地与地面裸露的市区扬尘、城市北部的 3 个生态类型区，即主要是指内蒙古中部和河北省北部地区，即河北坝上及锡林郭勒盟南部农牧过渡区、锡林郭勒牧区和浑善达克沙地（陈佐忠，2001）。元素富集系数法和比值元素示踪表明，北京地区沙尘暴期间大气颗粒物可能大部分来自北京以外的地区，而浮尘天气中大气颗粒物则可能有更多一些的本地污染源（庄国顺等，2001；郭发辉等，2002；周家茂等，2007）。相关统计数据表明，北京上空的飘尘污染 40%～60% 来自北京工地，而在一般风沙天气中，北京当地的沙物质更是占到 80%，是北京风沙的主要沙尘源。辽金时期，金、元建都使北京及周边地区大批森林遭到砍伐，河北及密云附近的森林被砍伐殆尽，从历史上来看人为因素至少加剧了这种自然灾害。现阶段，永定河、潮白河、大沙河、延庆康庄和昌平南口是北京的五大重点风沙危害区，是北京市区沙尘的主要产生地。北京春季风沙天气情况下大气气溶胶的物理化学特征显示，风沙期间的大气气溶胶主要来源于自然源，以局地尘源为主，人为排放的气溶胶作用相对减弱（杨东贞等，2002）。基于 Nd-Sr 同位素范围发现，2006 年 4 月北京地区的尘暴材料大部分来源于鄂尔多斯高原的库布齐沙漠和毛乌素沙地，浮尘是遥远沙漠的尘与北京本地尘的混合物（Yang et al.，2009）。2006 年 4 月 16～17 日北京发生的强沙尘暴，降尘颗粒多呈角状、次棱角状或近圆形，中值粒径接近 12 μm，以高含量细沙和粗泥沙颗粒为特征，主要成分为 C、O、Si、Al、Fe、Ca，而主要矿物质为石英、钠长石、方解石、黏土矿物（Lue et al.，2010）。

当利用现代测试手段分析沙尘暴的成因时，北京及周边的"贡献"更是不容忽视。尽管 2000 年 4 月 6 日沙尘暴期间北京近地层气象要素的变化和沙尘期间土壤尘谱分布及其来源分析表明：此次沙尘暴主要来源于蒙古国和内蒙古地区，并在强烈的西北气流的推动下经过高空长距离输送到达北京，但是通过卫星云图显示，2000 年 4 月 6 日的 13：00 左右锋面移入北京时，云区面积和亮度达到生命史中的最强阶段，这显然与近周边（包括冀北高原、河北平原及京津地区）存在众多的分散沙尘源有关，其中主要是一些小型沙地、裸露荒地、闲置耕地、干河道、建筑工地、垃圾场等。更有人认为，北京地区的沙尘暴源于当地的土壤大面积风蚀，并非外来。在河北、河南、山西、山东、内蒙古、辽宁等北京周边远邻地区中，内蒙古沙尘暴最严重，其次是河北、山西。但这些邻近省（自治区）也不是北京地区的沙尘暴来源之地，而北京冬春季节的裸露农田，才是北京地区沙尘暴、扬沙的主要发生地（邹受益等，2007）。以2002年3月20日北京一次特强沙尘暴为例，解析原始沙尘源的分布包括春季长江以北广大的裸露土地，显示出沙尘暴起始过程是以点源群出现，然后合并为沙尘带，最后出现大面积沙尘污染（任阵海等，2003）。

6.3 北京沙尘暴新来源的认识

历史时期沙尘暴的沙尘物质主要来源于中国北方地区的沙漠、戈壁地区，大多数学者的基本共识是：中国北方地区沙漠、戈壁仍是现代时期沙尘暴物质的主要来源。近年来，一些学者提出，干涸湖床沉积物可能是沙尘暴的物质来源之一，提出影响东亚地区的粉尘天气物源不仅是中国西部的内陆沙漠、沙地，更重要的是干涸的湖。而干涸湖床沉积物是否是沙尘暴主要物质来源问题，不同研究者的认识并不一致，由于沙尘暴发生过程的复杂性，对沙尘来源的准确判定比较困难，不同的研究者针对的对象不同，采用的方法不同，得出的结论并不相同。

我国部分地区如新疆的艾比湖地区的荒漠化过程中盐碱化程度增加（李虎等，2005）。尽管自极端盐碱化的"416"尘暴事件起，人们才真正意识到北京沙尘暴已可称为盐碱尘暴，但21世纪以来发生的多次沙尘暴降尘中，均具有含量很高的水溶盐（张万儒和杨光滢，2005）。2002年3月19～21日的沙尘暴降尘样品的水溶盐含量高达5.20 g/kg，一次就给北京带来了3.156 t的水溶盐有害物质，而采自北京地区的通州、怀柔、延庆等地的地表土壤均未检出水溶盐，说明北京沙尘暴降尘中的水溶盐是来自外源源区，与本地沙源无关。在以往沙尘暴研究中，可以追溯盐碱尘暴的踪迹。例如，通过对2002年3月20日北京特大沙尘暴565个单颗粒物的分析，专家认为，北京沙尘暴不仅来自其源头沙漠，沙尘暴所经过的包括干盐湖盐渍土的大范围干旱、半干旱地区的表层土也是其主要来源（张兴赢等，2004）。对2002年3月20日气溶胶中的单颗粒元素、PMF及相关性分析表明，除沙漠外、干盐湖、干旱和半干旱地区盐渍土壤，也是北京沙尘暴的特殊来源（Zhang et al.，2009）。2006年4月16日北京特大沙尘暴降尘中水溶盐含量高达3.21%，一次给北京带来的水溶盐就重达1.1万t之多（韩同林等，2007），被认为不是一般的沙尘暴，而是含有大量水溶盐化学物质的化学尘暴或盐碱尘暴（宋怀龙，2006）。原因可能在于，北京地区地处内蒙古中部和河北西部分布大量干涸盐渍湖盆区的下风方向，当沙尘暴发生时，强风作用下的干涸盐渍湖盆中存在的颗粒细、密度小和富含水溶盐物质的盐碱粉尘极易被扬起进入高空，随风输送到北京上空降落。北京大气的总悬浮颗粒物、可吸入颗粒物中有芒硝、岩盐矿物等水溶盐存在（张兴赢等，2004；邵龙义等，2006），证明北京沙尘暴及日常大气降尘中都有来自干涸盐渍湖盆区的成分，干涸的盐渍湖盆区极有可能成为不容忽视的重要沙尘源区。2006年年底的中韩第三届荒漠化防治与草原保护研讨会上，将焦点汇聚在北京刮的是沙尘暴、尘暴，或更具体地说是盐碱化学尘暴的问题上。郑柏峪认为，位于京城以北600 km、面积110 km² 的浑善达克沙地北缘与锡林郭勒草原交界之处的干涸的查干诺尔湖，是可能的尘暴源（科学时报，2006）。已有一些探索性的实验验证的资料支持我国的沙尘暴是化学尘暴的观点。

进一步分析认为，土壤表层或亚表层中（一般是 20～30 cm）水溶盐的含量超过 0.1%～0.2% 就属于盐碱土范畴，而目前确定的北京沙源土地类型——农耕地、撂荒地和退化、沙化土地等，一般含盐碱量均未达到盐碱土的标准，而沙地、沙漠中的水溶盐含量更低，均小于 0.01% 以下（韩同林等，2007）。因此，北京降尘中的水溶盐含量极高的现象意味着北京降尘除已确定的沙源的土地、地貌类型和单元外，一定还存在着水溶盐含量极高的沙源。可见，干涸的盐渍湖盆区极有可能成为不容忽视的重要的沙尘源区。如何在以往研究所划定的较大范围的沙尘暴源区的基础上，进一步限定具体的尘源尤其是盐碱尘源及浮尘来源，是目前面临的重要科学难题。目前，具体沙尘暴事件中沙尘来源研究存在的主要问题是：不同源区的沙尘物质是否存在可以分辨的有效信息，采用的方法能否有效示踪不同源区的沙尘物质？（李锋，2009）。另外，沙尘暴具体事件中沙尘物质的来源确定是一个复杂的问题，沙尘暴沿途地区都可能提供沙尘物质，这主要取决于当地的地表覆盖状况和气象条件，目前尚没有准确的方法确定不同地区的沙尘贡献率，不同源区沙尘物质的有效示踪方法研究是沙尘暴具体事件观测急需解决的问题之一。沙尘暴源区不同土地和地貌类型地表土壤水溶盐含量及物理化学特征存在显著不同，但含量又相对稳定（韩同林等，2007），刘艳菊博士负责的"国家自然科学基金"项目组成员在 2009 年的进一步研究发现，水溶盐含量、粒度大小、酸碱度、比重和起尘风速是判断北京盐碱尘暴来源的重要和关键特征（刘艳菊等，2010）。此外，沙漠中的沙和沙尘暴中的尘不仅是颗粒大小的问题，它们的运动形态不同，沉降地点和防治方法也不同，将涉及治理沙尘暴源的重点和方向，对于能否治理好沙尘暴将起到决定性的作用。因此，明确北京沙尘暴的来源则应是首先要弄清楚的问题，它将为北京市政府对沙尘暴的治理提供相应的决策依据。

小结　常见的确认沙尘暴天气发生和追溯其来源地的方法有元素富集系数法、后向轨迹法、卫星云图法和同位素法等。本章概述了依据同位素、受体模型、色度、元素及其比率、成分相似性、颗粒粒径等几种特性判断沙尘暴来源的研究方法。并进一步对北京沙尘暴的来源研究现状进行了总结，不同时间发生的沙尘暴，来源和路径有变化，但不外乎本地土壤自然源和外地沙尘暴源地及途径地区，为此，内蒙古及其沙尘暴传输沿线，北京及周边地区是北京沙尘暴的主要来源。近年来对沙尘暴成分盐碱特征的研究推测干盐湖是北京沙尘暴新的尘源区，需要引起高度重视。

第 7 章　沙尘暴治理

7.1　沙尘暴防治经验

7.1.1　加强法律体系建设

沙尘暴治理首先需要建立健全有关法律法规，做到有法可依，有法可循（周燕，2001）。1991 年的"发展中国家环境与发展部长级会议北京宣言"首先将这一问题提到国际社会的议事日程（张望英和谷德近，2002）。我国已经制定或修改了《中华人民共和国防沙治沙法》《中华人民共和国草原法》《中华人民共和国森林法》《中华人民共和国水土保持法》《中华人民共和国环境保护法》等，初步形成了我国生态保护的政策法律体系（彭珂珊，2002）。

7.1.2　有效保护与合理利用水资源

沙尘暴发生频率与地表植被覆盖率和降水等因素显著负相关（Xu et al.，2006），可通过合理分配水资源，禁止超采地下水，从源头上治理沙漠化（刘蓉和赵明瑞，2014）。通过保护天然植被、利用好天然降水、搞好引水拉沙，提高土壤温度，再从水利建设上防止风蚀（白俸洁和宋洋，2003）。通过化学稳定剂如聚丙烯酰胺（PAM）有效防止水土流失、节约灌溉用水、稳定植物的早期增长（Genis et al.，2013），甚至可通过海水西调工程，从渤海西北海岸提水到大兴安岭南端，经内蒙古北部到达新疆，以恢复和扩大西北湿地、治理沙漠和沙尘暴（陈昌礼，2001）。

7.1.3　改善土壤结构

土壤质地和土块结构是决定土壤受风蚀危害程度的主要因素，可通过种植豆科作物及增施有机肥等方法提高土壤的聚合力（李文杰，2001）、增加土壤团聚体。依据风沙学原理，利用沙尘暴现象对内蒙古荒漠草原进行了表层土壤再造试验。采用地表撒松散杂草（秸秆）后用尼龙网罩固定的方法，拦截沙尘暴所携带的尘土。再造后的土壤掩埋了裸露的植物根系和地表面的砾石。再造后土壤比对照土壤有效锌增加 114.8%、有机质增加 33.3%、全氮增加 77.1%、有效磷增加 150.0%、速效钾增加 7.8%、pH 降低1.3%（赵山志等，2011）。

7.1.4　减轻人为破坏

根据 20 世纪 80 年代中国科学院兰州沙漠研究所的调查，我国北方现代沙漠扩大的成因中，94.5% 为人为因素所致（申元村等，2000）。因此，减轻人类破坏土地的行为（Zhou et al.，2013）势在必行。这就需要调整畜种结构，推行轮牧、休牧和短期禁牧制度（屠志方，2013），改变传统放牧方式，由全放牧向舍饲、半舍饲发展，退耕还林还草（周燕，2001），提高草原生态系统的生产力，建立集约化的草原生产体系，满足牲畜对饲草饲料的需求（路明，2004）。还可转移畜牧压力，把草原上超载牛羊转移到农区，运用农村的秸秆减轻载畜的负荷（唐国策，2006）。

7.1.5　生态修复

生态修复强调地球科学、环境科学等多学科的有机交叉综合，借助极限气候条件下进行生态环境改良、强沙尘暴天气防灾减灾的生态调节（赵光平等，2000），是对已荒漠化土地的有效治理手段。减少耕地面积、保护自然植被可以减轻因放牧引起的生态系统贫瘠化的压力（Jiang，2008），在干旱和半干旱地带会有效减弱沙尘暴的发生（Xu，2006）。植被恢复在一些沙化地带发挥了很好的作用，如植被调查表明，已有 24 种藻类和 5 种苔藓定居在腾格尔沙地，起到一定程度的固着沙丘的作用（Li et al.，2003）。植被的增加可有效遏制沙尘过程，不仅可减少流沙裸露面积、防止扬沙起尘，而且可降低近地表风速，减小风力对土壤的侵蚀。研究表明，形成沙尘暴的起沙风速一般要达到 5 级以上，在建有防护林网并配置有灌草植被覆盖的林网内部，风速可降低 30% ～ 40%，最大能降低 50% ～ 60%。以灌木为主、灌草结合的沙区生态防护体系是防沙治沙的成功模式（刘蓉和赵明瑞，2014）。减少耕地面积、保护自然植被在干旱和半干旱地带会有效减弱沙尘暴的发生（Xu，2006），植被的存在可以从一定程度上抑制浮尘现象的产生。因此，在沙尘运移路径上，采取封山封荒，植树种草，增加植被覆盖度，可在一定程度上抑制沙尘暴灾害的发生（陈志刚和周坚华，2010）。专家研究发现，仅出现于新疆北部荒漠准噶尔盆地的短命植物，每年 4 月发芽，6 ～ 7 月凋落，尽管生活周期短，却有效减轻了沙尘暴的危害（杜宗阳，2004）。

生态修复手法众多，如积极发展人工 - 天然乔灌草复合植被（李明玉，2002），关注灌木与草本植物的作用，做好草种的选择、搭配、科学管理和完整的技术体系等（陈佐忠，2001）；建立风障如林带、灌木丛、谷物、高的杂草以及对准风向的田间带状作物等垂直风向的障碍物以改变风向和风速，减少土壤颗粒相互分离和输送，增加沉积作用（路明，2004），一项长达 28 年恢复期的人工防护林体系恢复案例的土壤分析表明，地表细颗粒（泥沙和胶泥成分）和土壤有机碳得到有效增加，沙尘暴事件的输沙率大大减少（Su et al.，2007）；在不同的荒漠区域实行不同的恢复植被密度，建立草原生态补偿机制，借助草本植物致密而发达的根系，严密痼疾表土，改善结构（唐国策，2006）；减轻地表干扰，推行保护性耕作。极大限度地减少土壤耕作，将作物秸秆残茬留于地表的一种耕作体系，是一种改良的、集约的、防治水蚀和风蚀的作物生产方法，是世界各国治理沙尘暴的有效方法，中国农业大学在河北省丰宁县坝上进行了春小麦免耕试验，取得了理想的效果（路明，2003），关键在于：一是残茬覆盖，淘汰铧式犁，土壤不翻耕，秸秆覆盖田面；二是使用苜地播种机播种，随种子播种深施化肥；三是采用除草剂与浅锄相结合的方式清除杂草。在干涸盐湖区用土著先锋植物种群进行"地毯式"的覆盖，人力助它自然滚动，形成土生土长、天然多样的植被覆盖（韩同林等，2007）。适应沙漠环境的野生植物主要是根系发达，而耐旱的物种如梭梭树无叶而红柳叶小都可以减少蒸发，又如碱蓬、盐爪爪等植物可适应盐碱含量高的环境（刘树坤，2000）。

京津沙尘暴生态修复成果可见。在我国北部尤其是北京－天津－唐山地区的主要沙尘暴来源地－科尔沁沙地，实施了一系列生态恢复工程，使不同沙丘类型得到改进，向稳定型过渡（Zhang et al.，2012）。近 50 年来的京津风沙源治理工程区沙尘暴发生频次呈显著下降趋势，虽自 1999 年有所上升，但仍远低于 20 世纪 50～60 年代，近 30 年，治理工程区沙尘暴变化很大程度上受到植被覆盖与相对湿度的影响，贡献率分别为 32.7% 和 44.5%。浑善达克沙地与京北农牧交错区生态环境综合治理试验示范研究就是尝试通过自然过程、利用有限投资来恢复沙化草原（Li et al.，2007）。我国政府于 2001 年启动了 10 年计划"京－津沙尘源控制计划"（Wu et al.，2013）。国家环境保护总局曾建议北京要筑好四道防线来阻止沙尘暴：在北京北部地区建立起以植树造林为主的生态屏障；在内蒙古浑善达克中西部地区，建立起以退耕还林还草为中心的生态恢复保护带，严禁过度放牧，重点恢复和保护草地资源，适度建设防风林；在河套地区和沙黄土地区以保护水资源和天然绿洲为中心，控制沙化土地扩大，保住天然绿洲，扩大人工林（赵俊杰，2002）。继续绿化首都的环境，减少就地起沙（陈广庭，2001）。进行生态修复，封育保护，局部地区采取灌溉、补播等辅助措施，依靠植被自然恢复能力，有助于解决京津地区长达千年的沙尘天气（苗增，2013）。北京处于北方林牧区的下风带，上风带的新疆、内蒙古、陕西、甘肃、宁夏地区环境恶化是根源（中国经济信息，2002）。

7.1.6 其他策略

（1）设立荒漠化防治区。根据荒漠化和沙尘暴的严重程度，在国家主体功能区指导下，建立荒漠化和沙尘暴防治区，划定哪些是治理区域，哪些是保护区域，哪些是封禁区域；不同的区域采取不同的水资源政策、植被保护政策、财政扶持政策等，采取不同的防治措施；区域内的土地经营者和农牧民有实施防治荒漠化措施的义务。

（2）还有设想通过修筑漠表海和多功能长城根除沙尘暴灾害的技术方法治理沙尘暴，即通过修筑最大可达到或超过整个沙漠或砾漠地理范围的海洋状蓄水体，用海底覆膜及其上的海水压住流动沙砾石沉积物，通过成群成片地修筑多功能长城，有效阻挡和埋压沙尘物质，并创造出范围广阔、可供人类进行生产生活活动的长城间地（马瑞志，2011）。

（3）加强环保教育。增强荒漠化地区农牧民的生态保护意识，提高防治荒漠化技能，全面提升农牧民防治荒漠化的能力和素质。搞好荒漠化防治与农牧民增收结合，通过参与式管理的方式，引导农牧民积极参与荒漠化防治决策和项目实施。通过扩大农牧民的参与，既增强对防治工作重要性的认识，又通过防治项目实施，增加农牧民群众的收入，引导农牧民积极参与防治实践，自觉地开展防治工作。

（4）争取外援。从外部应积极寻求国际合作，减少温室气体排放，联手防治沙尘暴，在资金和技术上寻求周边国家、发达国家、国际组织和世界银行的支持（宋迎昌，2002；卞学昌和张祖陆，2003）。

（5）加强对沙尘暴的基础性研究，应加快研究和拟定出沙尘暴评价指标体系，开发和利用遥感技术及地理信息系统，建立快速和科学的资料收集和核实手段，以获得沙尘暴研究的基础资料；实施动态监测，通过现代遥感和自动化处理技术，进行信息管理，对不同类型沙尘暴进行监测，及时预测沙尘暴的动态变化，利用高科技手段，定期进行沙尘暴发展势态的评估，制订整治计划，以减轻沙尘暴灾害的损失（杨东华，2014）。

7.2 沙尘暴治理中存在的问题

早在 1978 年，我国政府就启动了耗资巨大的三北防护林工程，但因没有科学考虑生态环境水分的平衡，治理的长期效果并不理想，并没有减缓沙地面积的扩大（Cao，2008）。京津风沙源治理工程针对沙源区的主要地貌和土地类型如沙漠、沙地和农牧交错带、沙化土地、撂荒地、退化草地、农耕地，采取了植树造林、退耕还草、退耕还林、草场围封等不同的治理措施，提高了当地抗风沙的能力，改善了当地百姓的生存环境条件，取得了一些成果，对缓解京津沙尘暴起到了重要作用，但沙尘暴危害依然没有得到根本解决（李令军和高庆生，2001；任阵海等，2003；郑新江等，2004；覃云斌等，2012））。

小结 沙尘暴治理方面积累了丰富经验，采用的手段主要有加强法律体系建设、有效保护与合理利用水资源、改善土壤结构、减轻人为破坏，另外，设立荒漠化防治区、加强环保教育、争取外援资金、加强对沙尘暴的基础性研究等方式均可促进沙尘暴治理。三北防护林工程、京津风沙源治理工程等措施在一定程度上改善了部分地区的抗风沙能力，但没有根本解决沙尘暴问题。

第8章　沙尘暴预报和防护

8.1　沙尘暴的预报与监测

就沙尘暴的预报监测,不同国家实施情况差别很大。蒙古国是沙尘暴主要源区之一,但该国还没有专门的沙尘暴监测站点,蒙古国气象服务局对沙尘暴的监测预报仅处于起步阶段。韩国实施了沙尘暴和相关的重降尘连续监测并获得跨国际的观测成效,于2002年发现3个巨大的尘埃云,移动过朝鲜半岛,重降尘关联的PM_{10}浓度为1106～3006 mg/m^3,在北京浓度更高,而在日本西南的测量值达986 mg/m^3,且沙尘暴入侵过程中,PM_{10}值越高,$PM_{2.5}$值负荷越低,且能见度的变化取决于$PM_{2.5}$而不是PM_{10}的值(Chung et al.,2003)。

我国有15年的沙尘暴监测历史,配备了专门负责沙尘暴监测的政府部门和机构,包括环境保护部、气象局、林业局以及中国科学院。环境保护部自2000年开始建设全国沙尘暴监测体系,共设43个地方成员单位,分布于沙尘的主要源地和主要传输途径。林业局主要负责沙尘暴防控以及荒漠化治理,下设国家荒漠化监测中心,覆盖中国大陆30个省(直辖市、自治区)和851个城市,主要实施宏观监测,包括沙尘暴的强度和频率、沙尘土地使用、植被覆盖、土壤以及土壤退化等,关注对土壤、植被和土地使用变化以及针对沙尘暴的传输监测。而气象局则是向公众发布沙尘暴预测的权威部门,2001年起开展沙尘暴监测和预警系统,在全国设2400个监测站,其中60个监测站位于沙尘暴源,风云1号、风云2号气象卫星担负着全国范围内的沙尘暴监测任务。在甘肃、内蒙古、新疆、宁夏、陕西及华北、东北等沙尘暴多发区域和主要影响区域,沙尘暴已作为重要灾害性天气被纳入了当地天气预报服务体系之中,建立了联报联防体系(吴学玲和李淑华,2005)。2001年开始,气象局与林业局建立了咨询机制,结合监测站的监测数据,双方对土地使用、植被、土壤结构等信息进行交流。中国科学院自2002年开始在中国北方的7个省份建立了沙尘暴监测网络,包括12个监测站。监测站使用LIDAR,对沙尘暴和气象变化进行实时监测(黄淼等,2008)。

在沙尘暴预测预报过程中逐渐总结出一些规律:①5月高原西部地表温度异常,可以作为塔里木盆地夏季沙尘暴日数的预报因子(赵勇和李红军,2012);②临界起沙风速是土壤可蚀性的度量指标之一,是表征沙尘颗粒进入大气的重要因子,也是沙尘暴预报模块中最重要的参数之一(朱好和张宏升,2011);③利用我国在1954～2007年258个台站观测的月沙尘暴日数资料、北半球地表温度和美国NCAR/ NCEP大气再分析资料研究发现:我国春季沙尘暴日数与贝加尔湖地表变暖显著负相关。22年的统计预报结果与多数台站观测的沙尘暴发生频率存在显著的正相关,表现了该统计预报模型的业务应用价值(祝从文等,2010);④依据甘肃省兰州市1955～2010年沙尘暴、浮尘天气事件年变化资料，划分年强度分级，应用 **Markov** 模型对其不同强度发生概率进行分析，**Markov** 模型可成为短期沙尘暴浮尘天气变化预测的有效途径（蔡忠兰等，2013）。

除此之外，沙尘暴影响综合评价是沙尘暴灾害研究中的一个重要方面，而沙尘暴影响综合评价指标体系是其中的一个重要环节（王静等，2012）。模糊数学方法以模糊数学为理论基础，构建沙尘暴灾害承灾体脆弱性评价模型，成功研究了半干旱草原区——锡林郭勒盟沙尘暴灾害承灾体的脆弱性，锡林郭勒盟地区沙尘暴灾害承灾体的脆弱性在 1981～1990 年、1991～2000 年、2001～2010 年 3 个时期表现出逐渐降低的趋势（李锦荣等，2013）。

8.2　沙尘暴的预防和防护

建议从以下几个方面进行沙尘暴的预防和防护，以减少不必要的损失：

首先，提高公民的环保意识。通过环境教育宣传，贯彻保护草原、保护环境、关心地球和人类未来的理念，逐步培养人们保护植被、节约用水、不乱砍滥伐、不毁林开荒的良好习惯。

其次，加强公共交通安全防护。沙尘暴期间，若风力过大或能见度太低，高速公路管理部门应暂时封闭高速公路，避免发生交通事故；空中交通管制部门根据机场天气状况合理控制飞行流量，保证进出机场航班的安全起降；火车行驶途中应减速慢行，不宜继续行驶时应进站停靠避风；公路上机动车应低速慢行，并及时开启大灯、雾灯，必要时驶入紧急停车带或在安全的地方停靠，乘客要视情况选择安全的地方躲避，轻型机动车上需放重物并固定或慢速行驶；遇见强沙尘暴天气时，应把车停在低洼处，等到狂风过后再行驶；城市街道车辆减速让行。

再次，进行生活空间的防护。沙尘暴期间，不开窗通风，采取空气净化器和加湿器等手段，净化室内空气和保持一定的室内湿度。

最后，出行时加强个人防护。沙尘天气时应尽量减少体力消耗和户外活动，特别是老年人、婴幼儿、孕妇、体弱者以及呼吸系统疾病和心脏病患者更应注意；必须外出时，戴上口罩、眼镜、帽子和围巾，口罩的材料必须针对细小颗粒的粉尘，必须能和脸部密合（姚红，2001）；尽量避免骑自行车；远离高大的建筑物，不要在广告牌下、树下行走或逗留；出现不适及时就诊，出现慢性咳嗽伴咳痰或气短、发作性喘憋及胸痛时要尽快就诊。保持房间和穿着洁净，不戴隐形眼镜。

小结　我国有 15 年的沙尘暴监测历史，相关政府部门和机构相应建立了自身管辖范围内的监测体系。地表温度、临界起沙风速是沙尘暴监测的关键因子，结合 Markov 模型等为沙尘暴预报预测提供了技术手段。在预防和防护方面，则需通过提高公众环保意识、加强公共交通安全防护、进行生活空间的防护、出行时加强个人防护等手段减轻沙尘暴对人的危害。

中篇　调查与分析

第9章　北京尘暴研究阶段

9.1　北京尘暴研究序曲
——干涸盐湖区作为北京尘暴源问题的提出

2002 年 8 月 22 下午,本专著作者之一韩同林,随"中国人与生物圈国家委员会"原秘书长韩念勇,到内蒙古正蓝旗考察当地人与生物圈环境问题快要结束后,应郑柏峪(原轻工业部处长)之邀,对已干涸的查干诺尔湖进行考察,参加的人还有内蒙古大学草原植物分类学教授刘书润及环保志愿者数人。23 日一早,考察队目睹了干涸的查干诺尔形成的广阔无垠的荒漠(彩图 1～彩图 2)及少量残留的盐沼(彩图 3～彩图 4),为其荒凉景象所震惊。初步认为,查干诺尔快速干涸主要是受全球气候不断向干旱方向发展影响,当地降雨量逐年减少,加上人为拦截上源补给水源等诸多因素综合作用的结果。

2003 年春天刘书润教授等在继续对查干诺尔湖考察(彩图 5)途中见到浑善达克沙地上立着一块高大的《界碑》,上书"京津周边地区风沙源治理工程"(彩图 6),虽然界碑上的"风沙源"三字与盐碱地的环境有些不符,但这一举动暗示着工程实施者把"浑善达克沙地"作为京津周边地区沙尘暴的发源地之一,引发了我国是否应该由"沙尘暴"向尘暴治理转变的争论。

林业专家认为:京津地区风沙源主要起于周边农牧交错区、农耕区、退化草场、沙地及河谷区,干涸湖泊仅为京津沙尘暴源之一,"治理的整体布局是经过多年探索形成的,也经过了众多专家广泛论证"。

气象专家认为:干涸湖泊与沙漠、沙地比起来小得多,仅治理干涸湖泊并不能完全有效地抑制风沙。

地质专家认为:以韩念勇为首的 11 位专家认为北京所谓的"沙尘暴",实质是"尘暴"。自 2003 年开始关于"尘暴"的论文也陆续出现(王赞红,2003a,2003b;刘东生等,2006;张宏仁,2007),暗示"尘暴"的概念逐渐得到同行认可。

9.2　干盐湖作为北京尘暴源的初步研究

9.2.1　高耐盐碱先锋植物——碱蓬种植自发性试验阶段(2002～2005 年)

2002 年 8 月 23 日对查干诺尔干盐湖及周边地区的实地考察,掀开了对干盐湖治理研究的序幕。2003 年 1 月下旬,中国科学院青岛海洋研究所的宋怀龙研究员根据沿海地区碱蓬种植的经验,提出内蒙古地区干盐湖种植碱蓬的设想,后与郑柏峪共同开创了我国以至世界利用碱蓬治理干盐湖的成功先例。他们在资金极端困难的条件下,亲自动手播种碱蓬（彩图7），摸索种植经验，最终取得初步成效（彩图8）。

9.2.2 所级项目资助的启动阶段（2006～2008年）

1. 共同的愿望引导下的合作契机

1999年9月刘艳菊博士从美国加利福尼亚大学 Berkeley 分校博士后归来，同年12月在同其导师李承森教授讨论学术问题时，涉及北京尘暴，当时李承森教授建议刘艳菊应该对北京尘暴的治理做些工作，刘艳菊花费了4个多月的时间进行了大量的文献调研，计划从第四纪藻类分类学角度，探讨第四纪以来植被的演变，从而重建沙地先锋植物类群，完成了一套国家基金申请材料，但由于单位变动而未于当年提交申请，事情便搁置下来，但沙尘暴问题也为此成为藏在刘艳菊内心的情结。2006年春季一个偶然机会，刘艳菊见到正在致力于沙尘暴研究的韩同林教授，二人很快达成默契，计划共同做些有益于沙尘暴治理的研究。双方共同努力，于2006年获得中国地质科学院地质研究所和北京市理化分析测试中心所级项目资助，开始着手制作降尘集尘器，零星收集春季尘暴降尘并进行初步分析。

2. 对查干诺尔干盐湖进行全面地质调查和碱蓬试种工作

2008年4月17日至4月22日，中国地质科学院地质研究所、北京市理化分析测试中心和燕京大学北京校友会生态扶贫专业委员会三家单位共同出资，联合对内蒙古自治区查干诺尔干盐湖进行了地质、地貌和气象条件的调查，考察地土壤样品采集（图9.1，彩图9～彩图11），并进行植物种植（彩图12）。参加本次考察的人员有：中国地质科学院地质研究所韩同林研究员（总负责）、林景星教授、庞健峰，理化中心刘艳菊博士、孙珍全，北京自然博物馆王绍芳研究员。考察期间，得到了查干诺尔镇政府和牧民的大力协助。

9.2.3 北京市财政项目支持的助推阶段（2009～2011年）

2008～2010年，在刘艳菊作为首席专家得到的北京市科学技术研究院创新团队的资助下，在2009年北京市财政专项"引进中央在京资源平台建设：空气质量分析与评价实验室"项目的资助下，刘艳菊负责的团队和韩同林教授的合作更加深入，使2007年以来及更早以前已采集到的一些土壤和尘暴样品进一步的分析工作得以进行，也获得一系列有价值的资料。

9.3 北京尘暴源的深入系统研究阶段（2012～2015年）

9.3.1 中韩联合对内蒙古干盐湖考察（2012年）

在刘艳菊主持的国家自然科学基金项目（41175104）"北京尘暴新来源解析"支持

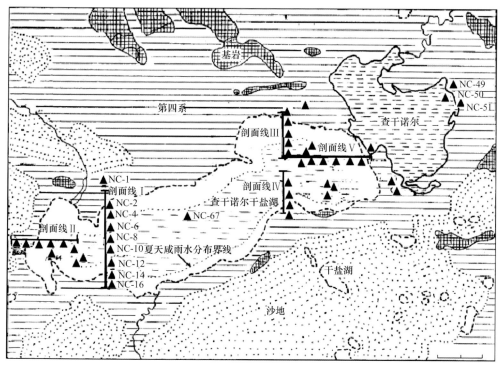

图 9.1 2008 年 4 月 17 ～ 22 日查干诺尔干盐湖考察样品采集分布图

▲ 采样位置及编号

和北京现代汽车有限公司的赞助下，2012 年 4 月 17 日～ 26 日对内蒙古西部、中部和东北部进行考察和样品采集。路线为：北京—安固里诺尔—宝昌—哈根淖尔—浑善达克沙地—锡林浩特—乌兰盖淖尔—锡林浩特—朝克乌拉苏木查干淖尔—呼日查干淖尔—查干淖尔—二连浩特—四子王旗—呼和浩特—库布齐沙漠—鄂尔多斯—黄河大桥—呼和浩特—岱海—黄旗海—张家口—宣化—怀来—北京，总长约 5000 km（图 9.2）。考察组成

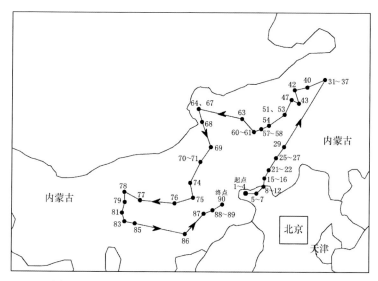

图 9.2 2012 年 4 月 17 ～ 26 日中、韩联合考察路线图

员由中方的韩同林教授、郑柏峪先生、刘艳菊博士和王欣欣4人及韩方朴祥镐先生组成。考察过程中对尘源区不同类型地表土（0～5 cm）进行了系统的采集（图9.2；彩图13～彩图29），共采集到样品147个。对样品进行514个次分析测试，其中，百分水溶盐45个、激光粒度99个、人工粒度52个、电镜扫描32个、化学全分析51个、pH49个、离子浓度94个、电导率92个。

9.3.2 国家基金项目成员考察我国西部、西北地区（2013年）

按照国家自然科学基金项目的研究计划，于2013年对我国西部、西北部大部分地区进行了考察和样品采集。路线主要为北京—乌拉特前旗—银川—兰州—西宁—青海湖—西宁—兰州—天水—西安—乡宁—太原—石家庄—北京（图9.3，表9.1，彩图30～彩图42）。采样频度为每隔150～200 km至少采集一个。

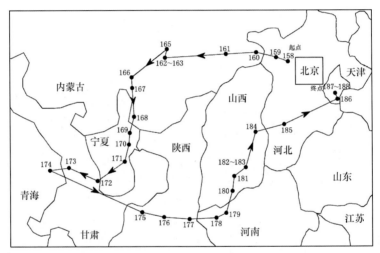

图9.3 2013年7月31日～8月5日国家自然科学基金项目组成员对我国西部、西北地区考察路线图

9.3.3 国家基金项目成员考察我国东北地区（2014年）

按照国家自然科学基金项目的研究计划，于2014年7月28日～8月7日对我国东北地区进行了考察和样品采集。路线主要为北京—承德—赤峰—通辽—库伦旗塔敏查干沙漠—通辽—松原查干湖—大庆—肇庆—齐齐哈尔—阿荣旗—海拉尔—牙克石—陈巴尔虎旗—满洲里—满洲里黑虎头口岸—兴安岭—哈尔滨—依兰—佳木斯—鸡西—牡丹江—镜泊湖—敦化—磐石—清原县北三家—沈阳—丹东—庄河—大连—营口—葫芦岛—秦皇岛北戴河—唐山市玉田县—北京（图9.4，表9.1，彩图43～彩图50）。

9.3.4 国家基金项目成员考察新疆地区（2015年）

按照国家自然科学基金项目的研究计划，于2015年对我国西部新疆地区进行了考

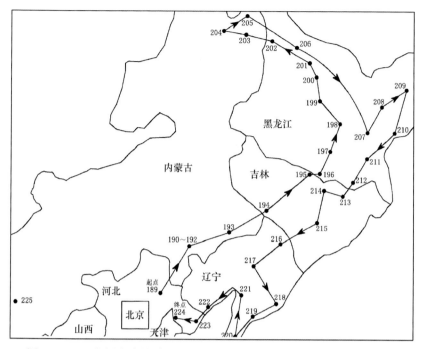

图 9.4　2014 年国家自然科学基金项目组成员对我国东北地区考察路线图

察和样品采集。路线主要为北京—乌鲁木齐—克拉玛依—黑油山—魔鬼城—乌鲁木齐—库尔勒—群克尔食宿站—库尔勒—吐鲁番—哈密—酒泉—敦煌—鸣沙山—哈密—吐鲁番—乌鲁木齐—北京（图 9.5，表 9.1，彩图 51～彩图 63）。

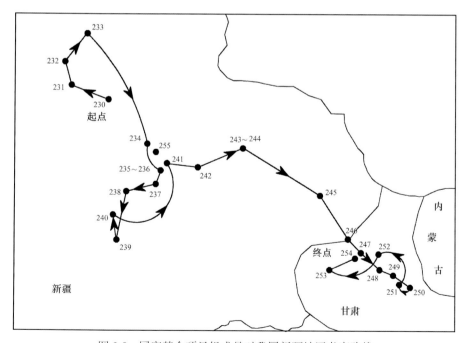

图 9.5　国家基金项目组成员对我国新疆地区考察路线

表 9.1   2011 ～ 2015 年野外考察路线信息

轨迹编号	采样日期编号	纬度	经度	海拔/m	地名	地貌特征	其他说明
1	2012041701	N41°91′04.4″	E114°21′00.6″	1168	安固里诺尔	干盐湖	永久封存（马厩内）
2	2012041702	N41°91′04.4″	E114°21′00.6″	1168	安固里诺尔	干盐湖	堆积区（马厩外）
3	2012041703	N41°91′04.4″	E114°21′00.6″	1168	安固里诺尔	干盐湖	侵蚀区
4	2012041704	N41°19′52.0″	E114°30′50.1″	1276	安固里诺尔	农耕地	正在耕种的农田，裸露表土
5	2012041705	N41°16′24.3″	E114°38′10.0″	1370	安固里诺尔	林间耕地	树叶覆盖下的浮土
6	2012041706	N41°15′43.3″	E114°50′30.4″	1381	察北牧场	林地	小叶杨，多乌鸦巢，食虫
7	2012041707	N41°19′51.6″	E114°54′04.0″	1405	察北牧场	林地	风成沙，起尘可能性小
8	2012041708	N41°34′00.4″	E114°59′35.3″	1387	九连城	干盐湖	盐湖盆区表皮盐碱样
9	2012041709	N41°34′00.4″	E114°59′35.3″	1387	九连城	干盐湖	盐湖盆区表皮 5mm 下湿润样品
10	2012041710	N41°39′47.3″	E115°14′15.2″	1391	哈夏图淖尔	干盐湖	当地碱蓬覆盖的土，起尘少。40 年前干涸
11	2012041711	N41°39′47.3″	E115°14′15.2″	1391	哈夏图淖尔	干盐湖	10 号的平行样品，盐湖的另一点位
12	2012041714	N41°38′42.7″	E115°13′14.3″	1391	白音查干淖尔	干盐湖	大部分为草地，少数为裸露土壤，长本地碱蓬（咸）。裸土样品
13	2012041715	N41°38′42.7″	E115°13′14.3″	1391	白音查干淖尔	干盐湖	耐盐碱碱蓬下部土壤
14	2012041718	N41°38′42.7″	E115°13′14.3″	1391	白音查干淖尔	干盐湖	小果白刺下的盐碱土壤
15	2012041720	N41°39′05.9″	E115°14′47.9″	1272	哈夏图淖尔	干盐湖丘陵坡顶	草稀少的盐碱土样
16	2012041722	N41°45′16.1″	E115°06′40.0″	1370	乌兰淖尔	干盐湖	湖泊很大，表皮盐碱土样
17	2012041723	N41°45′16.1″	E115°06′40.0″	1370	乌兰淖尔	干盐湖	表皮下 5mm 处盐土。周围稀疏茇茇草、小果白刺、本地碱蓬、样点几乎无植物
18	2012041724	N41°45′16.1″	E115°06′40.0″	1370	乌兰淖尔	干盐湖	表皮盐碱土
19	2012041725	N41°45′16.1″	E115°06′40.0″	1370	乌兰淖尔	干盐湖	接近湖中部的盐壳样
20	2012041726	N41°45′16.1″	E115°06′40.0″	1370	乌兰淖尔	干盐湖	去掉盐壳后 5mm 深处湿润盐碱土
21	2012041827	N42°03′37.4″	E115°20′24.4″	1475	宝昌北公路附近	丘陵	禾本科植被覆盖的山顶土壤
22	2012041828	N42°03′36.1″	E115°20′26.1″	1465	宝昌北公路附近	丘陵	山腰，大量碎屑云母，少量锦鸡儿，大量黄蒿，禾本科草本植被
23	2012041829	N42°03′34.3″	E115°20′29.6″	1450	宝昌北公路附近	丘陵	山脚下，以黄蒿植被为主
24	2012041830	N42°03′31.6″	E115°20′33.8″	1451	宝昌北公路附近	丘陵	山脚下草地，与以上样品隔一条公路
25	2012041831	N42°34′19.5″	E115°53′47.7″	1306	哈根淖尔	干盐湖	湖边较好碱蓬，中心大面积白盐碱，共 6 ～ 7 千亩。中部盐碱土样
26	2012041834	N42°34′37.3″	E115°27′14.5″	1275	宝绍代淖尔	干盐湖	干燥部分表皮盐碱土。表面白色盐碱，湖中央部分湿地处茂盛直立碱蓬
27	2012041835	N42°33′46.6″	E115°26′08.4″	1215	宝绍代淖尔	干盐湖	稀疏分叉碱蓬。盐壳样

轨迹编号	采样日期编号	纬度	经度	海拔/m	地名	地貌特征	其他说明
28	2012041836	N42°33′46.6″	E115°26′08.4″	1215	宝绍代淖尔	干盐湖	盐壳下的盐土样。计为5mm表皮下。
29	2012041837	N42°59′59.3″	E115°58′27.2″	1294	浑善达克沙地	流动沙丘	原样1土样
30	2012041838	N42°59′59.3″	E115°58′27.2″	1294	浑善达克沙地	流动沙丘	原样2土样
31	2012041940	N45°25′43.5″	E117°18′42.4″	1308	乌兰盖淖尔	干盐湖	干涸湖底中度覆盖本地碱蓬。表层盐碱土样
32	2012041941	N45°25′43.5″	E117°18′42.4″	1308	乌兰盖淖尔	干盐湖	5mm深处盐土样。230km²全湖面积
33	2012041944	N45°23′33.3″	E117°26′16.5″	1318	乌兰盖淖尔	干盐湖	湖南岸放包最高点。砾石、沙石，少见植物。沙土样
34	2012041945	N45°23′16.4″	E117°26′06.3″	1351	乌兰盖淖尔	干盐湖	顶部-湖底中途，草地，表细沙土。梯度土样2
35	2012041947	N45°23′12.4″	E117°24′56.4″	1309	乌兰盖淖尔	干盐湖	大量披肩草盖。表土样梯度3
36	2012041949	N45°24′19.4″	E117°22′51.9″	1312	乌兰盖淖尔	干盐湖	湖滨表土样。大片芨芨草覆盖。表土样梯度4
37	2012041951	N45°25′01.9″	E117°21′10.9″	1309	乌兰盖淖尔	干盐湖	湖中盐碱高的地方。盐碱白色明显。表层盐碱土样
38	2012041952	N45°25′01.9″	E117°21′10.9″	1309	乌兰盖淖尔	干盐湖	盐碱5mm深处土样
39	2012041953	N45°25′01.9″	E117°21′10.9″	1309	乌兰盖淖尔	干盐湖	贝壳
40	2012041956	N45°08′47.8″	E116°36′46.8″	1302	额济淖尔	干盐湖	东乌旗西南方向约50公里处。盐壳样
41	2012041957	N45°08′47.8″	E116°36′46.8″	1302	额济淖尔	干盐湖	盐壳下层5mm处。盐土样
42	2012041958	N44°56′10.8″	E116°08′46.8″	1313	阿尔山以东	草原	80%草覆盖率。表土样
43	2012042059	N44°33′44.2″	E116°15′03.2″	1309	朝克乌拉苏木的查干淖尔	干盐湖	砂砾地貌。重度白色盐碱，稀疏碱蓬禾本植物覆盖。盐壳样
44	2012042060	N44°33′44.2″	E116°15′03.2″	1309	朝克乌拉苏木的查干淖尔	干盐湖	5mm深处盐土样
45	2012042061	N44°33′44.2″	E116°15′03.2″	1309	朝克乌拉苏木的查干淖尔	干盐湖	5cm深处土样
46	2012042063	N44°33′44.2″	E116°15′03.2″	1309	朝克乌拉苏木的查干淖尔	干盐湖	15～20cm深处土样。沙土开始由上层的黑色变黄色
47	2012042066	N44°33′39.5″	E116°14′17.8″	1310	朝克乌拉苏木的查干淖尔	干盐湖	溪水边表层土样。土表松软、细盐土
48	2012042067	N44°33′39.5″	E116°14′17.8″	1310	朝克乌拉苏木的查干淖尔	干盐湖	5mm深处土样（湿润）
49	2012042068	N44°34′19.2″	E116°17′22.1″	1313	朝克乌拉苏木的查干淖尔	沙化草地	表层土样。50%草覆盖率。
50	2012042069	N44°34′19.2″	E116°17′22.1″	1313	朝克乌拉苏木的查干淖尔	沙化草地	5mm深处土样
51	2012042070	N44°03′57.6″	E115°54′31.6″	1076	锡林浩特市西北16km	山地	山顶土样。风积残积物
52	2012042071	N44°03′57.6″	E115°54′31.6″	1076	锡林浩特市西北16km	山地	土样。风积为主
53	2012042072	N44°03′59.1″	E115°54′34.6″	1057	锡林浩特市西北16km	山地	0-5mm土样。山丫口，风积，由小砾石碎屑，40%的草覆盖率
54	2012042073	N43°35′09.6″	E115°10′05.4″	1029	海盐淖尔河口	古河道	50%草覆盖率。表土样

轨迹编号	采样日期编号	纬度	经度	海拔/m	地名	地貌特征	其他说明
55	2012042074	N43°35′09.6″	E115°10′05.4″	1029	海盐淖尔延伸部分	干盐湖	5mm 以下土样
56	2012042075	N43°33′53.4″	E115°08′21.0″	1038	海盐淖尔延伸部分	干盐湖	湖底的表土样。采样部分几乎无植被，外围远处70%草被
57	2012042176	N43°26′45″	E114°55′43.7″	1013	呼日查干淖尔	干盐湖	剖面1层，表土盐碱土样。气象站附近。试验田附近。0mm
58	2012042197	N43°23′55.5″	E114°48′24.3″	1009	呼日查干淖尔	沙丘	剖面22层。2 mm 土样
59	2012042198	N43°23′55.5″	E114°48′24.3″	1009	呼日查干淖尔	沙丘	200 目土样。生长稀疏植株
60	2012042199	N43°20′27.9″	E114°37′39.9″	1009	呼日查干淖尔	高坡地	老的查干诺尔部分。20%覆盖草。风成沙砾。沙土样
61	20120421100	N43°20′22.3″	E114°37′46.3″	1080	呼日查干淖尔	干盐湖	湖外缘。30%碱蓬覆盖率。沙土样
62	20120421101	N43°20′19.5″	E114°37′50.8″	1069	呼日查干淖尔	干盐湖	湖中心。无植物光秃。干裂。湖底泥土样
63	20120421102	N43°39′49.6″	E113°59′51.7″	1021	东苏旗东南35km	草原	基岩露出。严重沙化。草很稀疏。沙土样
64	20120422105	N43°44′18.0″	E112°01′36.2″	895	二连淖尔	硝盐湖	部分干涸湖底硬质硝土，不咸。采软沙质风成沙表土样
65	20120422106	N43°44′18.0″	E112°01′36.2″	895	二连淖尔	硝盐湖	5mm ～ 2cm 深
66	20120422108	N43°44′18.0″	E112°01′36.2″	895	二连淖尔	硝盐湖	小果白刺下的小沙包，湖底
67	20120422111	N43°42′18.6″	E112°00′4.7″	901	二连淖尔	风成沙地	背景值。0～5cm 砾沙土样。有稀疏60～100cm 高小果白刺
68	20120422112	N43°20′54.6″	E112°10′00.1″	913	二连浩特南	退化草原	0～5cm 深。表面沙砾土，20% 草覆盖率。戈壁化。沙土样
69	20120422113	N42°37′07.9″	E112°36′57.1″	1035	赛汉塔拉南	草原	0～5cm 深细沙土样。50% 禾本草覆盖
70	20120422114	N42°06′28.2″	E112°10′48.7″	1259	四子王旗东北	草原	低地。荆棘儿和禾本科。0～5cm 黄土样
71	20120422115	N42°06′27.3″	E112°10′41.7″	1355	四子王旗东北	草原	含很多砂砾石。0～5cm 深处样。20目，0.9mm 筛孔
72	20120422116	N42°06′25.9″	E112°10′37.6″	1363	四子王旗东北	草原	坡腰土样
73	20120422116	N42°06′24.9″	E112°10′35.7″	1377	四子王旗东北	草原	坡顶0～5mm 深处土样，大量大粒径砾石。说明坡下的砾石是从这里搬运下去的
74	20120422118	N41°23′42.5″	E111°41′19.0″	1573	四子王旗南	农耕地	沙土样。草原开犁后种植，草-农耕间作。0～5cm 土样
75	20120422119	N40°55′33.9″	E111°49′45.7″	1220	呼和浩特市北郊	农耕地	玉米地。大片玉米地。路边有黄蒿。0～5cm 土样
76	20120423123	N40°41′26.4″	E110°58′27.1″	1102	哈苏海服务区	农耕地	北侧大青山。山前冲积扇，周围有防护林。玉米地0～5cm 表土样
77	20120423124	N40°37′50.5″	E109°23′37.5″	1014	白彦花服务区（包头附近）	农耕地	新翻地

轨迹编号	采样日期编号	纬度	经度	海拔/m	地名	地貌特征	其他说明
78	20120423125	N40°37′50.5″	E109°23′37.5″	1013	乌拉特前旗（乌拉山附近）	农耕地	新翻地。附近有大面积农耕地，粉尘重
79	20120423126	N40°28′40.1″	E108°39′35.2″	1093	库布齐沙漠	流动沙丘	原样。路边稀疏效果白刺和人工杨树
80	20120423127	N40°28′40.1″	E108°39′35.2″	1093	库布齐沙漠	流动沙丘	200目沙土样
81	20120423129	N40°10′09.9″	E108°27′20.6″	1112	巴音乌苏镇	干盐湖	表层土样
82	20120423130	N40°10′09.9″	E108°27′20.6″	1112	巴音乌苏镇	干盐湖	0～5mm深处土样
83	20120423131	N39°56′54.1″	E108°34′21.6″	1196	杭锦旗北20km	干盐湖	表层盐碱土。沙化严重。禾本科60%覆盖率
84	20120423132	N39°56′54.1″	E108°34′21.6″	1196	杭锦旗北20km	干盐湖	5mm深处沙土样
85	20120423133	N39°55′37.7″	E109°03′48.2″	1228	塔然高勒	丘陵	表层沙土样。风成沙堆积。被禾本科和一些小灌木
86	20120424136	N39°48′05.6″	E111°22′19.6″	1198	大饭铺煤矿黄河大桥西1km	山地	山坡中部，禾本科覆盖率90%，一定湿度。黄土样
87	20120425139	N40°28′39.5″	E112°18′42.5″	1466	凉城西南板城村	农耕地	玉米地土样。大片农耕地。远处路边有矮小油松，禾本科草本，防护林
88	20120425140	N40°35′40.5″	E112°38′21.8″	1272	岱海	人工草坪	新翻区土样。湖水微咸。近处草地多
89	20120425142	N40°37′39.0″	E112°46′45.8″	1274	麦胡图镇.岱海东	农耕地	大面积农耕地。红薯新翻地，土微暗。表土样
90	20120425143	N40°50′09.1″	E113°11′33.4″	1284	黄旗海	干盐湖	盐壳样。周边禾本科植物覆盖率90%
91	20120425144	N40°50′09.1″	E113°11′33.4″	1284	黄旗海	干盐湖	5mm深处土样。采样部分有干盐壳。无植物，土湿
158	2013072901	N40°32′56.9″	E115°00′47.9″	988	宣化	撂荒地	农田边，马路边
159	2013072902	N40°41′41.1″	E114°22′16.3″	921	怀安	撂荒地	松树苗林边，有黄蒿
160	2013073003	N40°52′16.0″	E113°46′32.6″	1392	乌兰察布	撂荒地	高速边，周围杂草丛生，有杨树
161	2013073004	N40°40′28.3″	E111°42′12.7″	1393	呼和浩特	草地	周围玉米地，房屋
162	2013073105	N40°34′27.4″	E108°38′57.7″	1436	乌拉特前旗	草原	采一批植物样品
163	2013073106	N40°29′18.0″	E108°40′16.1″	1435	乌拉特前旗	沙漠	零星植物生长，原样
164	2013073107	N40°29′18.1″	E108°40′15.9″	1435	乌梁素海	撂荒地	淡水湖附近，采一批植物样
165	2013080108	N40°49′03.7″	E108°46′33.2″	1434	巴彦淖尔	草地	附近房屋\玉米地
166	2013080109	N39°49′47.9″	E106°48′47.8″	1388	乌海	撂荒地	距公路100m，空气中有硫黄味
167	2013080709	N39°27′36.3″	E106°44′49.9″	1115	乌海胡杨岛	撂荒地	河滩，细沙土，长豆科植物，采植物样
168	2013080211	N38°24′23.2″	E106°16′49.6″	1114	银川	撂荒地	公路边，旁有湖，苜蓿草地
169	2013080212	N37°53′00.8″	E105°59′58.6″	1119	吴忠市青铜峡镇	沙地	沙土，护坡，面蓬，豆科植物1种
170	2013080213	N37°27′29.5″	E105°41′19.9″	1123	中宁	撂荒地	黄土，沙柏
171	2013080214	N36°54′26.6″	E104°51′10.5″	1797	平川	撂荒地	黄土，高速公路边

轨迹编号	采样日期编号	纬度	经度	海拔/m	地名	地貌特征	其他说明
172	2013080315	N36°10′11.8″	E103°28′08.6″	1795	兰州	撂荒地	黄土，高速公路入口旁
173	2013080416	N36°39′38.6″	E101°26′22.2″	2210	西宁多巴	农田边垄	高速出口附近有麦田，油菜地边垄
174	2013080417	N36°33′37.4″	E100°33′01.2″	3328	青海湖	草原	黏土，干硬
175	2013080618	N35°00′54.5″	E104°41′47.3″	3253	陇西	撂荒地	沙地
176	2013080719	N34°34′12.6″	E105°39′54.0″	3252	天水	撂荒地	黄土
177	2013080720	N34°22′04.9″	E107°04′16.1″		宝鸡	绿化带	高速边
178	2013080721	N34°15′44.3″	E108°40′48.2″		咸阳	撂荒地	沙土堆，餐馆附近
179	2013080722	N34°23′27.1″	E109°16′35.0″		西安	撂荒地	黄土，兵马俑附近
180	2013080823	N35°23′46.4″	E110°26′21.5″		韩城	撂荒地	黄土，高速路边
181	2013080924	N35°59′19.6″	E110°53′07.1″		乡宁	撂荒地	街道附近
182	2013080925	N36°19′46.2″	E111°41′11.4″		临汾	绿化带	高速边
183	2013080926	N36°21′12.1″	E111°44′36.8″		晋中	绿化带	服务区
184	2013081027	N37°50′06.0″	E112°52′40.8″		石家庄	农田边垄	西北通服务区，大豆田
185	2013081028	N38°04′06.4″	E114°35′03.6″		保定	绿化带	服务区
186	2013012801	N39°5′8″	N117°31′18″		天津	撂荒地	路边50m处鱼塘干土表土
187	2013012802	N39°11′5″	N117°29′24″		天津	撂荒地	路边2m处芦苇地表土
188	2013012803	N39°11′4″	N117°29′25″		天津	撂荒地	路边10m处芦苇地表土
189	2014072801	N40°54.7682′	E117°58.0334′	370	承德北	撂荒地	丘陵，上层黄土，下层石子多，酸枣、艾叶
190	2014072902	N42°16.0483′	E118°50.3879′	633	赤峰	丘陵	路边，两边丘陵、岩石顶部覆盖层
191	2014072903	N42°21.7511′	E119°11.9174′	516	赤峰东	草地	丘陵，黄土
192	2014072904	N42°21.7543′	E119°11.9078′	494	通辽新镇	草原	黄土
193	2014072905	N42°36.1212′	E121°08.6430′	299	通辽库布旗塔敏查干沙漠	沙漠	玉米地，杨树林改造很多
194	2014073006	N43°37.7149′	E122°36.7085′	166	通辽乌兰服务区	草地	沙丘、树林
195	2014073007	N45°12.7691′	E124°25.4924′	138	松原查干湖	沙地	灌丛
196	2014073108	N45°06.9109′	E124°50.3421′	153	松原-大庆公路上	撂荒地	黑土，路边荒地
197	2014073109	N45°51.9283′	E125°01.3060′	144	肇庆	撂荒地	黄土，发白
198	2014073110	N46°43.0991′	E125°07.0541′	147	大庆北	撂荒地	黑土
199	2014080111	N47°23.6172′	E123°57.8334′	148	齐齐哈尔北	撂荒地	黑土
200	2014080112	N48°07.0898′	E123°23.4265′	237	阿荣旗	撂荒地	
201	2014080113	N48°36.4803′	E122°56.7952′	359	距海拉尔280km处	草原	沙地粗粒
202	2014080114	N49°14.7320′	E120°30.2238′	662	牙克石	农田	腰高草、土豆
203	2014080215	N49°19.5921′	E119°02.3497′	665	陈旗西边	草地	沙土
204	2014080216	N49°29.2999′	E117°40.9319′	570	满洲里	草地	沙土
205	2014080217	N49°49.1231′	E118°35.2982′	529	满洲里黑虎头口岸	草地	沙土

轨迹编号	采样日期编号	纬度	经度	海拔/m	地名	地貌特征	其他说明
206	2014080318	N48°52.0377′	E121°58.8666′	972	兴安岭	林地	黑土，针叶林
207	2014080519	N45°45.9380′	E126°49.1583′	135	哈尔滨东高速	农田	黄土，大片玉米地
208	2014080520	N46°21.3494′	E129°39.2102′	124	依兰县	撂荒地	黑土，草滩
209	2014080621	N49°46.3378′	E130°17.8445′	76	佳木斯万兴收费站附近	撂荒地	黄土
210	2014080622	N45°11.9865′	E130°55.4654′	261	鸡西市出城路边	撂荒地	黄土，近杨树林，荒草丛
211	2014080723	N44°35.4165′	E129°32.8519′	303	牡丹江市交公路边	草地	沙土
212	2014080724	N44°04.8001′	E128°43.4747	402	镜泊湖火山口脚下	撂荒地	黑土
213	2014080725	N43°22.4627′	E128°17.8629′	507	敦化高速入口附近	撂荒地	黄土，玉米地旁草丛
214	2014080826	N43°46.0808′	E126°28.1987′	221	吉林高速口	撂荒地	黄土，土质坚硬，玉米地边
215	2014080827	N42°55.7121′	E125°57.7556′	336	磐石服务区	撂荒地	黄土，土质硬
216	2014080828	N42°01.5086′	E124°40.9543′	212	北三家服务区附近公路旁	撂荒地	黄土，坚硬
217	2014080929	N41°42.1758′	E123°28.8020′	50	沈阳高速入口附近路边	撂荒地	黄土
218	2014080930	N40°07.1889′	E124°18.4039′	47	丹东高速路边	撂荒地	黄土
219	2014080931	N39°43.6260′	E122°56.1150′	35	庄河服务区近公路	撂荒地	黄土坚硬，黄坡地
220	2014081032	N39°08.2008′	E121°41.8872′	26	大连附近高速路边金州	撂荒地	黄土
221	2014081033	N40°55.6661′	E122°14.5280′	−7	营口附近公路路边	撂荒地	黄土，附近有水稻田
222	2014081134	N40°17.8228′	E120°14.9991′	47	葫芦岛高速边	撂荒地	黑土肥沃
223	2014081135	N39°55.8632′	E119°20.6799′	40	秦皇岛北戴河服务区路边	撂荒地	黄土
224	2014081136	N39°45.6644′	E117°44.5358′	−1	唐山市玉田县高速路边	农田	黑土，高粱地
225	2014082037	N40°39′23.3″	E109°49.32.3′	1250	包头东	撂荒地	黄沙土，庆阳采
230	2015052201	44°26.6409′	086°18.6108′	458	乌鲁木齐-克拉玛依的白土坑水库	撂荒地	盐碱土。芦苇，柽柳等
231	2015052202	45°16.7244′	085°02.2375′	274	克拉玛依中拐	沙地	灌丛
232	2015052303	45°36.7582′	084°53.3665′	394	克拉玛依市郊黑油山	撂荒地	沙土。碱蓬，骆驼刺等
233	2015052304	46°07.6483′	085°42.6041′	296	克拉玛依魔鬼城邻近	盐碱土	丹霞地貌。碱蓬
234	2015052405	43°23.7575′	088°07.9610′	1068	乌鲁木齐-达坂城的盐湖	沙土	湖边 2m 处。草滩
235	2015052406	42°48.3978′	088°36.3899′	16	托克逊服务区	撂荒地	黄土。苜蓿，打碗花等
236	2015052407	42°38.4492′	088°34.1922′	334	托克逊服务区南 10km	沙地	沙土
237	2015052408	42°23.2475′	088°29.5583′	1767	托克逊-和硕中部 G3012 山顶	山地	黄土，上浮黑色石子

轨迹编号	采样日期编号	纬度	经度	海拔/m	地名	地貌特征	其他说明
238	2015052409	42°13.6084′	087°31.7422′	1333	和硕	沙地	沙土，碱蓬
239	2015052410	41°06.4815′	086°29.4333′	874	群克尔食宿站	沙漠	芦苇，沙生植物，苜蓿等
240	2015052511	41°54.5064′	086°44.2529′	1011	博斯腾湖边	湿地	芦苇，生物多样性丰富
241	2015052512	42°52.9839′	088°38.9754′	105	吐鲁番市西	戈壁	沙土，上覆粗石子
242	2015052613	42°56.0229′	089°38.1706′	197	吐鲁番市东部火焰山	山地	黏土，高速路边
243	2015052614	43°22.8246′	091°36.0892′	1004	红山口	戈壁/山口	沙土质硬，上覆黑石子
244	2015052615	43°22.8257′	091°36.0887′	868	哈密市西北34 km	戈壁	沙土质硬，上覆黑石子
245	2015052716	42°10.3603′	094°23.4178′	901	景峡站北11 km	戈壁	沙土质软，粒度比沙漠粗，上覆粗石子
246	2015052717	41°44.1815′	095°09.5641′	1709	星星峡高速收费站附近	荒漠	沙土，沙生植物
247	2015052718	41°44.1790′	095°09.5668	1201	瓜州县东北5 km	戈壁/荒漠	沙土质硬，上覆粗石子
248	2015052719	40°18.1336′	097°04.6843′	1479	玉门服务区路边	林地-撂荒地-绿化带	沙土。禾本科，蒿子，旱柳等
249	2015052720	40°06.3776′	097°18.6040′	1600	玉门服务区东南30 km	荒漠	沙土。灌木稀疏分布
250	2015052821	39°46.7695′	098°19.9873′	1497	酒泉市郊	撂荒地	沙土，上覆石子。矮草灌稀疏分布
251	2015052822	39°45.9938′	098°24.5457′	1637	嘉峪关关城 - 悬壁长城路边	林地	黄土，苗圃。1000m 处有铝制造企业
252	2015052823	40°34.3101′	096°30.3612′	1334	布隆吉乡	雅丹地貌	细沙土，上有石子。几无植被
253	2015052924	40°07.4265′	094°42.0003′	1138	鸣沙山	沙漠	少量骆驼刺
254	2015052925	40°31.8551′	095°53.7936′	1759	双井子铁矿	荒漠	灌丛稀疏
255	2015053026	43°18.8979′	088°20.7436′	1089	达坂城南	山地	沙石

9.3.5 其他零星采样工作

除上述 4 次进行较全面和系统考察、取样工作外，还进行过多次小规模考察和取样工作（彩图 64 ～彩图 67）。

（1）2009 年 4 月 4 ～ 12 日，在北京市海淀区紫竹院内及周边地区进行采集土壤和降尘样品工作。共采集样品 23 个。

（2）2009 年 4 月 21 日。到尘源区张北地区及附近进行了安固里诺尔干盐湖、农耕地、退化草地、沙化土地、撂荒地和山地、丘陵等不同类型地表进行采样。共采集 38 个样品。

（3）2009 年 8 月 3 ～ 8 日，尘源区考察路线长 4000 km，采集 4 种不同类型地表样品 38 个。

（4）2011 年 7 月 27 日北京—银川路线地质调查。沿途采集农耕地、沙地、丘陵、干涸盐湖等样品。

（5）2012年10月24～26日朴祥镐先生和其同事在宝绍岱盐碱地、梭梭基地、阿尔山梭梭林、阿生家苗圃、阿巴嘎旗等地对治理和未经治理的干盐湖以及对沙丘进行土壤样品采集并提供了土壤样品。

（6）2012年全年在北京及部分尘源区采集降尘，2012年3月1日～5月31日在北京西三环、北京植物园、天津工业生物技术研究所、张家口监测站连续采集大气颗粒物样品PM_{10}和$PM_{2.5}$，并进行后续化学成分分析。

9.4　人工规模种植碱蓬试验

2010年，在北京现代汽车有限公司的赞助下，郑柏裕先生等开始组织使用拖拉机进行大面积播种碱蓬（彩图68～彩图69），大大提高了人工碱蓬播种的效率，并取得良好的效果，碱蓬生长生机勃勃，十分喜人（彩图70～彩图72）。

小结　著者之一韩同林教授于2002年参与考察了查干诺尔干盐湖，初步认识到干盐湖是北京尘暴的重要来源。著者之一刘艳菊博士于2006年与韩教授联合获得所级项目的资助，启动了干盐湖的地质考察和初步的研究工作。2008年，连同燕京大学北京校友会生态扶贫专业委员会一同再次进行干盐湖考察，在刘艳菊的实验室正式开始样品的分析。本研究于2012年获得国家自然科学基金项目（41175104）"北京尘暴新来源解析"（刘艳菊主持）的支持和北京现代汽车有限公司的赞助，开始了系统的对北京尘暴可能来源路径的地表土壤及尘暴气溶胶进行物理、化学、动力学和藻类等特性的研究。

第10章 北京尘暴尘源区范围、气候及地质地貌特征

本章将主要论述尘源区的大致范围，尘源区的气候、区域地质构造、地貌、地表特征及类型划分等。

10.1 尘暴尘源区的大致范围及气候特征

10.1.1 尘暴尘源区范围初步确定的主要依据

1. 依据尘暴发生时的风向与尘源区风向的对比确定尘源区位置

由于尘暴的发生和发展严格受大气风向所制约，因此，通过北京尘暴发生时的风向，可以追寻北京尘暴的尘源区。北京尘暴发生时的风向主要来自北京地区以北及西北方向，在其上风方向的地区主要是国内的河北省张北地区和内蒙古中部的锡林郭勒盟及乌兰察布市所辖范围，以及国外的蒙古国东部地区，因此这些地区应该属于北京尘暴的部分尘源区（刘晓春等，2002）。

2. 依据尘暴迁移路径的质点后向轨迹和卫片解释确定尘源区位置

当代气象研究中所采用的气象卫星能快速、有效、直观地对沙尘暴及扬沙天气等的发生、发展和输送进行追踪、监测。利用卫星云图和中尺度数值模式进行的沙尘输送机制分析表明，北京尘暴的尘源区主要来自河北的张北、内蒙古的中部和蒙古国的东部地区。与尘暴发生时的风向所推断的尘源区结论相吻合（李令军和高庆生，2001）。

3. 依据尘暴降尘物质组分中含盐量特性与尘源区环境的对比确定尘源区位置

北京尘暴降尘中，含盐量高达 2.30% ～ 2.36%，而西北地区大面积分布的沙漠、沙地、农耕地、山地、丘陵和退化草地、沙化土地等地表的含盐量，均在 1.0% 以下。然而全部尘源区唯一含盐量高的地表，只有干盐湖和盐渍土分布区，平均含量高达 8% ～ 20%（韩同林等，2007；刘艳菊等，2010）。干盐湖分布最多、面积最大和集中的地区，位于内蒙古的中部，即基本属于现今锡林格勒盟和乌兰察布市所辖地区范围，

和蒙古国的东南部。

10.1.2 尘暴尘源区大致范围的确定

1. 国内部分

依据北京尘暴发生时的风向和利用卫星对尘暴发生、发展和输送过程路径的监测结果等，确定的北京尘暴源区的范围，大致位于大兴安岭以西，河北西北部大马群山、熊耳山和内蒙古阴山山脉以北，以及阴山以东地区。在行政区划上，主要属于河北省的张北县，内蒙古的锡林郭勒盟和乌兰察布市所辖区域。在卫星像片上呈大面积连续分布的明显褐黄色调为特征（图10.1）。

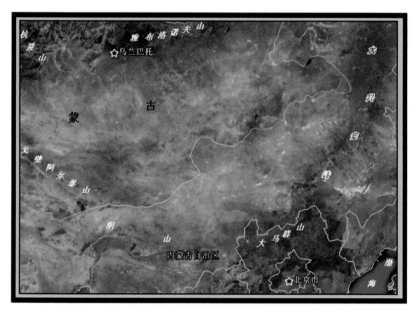

图 10.1 北京尘暴尘源区卫星影像分布图

大多数研究者认为北京尘暴尘源区主要分布于我国境内的内蒙古中部和蒙古国的东南部（尹晓惠等，2007；邱玉珺等，2008；郑新江等，2004；任阵海等，2003；李令军和高庆生，2001）。内蒙古中部主要包括锡林郭勒盟、乌兰察布市和河北省的张北地区范围内，处于 42°～47°N，110°～125°E，涉及总面积约 270 000 km²。依据实际调查和卫片解释，其中，干盐湖分布面积 3600 km²，农耕地约 31 000 km²，沙地约 72 000 km²，丘陵分布面积约 163 400 km²。

2. 国外部分

主要位于蒙古国首都乌兰巴托东南地区，包括杭爱山、雅布洛诺夫山以南和戈壁阿尔泰山以东地区，行政区划上属于蒙古国东戈壁省、南戈壁省、中戈壁省、苏赫巴托省、巴彦洪戈尔省和部分戈壁阿尔泰省等所辖。绝大部分属于完全裸露的干旱、半干旱戈壁和荒漠地区（图 10.1）。

10.1.3 北京尘暴尘源区的气候特征

1. 气温特征

北京尘暴尘源区，位于我国西北的内蒙古中部，42°～47°N，110°～125°E，属海拔约 1000 m 的开阔的内蒙古高原的一部分，位于中温带大陆性和季风气候带交替发育的干旱和半干旱地区（中国地图出版社，1984）。年平均气温 1～5.2℃，无霜期 90～130 天。北京尘暴集中发生在 3～5 月，其时尘源区的气温还很低，平均气温 0℃左右。

2. 降水量特征

尘源区十分干旱，大部分地区的年降水量 150～440 mm（地图出版社编制，1984），并且降水大部分集中在夏季，占全年降水量的 70% 以上。春季降雨量极少，地表十分干燥，尤其是在完全裸露的干涸盐渍湖盆区，广泛分布着盐碱粉尘，只要风稍大些，就会立即起尘，并迅速上扬到达高空，为尘暴发生提供了最丰富的盐碱粉尘物质。

3. 蒸发量特征

尘源区的年蒸发量极大，可达 2000 mm 以上（中国地图出版社，1974），使尘源区有限的降水迅速蒸发殆尽，为地表粉尘物质被强风侵蚀而扬起，提供了先决条件。

10.2 尘暴尘源区的地质构造特征

10.2.1 尘源区的地层与岩石特征

1. 地层

北京尘暴尘源区，第四纪以来的松散堆积物分布十分广泛，占全部尘源区总面积的 90% 以上。真正的基岩露头极为零星，呈岛状或小片状分布。依据该区区域地质构造资料（依据 1999 年 1∶50 万《内蒙古自治区地质图》和 1∶150 万《河北省地质图》；马丽芳，2002），零星出露的地层，由老至新主要有中、古元古界（Ar）、古生界（Pz）、中生界（Mz）、新生界（Kz）等。

（1）中、古元古界（Ar）：以片岩、片麻岩、变粒岩、石英岩和大理岩等为主。

（2）古生界（Pz）：下寒武统为浅变质的碎屑岩、灰岩、片岩夹火山岩和硅质岩等。奥陶系以浅变质碎屑岩夹灰岩、火山岩、硅质岩和碎屑岩、页岩等为主。志留系以碎屑岩夹灰岩、凝灰岩夹片岩、火山岩夹硅质岩等为主。泥盆纪以碎屑岩、灰岩、火山岩、含铁碧玉岩、大理岩等为主。石炭系以碎屑岩、灰岩夹火山岩为主，或夹铝土层、煤层等。二叠系以碎屑岩夹火山岩为主,或火山岩夹灰岩夹铝土层等。地层岩石抗风化强,多形成海拔较高的丘陵、山地地貌分布。

（3）中生界：区域缺失三叠纪沉积。侏罗系（J）以火山碎屑岩、夹煤或油页岩、火山熔岩等最发育。白垩系（K）以碎屑岩、泥灰岩夹煤、夹油页岩等分布最多。岩石抗风化力较强,多构成相对平缓的丘陵地貌。

（4）新生界：新近系（N）以含石膏碎屑岩、泥岩、碎屑岩夹泥灰岩、玄武岩（β）为主。古近系（E）以碎屑岩夹天青石为主。第四系（Q）以大面积分布的冲积、洪积、风积、黄土堆积、冰水沙砾堆积物、湖相沉积物等为主。新、古近纪地层易风化,多呈荒漠、沙地、戈壁和干盐湖分布区。第四纪松散物堆积处,多为湖泊、干盐湖、沙地、荒漠等占据。

2. 岩石

主要以大面积分布的古生代花岗岩为主,其次是呈岛状分布的燕山期花岗岩（γ）。区域以东及东北一带多集中分布玄武岩（β）（图 10.2）,抗风化作用较强,多形成山地丘陵和桌状山地貌（彩图 73）。

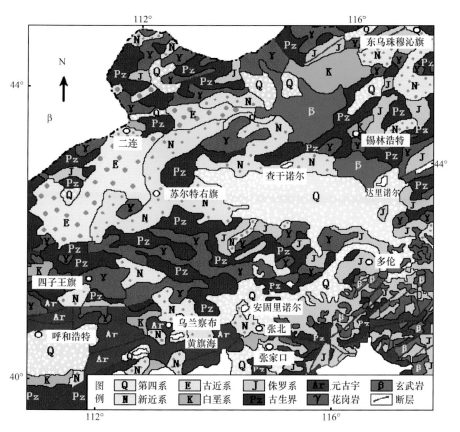

图 10.2　北京尘暴尘源区地质构造分布图（依据 1999 年 1∶50 万《内蒙古自治区地质图》和
1∶150 万《河北省地质图》修编）

10.2.2 尘暴尘源区的构造特征

尘暴尘源区因第四纪松散堆积物大面积覆盖，构造线的出露差，但在周边山体区，尤其在南部山脉分布区却十分发育。区域断裂构造线方向，主要呈北东向，其次呈北西向。南北向发育不多。褶皱构造以新近纪地层构成的呈北东方向的开阔褶皱为主。区域活动构造表现明显，并与西藏活动构造十分相似（韩同林，1987），呈北东、北西和弧形串珠状湖泊分布特征（图10.3和彩图74）。

图10.3 达里诺尔活动构造带形成明显弧形串珠状湖泊分布特征

10.3 尘暴尘源区的地貌特征及地表类型的划分

10.3.1 地貌特征

依据我国目前的地貌区划结果，尘源区地貌主要由干燥作用剥蚀平原、沙丘覆盖平原、冰积平原以及洼地等组成（中国地图出版社，1974，1984）。尘源区属于内蒙古中部高原的一部分，主要包括东部锡林郭勒高原和中部乌兰察布高原。海拔大多在1000 m以上，由辽阔的草原、湖盆、湖泊和低矮丘陵、沙地和干涸的盐碱荒漠组成，地形平坦、起伏微缓、开阔。其东南多为海拔1500 m以上的山地。

现场地质调查发现，现阶段的尘源区地貌格局主要是在距今200万～300万年前的内蒙古大冰盖冰川强烈的侵蚀、掘蚀、挖蚀和磨蚀作用下形成的（韩同林，1991）。地貌类型主要有广阔的冰蚀平原、冰水平原，宽而浅的冰蚀洼地（彩图75A）、冰川湖泊（彩图75B）、"U"形谷（彩图76）和具有浑圆山顶面的冰蚀丘陵（彩图77）等，并在山地丘陵和湖泊中，保留完好的大冰盖形成的特有冰川遗迹，如在查干诺尔首次发现了从数千米到十多千米以外搬运而来的"冰筏沉积"（彩图78A、B）。尘源区周边山地上分布大量冰臼群（彩图 79 和彩图 80）、冰川石林（彩图 81）和冰川湖蚀洞穴地貌（彩图 82）等。冰盖冰川逐渐退缩后，冰水在冰蚀洼地积水成广阔浩瀚的冰川湖泊，大量细小的冰湖沉积物，为北京尘暴的发生提供了丰富的物质来源。

冰川湖随着全球气候向着干旱方向发展而逐渐退缩，湖水盐碱程度不断加剧，演化成大小不同的盐碱湖盆，在尘源区星罗棋布。一系列干涸湖泊随着湖水的进一步减少而相继诞生，并在西北定向强风长期吹蚀搬运和堆积作用下，形成连绵长达千千米的浑善达克沙丘、沙地地貌（彩图 83）。

10.3.2　地表类型划分

尘源区不同类型地表的划分，对于研究北京尘暴降尘物质的来源和防治工作，及政府主管部门制定有关法规、措施和决策，有着重要意义。

1. 尘暴尘源区主要地表类型划分的依据

北京尘暴尘源区的地表，在长期地质、构造、地貌和各种外动力（包括冰、雪、雨水、风力、太阳光照等）及人类活动等的共同作用下，形成在空间分布、地貌特征、海拔、地表碎屑物和盐碱物质的含量、植被生长适宜度、植被的覆盖度明显不同的地表。尤其是地表百分含盐碱量和 < 200 目粉尘含量，为划分该区地表类型提供重要依据。

2. 尘暴尘源区主要地表类型的划分

依据实地调查、取样分析研究、结合卫片解释以及考虑当地地形地貌特征等，尘源区目前最少可分出 10 种以上不同类型的地表。例如，干盐湖、盐渍土、农耕地、沙化土地、草地、退化草地、沙地、沙漠、沙丘和丘陵、山地，等等。由于过多、过细地表类型的划分，不但需投入大量的人力、物力和时间，同时也直接影响到快速寻找对北京尘暴降尘物质贡献最大地样类型。因此，通过大量调查和取样分析研究结果，和尘源区地表的具体特点，按照地表百分水溶盐和 < 200 目的粉尘含量的多少，结合考虑地形、地貌特征等，将 11 种不同类型地表归并为四大类型，即干盐湖（包括盐渍土等），丘陵（包括山地等），农耕地（包括沙化土地、草地、退化草地等），沙地（包括沙漠、沙丘等）。

上述四大类型的地表，可称为北京尘暴尘源区 4 种不同类型地表，简称为 "4 种不同类型地表" 或 "4 种类型地表" 等。

10.3.3　尘暴尘源区 4 种不同类型地表的特征描述

依据尘源区范围所在行政区划的面积，结合卫片解释，尘源区总面积约 27 万 km²，其中干盐湖（包括盐渍湖盆区）分布面积最小，约占 3 600 km²，仅占尘源区总面积的 1.33%；农耕地约 31 000 km²，约占尘源区总面积的 11.48%；沙地约 72 000 km²，约

占尘源区总面积的 **26.67%**；丘陵分布面积最大，约 163 400 km²，占尘源区总面积的 **60.52%**（图 10.4）。现将尘源区 4 种不同类型地表的主要特征简述如下。

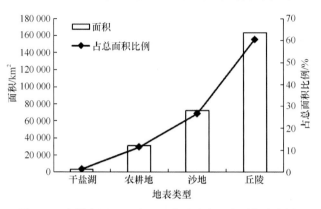

图 10.4　尘暴尘源区 4 种不同类型地表百分面积分布图

1. 干盐湖（包括盐渍土等）的分布特征

尘源区干盐湖分布十分广泛，经初步统计，面积大于 1 km² 的大小湖泊（包括少量淡水湖）在 1000 个以上（图 10.5）。多呈零星状分布，海拔最低，多在千米左右，绝大部分属全裸露的盐碱荒漠地貌（彩图 84）。

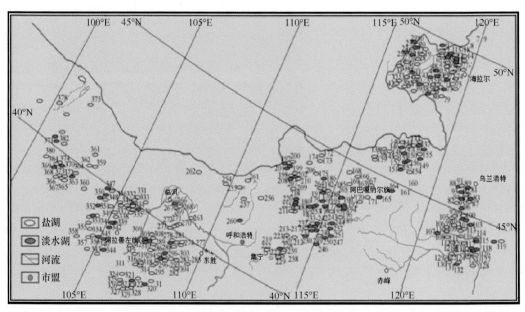

图 10.5　北京尘暴尘源区及其附近湖泊分布图［据郑喜玉等（1992），略有修改］

2. 丘陵（包括山地等）的分布特征

山地，多分布于尘源区周边，是尘源区海拔最高、分布面积最广的地区，一般海拔在 1000～1500 m，少数山峰可达 2000 m 以上，如东部的大兴安岭，南部的阴山、大马群山，以及北部、西部和西北部的雅布洛诺夫山、杭爱山、戈壁阿尔泰山等。丘陵，多发育于尘源区内部，为内蒙古统一大冰盖冰川作用形成的冰蚀丘陵，多呈低矮缓坡面的浑圆基岩弧立小山丘（彩图 85）。

3. 农耕地（包括沙化土地、草地、退化草地等）的分布特征

农耕地在空间分布上多呈小片状、片状。多围绕湖泊、干盐湖周边分布，或在低矮丘陵面及山地的缓坡面上分布（彩图 86）。

4. 沙地（包括沙漠、沙丘等）的分布特征

沙地、沙漠，在空间分布上多呈宽带状、带状或条状分布，走向多近东西向或北东向，与当地最主要流行风向相一致。我国著名的浑善达克沙地是组成北京尘暴尘源区的一部分，主要由固定和半固定的沙丘组成，局部流动沙丘也较发育（彩图 87A、B）。沙粒粒径多在 0.1～0.5 mm，＜200 目的粉尘含量极少，常不超过 1.0%。

小结 北京尘暴尘源区主要分布于内蒙古中部地区处于 42°～47°N，110°～125°E，涉及总面积约 270 000 km²。尘源区春季气温低、降水量少、年蒸发量大，地层以第四纪以来的松散堆积物分布广泛为特征。岩石主要以大面积分布的古生代花岗岩为主，其次是呈岛状分布的燕山期花岗岩（γ）。区域以东及东北一带多集中分布玄武岩（β），抗风化作用较强，多形成山地丘陵和桌状山地貌。尘源区地表类型划分为干盐湖（包括盐渍土等，分布面积约 3600 km²）、丘陵（包括山地等，分布面积约 163 400 km²）、农耕地（包括沙化土地、草地、退化草地等，分布面积约 31 000 km²）、沙地（包括沙漠、沙丘等，分布面积约 72 000 km²）4 种。

第 11 章　北京尘暴尘源区 4 种不同类型地表土壤 / 粉尘的动力学特征

关于尘源区不同类型地表对北京沙尘暴粉尘贡献量的认识，存在很大差距，多数研究关注到地表植被覆盖度、土壤类型、土地状态、地表微尺度和大尺度地形、地貌特征，以及风速、温度等天气条件等对地表释尘量的影响（顾正萌和郭烈锦，2003；刘静等，2007），少量研究表明，地表土壤粒度组成对地表释尘量影响极大（岳德鹏等，2005；胡海华等，2006；臧英和高焕文，2006）。刘艳菊负责的国家自然科学基金项目组野外调查发现，同在 4～5 级的风力吹蚀作用下，干盐湖区"风尘滚滚"，而紧邻和处于全裸露的农耕地、沙漠、沙地分布区，却"风平浪静"，无粉尘被吹起（彩图 88～彩图 89），可能是这几种不同地貌类型的土壤的粒度组成存在很大不同所致（周秀骥等，2002；李晓丽和申向东，2006）。尘源区 4 种不同类型地表的释尘量实验，对研究和计算北京尘暴降尘中不同地表类型贡献量的多少、发源地的确定和尘暴源区的治理方向、方法和政府决策的制定，将提供重要科学依据。

11.1　不同类型地表释尘量实验的准备

11.1.1　设备和材料的选用

经过数十次反复预实验后，决定采用人工制作的带盖有机玻璃圆桶作为主要实验器材。进风管和排尘管采用不同规格的塑料管材。风源制备采用汽车用小型空压机（进口"ARB"牌蓄电池汽车轮胎充压机）、韩国世邦环球电池株式会社生产的"红冠"牌免维护蓄电池、45W 民用吹风机（俗称"鼓风机"）和浙江省温岭丰帝风机厂生产的"丰帝"牌吹风机（CZR 型 45W 交流单相吹风机）。

11.1.2　实验设计和配件准备

首先采用有机玻璃板材制作圆桶和盖。桶高分两种，一种桶高约 54 cm，简称高桶（图 11.1A）；另一桶高约 43 cm，简称矮桶（图 11.1B）。桶口直径均为 80 cm。盖与桶口大小相匹配，盖的中心安装垂直的排尘管（图 11.1A、B）。盖又分两种，一种为平盖（图 11.1A），中心排尘管直径 10.5 cm，与盖垂直的部分管长约 35 cm，与盖平行的部分管长约 34 cm。另一种为圆顶形盖（简称圆盖，图 11.1B），中心垂直排尘管口径为

10 cm，高约 12 cm。桶体设上、下两个进风管，管材均采用塑料管，直径均为 3.5 cm（图 11.1A、B）。上进风管的设计目的是对实验样品起到垂直吹蚀作用，使样品扬起。下进风管是依据自然界粉尘扬起靠旋卷风这一规律而设置，主要产生向上的湍流，使粉尘充分分选并通过排尘管将粉尘排出（原理同彩图 90～彩图 91）。其中高桶的上进风管距桶底高约 22 cm，管长约 28.5 cm，管口垂直对准实验样品的中心位置。下进风管口与排风口呈直角，并沿水平方向安装，距桶底高约 8 cm（图 11.1A）。矮桶上进风管距桶底高约 15 cm，管长 5 cm，管口垂直对准实验样品的中心位置。下进风管口与排风口呈直角，并沿水平方向安装，距桶底高约 9 cm（图 11.1B）。

　　盖与桶之间的密封固定，采用 6 个可装卸带"元宝"螺母的螺丝（图 11.2 左）。盛样品的器皿选用口宽约 15 cm、高约 7 cm 的塑料碗（图 11.2 右）。

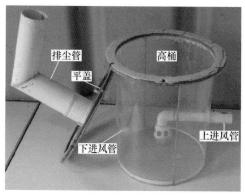

图 11.1A　平盖与高桶

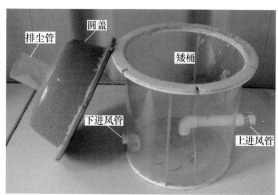

图 11.1B　圆盖与矮桶

图 11.2　"元宝"螺母的螺丝（左）与盛样品的碗（右）

11.1.3　装配

　　将高桶、矮桶分别与平盖和圆盖装配成 4 种实验装置，并且将上进风管与空压机相连（图 11.3A 右侧），下进风管与吹风机相接（图 11.3A 左侧）。即得 4 种完整的实验装置（图 11.3A ～ D）。

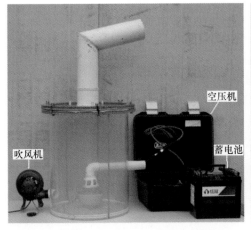

图 11.3A　实验 A：平盖 + 高桶的整体高约 94 cm

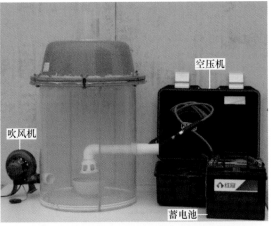

图 11.3B　实验 B：圆盖 + 高桶的整体高约 82 cm

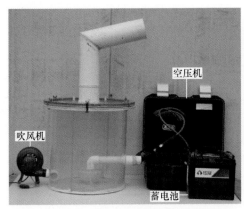

图 11.3C　实验 C：平盖 + 矮桶的整体高约 85cm

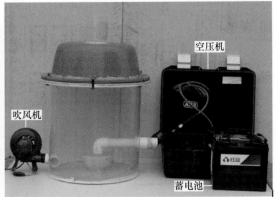

图 11.3D　实验 D：圆盖 + 矮桶的整体高约 70 cm

11.2　不同类型地表释尘量实验过程

11.2.1　实验样品的制备

首先，采用北京尘暴尘源区 4 种不同类型地表土壤人工粒度的分析结果，获得每种类型地表土壤各粒径组成的百分含量（表 11.1）。并采用此法进一步获得＜ 200 目、160 目、120 目、80 目和＞ 80 目的各粒级足量样品，以备释尘量实验。

其次，按释尘量实验设计所需要的土壤重量，按表 11.1 所示比例分别称出各粒级的相应重量，混合后即得到实验时所需要的样品。案例 1：如果实验设计中需要土壤样品 100 g 时，则干盐湖的实验样品的制作方法为，先按照表 11.1 中干盐湖各粒径百分组成比例依次称出＜ 200 目粒径的干盐湖样品 85.99 g、160 目的干盐湖样品 1.30 g、

120 目的干盐湖样品 1.45 g、80 目的干盐湖样品 2.4 g、> 80 目的干盐湖样品 8.86 g，再将这些称出的各粒径干盐湖样品混合，则制得 100 g 干盐湖样品。其他地表类型包括农耕地、沙地、山地的实验样品制作方法同干盐湖实验样品制作步骤，称量的量参照表 11.1 中不同类型地表土壤中粒径比例则可。案例 2：如果实验设计中需要土壤样品 150 g 时，则干盐湖的实验样品的制作方法为，先按照表 11.1 中干盐湖各粒径百分组成比例（因本次 150 g 实验样品是 100 g 的 1.5 倍，则各粒径重量需要称出制备 100g 实验样品时的 1.5 倍方可），称出 < 200 目粒径的干盐湖样品 128.985 g，160 目粒径的干盐湖样品 1.95 g，120 目粒径的干盐湖样品 2.175 g，80 目粒径的干盐湖样品 3.6 g 以及 > 80 目粒径的干盐湖样品 13.29 g，再将这些称出的各粒径干盐湖样品混合，则制得 150 g 干盐湖样品。其他地表类型包括农耕地、沙地、山地的实验样品制作方法同干盐湖实验样品制作步骤，称量的量参照表 11.1 中不同类型地表土壤中粒径比例则可（表格中对应数据分别乘以 1.5 倍）。其他地表类型包括农耕地、沙地、山地的实验样品制作方法同干盐湖实验样品制作步骤，称量的量参照表 11.1 中不同类型地表土壤中粒径比例则可。

表 11.1　北京尘暴尘源区 4 种不同类型地表土壤人工粒度分析结果（%）

地表类型	< 200 目	160 目	120 目	80 目	> 80 目
干盐湖	85.99	1.30	1.45	2.40	8.86
农耕地	11.08	5.41	7.82	14.20	61.49
沙地	1.68	2.48	10.84	47.60	37.41
山地	59.70	0.95	3.82	11.92	23.61

11.2.2　实验次数和步骤

1. 实验次数和时间的确定

经百余次反复实验发现，目前采用的空压机，若工作时间过长、温度过高的情况下，很容易使上进风管产生冷凝水，污染实验样品，致使实验误差加大。最后确定每个样品进行 5 次实验、每次实验用 1 分钟的实验效果较好。

2. 实验步骤

通过多次实验确定较理想的实验路径，大致可分为 6 个步骤。实验共进行 5 次。

1）1 次实验

步骤 1：首先，将空压机打开让其空转约 30 秒，进行预热，以防止因温差形成的水滴对样品产生的污染。

步骤 2：将备好的样品放入盛样碗中，然后置于上进风口下面的中心位置上。

步骤 3：盖上盖，并将 6 个固定螺丝拧紧。

步骤 4：首先打开下进风管开关约 15 秒以上，让桶内充满压力气，然后再打开上进风管开关。实验开始计时，此时在上进风口风力的吹蚀下样品迅速被吹起，在下进风口旋卷风的吹蚀作用下使扬起的样品迅速产生旋转、分选（图 11.4A），＜ 200 目的粉尘物质快速从排尘口排放（图 11.4B）。1 分钟后，先关闭上进风管，约 15 秒后再关闭下进风管，以便使残留桶内粉尘有足够时间排除干净。

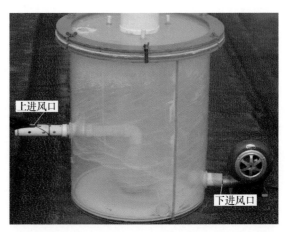

图 11.4A　释尘量实验过程中旋卷风使实验样品粉尘产生分选作用

图 11.4B　释尘量实验过程中旋卷风使实验样品粉尘产生的
＜ 200 目粉尘快速从排尘管口排出（箭头所示）

步骤 5：松开固定螺丝，取出盛样碗，用鸡毛掸子清扫上盖，接着清扫桶壁，让粘于桶壁粉尘落入桶底。然后用毛刷将残留于桶底的样品集中并取出，并及时称出其重量。

步骤 6：将实验前样品的重量减去残留样品的重量，即为这次实验样品的释尘量。

2）2 次实验

步骤 1：可以不再进行。

步骤 2：是将残留样品放入盛样碗中，以下按第 1 次实验步骤 3、4、5、6 进行。

第 3、第 4、第 5 次实验，步骤同第 1、第 2 次。

最终即可得到 1、2、3、4、5 次实验的相应释尘量。

11.3　不同类型地表土壤释尘量表征

11.3.1　不同类型地表土壤释尘量和百分释尘量

1. 实验结果

利用实验 A、B、C、D 的 4 种实验器材进行了 6 次释尘量实验。其中实验 A 按不同风速和样品重量进行了 3 次，分别称实验 A-1、A-2、A-3。实验 B、C、D 各进行 1 次实验。实验发现：在 6 次实验中，不论采用何种实验装置、样品的多少和排尘口风速的大小，基本上表现为释尘量随实验次数的增加而减少（表 11.2 和图 11.5A）。比较 4 种土地类型土壤样品的释尘总量发现，不同风速、不同实验条件下释尘总量均以干盐湖最高，其次是山地、农耕地，沙地释尘总量最低（表 11.2 和图 11.5A）。

6 次实验的百分释尘量，也均以干盐湖最高，其次是山地、农耕地，沙地释尘量最小（表 11.2 和图 11.5B）。其中实验 A-1 干盐湖的百分释尘量最大，达 29.281%。干盐湖是山地的 1.2769 倍，是农耕地的 4.1892 倍，是沙地的 12.1156 倍。6 次实验结果

表 11.2　4 种实验设计下土样重量与排尘口风速对不同土地类型地表释尘量的影响

实验设计	参数	土地利用类型			
		干盐湖	山地	农耕地	沙地
实验 A：平盖＋高桶	实验 A-1：土样 100 g，排尘口风速 9.1 m/s	第 1 次释尘量 /g	9.7729	7.8138	2.9767	0.8352
		第 2 次释尘量 /g	8.2526	5.3686	1.5093	0.6983
		第 3 次释尘量 /g	3.8358	4.1212	0.5762	0.4934
		第 4 次释尘量 /g	4.4376	2.7401	1.3446	0.1064
		第 5 次释尘量 /g	2.9975	2.8893	0.5422	0.2836
		释尘总量 /g	29.2964	22.933	6.949	2.4169
		百分释尘量 /%	29.281	22.9312	6.9897	2.4168
	实验 A-2：土样 100 g，排尘口风速 6.7 m/s	第 1 次释尘量 /g	5.0975	4.0509	1.6935	0.7668
		第 2 次释尘量 /g	4.8051	3.7374	1.1102	0.4455
		第 3 次释尘量 /g	4.5061	3.0244	0.8024	0.2922
		第 4 次释尘量 /g	2.6954	2.898	0.6293	0.3285
		第 5 次释尘量 /g	3.1841	2.2524	0.5734	0.2343
		释尘总量 /g	20.2882	15.9631	4.8088	2.0673
		百分释尘量 /%	20.288	15.9605	4.8088	2.0669
	实验 A-3：土样 150 g，排尘口风速 9.1 m/s	第 1 次释尘量 /g	11.9596	10.9245	3.5102	1.2652
		第 2 次释尘量 /g	11.039	6.9508	1.3143	0.5412
		第 3 次释尘量 /g	4.7025	5.2785	1.0593	0.3662
		第 4 次释尘量 /g	4.7524	4.3063	0.8815	0.3814
		第 5 次释尘量 /g	4.1095	3.5293	0.8177	0.257
		释尘总量 /g	36.563	30.9894	7.583	2.811
		百分释尘量 /%	24.3748	20.6585	5.0552	1.874

实验设计	参数	土地利用类型			
		干盐湖	山地	农耕地	沙地
实验 B：圆盖 + 高桶	第 1 次释尘量 /g	7.8439	8.1987	2.339	0.7032
	第 2 次释尘量 /g	6.0617	4.4199	0.756	0.455
	第 3 次释尘量 /g	3.4493	2.7605	0.493	0.3505
	第 4 次释尘量 /g	2.7411	2.4023	0.4938	0.4948
	第 5 次释尘量 /g	2.1967	1.9244	0.7903	0.01
	释尘总量 /g	22.2927	19.7058	4.8721	2.0135
	百分释尘量 /%	22.2874	19.7032	4.8712	2.0135
实验 C：平盖 + 矮桶 排尘口风速 7.3 m/s	第 1 次释尘量 /g	10.756	6.9028	2.3632	1.228
	第 2 次释尘量 /g	3.5982	3.2148	1.1216	0.3786
	第 3 次释尘量 /g	2.2537	2.0592	0.7234	0.3337
	第 4 次释尘量 /g	1.9674	1.6034	0.5769	0.384
	第 5 次释尘量 /g	1.6014	1.1028	0.5101	0.2945
	释尘总量 /g	20.1767	14.883	5.2952	2.7188
	百分释尘量 /%	20.173	14.8819	5.2949	2.7187
实验 D：圆盖 + 矮桶 排尘口风速 10.2 m/s	第 1 次释尘量 /g	12.5857	9.3057	3.4356	1.716
	第 2 次释尘量 /g	4.6366	4.0574	1.672	0.726
	第 3 次释尘量 /g	2.996	2.7664	0.8953	0.592
	第 4 次释尘量 /g	5.3458	0.0063	0.788	0.028
	第 5 次释尘量 /g	1.7374	1.916	0.649	0.573
	释尘总量 /g	27.3041	18.0554	7.4408	3.6266
	百分释尘量 /%	27.2944	18.0544	7.437	3.6265
	百分释尘量平均值 /%	23.9498	18.6983	5.7428	2.4527

注：实验 B 参数为"土样 100 g，排尘口风速 8.6 m/s"

百分释尘量的平均值，同样表现为干盐湖最高，其次是山地、农耕地，沙地最低（图 11.5B）。其中，干盐湖是山地的 1.2809 倍，是农耕地的 4.1704 倍，是沙地的 9.7647 倍。

2. 风速和土样重量对不同类型地表土壤释尘量的影响分析

现有研究资料表明，土壤风蚀作用主要取决于空气动力、地表土壤颗粒自身重力、颗粒之间的黏着力、颗粒间相互撞击和摩擦力大小等因素。空气动力使土壤颗粒脱离地表，而颗粒自身重力、颗粒之间的黏着力、颗粒之间的相互撞击和摩擦力大小，则阻碍颗粒运动，直接影响粉尘的释出量。两者之间的平衡关系还受到地表植被覆盖度、土壤类型、土地状态、地表微尺度和大尺度地形、地貌特征，以及风速、温度等天气条件等的影响（朱好和张宏升，2011）。本实验所表现的不同类型地表土壤的释尘量之间的差异可能是受到其土壤的颗粒度含量变化的影响所致。最先进行的实验会先释放最细最轻的颗粒组成部分，当土壤样品释出一定量的 < 200 目粉尘后，残留样品中的粒度组成发生了相应的变化。即随着样品中 < 200 目百分含量的减少，80 目以及 >

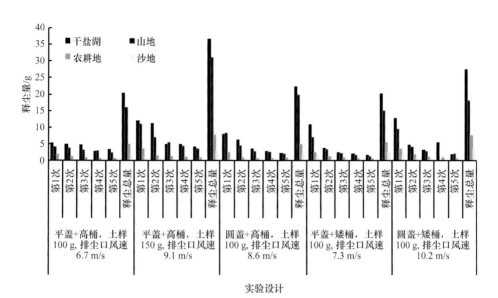

图 11.5A　4 种实验设计下不同土样重量和排尘口风速下的四种类型地表土壤释尘量

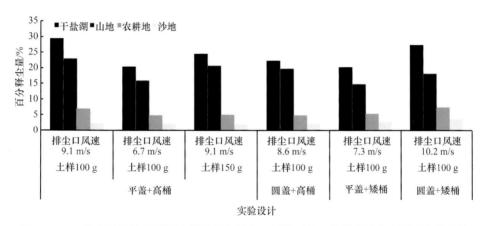

图 11.5B　4 种实验设计下不同土样重量和排尘口风速下的 4 种类型地表土壤百分释尘量

80 目的粒度百分含量则相对增加。显然，较轻的 < 200 目粉尘的不断释出，无疑使较重颗粒的重量随之增加、颗粒间的相互撞击和摩擦力也不断加强，阻碍了粉尘的释出，这可能就是释尘量随着实验次数的增加而逐渐减少的主要原因。6 次实验结果均表明，不论排尘口风速有多大，释尘量均与不同类型地表 < 200 目（沙地含少量 160 目）的粉尘含量之间呈正相关关系（相关系数 0.9970），与 80 目和 > 80 目沙的含量呈负相关关系（相关系数 –0.997）。

11.3.2　释尘量实验可靠性的检测

1. 检测依据

通过对完全相同的 5 个样品（包括粒级成分及含量、湿度、温度、重量和材料来源等），进行同样的实验测试，收集排出的粉尘并进行释尘量测试和人工粒度分析。如果粉尘收集测试是以4种不同类型地表各取颗粒组成完全相同的5个样品并在完全相同的实验条件下进行释尘量测试，分别观测4种类型样品的释尘量结果是否基本一致。人工粒度分析则通过采集释尘量实验排尘口排出的粉尘并进行人工粒度分析，观测排尘口释放的颗粒大小是否以<200目为主和均在160目以内。如果释尘量测试和人工粒度分析均能达到预期目的，则认为本次释尘量的实验结果可信。

2. 检测结果

1）4种地表类型的5个重复样品释尘量测试结果

选择尘源区4种不同类型地表，每种类型地表各取5个颗粒组成完全相同的样。并在完全相同的条件下进行释尘量实际测试，释尘量测试结果的相对误差为干盐湖0.11%～9.41%，山地1.37%～6.34%，农耕地0.71%～2.33%，沙地0.24%～4.17%，均低于15%（表11.3），结果可以接受。因此，通过相同的5个样品测试结果表明，本次用于释尘量实验的装置和实验过程所取得的数据，基本可靠。

表 11.3　释尘量实验可靠性检测结果表

土地利用类型	释尘量 /g					相对误差 /%				
	第1次	第2次	第3次	第4次	第5次	第1次	第2次	第3次	第4次	第5次
干盐湖	9.5114	8.9411	8.3078	9.1608	9.8569	3.71	2.51	9.41	0.11	7.48
山地	9.8485	8.8927	9.3641	9.7124	9.6533	3.73	6.34	1.37	2.30	1.68
农耕地	3.3222	3.2025	3.2496	3.3489	3.2408	1.51	2.15	0.71	2.33	0.98
沙地	1.3745	1.3837	1.3131	1.4134	1.367	0.31	0.98	4.17	3.15	0.24

2）4种土地类型的5个重复样品排尘口排出的粉尘人工粒度分析结果

通过收集到的排尘口排出的粉尘样品所进行的人工粒度分析结果表明，粒度<200目粉尘为12.8376g，占总重量的95.6%；粒径为160～200目的粉尘重量为0.5873g，占粉尘总重量的4.37%。没有发现120目粉尘及以上粒径粉尘排出，表明实验装置完全满足要求。

综上所述，本次进行的尘源区不同类型地表释尘量的实验和所取得的数据可信。

11.3.3　关于尘暴尘源区地表粉尘物质的性质、分类和特征

1. 尘暴尘源区地表粉尘物质的性质和分类

通过北京尘暴尘源区地表粉尘物质的实际调查和取样分析研究表明，情况十分复杂。当一次强沙尘暴在尘源区发生时，在强风的侵蚀作用下，不同类型的地表都有或多或少的粉尘释放出来。这些粉尘在运输过程中相互混合，有的通过高空输送到更远

的地区。近地面输送的粉尘，因受地形面的影响及随着风力的减弱，则降落堆积在有利的地形地貌部位。当下一次强沙尘暴发生时，这些粉尘有的再次被强风侵蚀、扬起，或通过高空被输送到更远的地区，或就近再次沉降堆积。这些反复被强风侵蚀、扬起、输送、堆积的粉尘，应该给予专有的名称，暂可谓之"次生粉尘"。相对于"次生粉尘"，直接从不同类型地表释出的粉尘，暂可谓之"原生粉尘"。由于干盐湖是尘源区粉尘物质的"集散地"，当地发生沙尘暴时是粉尘释出最多的地表，因此干盐湖区是尘源区原生和次生粉尘的最重要发源地。总之，依据来源不同，尘源区的粉尘可划分为原生粉尘和次生粉尘。来自干盐湖的粉尘主要为原生粉尘。来自山地丘陵的粉尘基本上属于干盐湖的次生粉尘。来自农耕地和沙地沙漠的粉尘，主要是原生粉尘，但也有不少属于干盐湖的次生粉尘。

2. 尘暴尘源区不同类型地表粉尘物质的特征

1）干盐湖

尘暴尘源区实地考察结果表明，由于干盐湖在地形上均处于区域的最低位置，周边细小粉尘物质和百分水溶盐物质，长期随地表流水、冰雪融水由周边高处向低处汇聚、沉积于干盐湖，致使干盐湖盆区成为尘源区 4 种不同类型地表中粉尘物质最集中和分布最多的地区，是尘源区原生和次尘粉尘物质最主要供应地，是北京尘暴粉尘物质来源的策源地区。

2）丘陵

由于北京尘暴的尘源区，处于干旱、半干旱的大陆性气候区，风化作用主要为机械风化，化学风化作用极弱。因此，由丘陵基岩岩石因化学风化作用产生的原生粉尘物质极少，可忽略不计。实际调查表明，在尘源区的丘陵、山地的地表层，或多或少分布的粉尘物质，都属于次生粉尘。沿尘暴路径上的丘陵、山地的山顶上，一般次生粉尘分布较多，厚度较大。在非尘暴路径上的丘陵、山地，则仅在背风面上有较多堆积。因此来自丘陵、山地的原生粉尘极少，绝大多数属于干盐湖区的次生粉尘物质。而次生粉尘的含盐碱量，因受后期雨、雪溶水带走绝大部分，含盐碱量比干盐湖一般要低得多。

3）农耕地

实际调查发现，尘暴尘源区的农耕地，包括大片分布的草原区，大多围绕干盐湖的湖滨地区分布。高度上，稍高于干盐湖区。当发生尘暴时，大量干盐湖的粉尘和盐碱物质降落于农耕地和草地之上，把庄稼地的农作物烧死，使大面积成片草地枯死。因此，农耕地的粉尘物质来源，除了原生粉尘外，还有相当部分来自干涸盐渍湖盆区的盐碱次生粉尘。次生粉尘的含盐碱量，因后期雨、雪融水带走绝大部分而淡化，造成干盐湖的粉尘含盐量比农耕地也高得多。

4）沙地

通过对沙地的粉尘物质的实际检测（激光粒度分析和人工粒度分析）结果，< 200

目的粉尘含量极少，一般在 0.5% ～ 1.0%，但是，实际调查发现，在广泛分布的固定和半固定沙地上，生长大量的灌木、乔木和草地，在当地尘暴或沙尘暴发生时，由于这些灌木、乔木和草地对风力的阻挡作用，风速降低，常有不少粉尘降落、沉积，因此，来自沙地的原生粉尘物质极少，一般不及 1%，主要是来自干盐湖区的次生粉尘物质。例如，在沙地灌木丛中有较多来自干盐湖的次生粉尘堆积，其含盐量明显比沙地的原生粉尘要高得多。但粉尘含盐碱量，因受后期雨、雪融水带走绝大部分，一般比干盐湖要低得多。

小结 通过对北京尘暴尘源地不同类型地表的释尘量实验设计、装置制作、样品制备、多次实验发现：不同风速、不同实验条件下释尘总量和百分释尘量均以干盐湖最高，其次是山地、农耕地，沙地释尘总量最低。不论排尘口风速有多大，释尘量均与不同类型地表＜200 目（沙地含少量 160 目）的粉尘含量之间呈正相关关系（相关系数 0.9970），与 80 目和＞ 80 目沙的含量呈负相关关系（相关系数 -0.997）。干盐湖是尘源区原生和次尘粉尘物质最主要的供应地，是北京尘暴粉尘物质来源的策源地区，粉尘含量和粉尘含盐量均远高于其他 3 种地表类型。丘陵、山地的地表层分布的是次生粉尘；农耕地的粉尘物质来源，除了原生粉尘外，还有相当部分来自干涸盐渍湖盆区的盐碱次生粉尘；沙地的原生粉尘物质极少，一般不及 1%，主要来自干盐湖区的次生粉尘物质。

第12章 北京尘暴尘源地土壤/粉尘物理化学特性表征

12.1 样品的处理和分析

12.1.1 样品预处理

土壤样品带回实验室后，先去除草根石块，在土壤干燥箱内分批干燥。取约100 g土样进行人工粒度分析，分离出200目以下土壤装入密封袋进行编号、保存，以备激光粒度、密度、最低起尘风速等物理特性，以及水溶盐、水溶性离子、水不溶物百分含量、化学全分析，以及重金属分析等。

12.1.2 样品分析

1. 物理性质分析

1）粒度分析和比表面积

（1）人工粒度分析。样品的人工粒度分析，按常规是采用不同粒径的网筛将称出的样品进行筛分，然后分别称出不同粒径样品的重量，计算出各粒级的百分含量的方法。但是，由于一些样品采用网筛分析，无法实现粒度分析的目的，如一些干盐湖样品，细粒径含量太多，造成过筛时网孔大部分被堵塞，使粒度分析无法正常进行。还有一些样品，因黏土矿物含量或含盐量太高，常凝结成团块时，需进行研碎、研磨后才有可能进行网筛分析，但对破碎和研磨程度难于掌握，势必造成粒度分析的误差过大。因此，依据上述样品的特性，采用"水筛"和"水洗"方法进行人工粒度分析。能很好克服网筛分析过程中存在的不足，并取得令人满意的结果。而且还能最大限度和真实反映所测样品不同粒径含量的特征。现将"网筛"、"水筛"和"水洗"人工粒度分方法简述如下。

a. "网筛"人工粒度分析法。首先选好所测样品需用的不同粒径的网筛，并按网孔大小自上而下依次排列，将称出需测样品放入上面网孔最大的网筛中，进行左右、前后或做圆周运动充分筛分，然后分别称出不同粒径样品的重量，计算出各粒级的百分含量。所测样品的"网筛"人工粒度分析即告完成。此法可暂称为网筛人工粒度分析法，简称为"网筛"法。对于大多数样品而言都能达到目的，但一般误差偏大。

b. "水筛"人工粒度分析方法。可简称为"水筛"法。多用于含黏土矿物太多无法用"网筛"法分析时采用。首先选用一个直径大小 20 ~ 30 cm 的脸盆，放入约半盆水，将需要进行粒度分析的样品，放进筛孔为 200 目的网筛中，然后将其放入盆中水里进行浸泡和清洗至粉尘全部通过网筛，将残留于网筛中的样品，再用清水冲洗几次，取出并放入烧杯，自然蒸发干燥或用电热板蒸发干燥。称出干燥样品的重量。然后将干燥的样品进行 80 目、120 目、160 目和 200 目筛分。即可得到 > 80 目、80 目、120 目、160 目和 200 目各粒径的样品，分别称出各粒级的重量。通过与所测样品总重量之比例的计算，即可得到所测样品粒度的百分含量。反复多次实验结果表明，采用"水筛"分析法的百分误差极小，一般不超过 1.0%，完全可以满足人工粒度分析的要求。

c. "水洗"人工粒度分析方法。可简称为"水洗"法。即相当于"水筛"人工粒度分析方法。主要是用于样品较少时进行人工粒度分析的方法。因为样品太少，在大的网筛分析过程中，很容易造成很大的误差。"水洗"法，是将待测的少量样品放入容量为 150 mL 的烧杯中，加入清水浸泡约数小时直至样品充分溶解。经搅拌后等待数秒，将上部浑浊液体倒去。再加入清水并同时搅拌，再待数秒，将上面浑浊水倒去。反复多次，至搅拌数秒后水不再浑浊为止。然后将样品上面多余的水用吸管吸去，将残留的样品进行自然蒸发干燥或用电热板蒸发干燥为止。将残留的干燥样品放入小网筛中，进行人工粒度分析，即可得到所测样品的分析结果。采用"水洗"法效果好，多次反复实验结果分析误差不超过 1.0%。

分析土壤人工粒度时，称 100 g 处理好的样品，用 80 目、120 目、160 目 和 200 目 4 种不同筛孔过筛得到 > 80 目、80 目、120 目、160 目和 < 200 目 5 个粒级的样品，再用万分之一天平分别称出各粒级样品的重量，即代表被测样品粒度分布的百分含量。

（2）激光粒度分析：利用 LA-920 激光粒度分析仪对 < 200 目样品进行激光粒度分析。

（3）比表面积：利用美国康塔仪器公司 NOVA 4200e 比表面积及孔隙度分析仪分析。

2）密度

将尘源区不同土地和地貌类型 < 200 目表土样品进行初步密度测定：用万分之一天平称一约 10 mL 的小容器（酒杯）注满水前后重量，得水量 A，同法获得同体积 < 200 目的待测表土样品重量 B，则被测样品的密度为 B/A。

3）最低起尘风速

这里是指不同土地和地貌类型 < 200 目粒径的样品，在人工设置的风扇的吹拂下开始移动的最小风速（m/s）。测定方法如下：选择一长条桌（长约 2 m），一端安放小电风扇，另一端置放被测样品。电扇开启后，将样品缓慢向风扇方向推进，并密切观察样品开始启动的地点，并记下确定位置，然后用风速仪在确定的位置上测出风速。所得风速即代表被测样品的最低起尘风速。本实验在国家地质实验测试中心完成。

4）粉尘百分含量

称 100 g 风干样品，采用网筛法对北京"4.16"和"3.19"尘暴降尘物质进行人工粒度分析，采用 80 目、120 目、160 目和 200 目的网筛，分别称出待测样品各 100 g 后进行筛分，再分别称出 > 80 目、80 目、120 目、160 目和 < 200 目各粒级样品的重量，即为所分析样品的人工粒度百分含量。由于 200 目以下是升空传输的主要部分，故粉尘百分含量只考虑 < 200 目的样品重量的人工粒度百分含量。

2. 化学性质分析

1）水溶盐百分含量

土样直接用筛孔为 200 目过筛，取得 < 200 目粉尘作为分析用。称约 10 g 样品置于烧杯中，加去离子水至 140 mL 左右，充分搅拌，数小时后再搅拌一次，经过约 24 小时至上清液澄清。用定量滤纸将上清液过滤到一称重的干净烧杯 a，重复此法至可溶盐分均转移至烧杯 a 后，将盛有上清液的烧杯 a_0 置于电加热板上加热、蒸发至全部干燥，并称出干燥后的烧杯 a_1 的重量，烧杯 a 两次重量之差即样品中的盐分含量（单位为 g）。水溶盐百分含量即 100 g 样品中的含盐克数，计算公式为

水溶盐百分含量（%）= 100 × 盐分含量（g）/ 样品重量 10（g）

2）水不溶物百分含量

200 目土壤样品加入水后在 100℃温度条件下加热约 10 分钟，经过滤和干燥后称量残余物的重量。

3）水溶性元素和水溶性阳离子百分含量

200 目粉尘水溶性元素 Na、K、Mg、Ca、B 采用电感耦合等离子体发射光谱仪（ICP-OES）测定。水溶性阴离子 Cl^-、SO_4^{2-} 和 NO_3^- 采用离子色谱仪分析。

4）化学全分析

化学全分析项目共进行 15 项，由国家地质实验测试中心和北京市理化分析测试中心完成，采用 X 荧光光谱仪（3080E）进行分析测试。

5）重金属分析

采用微波消解方法，使用电感耦合等离子体质谱（Agilent 7500a，美国）定量分析。每个样品做 3 个平行和空白实验，同时采用国家标准参考物质农田土壤（GBW07423）对元素含量测定结果的准确度进行质量控制。

12.1.3　数据处理

数据采用 Excel 和 SPSS（SPAW）软件进行处理。

12.2 尘暴尘源区4种不同类型地表土壤/粉尘的物化特征

12.2.1 物理学特征

尘源区4种不同类型地表土壤/粉尘的物理学特征，主要是指粉尘的粒度特征、密度和最小起尘风速特征和地表的百分粉尘含量特征等（丁国栋等，2004；王革丽等，2002）。采样点和各参数分析样品数量见图12.1和表12.1。

图 12.1 中国北方干旱、半干旱地区不同土地与地貌类型表土和部分大气降尘样品采集位置分布图

表 12.1 北京盐碱尘暴沙尘源区不同土地和地貌类型采样区、测定项目类别和样品数量

样品类型	采样区	测定项目					
		激光粒度	人工粒度	密度/(g/cm³)	起尘风速/(m/s)	百分水溶盐	化学全分析
大气降尘	北京	4	1	4	3	4	1
	阿拉善右旗	2	2	2	3	2	2
	多伦	1	1	1	\	1	1
干盐湖	西居延海	4	\	4	4	4	4
	安固里诺尔	2	7	2	6	2	6
	查干诺尔	\	4	\	4	\	6
	九连城	\	2	\	2	\	\
	硝碱湖	\	1	\	\	\	\
	阿巴嘎旗	\	1	\	\	\	\
	达尔湖南	\	2	\	\	\	\
丘陵		2	9	5	5		
农耕地	阿巴嘎旗	2	4	2	\	2	2
	张北	4	2	4	5	4	5
	锡林浩特	\	2	\	\	\	\
	达尔湖南	\	2	\	\	\	\
	内蒙古	\	\	\	5	\	5

样品类型	采样区	测定项目					
		激光粒度	人工粒度	密度 / (g/cm³)	起尘风速/(m/s)	百分水溶盐	化学全分析
沙地	阿济额旗	1	1	1	\	1	\
	阿巴嘎旗	\	2	\	1	\	1
	浑善达克	3	8	3	5	3	5
	科尔沁	2	2	2	2	2	2
	巴丹吉林	6	4	6	6	6	6
	腾格里	6	4	6	6	6	6
	塔克拉玛干	1	1	1	1	1	1

1. 人工粒度

4 种不同类型地表土壤人工粒度分析结果表明（表 12.2 和图 12.2），干盐湖土壤样品中＜200 目的百分粉尘含量最高，丘陵次之，农耕地位居第三，沙地最低。17 个干盐湖样品中＜200 目的粉尘百分含量均值占 85.99%，是农耕地的 7.76 倍，是沙地的 51.18 倍，是丘陵的 1.44 倍，意味着干盐湖是尘源区＜200 目粉尘含量最集中的地区，当粒径大于 160 目时，随着粒径的增大，干盐湖样品百分粉尘含量逐渐增高，即由 160 目→120 目→80 目→＞80 目，百分含量由 1.30%→1.45%→2.40%→8.86%。丘陵的情况与干盐湖雷同，9 个丘陵样品的粒径表现为＜200 目粉尘含量均值最高，达 59.70%；其次是＞80 目的，其余随粒径的增大而含量逐渐增高，即由 160 目→120 目→80 目→＞80 目，百分含量由 0.95%→3.82%→11.92%→23.61%。而农耕地 10 个样品则以＞80 目粒径含量最高，约占 61.49%，＜200 目的粉尘含量约占 11.08%，其余则随粒径的增大含量逐渐增高，即由 160 目→120 目→80 目，百分含量由 5.41%→7.82%→14.20%。沙地 22 个样品的人工粒度分析结果的粒径平均值以 80 目和＞80 目粉尘含量最高，合占总量的 85.01%，＜200 目粉尘含量最低，约占 1.68%。

表 12.2　尘源区 4 种不同土地利用类型地表土壤样品的人工粒度特征

土表类型	人工粒度 /%					
	样数 / 个	＜200 目	160 目	120 目	80 目	＞80 目
干盐湖	17	85.99	1.30	1.45	2.40	8.86
丘陵	9	59.70	0.95	3.82	11.92	23.61
农耕地	10	11.08	5.41	7.82	14.20	61.49
沙地	22	1.68	2.48	10.84	47.60	37.41

2. 比表面积、颗粒外观和激光粒度特征

33 个尘暴尘源区 4 种不同类型地表样品中,对干盐湖 6 个、农耕地 6 个、沙地 19 个、丘陵 2 个进行了比表面积和激光粒度特征分析。

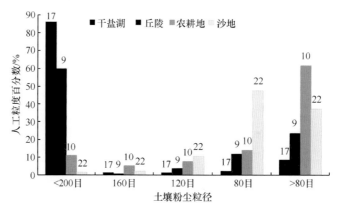

图 12.2 尘源区 4 种不同土地利用类型地表土壤的人工粒度

柱状图上方数字为样品数量

1）比表面积和颗粒外观

对尘源区 4 种不同类型地表粉尘的比表面积比较发现，尘源区 4 种不同类型地表中，丘陵粉尘的比表面积最高，为 7490.80 cm²/cm³，其细颗粒和碎屑物含量多，带棱角状颗粒含量最高。其次是干盐湖为 4965.81 cm²/cm³；农耕地为 930.34 cm²/cm³；沙地比表面积最小，为 513.26 cm²/cm³（表 12.3 和图 12.3A）。干盐湖粉尘颗粒最"脏"，粉尘细颗粒含量最多，颗粒多具棱角状（图 12.4）；丘陵，细颗粒含量仅次于干盐湖，以细颗粒占绝大多数，颗粒以棱角状为主，显示丘陵分布的粉尘与干盐湖最为接近。沙漠颗粒最粗、磨圆度好，颗粒最"干净"（图 12.5）；沙地颗粒外观类似沙漠，粉尘中细颗粒含量最少，以粗颗粒为主，且分选好、磨圆度高（图 12.6 和图 12.7）。农耕地与沙地颗粒特征相似，但农耕地粉尘中细颗粒含量较多，最粗颗粒含量高。

表 12.3 尘源区 4 种不同土地利用类型地表土壤样品的比表面积和激光粒度特征

地表类型	样数 / 个	比表面积 / (cm²/cm³)	激光粒度					
			中值粒径 /μm	平均粒径 /μm	模式粒径 /μm	CV/%	跨距	方差 /cm²
干盐湖	6	4965.81	31.31	44.95	58.16	97.79	3.24	2081.35
丘陵	2	7490.80	23.94	28.44	39.22	85.60	2.44	591.80
农耕地	6	930.34	179.21	85.55	91.86	63.33	1.64	3195.50
沙地	19	513.26	155.23	167.05	164.61	43.51	1.06	6800.14

2）激光粒度特征

（1）中值粒径、平均粒径、模式粒径。

中值粒径（median size）、平均粒径（mean size）、模式粒径（mode size）这 3 个指标代表粉尘的颗粒大小。其中中值粒径也称为中位粒径，用 D50 表示，即一个样品的累计粒度分布百分数达到 50% 时所对应的粒径，它的物理意义是粒径大于它的颗粒占 50%，小于它的颗粒也占 50%。尘暴尘源区 4 种不同类型地表粉尘中，农耕地和沙地的中值粒径最大，分别为 179.21μm 和 155.23μm，干盐湖和丘陵中值粒径小，分别

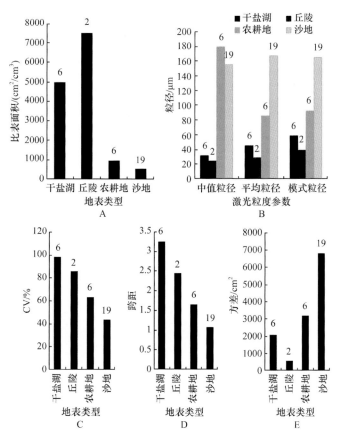

图 12.3　尘源区 4 种不同土地利用类型地表粉尘的比表面积和激光粒度特征

柱状图上方数字为样品数量

图 12.4　盐湖表层颗粒特征

为 31.31μm 和 23.94μm（表 12.3 和图 12.3B）。农耕地粉尘的 D50 分别是沙地、干盐湖和丘陵的 1.15 倍、5.72 倍和 7.49 倍。平均粒径，与中值粒径相差不多，是指样品所测粒径的平均值。比较尘暴尘源区 4 种不同类型地表粉尘平均粒径发现，沙地的最大，为 167.05μm；其次是农耕地，为 85.55μm；干盐湖为 44.95μm；丘陵地表粉尘的平均

图 12.5　巴丹吉林沙漠沙颗粒特征

图 12.6　浑善达克沙地沙颗粒特征

图 12.7　科尔沁沙地沙颗粒特征

粒径最小，为 28.44μm（表 12.3，图 12.3B）。沙地粉尘的平均粒径分别是农耕地、干盐湖和丘陵的 1.95 倍、3.72 倍、5.87 倍。模式粒径，即峰值粒径，代表分布频率最高的粒径值，也就是粒度最集中位置的粒径值。比较尘暴尘源区 4 种不同类型地表粉尘模式粒径发现，沙地粉尘粒度分布最集中位置的粒径值最粗，为 164.61μm；其次是农耕地为 91.86μm，干盐湖为 58.16μm。丘陵粉尘粒度分布最集中位置的粒径值最细，为 39.22μm（表 12.3 和图 12.3B）。粒径数据总体表明，丘陵粉尘细颗粒含量最多，其次是干盐湖、农耕地。沙地以粗颗粒为主，细颗粒含量最少。

（2）CV、跨距、方差。

CV、跨距、方差是表征粉尘样品颗粒粒径分布和离散程度的 3 个指标。其中，CV 即相对标准偏差，CV = 标准偏差 / 平均粒径，可以表示粒度分布的宽窄。尘源区 4 种不同类型地表粉尘中，干盐湖的 CV 最高，为 97.79%，粒径分布最宽；其次是丘陵为 85.60%；农耕地为 63.33%；沙地 CV 最小，为 43.51%（表 12.3 和图 12.3C）。跨距是指样品粒径最粗与最细的差值，除以粒径的平均值（或中值粒径），即跨距 =（D90-D10）/D50。尘暴尘源区 4 种不同类型地表中，跨距最大的为干盐湖，为 3.24；其次是丘陵，为 2.44；农耕地为 1.64；沙地的跨距最小，为 1.06（表 12.3 和图 12.3D）。表明尘源区 4 种不同类型地表中，干盐湖颗粒组成大小极不均匀，其次是丘陵、农耕地，沙地颗粒大小最为集中一致。而方差（variance）是衡量随机变量或一组数据离散程度的度量，是指所测的数据与平均数之间差值平方后所得数值的平均数，是衡量被测样品颗粒度波动范围大小的数值，方差越小，表明样品中颗粒大小波动就越小，稳定性就越高。尘源区 4 种不同类型地表粉尘中，沙地方差最大，为 6800.14cm^2；其次是农耕地为 3195.50 cm^2；干盐湖为 2081.35 cm^2；丘陵最小，为 591.80 cm^2（表 12.3 和图 12.3E），表明尘源区 4 种不同类型地表粉尘中，沙地粉尘颗粒大小离散程度最大，其次是农耕地、干盐湖，丘陵的最小。

3. 比重和最小起尘风速

因受到采集样品重量的限制，尘源区 4 种不同类型地表粉尘密度和最小起尘风速测定，均为自行设计和实际测定的。

1）比重

比较尘暴尘源区 4 种不同类型地表粉尘密度发现，干盐湖的最小，为 0.85 g/cm^3；其次是丘陵，为 0.91 g/cm^3；农耕地为 1.04 g/cm^3；沙地的密度最大，为 1.39 g/cm^3（表 12.4，图 12.8A）。干盐湖的密度是丘陵的 0.93 倍，是农耕地的 0.82 倍，是沙地的 0.61 倍。

2）最小起尘风速

尘暴尘源区 4 种不同类型地表粉尘中，干盐湖的最小起尘风速最小，为 2.20 m/s；其次是丘陵，为 2.30 m/s，农耕地为 2.90 m/s；沙地的最小起尘风速最大，为 3.93 m/s（表 12.4 和图 12.8B）。干盐湖的最小起尘风速是丘陵的 0.96 倍，是农耕地的 0.76 倍，是沙地的 0.56 倍。

4种地表类型粉尘密度和最小起尘风速结果，意味着尘源区粉尘在同等风力作用下最容易被扬起成为尘暴粉尘来源区的是干盐湖。

4.粉尘百分含量

尘源区4种不同类型地表土壤粉尘百分含量比较表明，干盐湖的最高，为85.89%；丘陵次之，为18.87%，农耕地第三，为10.83%。沙地粉尘百分含量最低，为1.33%（表12.4和图12.8C）。干盐湖的粉尘含量，是丘陵的4.55倍，是农耕地的7.93倍，是沙地的64.58倍。

表 12.4　尘源区 4 种不同类型地表土壤粉尘样品比重、最小起尘风速及粉尘、水溶盐
和水不溶物百分含量

地表类型	密度 / (g/cm³)	最小起尘风速 / (m/s)	粉尘百分含量		水溶盐百分含量		水不溶物百分含量	
			样数 / 个	平均数 /%	样数 / 个	平均数 /%	样数 / 个	平均数 /%
干盐湖	0.85	2.20	17	85.89	16	8.0860	16	89.61
丘陵	0.91	2.30	8	18.87	8	0.1163	2	99.33
农耕地	1.04	2.90	10	10.83	14	0.2740	10	99.89
沙地	1.39	3.93	17	1.33	14	0.0192	21	97.13

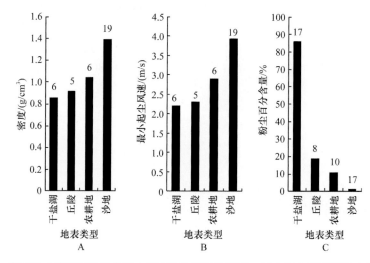

图 12.8　尘源区 4 种不同地表类型土壤 / 粉尘样品的密度、最小起尘风速及粉尘百分含量

柱状图上方数字为样品数量

12.2.2　化学特性

1.水溶盐、水不溶物及水溶性离子浓度百分含量

1）水溶盐百分含量

尘源区4种不同类型地表粉尘进行水溶盐分析的样品共52个，其中，干盐湖有16个，

农耕地 14 个，沙地 14 个，丘陵 8 个，分析结果干盐湖百分含量最高，为 8.086%。其次是丘陵为 0.1163%，农耕地为 0.274%。沙地水溶盐含量最少，为 0.0192%。干盐湖水溶盐百分含量是丘陵的 69.53 倍，是农耕地的 29.51 培，是沙地的 421.15 倍（表 12.4 和图 12.9A）。因此，尘源区 4 种不同类型地表粉尘目前所采集的 50 个样品水溶盐百分含量分析结果表明，干盐湖是北京尘暴尘源区水溶盐含量最丰富和最集中的地区。

2）水不溶物百分含量

尘源区 4 种不同类型地表粉尘的水不溶物百分含量分析结果表明，沙地的最高，为 99.89%；其次是农耕地为 99.33%；第三为丘陵，97.13%；干盐湖的水不溶物含量最低，仅为 89.61%（表 12.4 和图 12.9B）。可见，尘暴尘源区地表粉尘中干盐湖可被溶解的成分最高。

3）水溶性元素和水溶性阴离子浓度百分含量

干盐湖的水溶性元素如 Na、K、Mg、Ca 和 B，以及水溶性阴离子，如 SO_4^{2-}、NO_3^-、Cl^- 都具有较其他地表类型粉尘高的百分含量（表 12.5 和图 12.9C）。

表 12.5 尘暴尘源区 4 种不同类型地表粉尘水溶性元素及水溶性阴离子百分含量

地表类型	分项	水溶性元素及水溶性阴离子类型							
		Na	Mg	K	Ca	B	Cl^-	NO_3^-	SO_4^{2-}
干盐湖	平均浓度 /%	3.009	0.351	0.130	0.160	2.004	0.990	0.031	1.362
农耕地		0.095	0.016	0.027	0.039	0.013	0.079	0.011	0.026
沙地		0.004	0.000	0.002	0.004	0.086	0.008	0.001	0.001
干盐湖	样数	16	16	16	16	16	16	16	16
农耕地		10	10	10	10	8	10	10	10
沙地		21	21	21	21	5	21	21	20

2. 化学全分析特性

尘源区 4 种不同类型地表粉尘进行的化学全分析样品共 49 个，其中，干盐湖有 16 个、农耕地 10 个、沙地 21 个、丘陵 2 个。

1）Na_2O

尘源区 4 种不同类型地表粉尘中 Na_2O 含量，以干盐湖最高，为 6.93%；其次是农耕地为 2.23%、沙地为 1.81%、丘陵为 1.77%。干盐湖地表 Na_2O 含量占尘源区地表 Na_2O 总量的 54.44%，丘陵占 13.86%，农耕地占 17.52%，沙地占 14.18%。干盐湖 Na_2O 的含量，是农耕地的 3.11 倍，是沙地的 3.84 倍，是丘陵的 3.93 倍。可见，干盐湖是尘暴尘源区 Na_2O 分布最多和最集中的地区（表 12.6 和图 12.10）。

2）MgO

尘源区 4 种不同类型地表粉尘中 MgO 含量，以干盐湖含量最高，为 5.12%，其次

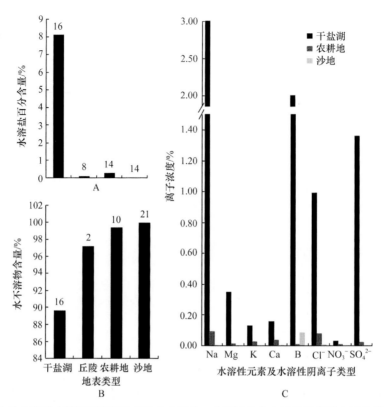

图 12.9 尘暴尘源区 4 种不同类型地表粉尘水溶盐、水不溶物和水溶性元素及水溶性阴离子百分含量

柱状图上方数字为样品数

是丘陵为 2.35%、农耕地 1.81%、沙地 1.30%。干盐湖 MgO 含量占尘源区地表 MgO 总量的 48.44%、丘陵占 22.19%、农耕地占 17.12%、沙地占 12.25%。干盐湖的 MgO 含量是丘陵的 2.18 倍、农耕地的 2.83 倍、沙地的 3.95 倍。因此，干盐湖 MgO 含量是尘暴尘源区 MgO 分布最多和最集中的地区（表 12.6 和图 12.10）。

3）Al$_2$O$_3$

尘源区 4 种不同类型地表粉尘中 Al$_2$O$_3$ 含量，以丘陵含量最高，为 13.6%，其次是农耕地为 12.2%、干盐湖为 10.9%、沙地为 8.83%。干盐湖 Al$_2$O$_3$ 含量占尘源区地表 Al$_2$O$_3$ 总量的 23.96%、丘陵占 29.83%、农耕地占 26.84%、沙地占 19.37%。丘陵的 Al$_2$O$_3$ 含量，是干盐湖的 1.24 倍、是农耕地的 1.11 倍、是沙地的 1.54 倍。因此，丘陵 Al$_2$O$_3$ 含量是尘暴尘源区粉尘 Al$_2$O$_3$ 含量最高的地区（表 12.6 和图 12.10）。

4）SiO$_2$

尘源区 4 种不同类型地表粉尘中 SiO$_2$ 含量，以沙地含量最高，为 72.9%，其次是农耕地为 68.1%、丘陵为 58.6%、干盐湖为 44.8%。干盐湖占尘源区地表 SiO$_2$ 总量的 18.32%，丘陵占 23.99%，农耕地占 27.85%，沙地占 29.84%。沙地的 SiO$_2$ 含量是干盐湖的 1.63 倍、是丘陵的 1.24 倍、是农耕地的 1.07 倍。因此，沙地是尘暴尘源区 SiO$_2$ 含量最高、分布最多和最集中的地区（表 12.6 和图 12.10）。

表 12.6　尘源区 4 种不同地表类型粉尘样品的化学全分析结果

地表类型	样数/个	Na₂O/%	MgO/%	Al₂O₃/%	SiO₂/%	P₂O₅/%	K₂O/%	CaO/%	TiO₂/%	MnO/%	TFe₂O₃/%	LOI/%	Fe₂O₃/%	FeO/%	H₂O/%	CO₂/%
干盐湖	16	6.93	5.12	10.9	44.8	0.160	2.28	6.67	0.56	0.120	4.47	14.51	3.22	1.06	3.79	7.97
丘陵	2	1.77	2.35	13.6	58.6	0.195	2.19	2.45	1.24	0.099	6.77	11.18	3.62	2.84	6.19	0.051
农耕地	10	2.23	1.81	12.2	68.1	0.160	2.97	3.00	0.72	0.060	6.81	5.32	2.05	1.16	2.30	1.30
沙地	21	1.81	1.30	8.83	72.9	0.325	2.91	5.21	0.83	0.070	4.64	0.28	0.19	0.23	0.245	0.045

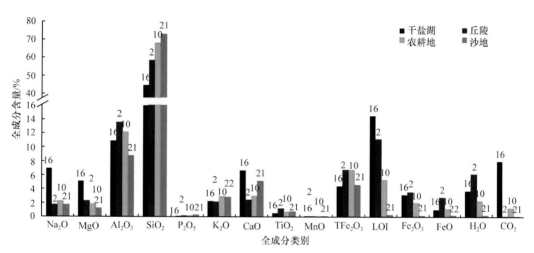

图 12.10　尘源区 4 种不同地表类型粉尘样品的化学全分析结果

柱状图上方数字为样品数

5）P₂O₅

尘源区 4 种不同类型地表粉尘中 P₂O₅ 含量，以沙地含量最高，为 0.325%，其次是丘陵为 0.195%、农耕地和干盐湖均为 0.160%。干盐湖的 P₂O₅ 含量占尘源区地表 P₂O₅总量的 19.05%，丘陵占 23.21%，农耕地占 19.05%，沙地占 38.69%。沙地的 P₂O₅ 含量是干盐湖的 2.03 倍、是丘陵的 1.67 倍。因此，从 P₂O₅ 含量看，沙地是尘暴尘源区P₂O₅ 含量最高、分布最多和最集中的地区（表 12.6 和图 12.10）。

6）K₂O

尘源区 4 种不同类型地表粉尘中 K₂O 含量，以农耕地含量最高，为 2.97%，其次是沙地为 2.91%、干盐湖为 2.28%、丘陵为 2.19%。干盐湖占尘源区地表 K₂O 总量的22.03%，丘陵占 21.16%，农耕地占 28.70%，沙地占 28.12%。农耕地 K₂O 含量是干盐湖的 1.30 倍、是丘陵的 1.36 倍、是沙地的 1.02 倍。因此，农耕地是尘暴尘源区 K₂O含量最高、分布最多和最集中的地区（表 12.6 和图 12.10）。

7）CaO

尘源区 4 种不同类型地表粉尘中 CaO 含量，以干盐湖含量最高，为 6.67%，其次是沙地为 5.21%、农耕地为 3.00%、丘陵为 2.45%。干盐湖地表粉尘中 CaO 含量占尘源区地表 CaO 总量的 38.48%，丘陵占 14.14%，农耕地占 17.31%，沙地占 30.07%。干盐湖的 CaO 含量，是丘陵的 2.72 倍、是农耕地的 2.22 倍、是沙地的 1.28 倍。因此，干盐湖是尘暴尘源区 CaO 含量最高、分布最多和最集中的地区（表 12.6 和图 12.10）。

8）TiO_2

尘源区 4 种不同类型地表粉尘中 TiO_2 含量，以丘陵含量最高，为 1.24%，其次是沙地为 0.83%、农耕地为 0.72%、干盐湖为 0.56%。干盐湖的 TiO_2 含量占尘源区地表 TiO_2 总量的 16.74%、丘陵占 37.07%、农耕地占 21.52%、沙地占 24.66%。丘陵的 TiO_2 含量，是干盐湖的 2.21 倍、是农耕地的 1.72 倍、是沙地的 1.50 倍。因此，丘陵是尘暴尘源区 TiO_2 含量最高、分布最多和最集中的地区（表 12.6 和图 12.10）。

9）MnO

尘源区 4 种不同类型地表粉尘中 MnO 含量，以干盐湖含量最高，为 0.120%，其次是丘陵为 0.099%、沙地为 0.070%、农耕地为 0.060%。干盐湖地表粉尘中 MnO 含量占尘源区地表 MnO 总量的 16.74%、丘陵占 34.38%、农耕地占 17.19%、沙地占 20.06%。干盐湖的 MnO 含量，是丘陵的 1.21 倍，是农耕地的 2.00 倍，是沙地的 1.71 倍。因此，干盐湖是尘暴尘源区 MnO 含量最高、分布最多和最集中的地区（表 12.6 和图 12.10）。

10）TFe_2O_3

尘源区 4 种不同类型地表粉尘中 TFe_2O_3 含量，以农耕地含量最高，为 6.81%，其次是丘陵为 6.77%、沙地为 4.64%、干盐湖为 4.47%。干盐湖地表粉尘中 TFe_2O_3 含量占尘源区地表 TFe_2O_3 总量的 19.70%，丘陵占 29.82%，农耕地占 30.2%，沙地占 20.45%。农耕地的 TFe_2O_3 含量是干盐湖的 1.52 倍，是丘陵的 1.01 倍，是沙地的 1.47 倍。因此，农耕地是尘暴尘源区 TFe_2O_3 含量最高、分布最多和最集中的地区（表 12.6 和图 12.10）。

11）极限氧指数 LOI

尘源区 4 种不同类型地表粉尘中 LOI，以干盐湖最高，为 14.51%，其次是丘陵为 11.18%，农耕地为 5.32%，沙地为 0.28%。干盐湖地表粉尘中 LOI 占尘源区地表总 LOI 的 46.37%，丘陵占 35.73%，农耕地占 17.00%，沙地占 0.90%。干盐湖的 LOI，是丘陵的 1.30 倍，是农耕地的 2.73 倍，是沙地的 51.82 倍。因此，干盐湖是尘暴尘源区 LOI 值最高、分布最多和最集中的地区（表 12.6 和图 12.10）。

12）Fe_2O_3

尘源区 4 种不同类型地表粉尘中 Fe_2O_3 含量，以丘陵含量最高，为 3.62%，其次是干盐湖为 3.22%、农耕地为 2.05%、沙地为 0.19%。干盐湖地表粉尘中 Fe_2O_3 含量占尘源区地表 Fe_2O_3 总量的 35.50%、丘陵占 39.86%、农耕地占 22.60%、沙地占 2.04%。丘陵的 Fe_2O_3 含量，是干盐湖的 1.12 倍，是农耕地的 1.76 倍，是沙地的 19.05 倍。因此，丘陵是尘暴尘源区 Fe_2O_3 含量最高、分布最多和最集中的地区（表 12.6 和图 12.10）。

13）FeO

尘源区 4 种不同类型地表粉尘中 FeO 含量，以丘陵含量最高，为 2.84%，其次是农耕地为 1.16%、干盐湖为 1.06%、沙地为 0.23%。干盐湖地表粉尘中 FeO 含量占尘源区地表 FeO 总量的 20.07%，丘陵占 53.67%、农耕地占 21.96%、沙地占 4.31%。丘陵的 FeO 含量，是干盐湖的 2.67 倍，是农耕地的 2.44 倍，是沙地的 12.35 倍。因此，丘陵是尘暴尘源区 FeO 含量最高、分布最多和最集中的地区（表 12.6 和图 12.10）。

14）H_2O

尘源区 4 种不同类型地表粉尘中 H_2O 含量，以丘陵含量最高，为 6.19%，其次是干盐湖为 3.79%、农耕地为 2.30%、沙地为 0.245%。干盐湖地表粉尘中 H_2O 含量占尘源区地表 H_2O 总量的 30.26%、丘陵占 49.42%、农耕地占 18.36%、沙地占 1.96%。丘陵的 H_2O 含量，是干盐湖 1.63 倍、是农耕地的 2.69 倍、是沙地的 25.27 倍。因此，丘陵是尘暴尘源区 H_2O 含量最高、分布最多和最集中的地区（表 12.6 和图 12.10）。

15）CO_2

尘源区 4 种不同类型地表粉尘中 CO_2 含量，以干盐湖含量最高，为 7.97%，其次是农耕地为 1.30%、丘陵为 0.051%、沙地为 0.045%。干盐湖地表粉尘中 CO_2 含量占尘源区地表 CO_2 总量的 85.10%、丘陵占 0.54%、农耕地占 13.88%、沙地占 0.48%。干盐湖的 CO_2 含量，是丘陵的 156.27 倍，是农耕地的 6.13 倍，是沙地的 177.11 倍。因此，干盐湖是尘暴尘源区 CO_2 含量最高、分布最多和最集中的地区（表 12.6 和图 12.10）。

3. 重金属含量特征

重金属，是指相对密度在 5 以上的金属，包括铜、铅、锌、锡、镍、钴、锑、汞、镉和铋等。重金属的化学性质一般比较稳定，人体吸收后一般很难排出。研究表明所有重金属超过一定浓度都对人体有害，长期累积极易发生中毒。尘源区 4 种不同类型地表粉尘重金属样品共 109 个，其中，干盐湖 81 个，丘陵 8 个，农耕地 11 个，沙地 9 个，主要进行 Fe、Cu、Cr、Co、Ni、Zn 共 6 项重金属分析，现将分析结果简述如下。

1）Fe

尘源区 4 种不同类型地表粉尘 Fe 的含量，农耕地最高，为 2990.3 mg/kg，其次是丘陵为 2651.5 mg/kg，干盐湖为 1582.5 mg/kg，沙地最低，为 891.3 mg/kg。干盐湖地表粉尘 Fe 的含量占尘源区地表 Fe 重金属总量的 19.50%，丘陵占 32.67%，农耕地占 36.85%，沙地占 10.98%。农耕地的 Fe 含量是干盐湖 1.89 倍、是丘陵的 1.13 倍、是沙地的 3.36 倍（表 12.7 和图 12.11A）。

表 12.7　尘暴尘源区 4 种不同类型地表粉尘重金属含量　　　（单位：mg/kg）

土地利用类型	样数/个	Fe	Cu	Cr	Co	Ni	Zn
干盐湖	81	1582.5	254.4	10.36	6.25	8.25	39.06
丘陵	8	2651.5	35.8	29.71	20.91	34.12	56.41
农耕地	11	2990.3	883.3	2.13	20.45	15.35	70.35
沙地	9	891.32	50.8	8.1	9.44	5.41	6.07

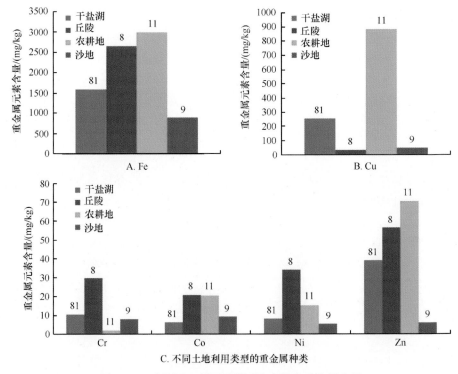

图 12.11　尘源区 4 种不同类型地表粉尘重金属含量

2）Cu

尘源区 4 种不同类型地表粉尘的 Cu 含量，农耕地最高，为 883.28mg/kg。其次是干盐湖，为 254.4 mg/kg，沙地为 50.8 mg/kg，丘陵最低，为 35.8 mg/kg。干盐湖 Cu 含量占尘源区地表 Cu 总量的 21.67%、丘陵占 3.05%、农耕地占 70.96%、沙地占 4.32%。农耕地的 Cu 含量是干盐湖 3.27 倍，是丘陵的 23.27 倍，是沙地的 16.43 倍（表 12.7 和图 12.11B）。

3）Cr

尘源区4种不同类型中，丘陵地表粉尘Cr含量最高，为29.71 mg/kg；其次是干盐湖，为10.36 mg/kg；沙地为8.10 mg/kg；农耕地最低，为2.13 mg/kg。干盐湖地表粉尘Cr含量占尘源区地表Cr重金属总量的20.60%，丘陵占59.07%，农耕地占4.23%，沙地占16.10%。丘陵的Cr含量是干盐湖2.87倍，是农耕地的13.96倍，是沙地的3.67倍（表12.7和图12.11C）。

4）Co

尘源区4种不同类型中，丘陵地表粉尘Co含量最高，为20.91mg/kg；其次是农耕地，为20.45 mg/kg；沙地为9.44 mg/kg；干盐湖最低，为6.25 mg/kg。干盐湖地表粉尘Co含量占尘源区地表Co总量的10.96%、丘陵占36.65%、农耕地占35.85%、沙地占16.55%。丘陵Co含量是干盐湖的3.34倍，是农耕地的1.02倍，是沙地的2.21倍（表12.7和图12.11C）。

5）Ni

尘源区4种不同类型中，丘陵地表粉尘Ni含量最高，为34.12 mg/kg；其次是农耕地，为15.35 mg/kg；干盐湖为8.25 mg/kg；沙地最低，为5.41 mg/kg。干盐湖地表粉尘Ni含量占尘源区地表Ni重金属总量的13.07%，丘陵占54.05%，农耕地占24.31%，沙地占8.57%。丘陵的Ni含量是干盐湖4.14倍，是农耕地的2.22倍，是沙地的6.31倍（表12.7和图12.11C）。

6）Zn

尘源区4种不同类型中，农耕地地表粉尘Zn含量最高，为70.35 mg/kg；其次是丘陵，为56.41 mg/kg；干盐湖为39.06 mg/kg；沙地最低，为3.53mg/kg。干盐湖地表粉尘Zn含量占尘源区地表Zn总量的22.72%、丘陵占32.82%、农耕地占40.93%、沙地占4.32%。农耕地的Zn含量是干盐湖的1.80倍，是丘陵的1.25倍，是沙地的11.59倍（表12.7和图12.11C）。

尘暴尘源区4种不同类型地表的重金属含量，总体上相差极大。6项分析结果通常为农耕地或丘陵重金属含量最高。

小结 北京尘暴尘源区4种不同类型地表粉尘物理化学特征结果表明，干盐湖<200目的百分粉尘含量最高，丘陵次之，农耕地位居第三，沙地最低。丘陵粉尘的比表面积最高，其次是干盐湖、农耕地，最小为沙地。干盐湖粉尘颗粒外观最"脏"，粉尘细颗粒含量最多，颗粒多具棱角状；丘陵细颗粒含量仅次于干盐湖，以细颗粒占绝大多数，颗粒以棱角状为主，显示丘陵分布的粉尘与干盐湖最为接近；农耕地与沙地颗粒特征相似，但农耕地粉尘中细颗粒含量较多，最粗颗粒含量高；沙漠颗粒最粗、磨圆度好，颗粒最"干净"；沙地颗粒外观类似沙漠，粉尘中细颗粒含量最少，以粗颗粒为主，且分选好、磨圆度高。中值粒径、平均粒径、模式粒径中，均为干盐湖和丘陵小、沙地和农耕地大。干盐湖颗粒组成大小极不均匀，其次是丘陵、

农耕地，沙地颗粒大小最为集中一致。干盐湖密度最小，其次是丘陵、农耕地，沙地的密度最大。干盐湖最小起尘风速最小，其次是丘陵、农耕地，沙地最大。干盐湖的地表土壤粉尘百分含量最高，丘陵次之，农耕地第三，沙地最低。干盐湖是北京尘暴尘源区水溶盐含量最丰富和最集中的地区，可被溶解的成分最高，水溶性元素及水溶性阴离子百分含量最高。干盐湖是尘暴尘源区 Na_2O、MgO、CaO、MnO、极限氧指数 LOI、CO_2 含量最高、分布最多和最集中的地区；丘陵是 Al_2O_3、TiO_2、Fe_2O_3、FeO、H_2O，农耕地是 K_2O、TFe_2O_3，沙地是 SiO_2、P_2O_5 含量最高、分布最多和最集中的地区。重金属检测结果表明，农耕地地表粉尘的 Fe、Cu、Zn 含量最高，丘陵的 Cr、Co、Ni 含量最高。

第13章 北京尘暴尘源地不同地表类型土壤粉尘藻类特性表征

尘暴尘源区4种不同类型地表粉尘的藻类特征主要是指4种不同类型地表粉尘，经过一些程序处理和培养所得的藻类植物类群的属种类型特征。

13.1 北京尘暴尘源地不同类型地表粉尘中藻类植物的培养

13.1.1 设备选择及装配

1. 培养用具的选用

（1）150 mL 烧杯。用来盛放样品及培养液。

（2）衣服包装用透明薄塑料纸。用来封闭烧杯口，既防止空气污染又能达到透光目的。

（3）橡皮筋。将透明塑料纸固定于烧杯口时使用。

（4）毛毯。夜间无光照时，覆盖温床以继续保持较高温度。

（5）太阳灯。150 W 两个，作为培养时的光源。

2. 培养温床的设计

自行设计和制作用于尘源地土壤粉尘培养藻类植物实验的培养床。利用 1 m×2.5 m 的隔墙保温板作为 150 mL 烧杯的下垫层，下垫层上铺塑料布作为防水层，防水层上再铺电热毯以保证温床达到需要的温度，再铺一层塑料布以防止电热毯短路，得到培养温床。

13.1.2 培养液的制作

参考人工粒度法分别从不同类型地表（干盐湖、丘陵、农耕地、沙地）土壤样品中分离出＜200 目的藻类培养所需粉尘，称数克至数十克该粉尘样品置于干净容器中，再加入去离子水至 140 mL。充分搅拌混匀后静放约 24 小时，用吸管吸出澄清的上清液进行过滤，盛放滤液的烧杯用透明塑料纸和橡皮筋封口，得到培养液，基本满足藻类生长所需的水质清澈要求。

13.1.3 实验装配

首先将做好的培养温床用支架支牢，或直接放于桌面上。在温床一侧或上方高0.8～1.0 m 安装两个太阳灯并接上电源。将制作完成的盛放培养液的烧杯置于培养温床上按样品顺序摆放整齐，以备实验启动。

13.1.4 培养步骤

实验开始，打开电源，使电热毯加热和太阳灯进行光照。数小时后，测量培养温床温度及烧杯培养液的温度，通过降低或提高太阳灯高度或调节电热毯加热装置控制培养液温度在 25 ～ 36℃。

为了营造出适合藻类生长的条件，白天连续光照约 10 小时，然后关闭太阳灯和电热毯开关。并在温床培养样品上覆盖毛毯，以便保证培养床及培养样品的温度下降缓慢。经过 7 ～ 15 天的连续培养，有的样品烧杯的底部或杯壁，开始出现少量绿色斑点（有少量显示褐色斑点）。随着实验的继续进行，绿色斑点不断扩大，直至连成一片，烧杯底全部长满。有的则悬浮于培养液中，标志着藻类培养成功。

为了证实培养出来的藻类植物非空气污染所致。在进行尘源区地表粉尘藻类培养的同时，采用自来水、纯净水和去离子水作为培养液，且烧杯口敞开不用薄膜密封，而是与空气直接接触，置于温床上培养一个月之久，也未见有藻类生长的任何迹象，证明培养所得的藻类确实是来自样品本身而非空气污染。

13.1.5 藻类植物的处理

用吸管吸出培养液中已培养成功的藻类植物，放入盛有 5% 福尔马林溶液的小塑瓶中，以保证藻类植物不受细菌的侵害和破坏。之后，送藻类分类专家——北京自然博物馆王志学研究员进行属种的鉴定。

13.2 北京尘暴尘源地不同地表类型土壤中藻类植物分类特征

共对尘暴尘源区 4 种不同类型地表 50 个粉尘样品进行了藻类植物培养，其中，干盐湖 18 个，农耕地 15 个，沙地 11 个，丘陵 6 个。培养所得的藻类植物属种十分丰富，其中干盐湖有 18 属种；丘陵有 15 属种，其中 1 个为中国新记录属种；农耕地有 37 属种，其中 6 个中国新记录属种；沙地目前尚未培养出藻类植物（表 13.1）。干盐湖、丘陵和农耕地地表粉尘中培养出的共同藻类属种 4 个，*Chlorosarcina stigmatica* 眼点叠球藻、*Lyngbya* sp. 鞘丝藻属、*Lyngbya limnetica* 湖泊鞘丝藻、*Scenedesmus obliquus* 斜生栅藻。此外，仅干盐湖和丘陵地表粉尘中培养出的共同藻类属种 1 个，*Lyngbya nordgardnii* 诺德鞘丝藻和仅干盐湖和农耕地地表粉尘中培养出的共同藻类属种 6 个，*Chlorella emersonii* 小球藻、*Lyngbya gardneri* 加德纳鞘丝藻、*Monoraphidium subclavatum* 单针藻、*Oscillatoria angustissima* 狭细颤藻、*Oscillatoria profunda* 深色颤藻、*Oscillatoria pseudogeminata* 伪双点颤藻。仅丘陵和农耕地地表粉尘中培养出的共同藻类属种 2 个，*Lyngbya margaretheana* var. *paracelensi* 马格鞘丝藻帕拉变种和 *Phacomyxa sphagnicola*。仅在干盐湖培养出的藻类 7 种，*Anabaena circinalis* 卷曲鱼腥藻、*Anabena* sp. 鱼腥藻、*Borzia trilocularis* 三胞博氏藻、*Chlorgonium* sp. 绿梭藻、*Oocystis tainoensis* 卵囊藻、*Oscillatoria cortiana* 皮质颤藻、*Oscillatoria angusta* 狭小颤藻。仅在丘陵地表粉尘中培养出的藻类有 8 种，*Dictyochloropsis splendida*（中国新记录种）、*Eutetramorus planctonicus* 沼泽颤藻、*Microcoleus vaginatus* 具鞘微鞘藻、*Oscillatoria schultzii* 斯氏颤藻、*Pseudochlorella* sp.、*Scenedesmus acutus*、*Scenedesmus bernardii*、*Trochiscia reticularis* 网状小箍藻。仅在农耕地地表粉尘中培养出的藻类有 24 种，*Actinastrum hantzschii* 集星藻、*Choricystis minor* var. *minor*（中国新记录种）、*Choricystis* sp.、*Coccomyxa conflens*、*Coenochloris piscinalis*、*Coenochloris pyrenoidosa*（中国新记录种）、*Coeocystis subcylindrica*（中国新记录种）、*Gloeocystis* sp. 胶囊藻、*Lyngbya fontana* 泉生鞘丝藻、*Lyngbya mucicola lenim* 栖藓鞘丝藻、*Lyngya agardhii* 艾加德鞘丝藻、*Monoraphidium dybowskii*（中国新记录种）、*Monoraphidium tatrae*（中国新记录种）、*Muriella magna*（中国新记录种）、*Monoraphidium contortom*、*Oscillatoria limnetica* 沼泽颤藻、*Oscillatoria quadripunctulata* 四点颤藻、*Oscillatoria willei* 威利颤藻、*Phomidium uncinatum* 钩状席藻、*Scenedesmus disifornis*、*Scenedesmus intermedius* var. *halatonicus*、*Schroederia setigera* 弓形藻、*Tetraedron caudatum* 四角藻、*Therakochloris nygaardii*、*Trochiscia prescottii* 小箍藻。

表 13.1　尘暴尘源区 4 种不同类型地表粉尘培养所得的藻类植物属种鉴定结果

1&2 共存种		1&2&3 共存种	
1&3 共存种		2&3 共存种	

1. 干盐湖	*Oscillatoria profunda* 深色颤藻
Anabaena circinalis 卷曲鱼腥藻	*Oscillatoria pseudogeminata* 伪双点颤藻
Anabena sp. 鱼腥藻	*Oscillatoria angusta* 狭小颤藻
Borzia trilocularis 三胞博氏藻	*Scenedesmus obliquus* 斜生栅藻
Chlorella emersonii 小球藻	
Chlorgonium sp. 绿梭藻	2. 丘陵
Chlorosarcina stigmatica 眼点叠球藻	*Chlorosarcina stigmatica* 眼点叠球藻
Lyngbya sp. 鞘丝藻属	*Dictyochloropsis splendida*（中国新记录种）
Lyngbya gardneri 加德纳鞘丝藻	*Eutetramorus planctonicus* 沼泽颤藻
Lyngbya limnetica 湖泊鞘丝藻	*Lyngbya* sp. 鞘丝藻属
Lyngbya nordgardnii 诺德鞘丝藻	*Lyngbya limnetica* 湖泊鞘丝藻
Monoraphidium subclavatum 单针藻	*Lyngbya margaretheana* var. *paracelensi* 马格鞘丝藻帕拉变种
Oocystis tainoensis 卵囊藻	*Lyngbya nordgardnii* 诺德鞘丝藻
Oscillatoria angustissima 狭细颤藻	*Microcoleus vaginatus* 具鞘微鞘藻
Oscillatoria cortiana 皮质颤藻	*Oscillatoria schultzii* 斯氏颤藻

续表

2. 丘陵	*Lyngbya* sp. 鞘丝藻属
Phacomyxa sphagnicola	*Lyngya agardhii* 艾加德鞘丝藻
Pseudochlorella sp.	*Monoraphidium contortom*
Scenedesmus acutus	*Monoraphidium dybowskii*（中国新记录种）
Scenedesmus bernardii	*Monoraphidium subclavatum* 单针藻
Scenedesmus obliquus 斜生栅藻	*Monoraphidium tatrae*（中国新记录种）
Trochiscia reticularis 网状小箍藻	*Muriella magna*（中国新记录种）
	Oscillatoria angustissima 狭细颤藻
3. 农耕地	*Oscillatoria limnetica* 沼泽颤藻
Actinastrum hantzschii 集星藻	*Oscillatoria profunda* 深色颤藻
Chlorella sp. 小球藻属	*Oscillatoria pseudogeminata* 伪双点颤藻
Chlorosarcina stigmatica 眼点叠球藻	*Oscillatoria quadripunctulata* 四点颤藻
Choricystis minor var. *minor*（中国新记录种）	*Oscillatoria willei* 威利颤藻
Choricystis sp.	*Phacomyxa sphagnicola*
Coccomyxa conflens	*Phomidium uncinatum* 钩状席藻
Coenochloris piscinalis	*Scenedesmus disifornis*
Coenochloris pyrenoidosa（中国新记录种）	*Scenedesmus intermedius* var. *halatonicus*
Coeocystis subcylindrica（中国新记录种）	*Scenedesmus obliquus* 斜生栅藻
Gloeocystis sp. 胶囊藻	*Schroederia setigera* 弓形藻
Lyngbya fontana 泉生鞘丝藻	*Tetraedron caudatum* 四角藻
Lyngbya gardneri 加德纳鞘丝藻	*Therakochloris nygaardii*
Lyngbya limnetica 湖泊鞘丝藻	*Trochiscia prescottii* 小箍藻
Lyngbya margaretheana var. *paracelensis* 马格鞘丝藻帕拉变种	
Lyngbya mucicola lenim 栖藓鞘丝藻	**4. 沙地：未培养出藻类植物**

小结 自行设计和制作藻类植物实验培养床，对北京尘暴尘源地不同类型地表粉尘进行藻类培养，所得的藻类植物属种丰富，其中，干盐湖有18属种、丘陵15（1个中国新记录属种）、农耕地37（6个中国新记录种）、沙地目前尚未培养出藻类植物。干盐湖、丘陵和农耕地地表粉尘中培养出的共同藻类属种4个。仅干盐湖和丘陵地表粉尘中培养出的共同藻类属种1个；仅干盐湖和农耕地的共同藻类属种6个；仅丘陵和农耕地的2个。仅在丘陵地表粉尘中培养出的藻类有8种；仅在农耕地地表粉尘中培养出的藻类有24种；仅在干盐湖培养出的藻类7种：*Anabaena circinalis* 卷曲鱼腥藻、*Anabena* sp. 鱼腥藻、*Borzia trilocularis* 三胞博氏藻、*Chlorgonium* sp. 绿梭藻、*Oocystis tainoensis* 卵囊藻、*Oscillatoria cortiana* 皮质颤藻、*Oscillatoria angusta* 狭小颤藻。

第14章 北京尘暴降尘物质的特征

——以 2006 年 4 月 16 日和 2010 年 3 月 19 日尘暴为例

要正确认识京津地区发生的尘暴灾害性天气性质的方法和途径，毫无疑问，只有通过采集所谓的沙尘暴降尘物质进行分析研究后才有可能得出正确的结论（成天涛等，2006a、2006b；王绍芳等，2011）。

14.1 北京尘暴降尘样品的采集和处理

14.1.1 北京尘暴降尘样品的采集

尘暴降尘，是指发生尘暴期间自然降落于地面的大气粉尘颗粒，即日常百姓所称的灰尘或尘埃，其量的表示常用 $g/(cm^2 \cdot d)$（每天每平方厘米地面降尘的克数）或用 $t/(km^2 \cdot m)$（每月每平方千米地面降尘的吨数）表示。尘暴降尘物质的采集和研究，为判断降尘颗粒物来源、运输途径和尘源区确定提供重要依据（周秀骥等，2000；胡敏，2002；梁美霞等，2002；孙建华等，2004；刘多森和汪枞生，2006），对全球气候及环境变化研究有重要意义（石广玉和赵思雄，2003；王炜和方宗义，2004；于善经，2006；刘春华和岑况，2007；勾芒芒等，2008；荆俊山等，2008；刘梦潇，2008）。

除了尘暴发生期间选择北京市城区和郊区的一些不同地点进行干降尘样品采集外，还选择一些定点位置进行长周期（半个月、一个月或一年）的样品采集，以供研究和对比之用。但限于资金、人力和时间关系，目前尚未形成网络化和长期化采集和研究。

尘暴降尘的采集方法，视降尘取样器中有无水的存在可分为湿法和干法两种。本研究多采用干法采集降尘。基本上是采用自制的"集尘器"和利用地面设施（距地面较高的平台、阳台、栏杆表面、自行车棚存放的三轮车、自行车表面等）、置放的器物表面（如小汽车顶面、桌面等）的降尘，进行人工清扫所取得的降尘。为取得干净和无污染的样品，本研究中韩同林还专门设计一种"集尘器"进行采样（图 14.1）。自制的"集尘器"，是采用镀锌金属板和不锈钢管制作而成的四边形漏斗状（图 14.1），每边长 1.5 m，宽 1.5 m，高 1.25 m。面积约 2.25 m^2。四边形方便于制作，也有利于在最大限度的面积范围内收集到降尘。漏斗状则便于降落粉尘的集中和收集。置放于高层楼顶露天背风面，或空置的北、东、西三面有墙，顶面封闭、南侧开口的地方，更有利于降尘的沉降和采集。少量采用湿法进行降尘样品的采集，则采用普通的塑料盆放入适量去离子水进行定期收集。

北京 2006 年 4 月 16 日和 2010 年 3 月 19 日尘暴（分别简称"4.16"和"3.19"尘暴，彩图 92 ~彩图 95）的降尘，样品均采集于尘暴发生后自然降落在小汽车顶面或办公楼

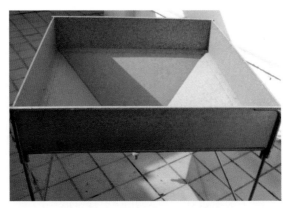

图 14.1　自行设计的"集尘器"

前较干净的台面上。其中,"4.16"尘暴的样品,采集于 2006 年 4 月 17 日早晨,海淀区民族大学南路 11 号院内的小汽车顶面上(样品号:BC06-4.16)。北京"3.19"尘暴样品,采集于 2010 年 3 月 19 日海淀区民族大学南路 11 号院内的中国地质科学院地质力学研究所办公楼南大门前小汽车顶面上和门前的台阶上（样品号：100319-1、3），和北京市科学技术研究院东门前的大台面上(样品号:100319-2)。由于台阶面上每天都有人清扫,样品受人为污染较少,代表性较好。

14.1.2　北京尘暴降尘样品的处理

1. 干降尘样品的处理

干降尘样品置放于室内自然风干或在室内借助空调抽湿状态晾干,后一种方法要快得多。风干的样品过 200 目筛后存放备用。

2. 湿降尘样品的处理

将采集到的湿降尘样品置于通风好的地方自然蒸发至干燥为止。为了尽快得到干燥样品,可将水样置于有空调室内并采用空调抽湿状态加快蒸发。冬季则可将样品置于暖气上加快蒸发,直至样品全部干燥。之后再用 200 目网孔过筛备用。

14.2　北京尘暴降尘的物理学特征

14.2.1　北京尘暴降尘的宏观表象和手感特征

1. 降尘物质的宏观表象

北京"4.16"和"3.19"尘暴的宏观表象,这里主要是指其色调。尽管北京"4.16"和"3.19"尘暴发生的时间相隔近 4 年之久,在色调上均呈黄褐色(图 14.2A ～ C)。

而北京的日常非尘暴降尘物质，均呈灰—深灰色调（图14.2E～G）。 造成非尘暴降尘色调明显偏暗的原因，可能与其含有更多人类活动排放的燃烧物质和一些腐烂有机物质，而尘暴降尘更多源于地壳矿物质有关（李晋昌等，2010）。而2012年由天津返京尘暴降尘物质（图14.2D）的颜色介于黄—灰，原因可能在于原发的地壳物质（黄色）运输途中携带了城市化严重污染地区的大气成分（灰色）。

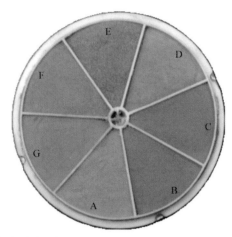

图14.2 北京尘暴降尘物质与北京日常降尘物质在色调上明显不同对比

A. 2012年尘暴降尘物质（样品号：120420。采于北京市西三环北京市理化分析测试中心东台阶面上）；B. 2013年尘暴降尘物质（样品号：100319。采于北科大厦东台阶面上）；C. 2006年尘暴降尘物质（样品号：BC06-4.16。采于中国地质科学院地质力学研究所二号楼前小汽车顶面）；D. 2012年由天津返京尘暴降尘物质（样品号：120501。采于北京市西三环北京市理化分析测试中心东台阶面上）；E. 多年旧尘（样品号：120405-3。采于北京市西三环北京市理化分析测试中心东台阶面北侧）；F. 多年旧尘（样品号：09412-H2-4。采于中海紫金苑13层楼顶）；G. 多年旧尘（样品号：090405-H3-5。采于中国地质科学院地质力学研究所二号楼自行车棚多年旧尘）

另外，北京"4.16"和"3.19"两次尘暴到达京城的方式，都是从高空而至，致使整个京城黄天漫漫（彩图93～彩图94）；但两次尘暴在濒临北京地区时的方式却明显不同。"4.16"尘暴，是在一个"风平浪尽"的夜晚光临北京，让京城一夜之间"满是黄金甲"。而"3.19"尘暴发生时，则先是狂风大作，间隔一段较长时间几乎是"无风"后，方以"黄尘滚滚来半天"的景象光临北京。

2. 降尘的手感特征

北京"4.16"和"3.19"尘暴降尘物质，手感细腻见水后具滑感。而日常降尘物质，手感较粗糙，两者在手感上有明显差别。

14.2.2 北京"4.16"和"3.19"尘暴降尘的粉尘量、百分粉尘量特征

1. 北京"4.16"和"3.19"尘暴降尘粉尘量的测量及特征

尘暴降尘量的多少及测量，是衡量一次尘暴规模的最重要、最直接和最明确的指标，

应是每次尘暴过程不可缺少的资料。最早可追溯的对北京尘暴降尘量进行实际测量的，应该是一个年过花甲的老者——王红旗（笔名：重构），并有图像完整地记录了他收集粉尘的全过程（图 14.3A～F）。他于"2006 年 4 月 17 日中午在莲花池公园采集粉尘，计算出每平方米降尘量为 20 g，全北京共降尘 33.6 万 t"（王红旗，2006）。中国气象局运用亚洲沙尘暴数值预报模式估算"3.19"尘暴的降尘量为 15 万 t。笔者在北科大厦东门距地面高约 4m 高、面积约 137.2 m² 的清洁台阶面上，经清扫实际共收集降尘重达 4591.398 g，平均 33.4650 g/m²。北京市按 16 800 km² 面积计算，本次尘暴总降尘量为 562 212 t（表 14.1，图 14.4A）。后文对尘源区 4 种不同类型地表对"3.19"尘暴降尘粉尘贡献量的计算，采用实际清扫所得的降尘总量，562 212 t 进行计算。

图 14.3A "4.16"尘暴降尘地面分布
特征（网上下载）

图 14.3B "4.16"尘暴 1 m² 降尘
特征（网上下载）

图 14.3C "4.16"尘暴 1 m² 的降尘
收集（网上下载）

图 14.3D "4.16"尘暴 1 m² 降尘倒在
纸上（网上下载）

2. 北京"4.16"和"3.19"尘暴降尘的百分粉尘量特征

初步分析结果表明，< 200 目的粉尘总含量"4.16"尘暴为 33.35 万 t，"3.19"尘暴为 55.48 万 t（表 14.1 和图 14.4B）。北京"4.16"和"3.19"尘暴降尘的百分粉尘量的多少，因采样位置不同而表现出一定差异。例如，"3.19"尘暴降尘采集的 3 个样品，

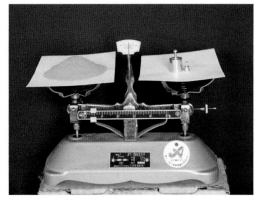

<table>
<tr><td>图 14.3E　尘暴 1 m² 降尘纸上
的量（网上下载）</td><td>图 14.3F　"4.16" 尘暴 1 m² 降尘
称量（网上下载）</td></tr>
</table>

分别采于小汽车顶面、距地面约 1.2 m 和距地面 4 m 的台阶面，< 200 目百分粉尘量的分析结果分别为 99.56%、96.90% 和 96.90%，平均为 97.79%。如果按采集位置相同的小汽车顶面样品的百分粉尘量进行对比，"4.16" 尘暴降尘，< 200 目的百分粉尘含量为 99.28%；"3.19" 尘暴降尘，< 200 目的粉尘百分含量为 99.56%，两次尘暴 < 200 目的粉尘百分含量相差仅为 0.28%，十分接近（表 14.1，图 14.4C），且均与干盐湖的百分粉尘含量 85.99% 最接近（表 12.2）。

表 14.1　北京 "4.16" 和 "3.19" 尘暴总降尘量、< 200 目粉尘总含量及百分含量

尘暴事件	总降尘量 /t	< 200 目粉尘总量 /t	< 200 目粉尘百分含量 /%	比重 /（g/cm³）	最小起尘风速 /（m/s）
"4.16" 尘暴	336 000	333 580.8	99.28	0.655 1	2.8
"3.19" 尘暴	562 212	554 790.8	99.56	0.715 6	

14.2.3　北京 "4.16" 和 "3.19" 尘暴降尘的比重及最小起尘风速

大气降尘物质因不同时期、不同风速和不同物源组成而不同（李引湉，2011），在密度和起尘风速上会有明显差别。降尘物质的密度及最小起尘风速的测定将为了解和追踪尘暴粉尘物质的来源提供有力佐证。

1. 比重测定及特征

北京 "4.16" 和 "3.19" 尘暴降尘的密度，是指粉尘物质在同样体积条件下的重量特征，即单位体积的重量（g/cm³）。因所收集尘暴降尘样品有限，密度测定采用小容积进行。具体操作参照土壤样品密度测定：选用一个小杯，先装满待测粉尘样品，称出样品的重量。然后将粉尘样品倒出，装满水，再称出水的重量，并换算成体积（cm³）。用样品的重量除以水的体积即得到所测样品的密度（g/cm³）。

经初步测定，北京 "4.16" 和 "3.19" 尘暴降尘物质的密度分别为 0.6551g/cm³ 和 0.7156g/cm³（表 14.1 和图 14.4D），二者总体上比较接近。其些许的差异很可能与取样位置不同有关。即前者样品取于小汽车顶面上，密度大的矿物不易停留在光滑的小汽车顶面所致，后者样品取于台阶面上，离地面近，混入地面密度大的矿物多所致。二者比最小的干盐湖粉尘密度 0.85 g/cm³ 还小，可能是由于高空搬运过程更适宜轻颗粒物的传递。

2. 最小起尘风速

尘暴降尘物质的最小起尘风速，是指可使降尘物质从地面扬起时的最低风速（m/s）。参照土壤最小起尘风速的测定方法，本次只测得"4.16"尘暴的最小起尘风速，为 2.8m/s（表 14.1，图 14.4E），远低于沙地的 3.93 m/s。

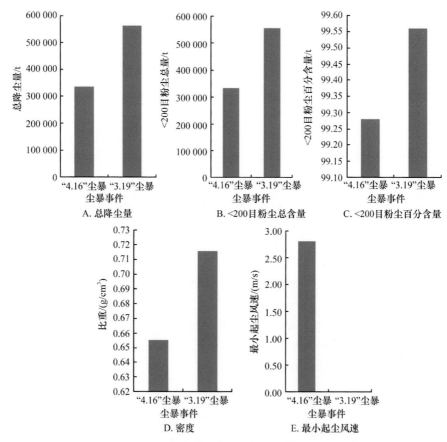

图 14.4　北京"4.16"和"3.19"尘暴总降尘量及＜200目粉尘总含量、百分含量、比重和最小起尘风速

14.2.4　北京"4.16"和"3.19"尘暴降尘颗粒的外观特征和粒度分析

1. 颗粒外观矿物特征

通过扫描电镜观察发现，北京"4.16"尘暴的降尘中的矿物颗粒以棱角状和次棱角

状为主，且大小悬殊，磨圆度及分选性极差，富含云母类片状矿物。矿物表面附着的大量极微小的粉尘颗粒（可能主要为水溶盐类矿物）使矿物看起来特别脏（图 14.5 上的 "4.16" 和 "房山"），与干盐湖的矿物颗粒特征相似（图 14.5 左下 "盐湖"），与颗粒磨圆和分选性均较好的沙地矿物形态明显不同（图 14.5 右下 "沙地"）。

图 14.5　北京 "4.16" 尘暴降尘与干盐湖和沙地矿物颗粒特征对比图

2. 人工粒度

采用网筛法对北京 "4.16" 和 "3.19" 尘暴降尘物质进行人工粒度分析，采用 80 目、120 目、160 目和 200 目的网筛，分别称出待测样品各 100 g 后进行筛分，再分别称出＞80 目、80 目、120 目、160 目和＜200 目各粒级样品的重量，即为所分析样品的人工粒度百分含量。结果表明（表 14.2 和图 14.6），＜200 目粒径的粉尘在两次尘暴总粉尘中均占绝对优势，前者占 99.28% 以上，后者占 98.68% 以上，相差仅 0.98%。其他研究也发现，"4.16" 尘暴期间北京城区五环路内 27 个采样点的 60 个降尘样品人工粒度分析结果中＜200 目粒度（相当于粉粒＋黏粒）的含量大于 98.79%（刘东生等，2006），2002 年 3 月 20～21 日北京尘暴降尘颗粒物相当于＜75μm 的含量最少约 95% 以上（王赞红，2003a；王赞红和夏正楷 2004）。对北京 "4.16" 和 "3.19" 尘暴降尘物质进一步观察发现，其实所谓的＞200 目的颗粒基本上都是由薄片状的云母矿物组成。经初步统计，＞200 目颗粒集中在 120～160 目中，共计含有云母片颗粒约 279 片，其中 200～160 目大小的云母片约 130 片，80～140 目大小的云母片约 140 片，说明北京尘暴降尘物质中根本不含所谓真正的 "沙粒"。

人工粒度分析结果还表明，采自小汽车顶面的样品较采自接近地面的样品，＜200 目的含量要高一些。例如，样品 BC06-4.16 和 100320-1，＜200 目的含量分别为 99.28% 和 99.56%，而采自接近地面的中国地质科学院地质力学研究所大楼前台阶面（距地面 1 m）和采自北科大厦大楼前台阶面（距地面 4 m）的样品，即样品号分别为 100320-2 和 100320-3，＜200 目的粉尘含量均为 96.9%。小汽车顶和楼前台面样品＜200 目粉尘百分含量相差分别为 2.38% 和 2.66%（表 14.2 和图 14.6）。可能表明因小汽车顶面较光滑，一些粗颗粒不易停留，而接近地面样品中混入来自地面的粗颗粒较多所致。

表 14.2　北京"4.16"和"3.19"尘暴降尘物质人工粒度分析结果

尘暴事件	样点	样号	采样位置	<200目	160目	120目	80目	>80目
"4.16"尘暴	样点1	BC06-416	小汽车顶	99.28	0.23	0.12	0.21	0.17
"3.19"尘暴	样点2	100320-1	小汽车顶	99.56	0.09	0.14	0.15	0.06
	样点3	100320-2	中国地质科学院地质力学研究所楼前台面（距地面1m）	96.9	1.64	0.5	0.63	0.33
	样点4	100320-3	北科大厦楼前台面（距地4m）	96.9	0.34	0.53	0.97	1.27

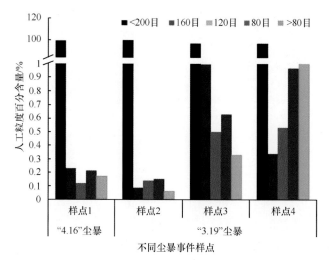

图 14.6　北京"4.16"和"3.19"尘暴降尘物质（＜200目）的人工粒度

3.比表面积和激光粒度分析

北京"4.16"和"3.19"尘暴降尘的激光粒度分析，是由北京市理化分析测试中心的物理室，分别采用 HORIBA LA-920 和 HORI BA LA-950 仪器测试完成。受样品数量所限，"4.16"尘暴激光粒度分析样品仅 1 个，"3.19"尘暴降尘为 2 个。测试结果见表 14.3 和图 14.7。

1）比表面积

比表面积，是指单位重量颗粒的表面积之和，是衡量样品颗粒粗细和形态特征含量比例的重要指标之一。北京尘暴降尘的比表面积都较大，"4.16"尘暴降尘的比表面积为 4891.4cm²/cm³（样品号：BC06-416），接近干盐湖的 4965.8 cm²/cm³，"3.19"尘暴降尘的比表面积平均为 8956.3 cm²/cm³（表 14.3 和图 14.7A），接近丘陵的比表面积 7490.8 cm²/cm³。后者是前者的约 1.8 倍，表明"3.19"尘暴的降尘物质比"4.16"尘暴的降尘颗粒更细，或者说"3.19"尘暴降尘的颗粒磨圆度较"4.16"尘暴更差。

表 14.3 北京"4.16"和"3.19"尘暴降尘激光粒度

尘暴事件	样品数 /个	比表面积 /（cm²/cm³）	中值粒径 /μm	平均粒径 /μm	模式粒径 /μm	CV/%	跨距	方差 /cm²
"4.16"尘暴	1	4891.4	24.21	28.64	27.89	74.03	2.11	449.4
"3.19"尘暴	2	8956.3	18.01	22.68	29.91	102.00	2.57	646.2

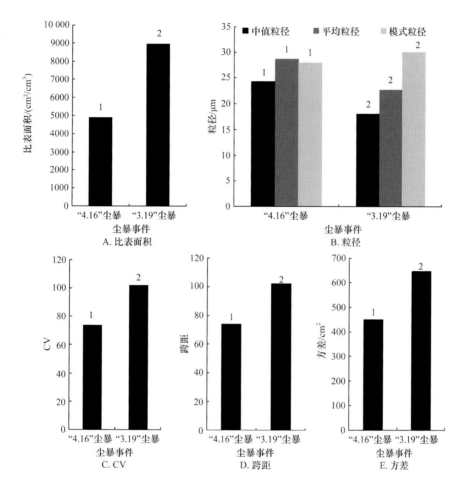

图 14.7 北京"4.16"和"3.19"尘暴降尘激光粒度

柱状图上方数值代表样品数

2）中值粒径、平均粒径、模式粒径

中值粒径比较发现，"4.16"尘暴样品的中值粒径较"3.19"尘暴的大，分别为 24.21 μm 和 18.01 μm，前者是后者的 1.34 倍（表 14.3 和图 14.7B）。其他研究发现，"4.16" 尘暴期间北京城区五环路内 27 个采样点的 60 个降尘样品激光粒度分析结果为平均中值粒径为 20.1μm（刘东生等，2006），2002 年 3 月 20 ～ 21 日北京尘暴降尘颗粒物的中值粒径为 25.21μm（王赞红，2003a；王赞红和夏正楷 2004），与丘陵和干盐湖的接近。

平均粒径比较发现，"4.16"尘暴降尘样品的平均粒径比"3.19"尘暴降尘的大，分别为 28.64 μm 和 22.68 μm，与丘陵和干盐湖的接近，前者是后者的 1.26 倍（表 14.3 和图 14.9B）。模式粒径比较发现，"4.16"尘暴降尘样品的模式粒径即分布频率最高的粒径值比"3.19"尘暴降尘样品的高，分别为 27.89 μm 和 29.91 μm，与丘陵和干盐湖的接近，前者是后者的 0.93 倍。说明"4.16"尘暴降尘物质的粒径与"3.19"尘暴降尘颗粒差别不明显（表 14.3 和图 14.7B）。中值粒径、平均粒径的结果均表明，"4.16"尘暴强度可能较"3.19"尘暴要大得多、颗粒总体较粗较均一。

比较同一次尘暴降尘样品的中值粒径、平均粒径、模式粒径发现，"3.19"尘暴降尘的模式粒径比其中值粒径和平均粒径要大得多，而"4.16"尘暴的模式粒径与其中值粒径和平均粒径十分接近（表 14.3 和图 14.7B），充分说明"4.16"尘暴降尘的颗粒大小相差不大，而"3.19"尘暴降尘的颗粒粒径相差要大得多。

3）CV、跨距、方差

CV 比较发现，"4.16"尘暴降尘的 CV 比"3.19"尘暴降尘的小，分别为 74.03% 和 102.00%。前者是后者的 0.73 倍（表 14.3 和图 14.7C）。跨距比较发现，"4.16"尘暴降尘粒径的跨距较"3.19"尘暴降尘的小，分别为 2.11 和 2.57。前者是后者的 0.82 倍（表 14.3 和图 14.7D）。方差比较发现，"4.16"尘暴降尘的方差比"3.19"尘暴降尘的小，分别为 449.4 cm^2 和 646.2 cm^2，前者是后者的 0.70 倍（表 14.3 和图 14.7E）。说明"4.16"尘暴降尘颗粒的粒径较"3.19"尘暴降尘颗粒大小变化范围小、颗粒较均一。造成两者差别的原因一方面由于两次尘暴降尘风动力学上的差异，即"4.16"尘暴是在"风平浪静"的夜晚从高空降落，而"3.19"尘暴是从地面强劲风力的吹动下到达北京降落的。另一方面也可能与样品的采集地点有关。即"4.16"尘暴降尘物质样品采集于小汽车顶面，混入当地粗、细不同粒度的粉尘少，而"3.19"尘暴降尘样品是采集于地面的不同高度上，易混入来自地面粗、细不同粒度的粉尘较多，造成粒度分布的 CV、跨距、方差大。降尘的颗粒变化幅度与丘陵和干盐湖的接近。

对比北京"4.16"和"3.19"尘暴降尘的粒径分布图（图 14.8A、B）发现，"4.16"尘暴降尘的粒径分布呈现单峰分布特征，而"3.19"呈双峰分布特征，暗示前者来源单一，而后者有两个不同来源。

14.3 北京尘暴降尘的化学特征

降尘物质的化学特征的分析和研究，对寻找和确定尘暴降尘物质的来源提供确切证据（邵龙义等，2006）。北京尘暴降尘物质的化学特征，包括：pH、电导率、水溶盐含量及离子浓度、水不溶物、化学全分析、重金属含量等。

14.3.1 北京"4.16"和"3.19"尘暴降尘的 pH、电导率特征

北京尘暴降尘的 pH，目前采集的 3 个样品测定结果相差不大，均属于碱性（表 14.4 和图 14.9A）。

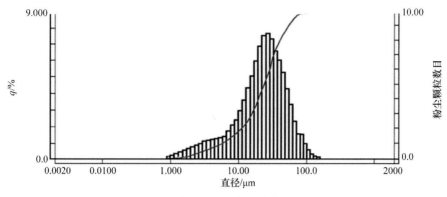

图 14.8A　北京"4.16"尘暴降尘粒径分布图

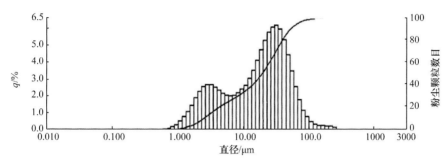

图 14.8B　北京"3.19"尘暴降尘粒径分布图

表 14.4　北京"4.16"和"3.19"尘暴降尘的 pH、电导率、水溶盐及离子、水不溶物特征

尘暴事件	pH	电导率 /(ms/cm)	水溶盐含量 /%	水不溶物 /%	水溶性离子浓度 /%								样数
					Na^+	Mg^{2+}	K^+	Ca^{2+}	B	Cl^-	NO_3^-	SO_4^{2-}	
"4.16"	8.18(1)		2.8685（1）	96.59(1)	0.37	0.049	0.039	0.83	0.0005	0.29	0.11	1.18	1
"3.19"	8.04(3)	5.145（1）	2.4078（3）	98.01(3)	0.413	0.011	0.059	0.28	0.0007	0.47	0.09	1.18	2

注：括号中代表测定的降尘样品数量。

电导率是物质传送电流的能力，是电阻率的倒数，在液体中常以电阻的倒数——电导来衡量其导电能力的大小，尘暴样品的电导率采用梅勒特-托科多仪器（上海）有限公司生产的 FE-30K 电导率仪测得。限于样品数量关系，电导率只测定了"3.19"尘暴的样品 2 个，均值为 5.145 ms/cm（表 14.4 和图 14.9B）。

14.3.2　北京"4.16"和"3.19"尘暴降尘的水溶盐、水溶性离子含量及水不溶物特征

1. 水溶盐百分含量

这里所谓的水溶盐百分含量，是指北京地区日常温度在 20 ～ 35℃的温度条件下，

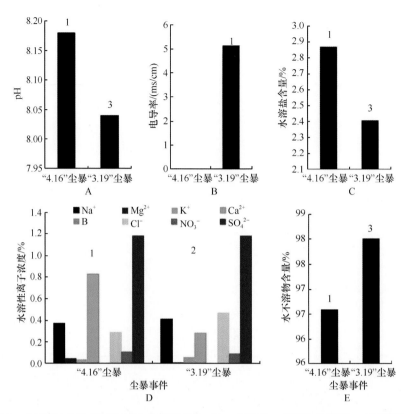

图 14.9　北京"4.16"和"3.19"尘暴降尘的 pH、电导率、水溶盐及离子、水不溶物特征

降尘或不同地表类型粉尘在水中的可溶性盐碱类矿物的总量，称为水溶盐百分含量。北京尘暴降尘百分水溶盐含量，是指 100g ＜ 200 目粉尘样品，加入适量的去离子水进行充分溶解后，将上部清液用定性滤纸进行过滤，并将过滤后的含盐溶液，加热蒸发至干燥为止所得盐的重量，称为水溶盐百分含量，北京"4.16"和"3.19"尘暴降尘的水溶盐含量分析发现，尽管 2 次尘暴发生时间相隔 4 年，但含盐量却十分接近（表14.4 和图 14.9C），暗示两次尘暴的源地具有极大的相似性，且与干盐湖的最接近。

2. 水溶性离子含量

尘暴降尘的离子浓度特征是反映降尘物质来源的一个重要标志。北京"4.16"和"3.19"尘暴降尘的离子浓度分析，是采用美国戴安公司制造的离子色谱仪（ICS）进行的。"4.16"和"3.19"尘暴降尘离子浓度的分析结果表明，尽管两次尘暴发生的时间相隔长达 4 年之久，但除 Ca^{2+} 和 Cl^- 离子浓度外，其他离子成分的含量相差不大（表 14.4 和图 14.9D）。推测两次尘暴在来源区域分布上化学成分相对比较稳定。多数离子浓度与干盐湖的同数量级，比农耕地和沙地最少大一个数量级。

3. 水不溶物含量

这里所指的尘暴降尘中的水不溶物含量，是指样品加入水后在 100℃温度条件下加热约 10 分钟，经过滤和干燥后残余物的重量。"3.20"尘暴降尘的水不溶物含量均值比"4.16"尘暴降尘的高（表 14.4 和图 14.9E）。细究发现，即使同样采自"3.20"尘暴，水不溶物的含量与取样位置密切相关，即样品取于台阶面上的，水不溶物含量高，分别为 98.75% 和 99.15%；样品取于小汽车顶面的，水不溶物含量低，为 96.13%。造成台阶面与小汽车顶面样品水不溶物含量高低差异的原因，可能与台阶面较低，大量不溶、坚硬的矿物容易存留其中，而小汽车顶面光滑不易存留坚硬难溶的矿物所致。因此，两次尘暴降尘水不溶物含量均值的差别是由采样位置引起，而非尘源地因素所导致。

14.3.3 北京"4.16"和"3.19"尘暴降尘物质的化学全分析结果特征

北京"4.16"和"3.19"尘暴降尘物质的化学全分析，是由国家地质实验测试中心，分别于 2007 年 2 月 26 日（样品号 BC06-416）和 2011 年 3 月 17 日（样品号 100319-2、100319-3）采用 X 荧光光谱仪（3080E 和 PW4400）进行测试。测试项目有：Na_2O、MgO、Al_2O_3、SiO_2、P_2O_5、K_2O、CaO、TiO_2、MnO、TFe_2O_3、LOI、Fe_2O_3、FeO、CO_2、H_2O 15 项。测试结果表明，两次尘暴尽管在发生的时间上相隔 4 年之久，除 SiO_2、CaO、TFe_2O_3 和 H_2O 等项目分析结果存在稍大变化外，大多数成分的含量相差不多（表 14.5 和图 14.10）。推测北京"4.16"和"3.19"尘暴的尘源区相似性高。

表 14.5　北京"4.16"和"3.19"尘暴降尘化学全分析结果对比表　　（单位：%）

尘暴事件	样号	Na_2O	MgO	Al_2O_3	SiO_2	P_2O_5	K_2O	CaO	TiO_2	MnO	TFe_2O_3	LOI	Fe_2O_3	FeO	H_2O	CO_2
"4.16"尘暴	BC06-416	1.98	2.7	12.7	56.3	0.20	2.39	6.18	0.69	0.09	4.97	10.7	10.69	1.89	3.9	3.68
"3.19"尘暴	平均	2.16	3.02	13.1	53.3	0.22	2.61	5.7	0.76	0.11	5.48	11.7	3.39	1.76	4.57	3.45
"3.19"尘暴	100320-2	2.08	2.96	13.0	53.3	0.22	2.39	5.7	0.77	0.1	5.38	11.9	3.14	1.78	4.94	3.28
"3.19"尘暴	100320-3	2.24	3.08	13.3	53.2	0.21	2.82	5.7	0.75	0.11	5.58	11.5	3.64	1.74	4.2	3.62

干盐湖是尘暴尘源区 Na_2O、MgO、CaO、MnO、极限氧指数 LOI、CO_2 含量最高、分布最多和最集中的地区；北京尘暴尘的 MgO、CaO、MnO、CO_2 仅低于干盐湖的相应值，具备干盐湖被稀释的特性。丘陵是 Al_2O_3、TiO_2、Fe_2O_3、FeO、H_2O 含量最高、分布最多和最集中的地区；北京尘暴降尘中的 Fe_2O_3、FeO、H_2O 含量仅次于丘陵的值，具备丘陵粉尘被稀释的特性。农耕地是 K_2O、TFe_2O_3 含量最高、分布最多和最集中的地区；北京尘暴降尘中 K_2O 含量仅低于农耕地和沙地，具备农耕地和沙地粉尘被稀释的特性；同时尘暴降尘中 TFe_2O_3 含量仅低于丘陵和农耕地，表现出丘陵和农耕地粉尘被稀释的特性。沙地是 SiO_2、P_2O_5 含量最高、分布最多和最集中的地区；北京尘暴降尘的 P_2O_5 含量仅低于沙地，具备沙地粉尘被稀释的特性；降尘中的 SiO_2 含量仅高于干盐湖，具备来源除干盐湖外其他 3 种地表被稀释的特性。

14.3.4 北京"4.16"和"3.19"尘暴降尘的矿物成分及矿物颗粒特征

以往人们多关注沙源地矿物成分（宋锦熙，1987；温小浩等，2005；师育新

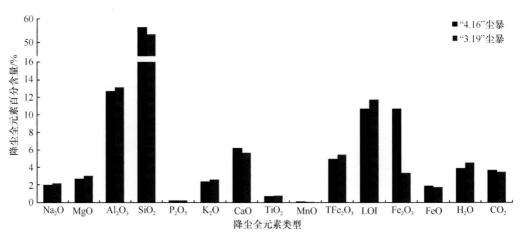

图 14.10　北京"4.16"和"3.19"尘暴降尘化学全分析结果对比图

等，2006），而降尘物质的矿物成分方面的文献记述较少。受样品量所限，仅对北京"4.16"尘暴的 1 个样品进行矿物成分鉴定。样品是由中国科学院海洋研究所海洋地质与环境地质重点实验室采用粉末压片后在 D8AdvanceX 射线衍射仪（德国 Bruker 公司制造）上测定。鉴定结果认为，"4.16"尘暴降尘样品的主要矿物成分包括：高岭土、蒙脱石、伊利石、方解石、角闪石、石英、钾长石、斜长石 8 种（表 14.6 和图 14.11）。

矿物成分按风化程度、生成条件、比重和硬度等特征可分为两大类，第一类包括高岭石、蒙脱石、伊利石、绿泥石、方解石，具有易风化破碎、硬度低、比重小等共同特征。第二类包括石英、钾长石、斜长石、角闪石等，以不易风化破碎、硬度高、比重较大为特征。北京"4.16"尘暴的降尘物质中所含矿物成分，以第一类矿物为主，即高岭石、蒙脱石、伊利石、绿泥石、方解石（可暂称为"软"矿物），含量占全部矿物总数的 57.43%；第二类矿物，即石英、钾长石、斜长石、角闪石等相对含量较少（可暂称为"硬"矿物），约占总矿物颗粒的 42.57%（表 14.6，图 14.11）。据报道，沙漠沙的矿物成分以稳定的重矿物如石英、长石、角闪石、绿帘石、赤铁矿等为主（钱亦兵等，2001），北京地区沙源物质的矿物组成也与沙漠沙的矿物组成基本类似（宋锦熙，1987）。"4.16"尘暴的降尘物质中所含矿物成分以"软"矿物为主，与沙漠沙地以"硬"矿物为主的组成特性有较大差别。

表 14.6　北京"4.16"尘暴降尘物质的矿物成分　　　　　（单位：%）

样品号	高岭石	蒙脱石	伊利石	绿泥石	方解石	角闪石	石英	钾长石	斜长石	"软"矿物	"硬"矿物
Bc06-4.16	6	6	36	2	8	0	23	4	16	57.43	42.57

14.3.5　北京"4.16"和"3.19"尘暴降尘的重金属含量特征

1. 降尘样品采集

由于重金属元素一旦进入环境系统就将成为不能被微生物分解的永久性潜在污染

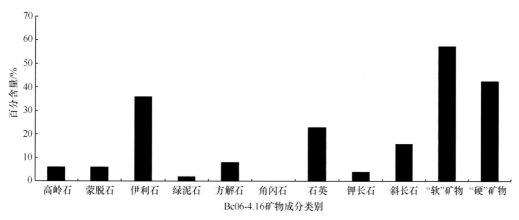

图 14.11　北京 "4.16" 尘暴降尘物质的矿物成分

物（胡星明和王克明，2008），并且还可以通过生物体内富集和食物链危害人类健康（鲁敏等，2003；树宏和王克明，2000），因此国内外学者已从不同角度开始研究城市大气重金属污染问题，讨论其来源、迁移路径和转化过程，以及对周边环境的影响（如张辉，1997；陈甫华等，1999；张朝晖等，2001；李维超等，2001；谢华林等，2002；钱嫦萍等，2002；戴树桂，2002；鲁敏等，2003；吴涛和兰昌云，2004；吕玄丈等，2005；罗莹华等，2006；胡星明等，2008）。随着北京尘暴的出现（韩同林，2006），尘暴降尘物质中的重金属元素对大气、水源和土壤造成不同程度的污染，加重北京城市环境质量的恶化。因此，研究和探讨北京尘暴降尘物质重金属的含量、来源、迁移、转化及其对环境的影响，具有十分重要的现实意义。

本研究分别采自 2006 年 4 月 16 日和 2010 年 3 月 19 日的北京尘暴降尘物质，同时收集了北京地区的日常降尘，包括水尘（采用盆中加去离子水后收集、自然蒸发至干燥所取得的样品，收集时间多以半月一次，直至一年为止，即为全年水尘），和干降尘（选择一固定地点，从当年 5 月至翌年 5 月为止收集的样品）。参照土壤中重金属含量分析方法，测定 Fe、Cu、Cr、Co、Ni、Zn 6 种重金属元素。

2. 降尘重金属含量特征

1）尘暴降尘

北京市区 "4.16" 和 "3.19" 尘暴降尘以 Fe 元素的含量最高，其次是 Cu 元素，两次尘暴降尘物质的其余 4 种元素（Cr、Co、Ni、Zn）含量均很低（表 14.7 和图 14.12A、B），所有元素在两次尘暴中含量高低具有相似性的变化特征，暗示这两次尘暴降尘物质的来源地具有相似的粉尘重金属元素组成特征。前者的 Fe 和 Cu 元素的含量略高，这可能表明，在传输过程中两次尘暴降尘物质的来源地的地表类型上有差别，导致含 Fe、Cu 重金属元素含量高的地表参与的粉尘物质要多一些。

2）北京日常降尘重金属含量特征

北京市区日常降尘的采集地点为西三环的北科大厦、南三环附近的北京自然博物馆和北京郊区的怀柔。北京市区不同地点重金属元素测量结果均显示，以 Fe、Cu 含量最高，其他元素含量较低为特征。但不同地点降尘的 Fe、Cu 含量又有明显差别，其中北京南城的自然博物馆含量最低，其次是北京郊区的怀柔，而北京城内北科大厦的含量最高（表 14.7 和图 14.12A、B）。北科大厦日常降尘中 Zn 的含量远高于其他地点，可能意味着，三环地带存在特殊的不明 Zn 污染源。

不同时期、不同方法和不同地区样品的重金属含量也是以 Fe 和 Cu 元素含量较多，以 Fe 的含量最高，其余元素含量极低。且水尘的 Fe、Cu 含量均比干降尘高，可能是由于干降尘本身由相对较粗颗粒粉尘的沉降物组成，而水尘则可收集更多的细颗粒粉尘（表 14.7 和图 14.12 A、B）。

表 14.7　北京"4.16"和"3.19"不同地区尘暴降尘重金属含量测量结果对比表（单位：mg/kg）

降尘类型	样数	Fe	Cu	Cr	Co	Ni	Zn
北京"4.16"尘暴降尘	4	2694.8	391.1	22.7	6.00	10.00	31.5
北京"3.19"尘暴降尘	10	2023.3	301.4	21.3	5.02	8.72	28.6
北京 1 年干降尘（10.5-11.5A）	8	914.1	224.7	10.1	5.95	6.00	22.6
北京 1 年水尘（10.5-11.5B）	58	1825.0	1014.5	17.7	10.18	7.04	184.9
北科大厦降尘（平均值）	52	888.4	870.7	10.4	6.40	4.39	148.4
怀柔降尘（平均值）	3	739.6	407.8	5.9	4.44	3.01	4.0
自然博物馆降尘（09.12）	1	346.4	178.8	13.0	12.40	2.80	2.2
北科大厦大风后降尘（平均值）	1	1613.5	229.7	13.0	9.92	5.56	20.8
北京尘暴降尘（平均值）	61	2359.0	346.3	22.0	5.51	9.36	30.1
北京日常降尘（平均值）	3	1133.3	1069.1	12.2	8.19	5.01	73.8
尘源区降尘（平均值）	8	1323.8	454.7	9.6	3.26	4.16	58.1

3）尘暴尘源区大气降尘的重金属含量特征

尘源区大气降尘的 6 种重金属元素中 Fe 含量最高，为 1323.8 mg/kg；其次是 Cu，含量为 454.7mg/kg。与尘源区 4 种不同类型地表基本一致。Zn 含量为 58.1 mg/kg，Cr 含量为 9.60 mg/kg，Ni 含量为 4.16 mg/kg。Co 含量最少，为 3.26 mg/kg。（表 14.7 和图 14.12A、B）。

3. 北京"4.16"和"3.19"尘暴降尘与日常降尘和尘源区重金属含量对比

北京 2006 年和 2010 年 2 次尘暴降尘重金属元素含量的平均值，与北京日常降尘和尘源区降尘的重金属含量的平均值对比发现，3 类降尘中 Fe、Cu 元素含量均高于其他元素，且尘暴降尘和尘源区降尘样品的 Fe 元素含量明显高于 Cu，可能意味着，尘暴降尘的重金属元素对北京城市环境的污染，主要是 Fe 元素，Cu 元素影响次之，其他元素则影响不大。不同类型地表粉尘中重金属分析结果含量比较表明，农耕地地表粉尘的 Fe、Cu、Zn 含量最高，丘陵的 Cr、Co、Ni 含量最高。北京尘暴降尘中 Fe 含量仅高于沙地，说明具备其他 3 种类型地表粉尘稀释的特性；降尘中的 Cu 和 Zn 含量仅低于农耕地，意味着具有农耕地粉尘稀释的特性；降尘中 Cr 含量仅低于干盐湖和丘陵，具有此两类类型地表粉尘被稀释的特性；Co、Ni 的含量低于所有地表类型土壤粉尘，具有所有地表类型粉尘被稀释的特性。

14.4　北京尘暴降尘的藻类特征

北京尘暴降尘的藻类特征，是指从降尘中通过人工培养出来的藻类植物，并经鉴定取得藻类植物的属种和类型的生物学资料。尽管目前对尘暴降尘中的藻类植物与环境关系的详细资料尚不清楚，但毫无疑问，尘暴降尘中藻类植物的存在和属种类型等，对进一步了解和追踪尘暴来源区提供实际依据和资料。

14.4.1　降尘中藻类的研究现状

藻类广泛分布于地球的各个圈层，除大量分布于海洋和湖泊外，还有生长于土壤表层和其中的土壤藻类、生长于冰天雪地的冰雪藻类、生长于潮湿岩石表面藻体部分

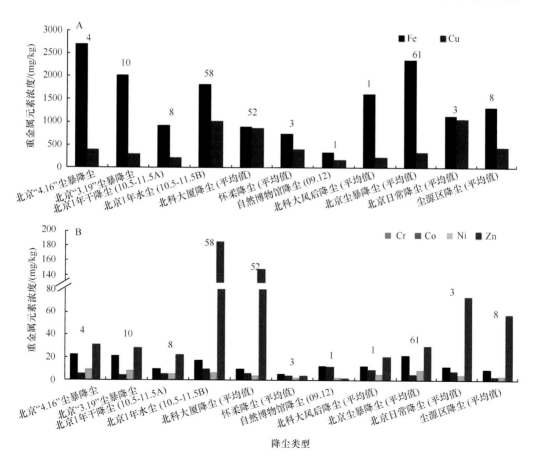

图 14.12　北京尘暴降尘与日常降尘重金属 Cr、Fe、Co、Ni、Cu、Zn 含量

或全部直接暴露于大气之中的气生藻类、生长于动植物体表的附着藻类、生长于动植物体内的内生藻类，以及与其他生物营共生生活的共生藻类等，表现了藻类生活习性的多样性和对环境极强的适应性。总之，藻类自 10 亿多年前的前震旦纪出现以来，在地球表层每一个角落几乎都能寻找到它的踪迹。

现有资料表明，大气中以灰尘为载体存在的微生物研究的主要关注点是细菌和真菌等，据报道，空气尘埃中已成功培养出 100 多种细菌、病菌和真菌，其中大约有 1/3 的细菌是可感染动植物和人类的病原菌（方治国等，2005；毕列爵和胡征宇，2005；唐志红等，2006；程凯，2007）。由于藻类生活习性与大气中的细菌、真菌、病毒等微生物一样，具有多样性和对环境极强的适应能力，因此研究降尘中藻类的来源、迁移、不同环境条件下的生长发育及其可能产生的有毒物质（藻毒素）等，对北京城市大气环境、水质、土壤、人类和工业污染的研究提供新资料。大量研究结果表明，藻类的大量繁殖所产生的极其有害的藻毒素，是造成水源和环境污染重要因素之一（邵龙义等，2006），因此北京尘暴及大气降尘中大量藻类的发现，为查明和研究北京大气环境污染源提供新线索。尽管人们不否认尘暴降尘及日常灰尘中存在藻类植物，但尚未见有关尘暴降尘物质中培养出藻类的资料记载。刘艳菊负责的国家自然基金项目组对北京"4.16"尘暴降尘藻类植物的培养的想法是受一次偶然的发现而产生的。2008 年冬季韩同林先生在对尘源区地表样品进行水溶盐含量测量时，无意中将过滤后的粉尘残渣置于窗台暖气之上，不久见到表面长出斑点状绿色物质，经北京自然博物馆王学志研究员鉴定为藻类植物。

14.4.2 北京尘暴降尘的藻类属种特征

1. 降尘收集和藻类培养

"4.16"尘暴降尘样品采自地质力学研究所 2 号楼小汽车顶面，北京日常降尘样品采自邻西三环的北科大厦 12 层楼顶和邻紫竹院的中海紫金苑 13 层楼顶，以及附近小区的小汽车顶面、自行车棚内堆放的杂物面上、小区花坛周边和紫竹院公园内万年青灌木叶片上。共采集到 1 个"4.16"尘暴降尘样品和 22 个大气降尘样品。

2. 降尘藻类属种特征

从北京大气降尘中培养出一些拟藻类细胞结构（图 14.13A、B），但数量极少，是否为藻类植物尚不确定，有待进一步深入研究。

从北京目前局部地区不同环境中搜集到的大气降尘，进行处理和人工培养后所取得的藻类看，属种丰富，存在我国新的记录属种（王志学等，2009）。北京"4.16"尘暴降尘培养出的藻类植物属种包括 *Chlorella vulgaris* 小球藻；*Aphanocapsa* sp. 隐球藻属；*Lyngbya* sp. 鞘丝藻属，均为尘暴降尘中首次培养成功的藻类植物类型。22 个大气降尘中培养出来的藻类属种丰富，且其中有 4 个是我国新记录属种。众多藻类中，*Anabeana* sp. 鱼腥藻属存在于干盐湖，*Chlorella* sp. 小球藻属存在于干盐湖和农耕地，

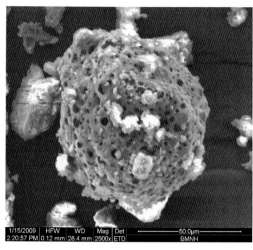
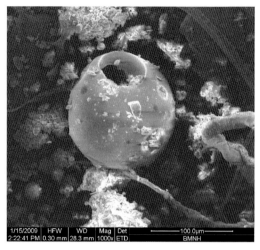

图 14.13A　北京大气降尘中的拟藻类细胞 1　　　　图 14.13B　北京大气降尘中的拟藻类细胞 2

Lyngbya sp. 鞘丝藻属存在于干盐湖、农耕地和山地（表 14.8）。

表 14.8　北京降尘中培养出的藻类属种特征

北京降尘中的藻类	存在的地表类型
Anabeana sp. 鱼腥藻属	干盐湖
Anabaena spiroides 螺旋鱼腥藻	
Aphanocapsa sp. 隐球藻属	
Botryochloris chlorellidiopsis 中国新记录种——绿葡萄藻属	
Chlorella ellipsoidea 椭圆小球藻	
Chlorella vulgaris 小球藻	干盐湖 / 农耕地
Chlymadomcnas sp. 衣藻属	
Chroeocus minutus 微小色球藻	
Coechlamys sp.	
Didymocystis bicellularis	
Didymocystis lineate 中国新记录种	
Gloeocapsa kulzingiana 屈氏黏球藻	
Gloeocapsa sp. 黏球藻属	
Lyngbya sp. 鞘丝藻属	干盐湖 / 农耕地 / 山地
Microcystis sp. 微囊藻属	
Oscillatoria raciborskii 拉氏颤藻	

北京降尘中的藻类	存在的地表类型
Pseudodictyochloris dissecta 中国新记录属种——小球藻科	
Scenedesmus sp. 栅列藻属	
Scenedesmus acutus	
Trochiscia grannulata	
Trochisia aciculifera 小箍藻——中国新记录种	
Xenococcus lyngbyge 鞘丝异球藻	

小结 以北京"4.16"和"3.19"尘暴为例分析北京尘暴来源，通过尘暴降尘物质最接近干盐湖的百分粉尘含量、色泽（黄褐色）、手感（细腻见水具滑感）、颗粒外观、水溶盐百分含量、阴离子含量、阳离子含量、较低的水不溶物含量；与丘陵和干盐湖粉尘粒径及幅度变化接近的激光粒度、电导率；远低于沙地的比重和最小起尘风速、无沙地特性的人工粒度；以及尘暴降尘 MgO、CaO、MnO、CO_2 含量具备干盐湖粉尘稀释后的特性；Fe_2O_3、FeO、H_2O 含量具备丘陵粉尘稀释后的特性；TFe_2O_3 含量表现出丘陵和农耕地粉尘被稀释的特性；K_2O 含量具备农耕地和沙地粉尘被稀释的特性；降尘中的 SiO_2 含量具备除干盐湖外其他 3 种地表被稀释的特性；P_2O_5 含量具备沙地粉尘被稀释的特性；北京尘暴降尘主要与干盐湖的关系最密切，其次是农耕地和丘陵。北京降尘中可培养出仅存在于干盐湖或共存于干盐湖、农耕地和丘陵的藻类类型。推断：尘暴降尘主要与干盐湖关联最密切，其次是农耕地和丘陵，与沙地关联最弱。

第15章　2012年沙尘暴期间北京PM₁₀污染特征及铅同位素来源分析

本章采集北京市2012年春季沙尘天气和非沙尘天气下的PM_{10}颗粒物样品，分析其质量浓度和水溶性离子、金属元素、有机碳/元素碳和铅同位素等化学成分，确认沙尘天气下颗粒物的污染特征。并采集沙尘天气传输路径的表土样品，分析铅同位素比值特征，结合气团轨迹模型分析，界定2012年春季沙尘的来源区域。

15.1　研究方法

15.1.1　样品采集

1. 颗粒物样品采集

1）样点选择

采样地点分别设在中国科学院植物研究所（以下简称"植物所"，116°21'30.0″ E，39°97'91.0″ N，S_1）和北京市西三环北京市理化分析测试中心（以下简称"北科大厦"，116°18'108″ E，39°56'50.7″ N，S_2）的楼顶。北科大厦采样点位于交通繁忙的三环主路，双向共8车道，采样点距离主路约200 m，采样点距离地面为30 m。植物所采样点位于西北五环，地处香山脚下，周围主要为植被和少量居民区，采样点距地面15 m（图15.1）。

2）采样时段

2012年3月10日～5月10日沙尘暴可能出现时段。

3）样品采集

采用2台流速为100 L/min、武汉天虹气溶胶采样器进行PM_{10}颗粒物样品采集，采样膜为美国Whatman公司的ϕ90 mm石英纤维膜QMA。

采样前将采样膜用铝箔包好放入马弗炉内550℃下加热4小时，除去膜上残留的有机物和其他有机杂质，在相同条件下用处理过的铝箔包好，放在干燥器中保存待用。采样器的膜托、采样用的镊子等金属制品以及采样器的可清洗部分用去离子水进行清洗；采样用的膜托先用自来水超声清洗15分钟；再用去离子水超声清洗两次，每次

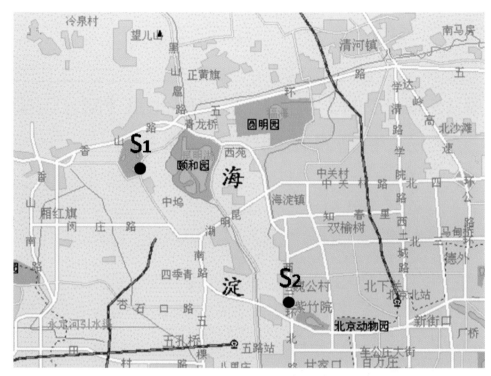

图 15.1　采样点示意图

15 分钟，清洗完后用处理过的铝箔包好备用。调试采样器，确保可以正常运行。采样前，要校正采样器的流量，采样器的膜托在放置采样膜前要用二氯甲烷提取过的医用优质脱脂棉擦拭干净，采样开始和结束时检查仪器的流量，记录采样开始和结束的时间及流量。

采样完成后石英膜从采样器上取下，使附着颗粒物的一面对折，然后用处理过的铝箔包好，放入密封袋中置于冰箱中冷冻保存。

2. 土壤样品采集

于 2012 年 4 月 17 ～ 25 日对位于北京市西北方向的内蒙古自治区境内的干盐湖、林地、农耕地、草地、沙丘、丘陵山地等地貌类型进行考察和土壤样品采集，采样路径和采集样品详见第 9 章。样品存于密封袋中备用。

15.1.2　样品分析

1. 颗粒物分析

1）质量浓度确定

先将石英采样膜放在恒温（20.0℃ ±0.4℃）恒湿（相对湿度为 38.5%±4.6%RH）

的超净实验室内平衡 48 小时至恒重，用十万分之一天平分别称量采样前、后石英膜重量，根据采集的质量和采样体积计算 PM₁₀ 的质量浓度。称量后的采样膜分为四等份备用。

2）水溶性无机离子

取 1/4 石英膜，20 ～ 30℃温度下用 20 mL 去离子水超声提取 60 min。用一次性针筒和 0.45 μm PTFE 过滤头过滤提取液以除去不溶颗粒物。水溶性离子采用 ICS 2000 离子色谱仪（Dionex 公司，美国）分析。阴离子 F^-、Cl^-、NO_3^-、SO_4^{2-} 采用 Ionpac AS19 型阴离子分析柱（250 mm×4mm）和 Ionpac AG19 保护柱（4 mm×50 mm），由 EGC 淋洗液自动发生器在线自动产生 15 mmol/L KOH 淋洗液，30℃柱温和 35℃池温条件下，以 1 mL/min 的流速等浓度淋洗，进样量 25 μL。电导型抑制器 ASRS 300 4 mm 采用外接水模式，59 mA 抑制。水溶性阳离子（Na^+、NH_4^+、K^+、Mg^{2+}、Ca^{2+}）采用 Ionpac CS12A 阳离子分析柱（250 mm×4 mm）和 Ionpac CG12A 保护柱（4 mm×50 mm），淋洗液为 20 mmol/L 甲烷磺酸，30℃柱温和 35℃池温条件下，进行 1 mL/min 等浓度淋洗，进样量 25 μL。电导型抑制器 CSRS 300 4mm 采用外接水模式，60 mA 抑制。

实验在选定的色谱条件下考察了方法的检出限、精密度和线性范围。配制 2 μg/mL 混合标准溶液，连续进样 7 针，按峰面积计算，标准偏差小于 6%。按照信噪比（$S/N=3$）计算，方法检出限为 1.3 ～ 4.2 ng/mL，在 0.01 ～ 100 μg/mL 线性范围良好，线性系数大于 0.9990。为了考察提取方法的可靠性，对样品进行加标回收实验，加标回收率为 92.3% ～ 99.8%。每 10 个真实样品有 1 个现场空白样品。该空白样品不需抽引空气通过空白滤膜，但需同真实样品经过相同的处理过程。阴离子标准曲线见图 15.2。

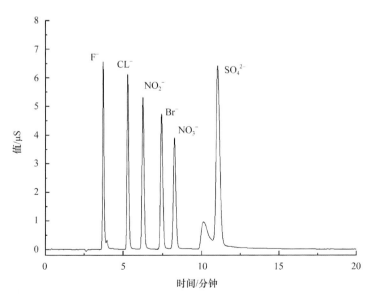

图 15.2　20μg/mL 阴离子标准溶液色谱图

3）OC/EC 分析

采用美国沙漠研究所研制的 DRI Model 2001A 元素碳 / 有机碳分析仪分析全部样品中的 OC 和 EC。该方法采用 IMPROVE 热光法反射实验（Chow et al.，2006），其主要测试原理为，在无氧的纯 He 环境中，分别在 140℃（释放 OC1）、280℃（释放 OC2）、480℃（释放 OC3）和 580℃（释放 OC4），对 0.562 cm^2 的滤膜片加热，依次将滤纸上的颗粒态碳转化为 CO_2；然后在 2% 氧气的氦气环境下，分别在 580℃（EC1）、740℃（EC2）和 840℃（EC3）逐步加热。上述各个温度梯度下产生的 CO_2，经 MnO_2 催化还原为 CH_4，可通过火焰离子检测器（FID）检测，获得测定结果（图 15.3）。样品在加热过程中，部分有机碳炭化形成黑碳，使滤膜变黑，造成 OC 测定结果偏低，EC 测定结果偏高。为了校正碳化物形成引起的测量误差，测量过程中采用 633 nm 的激光监测滤纸的反射光光强的变化，标示出元素碳氧化的起始点。有机碳变化过程中形成的碳化物被称为光学检测裂解碳（OP）。IMPROVE 协议将有机碳定义为 OC1+OC2+OC3+OC4+OP，元素碳定义为 EC1+EC2+EC3–OP。

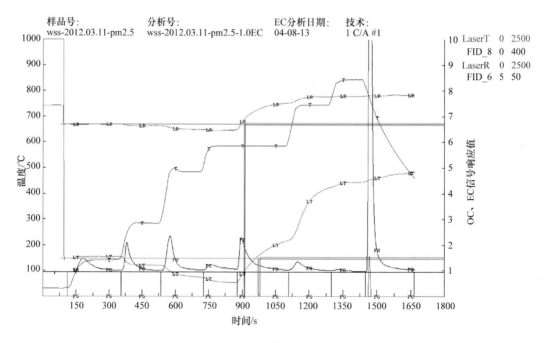

图 15.3　IMPROVE 测定 OC/EC 的分析图

4）水溶性有机碳分析

取 1/4 的石英膜浸在 20 mL 去离子水中，超声提取 60 分钟，超声期间须保持温度在 20 ～ 30℃，当温度超过 30℃，加入冰水降温。用一次性针筒和 0.45 μm PTFE 过滤头过滤提取液以除去不溶颗粒物。采用日本岛津公司水中有机碳分析仪、分析方法用直接法测定水溶性有机碳。样品首先用磷酸酸化，使溶液 pH < 2。通过吹扫去除溶解的 CO_2、碳酸盐和碳酸氢盐。然后，样品溶液被注入燃烧炉分析，得到的结果是有

机键态的非挥发性的总有机碳 TOC。配制不同浓度邻苯二甲酸氢钾作为标准溶液，绘制标准曲线，相关系数 $R^2=0.998$。配制 20 μg /mL 标准溶液，连续进样 7 次，按峰面积计算，标准偏差 4.9%。为了考察提取方法的可靠性，对样品进行加标回收实验，加标回收率达 90%。每 10 个真实样品应有 1 个现场空白样品。该空白样品不需抽引空气通过空白滤膜，但需同真实样品经过相同的处理和分析过程。

5）元素分析

（1）水溶性元素

取 1/4 的石英膜浸在 20 mL 去离子水中，超声提取 60 min，超声期间须保持温度在 20 ～ 30℃，当温度超过 30℃，加入冰水降温。用一次性针筒和 0.45 μm PTFE 过滤头过滤提取液以除去不溶颗粒物。采用 Agilent 公司 ICP-MS 7500a 分析样品中元素。样品的标准储备液购于百灵威公司。分别配制浓度为 2 ng /mL、5 ng /mL、10 ng /mL、20 ng /mL、50 ng /mL 的标准溶液，标准曲线的相关系数 R^2 大于 0.998，每种元素的检出限低于 0.05 ng /mL。使用 5 ng /mL 标准溶液平行进样 7 次，标准偏差低于 5%。每 10 个真实样品应有 1 个现场空白样品。该空白样品不需抽引空气通过空白滤膜，但需同真实样品经过相同的处理与分析过程。

（2）金属总量

称重后，将 1/4 的石英膜加入到微波消解罐（购自美国 CEM 公司）中，加入 2 mL 硝酸和 1 mL 双氧水，180℃消解 1 小时，用去离子水定容至 20 mL，用 ICP-MS（Agilent 公司，美国）分析金属离子浓度。样品的标准溶液购于百灵威公司。分别配制浓度为 2 ng /mL、5 ng /mL、10 ng /mL、20 ng /mL、50 ng/mL 标准溶液，标准曲线的相关系数 R^2 大于 0.998，每种元素的检出限低于 0.05 ng/mL。使用 5 ng/mL 标准溶液平行进样 7 次，标准偏差低于 5%。每 10 个真实样品应有 1 个现场空白样品。该空白样品不需抽引空气通过空白滤膜，但需同真实样品经过相同的处理与分析过程。颗粒物的金属浓度为仪器测定值与空白样品浓度值的差值。同时为了考察样品前处理方法准确性，选择地球化学一级标准物质 GSS-1 和 GSS-9 作为标准参考物质，平行称取 3 份样品采用相同的分析步骤进行测定。结果表明，在 95% 的置信区间内，测定值和标准值没有显著差别，平行样品的标准偏差低于 8%。

（3）铅同位素

称重后，将 1/4 的石英膜加入到微波消解罐中，加入 2 mL 硝酸和 1 mL 双氧水，180℃消解 1 h，用去离子水定容至 20 mL，使用 Agilent 公司 ICP-MS 7500a 分析 Pb 元素的同位素浓度。选择 NIST-981 作为标准参考物质，校正样品测定结果。

2. 土壤样品分析

土壤样品参照颗粒物分析方法，测定铅同位素含量。

15.1.3 数据分析

1. 数据离群值判断和处理

使用 SPSS 软件中的离群值判定方法对所有样品的水溶性离子、金属浓度进行检验，对照试验记录情况，删除浓度数据中的粗大奇异值，这些坏值可能是采样过程和分析过程的人为误差引起。

2. 正向矩阵因子模型

采用美国环境保护署认可的正向矩阵因子（PMF 3.0）模型进行源解析。PMF 模型公式如下：

$$X_{ij} = \sum_{k=1}^{p} g_{ik} \times f_{kj} + e_{ij}$$

在此模型中，认为污染物的叠加效应是由数个线性方程组合构成。因此通常情况下，X_{ij} 为污染物叠加效应的输出结果；g_{ik} 为污染物的浓度；f_{kj} 为质量分数；e_{ij} 为残差（Reff et al.，2007）。关于模型的具体应用简述如下。

（1）Uncertainties=S_{ij}+DL_{ij}/3，其中 Uncertainties 为数据不确定度；S_{ij} 为分析方法的不确定度；DL_{ij} 为方法检出限。

（2）在源解析参数输入过程中，具有相同元素的化学物质只需要输入模型一种，如 SO_4^{2-} 和 S，Ca 和 Ca^{2+}。

（3）若颗粒物样品的化学物质未检出，模型参数输入结果采用 DL_{ij}/2 代替；若颗粒物样品的某种化学物质数据丢失，则使用该种化学物质的所有样本的数据平均值代替。

（4）在优化数据输出结果过程中，尽量选择 $Q_{Robust} \leqslant 1.5Q_{True}$ 的模型输出结果。

（5）在优化数据输出结果过程中，FPEAK 的输入值在 $-1 \sim +1$ 选择。

（6）在优化数据输出结果过程中，应保证数据残差 e_{ij} 的取值范围在 $-2 \sim +2$。

3. 质量控制与质量保证

1）样品采集过程的质量控制

为了防止样品污染，所有与采样膜接触的样品，如膜盒、镊子等，使用前需用洗涤剂清洗干净后，再用去离子水超声清洗 3 次，每次 15 min，置于干净铝箔上晾干后用铝箔包好。膜采样前后需要在保持恒温恒湿的实验室称重。

在测量颗粒物含碳组分时，为了去除空白膜的含碳成分，需先将膜置于马弗炉中550℃灼烧 4 小时，石英膜采样前用烧过的铝箔包好，采样后置于用烧过的铝箔包好的 Petri Dish 盒中，采样用的镊子需用去离子水超声清洗 3 次，二氯甲烷超声清洗 1 次，每次 20 分钟，晾干后用烧过的铝箔包好。

观测前清洗采样器的进样头、虚拟切割头和膜托，仪器检漏，标定流量，使采样时流量恒定。每天采样结束后，记录采样体积和仪器相关参数。更换采样膜时，使用二氯甲烷超声清洗过的脱脂棉擦拭膜托。每次换膜动作要迅速，减少膜样品在大气中暴露时间，最大限度减少污染。采集后的膜样品至于冰箱 0℃ 以下保存，长期存放置于 −18℃ 的冰箱。

采样前后进行空白样品采集，即放膜后不抽气，其他操作与样品一样，以检测采样过程中的污染对结果的影响。

2）样品分析过程的质量控制

在称量膜的重量时，为保证分析的准确性，称量使用的十万分之一天平在每次使用前都要做校正，每次称量两次取平均值；如两次称量结果相差大于 0.02 mg，则需要重新称量。

分析 EC、OC 时，石英膜截取器使用前用去离子水超声清洗 3 次，再用二氯甲烷超声清洗 2 ~ 3 次，每次 15 min，晾干后用烧过的铝箔纸包好。分析颗粒物化学成分时注意：

（1）提取样品使用的去离子水，电阻为 18.2 MΩ。

（2）提取样品使用的烧杯和测定样品的离子色谱的进样小瓶，每次使用前需用洗涤剂清洗干净后，用去离子水超声清洗 3 次，每次 15 min，晾干或烘干后用铝箔封口备用。

（3）超声提取前，应轻轻摇晃小烧杯或用超声清洗过的剪刀将膜剪碎，排除膜样品与离子水之间的气泡，使膜上样品充分与去离子水接触。

（4）超声提取样品时，事先用冰块给超声用的水降温，超声过程中常换水，保持水温在 30℃ 以下，防止温度过高导致样品成分挥发。

（5）样品提取完毕后，过滤，置离心管、封口，冰箱冷藏保存，1 周内分析完毕。

每次开机或结束待机状态重新开始分析样品前，需检测仪器背景，连续测定 6 次空白样品。为保证准确性，每次开机需要重新测定标准曲线，标准溶液的浓度分为 7 个等级，保证样品测定值在标准曲线的中位。每分析 10 个样品，需测定一个空白或标准样品，以检查仪器的响应情况，若检测器响应漂移过大，则需重新确定标准曲线。测定样品前，需对样品前处理和保存过程中接触到的样品，如烧杯、离心管、过滤头、注射器等作为空白测试，以保证这些物品不会对样品造成污染。

15.2 北京市两个样点大气颗粒物 PM₁₀ 的污染特征

15.2.1 质量浓度变化特征

图 15.4 是北科大厦和植物所两个采样点 3 ~ 5 月 PM₁₀ 的质量浓度变化趋势图。选取两个样点 PM₁₀ 质量浓度值大于 450 μg/m³ 的日期按照浓度值从高到低的顺序排列。结果发现：北科大厦 PM₁₀ 质量浓度大于 450 μg/m³ 的日期为 3 月 16 日、3 月 28 ~ 29 日、4 月 27 ~ 30 日、5 月 10 日；植物所 PM₁₀ 质量浓度大于 450 μg/m³ 的时间为 4 月 27 ~

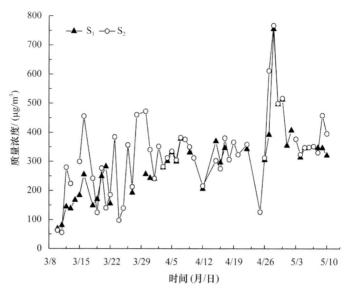

图 15.4　植物所（S_1）和北科大厦（S_2）采样点在 3 ～ 5 月质量浓度的变化趋势图

30 日。北京两个观测点 PM_{10} 质量浓度均大于 450 μg m³ 的时间为 4 月 27 ～ 30 日，推测这个时间段是北京市共同污染时期。

　　分析 2012 年 3 ～ 5 月采样期间的气象因子发现，空气湿度和温度分别在 3 月 26 日和 4 月 26 日显著下降，翌日又快速上升，而风速在这段时间显著增加，推断是有冷空气过境而引起的（图 15.5）。综合考虑 PM_{10} 浓度数据和气象因子变化趋势，初步推

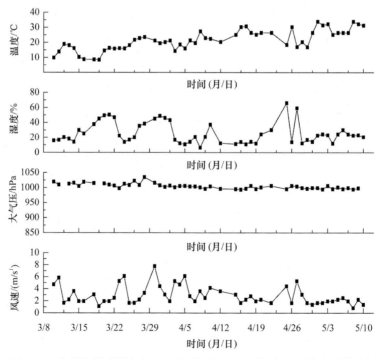

图 15.5　北科大厦采样点在 2012 年春季 3 ～ 5 月气象因子的变化趋势图

断 3 月 27 ～ 29 日和 4 月 27 ～ 30 日有沙尘暴污染事件发生，故采用后向轨迹综合分析和证明。

根据上述两个特殊事件的时间点，使用 24 小时后向轨迹分析，如图 15.6 ～ 图 15.7 所示。分析每个关注日期的后向轨迹图发现：3 月 27 日在 500m 高空的 24 小时后向气团来自西北方向的蒙古国和内蒙古、河北、山西北部地区，200m 低空则来自于城南河北地界，之后向河北地区移动（图 15.6）。3 月 28 日 200m 和 500m 高空的 24 小时后向气团来自西北和北面的内蒙古、河北地区。4 月 27 日在 200m、500m 高空的 24 小时后向气团从北部俄罗斯西南穿越蒙古国中西部、我国内蒙古地区，经河北张家口一带而来。4 月 28 日在 200m、500m 中低空 24 小时后向气团来自内蒙古中部，经过河北北部的承德、秦皇岛、唐山、天津和廊坊地区；500m 高空来自北京周边的北京气团，向南、西南回旋至回京。4 月 29 日在 200m、500m 中低空 24 小时后向气团来自东部海域，经河北唐山、天津、廊坊一带，29 日北京的 PM_{10} 质量浓度稍有回落。4 月 30 日 500m 低空 24 小时后向气团来自天津、廊坊一带，北京地区颗粒物浓度 PM_{10} 下降（图 15.7）。

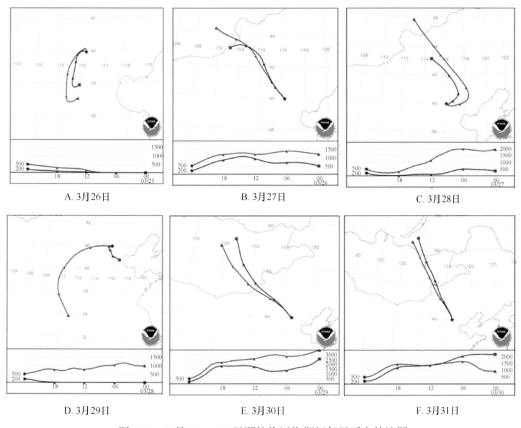

图 15.6　3 月 26 ～ 31 日颗粒物污染期间每日后向轨迹图

15.2.2　水溶性离子浓度特征

大气颗粒物的化学组成与其来源密切相关。通常，由土壤和扬尘直接排入大气中

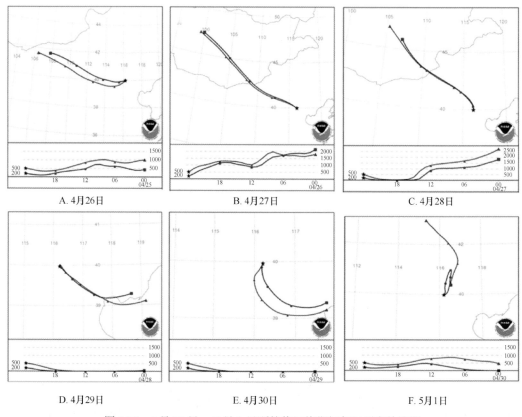

图 15.7　4 月 26 日～5 月 1 日颗粒物污染期间每日后向轨迹图

的颗粒物含有大量的 Fe、Al、Si 和 Ca 等地壳元素；来自海水溅沫的颗粒物富含 Na、Mg 和 Cl 等元素；二次气溶胶粒子含有大量的 SO_4^{2-}、NH_4^+ 和 SOC；生物质燃烧气溶胶粒子含有 K、EC 和 OC 等（Yin et al.，2005）。总体来说，大气颗粒物的化学组成上总体由水溶性无机盐、含碳化合物和矿物元素组成（Yin and Harrison，2008）。图 15.8 列出了采样期间 PM_{10} 的水溶性元素 Na^+、NH_4^+、K^+、Ca^{2+}、Cl^-、NO_3^- 和 SO_4^{2-} 的变化趋势。沙尘期间，S_1 点的 Na^+、NH_4^+、K^+、Ca^{2+}、Cl^-、NO_3^- 和 SO_4^{2-} 的平均浓度分别为（5.68±1.26）$\mu g/m^3$、（5.22±1.20）$\mu g/m^3$、（3.93±0.68）$\mu g/m^3$、（17.31±4.29）$\mu g/m^3$、（5.36±1.12）$\mu g/m^3$、（9.87±1.60）$\mu g/m^3$ 和（9.87±1.60）$\mu g/m^3$；S_2 点 Na^+、NH_4^+、K^+、Ca^{2+}、Cl^-、NO_3^- 和 SO_4^{2-} 的平均浓度分别为（3.47±0.49）$\mu g/m^3$、（4.44±1.06）$\mu g/m^3$、（2.88±1.05）$\mu g/m^3$、（20.68±5.21）$\mu g/m^3$、（6.06±1.01）$\mu g/m^3$、（23.14±5.31）$\mu g/m^3$ 和（17.48±4.70）$\mu g\ m^3$。非沙尘期间，S_1 点 Na^+、NH_4^+、K^+、Ca^{2+}、Cl^-、NO_3^- 和 SO_4^{2-} 的平均浓度分别为（3.53±0.95）$\mu g/m^3$、（4.62±0.87）$\mu g/m^3$、（2.86±0.56）$\mu g/m^3$、（10.28±4.73）$\mu g/m^3$、（3.72±0.78）$\mu g/m^3$、（7.97±2.66）$\mu g/m^3$ 和（7.69±3.21）$\mu g/m^3$；S_2 点 Na^+、NH_4^+、K^+、Ca^{2+}、Cl^-、NO_3^- 和 SO_4^{2-} 的平均浓度分别为（2.19±0.41）$\mu g/m^3$、（3.15±3.82）$\mu g/m^3$、（2.35±0.80）$\mu g/m^3$、（11.90±4.50）$\mu g/m^3$、（3.73±1.17）$\mu g/m^3$、（11.86±3.69）$\mu g/m^3$ 和（9.53±2.10）$\mu g/m^3$。两个采样点在沙尘期间（3 月 27～29 日和 4 月 27～30 日）水溶性粒子均出现峰值，呈现沙尘暴期间污染物的普遍特征。在了解颗粒物水溶性元素浓

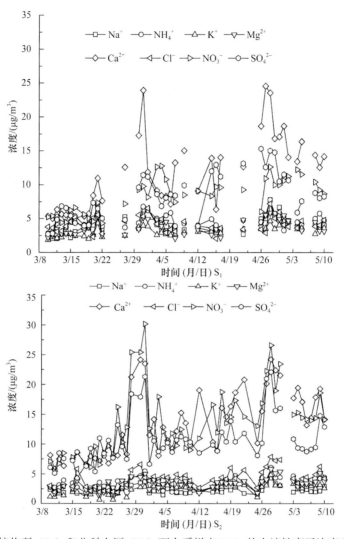

图15.8 植物所（S_1）和北科大厦（S_2）两个采样点 PM_{10} 的水溶性离子浓度变化趋势

度的基础上，进一步分析颗粒物的污染特征发现，沙尘期间的 Ca^{2+} 浓度大于非沙尘期间 Ca^{2+} 浓度，主要是由于沙尘期间外来土壤源输入的影响。Wang 等（2005a）将沙尘天气分成强沙尘、一般沙尘、弱沙尘和非沙尘，并发现沙尘天气条件下，Ca^{2+} 和 Mg^{2+} 的浓度高于非沙尘天气，说明沙尘天气条件下，土壤源输入明显。此外，沙尘期间的 SO_4^{2-} 和 NO_3^- 浓度高于非沙尘期间离子浓度，说明外来气团增加了二次离子的输送。Zhang 等（2010b）在研究北京市 2006 年沙尘天气前期和发生期的 SO_4^{2-}、NO_3^- 的浓度变化时发现，沙尘期的浓度高于非沙尘期间的浓度，认为沙尘暴事件中高浓度的风沙尘在长距离传输过程与遇到气态和颗粒态的污染物后有充分的机会混合、交汇、相互作用，特别是沙尘暴的前锋形成了高浓度的风沙尘和高浓度的人为源排放典型含硫含氮污染物的重合和叠加。比较两个采样点的化学成分发现，北科大厦采样点在采样期间的 SO_4^{2-} 和 NO_3^- 的浓度高于植物所采样点，这主要与两个采样点周边环境和气象条件有关。北科大厦位于城市中心区域，车辆密集且周围高大建筑较多，在气象条件稳定的情况下，污染物相对不易扩散。而植物所地处郊区，周围无明显高大建筑，污染物易于扩散。

15.2.3 金属元素浓度特征

世界卫生组织（WHO）基于人体健康制定了大气颗粒物中重金属的标准，我国根据该标准，规定了颗粒物中 Pb、As、Cd 和 Hg 等限量标准（Duan and Tan，2013）。此外，大量毒理学和流行病实验结果表明，颗粒物中重金属的 Zn、Ni、V、Cu、Mn 和 As 等均对人体健康产生危害（Knaapen et al.，2004）。大量沙尘的远距离传输和在地扬尘会造成颗粒物上的重金属浓度增加，从而对地球化学循环造成持久性的负面影响（Jayaratne et al.，2011）。因此，研究沙尘天气与非沙尘天气期间颗粒物的金属元素变化有利于分析颗粒物的来源以及对当地大气的影响。表 15.1 列出了两个采样点 8 种金属元素在沙尘期间和非沙尘期间的浓度变化。与水溶性离子出现类似的现象，沙尘天气的金属浓度高于非沙尘天气。

表 15.1 非沙尘期间和沙尘期间 PM_{10} 的金属元素浓度   （单位：$\mu g/m^3$）

元素	样点 S_1 的 PM_{10}		样点 S_2 的 PM_{10}	
	N	D	N	D
Al	1.72±2.26	6.85±5.51	1.32±1.06	3.47±2.56
Zn	1.24±0.87	2.14±1.02	2.18±2.47	2.81±3.39
Cu	0.81±0.54	1.38±0.56	1.49±1.27	2.23±1.32
Fe	6.70±2.41	12.15±3.36	10.35±8.78	10.36±11.53
Pb	0.10±0.05	0.21±0.14	0.15±0.12	0.17±0.15
Mn	0.41±0.18	0.60±0.22	0.46±0.41	0.50±0.26
Ni	0.14±0.07	0.22±0.06	0.18±0.11	0.14±0.07
V	0.04±0.02	0.06±0.01	0.05±0.02	0.05±0.02

注：N. 非沙尘天气；D. 沙尘天气。

富集因子 K_{EF} 可用来定性地判断气溶胶的来源。富集因子可定义为，某一元素相当于地壳或海水中参考元素 R 的比值，即

$$K_{EF}(X) = [\rho(X)/\rho(R)]_A/[\rho(X)/\rho(R)]_R$$

式中，$[\rho(X)/\rho(R)]_A$ 为两种元素的浓度比；$[\rho(X)/\rho(R)]_R$ 为地壳或海水中两种元素的浓度比。Sun 等（Sun et al.，2004；Sun et al.，2005；Sun et al.，2010）用 Sc 作参考元素分析了北京市沙尘天气的金属元素富集因子。本节同样用 Sc 作为参考元素，当某一元素的 $K_{EF}(X)$ 大于 10，认为该元素在大气中被富集。通过计算本次采样期间的富集因子发现，沙尘和非沙尘天气期间 8 种元素的富集因子都小于 10，说明这几种元素在大气中没有被富集。也就是说，本次沙尘暴的侵袭没有增加重金属在大气中的富集程度，可能原因是外地沙尘中这几种元素的含量较低，沙尘的输入没有增加大气颗粒物的重金属富集程度。

15.2.4 含碳气溶胶变化趋势

作为三大组成之一的有机气溶胶和元素碳占颗粒物成分的 30% ～ 40%。有机气溶胶的致变毒性对人体健康的影响、二次有机气溶胶利于云凝结核形成而对气候的影响、黑炭气溶胶的加温效应等都使得人们对气溶胶中的碳质组分的分布特征和来源越来越关注（Lu et al.，2012）。Sun 等（2004）报道长距离传输的沙尘暴可以促进大气二次有机物转化。为了研究本次沙尘暴对北京市含碳气溶胶变化趋势的影响，本节利用 EC-tracer（Jayaratne et al.，2011）方法对细颗粒物二次有机物浓度进行估算，公式如下：

$$[OC]_p = [OC/EC]_p \times [EC]$$
$$[OC]_s = [OC] - [OC]_p$$
$$[OC] = [OC/EC]_p \times [EC] + [OC]_s$$

式中，$[OC]_p$ 为一次排放的 OC；$[OC/EC]_p$ 为一次排放的 OC/EC 值；$[OC]_s$ 为二次反应产生的 OC；$[OC]$、$[EC]$ 分别为样品中 OC、EC 的测量值。由于直接估算 $[OC/EC]_p$ 存在较大困难，而采用观测期间 $[OC/EC]_{min}$ 代替 $[OC/EC]_p$，会导致 $[OC/EC]_p$ 偏低，并会高估 SOC 浓度。为了比较客观地估算采样期间两个样点的 SOC 值，我们选取国内外比较通用的城市和城郊的 $[OC/EC]_{min}$（$[OC/EC]_{min}=1.6$）。图 15.9 是植物所（S_1）和北科大厦（S_2）两个采样点在采样期间 PM_{10} 的有机碳、二次有机碳和元素碳的变化趋势图。

沙尘期间，北科大厦采样点 OC 和 EC 的浓度分别为（24.80±8.27）$\mu g/m^3$ 和（7.99±5.27）$\mu g/m^3$，植物所采样点 OC 和 EC 的浓度分别为（34.82±9.59）$\mu g/m^3$ 和（5.53±1.31）$\mu g/m^3$，分别高于非沙尘期间两个采样点 OC 和 EC 的浓度（北科大厦采样点:（24.39±9.89）$\mu g/m^3$、（7.06±2.73）$\mu g/m^3$；植物所采样点:（21.72±7.48）$\mu g/m^3$、（6.41±1.68）$\mu g/m^3$）。

DS1 期间，OC 和 EC 的浓度虽然有所增加，但是 SOC 的浓度没有显著增加。具体来看，DS1 期间元素碳 EC 污染物经历典型沙尘来之前污染物累积，污染物清除，沙尘污染物进一步被稀释，沙尘过后沙尘被清除、污染物开始累积的过程。结合气象条件和后向轨迹来看，沙尘到来之前，北京受到本地湿热气团控制，风速小，污染物累积。3 月 27 日，一股弱的干气团到来，风速增加，沙尘到来，相应的矿物质元素和含碳气溶胶的成分达到最高值。随后，沙尘渐渐被清除，含碳气溶胶浓度渐渐降低，直到新的稳定湿热气团控制北京，污染物累积所有化学组分又恢复到日常状态。

DS2 期间，EC、SOC 和 OC 的浓度都呈现先增加后减小的趋势，主要是因为外来沙尘与本地污染叠加趋势，沙尘增加了颗粒反应的表面积，发生了沙尘和有机物耦合，促进了二次有机物的转化。

15.2.5 沙尘暴期间 PM_{10} 的铅同位素变化趋势及来源探讨

铅在自然界存在 ^{204}Pb、^{206}Pb、^{207}Pb 和 ^{208}Pb 4 种稳定同位素，除了 ^{204}Pb 为非放射性成因外，其他 3 种同位素是放射性同位素 ^{238}U、^{235}U、^{232}Th 衰变的最终产物，丰度值不断变化。由于铅同位素变化可以用质谱精确测量，因此这种变化通常被用于环境过

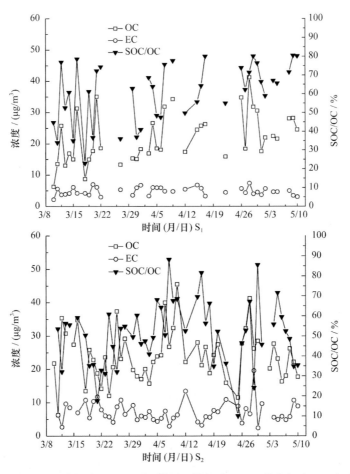

图 15.9　植物所（S₁）和北科大厦（S₂）两个采样点采样期间 PM₁₀ 的有机碳、元素碳和二次有机碳的变化趋势图

程的示踪物。由于大气中铅的来源不同，其同位素组成有很大的变化，并且铅同位素质量重，同位素间的相对值差异较小，其在大气化学物理、化学过程的分馏作用对铅同位素比的影响较小。因此，利用同位素组成的变化可准确反映出大气中不同污染物来源的"指纹特征"，是研究大气污染物来源和传输途径的一种理想的示踪物（Kim et al.，2012）。

不同来源铅同位素的特征值如下（表 15.2）：① 自然源，$^{206}Pb/^{207}Pb=1.206 \sim 1.219$，$^{206}Pb/^{208}Pb=0.484 \sim 0.487$；② 中国北方被人为污染的表土，$^{206}Pb/^{207}Pb=1.040 \sim 1.160$，$^{206}Pb/^{208}Pb=0.476 \sim 0.481$；③ 中国北方燃煤排放，$^{206}Pb/^{207}Pb=1.178\pm0.0218$，$^{206}Pb/^{208}Pb=0.476\pm0.0298$；④ 东亚地区其他人为源排放，$^{206}Pb/^{207}Pb=1.153 \sim 1.158$，$^{206}Pb/^{208}Pb=0.471 \sim 0.474$（Sangster et al.，2000）。图 15.10 列出了沙尘和非沙尘期间颗粒物 PM₁₀ 的 $^{206}Pb/^{207}Pb$ 和 $^{206}Pb/^{208}Pb$ 变化趋势图。由图可知，采样期间，$^{206}Pb/^{207}Pb$ 在 1.142 ~ 1.175，而 $^{206}Pb/^{208}Pb$ 在 0.462 ~ 0.484。初步认为，北京市大气颗粒物的 Pb 主要来源于石油燃料的燃烧和工业排放。沙尘期间 $^{206}Pb/^{207}Pb$ 和 $^{206}Pb/^{208}Pb$ 显著增加表明，沙尘天气期间土壤和扬尘对颗粒物的 Pb 有显著贡献（图 15.10）。

表 15.2　2012 年春季野外土壤样品 Pb 同位素

图 15.11 编号	经纬度	粒径 /μm	地名	土壤类型	$^{206}Pb/^{207}Pb$	$^{206}Pb/^{208}Pb$
1	41°91′04.4″N/114°21′00.6″E	< 75	安固里诺尔	干盐湖	1.19296	0.48592
2	41°34′04.4″N/114°59′35.3″E	< 75	九连城	干盐湖	1.14511	0.45395
3	41°19′52.0″N/114°30′50.1E	< 75	哈夏图淖尔	干盐湖	1.18535	0.48025
4	41°38′42.7″N/115°13′14.3″E	< 75	白音查干淖尔	干盐湖	1.19803	0.48276
5	41°45′16.1″N/115°06′40.0″E	< 75	乌兰淖尔	干盐湖	1.21076	0.47370
6	42°34′19.5″N/115°53′47.7″E	< 75	哈根淖尔	干盐湖	1.17708	0.44518
7	42°33′46.6″N/115°26′08.4″E	< 75	宝绍岱淖尔	干盐湖	1.17241	0.46144
8	44°33′44.2″N/116°15′03.2″E	< 75	朝克乌拉苏木的查干淖尔	干盐湖	1.19701	0.46949
9	43°33′53.4″N/115°08′21.0″E	< 75	海盐淖尔	干盐湖	1.20323	0.47236
10	43°26′45″N/114°55′43.7″E	< 75	呼日查干淖尔	干盐湖	1.30731	0.47112
11	41°19′52.0″N/114°30′50.1″E	< 75	安固里诺尔	农耕地	1.19476	0.48008
12	41°15′43.3″N/114°50′30.4″E	< 75	察北牧场	森林土壤	1.19580	0.47065
13	42°59′59.3″N/115°58′27.2″E	< 75	浑善达克沙地	沙地	1.18783	0.46648
13	42°59′59.3″N/115°58′27.2″E	< 75	浑善达克沙地	沙地	1.18783	0.46648
14	43°35′09.6″N/115°10′05.4″E	< 75	浑善达克沙地	森林土壤	1.24493	0.42898
15	44°56′10.8″N/116°08′46.8″E	< 75	阿尔善	草地	1.21682	0.46743
16	43°34′19.2″N/116°17′22.1″E	< 75	朝克乌拉苏木的查干淖尔	农耕地	1.19616	0.46716
17	44°03′57.6″N/115°54′31.6″E	< 75	锡林浩特	草地	1.22055	0.47544
18	43°20′27.9″N/114°37′39.9″E	< 75	海盐淖尔	森林土壤	1.19050	0.47471
19	43°39′49.6″N/113°59′51.7″E	< 75	东苏旗	森林土壤	1.21539	0.47240
20	43°42′18.6″N/112°00′01″E	< 75	二连淖尔	草地	1.21451	0.47430
21	43°20′54.6″N/112°10′00.1″E	< 75	二连浩特	草地	1.21564	0.47351

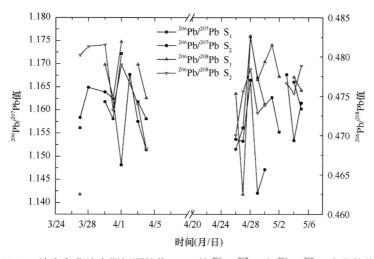

图 15.10　沙尘和非沙尘期间颗粒物 PM_{10} 的 $^{206}Pb/^{207}Pb$ 和 $^{206}Pb/^{208}Pb$ 变化趋势图

为了进一步研究 2012 年北京沙尘暴的来源地，根据后向轨迹图（图 15.6～图 15.7）确认的沙尘轨迹图，选取了内蒙古高原和张北高原 21 个土壤样品（图 15.11 和表 15.2），测定了其土壤中的 $^{206}Pb/^{207}Pb$ 和 $^{206}Pb/^{208}Pb$，如表 15.2 所示。从采集的土壤铅同位素变化趋势可以看出，样品 2 有明显的工业源污染，其他 20 个样品的土壤没有明显的外来铅源输入污染，基本可以反映出当地的土壤铅同位素的本底值。沙尘期间，颗粒物的铅同位素组成介于人为源和土壤源，且值更接近土壤源，说明沙尘期间，外来土壤对北京市大气颗粒物有一定贡献。对比沙尘期间颗粒物与冷空气团经过地区的土壤样品的铅同位素组成，这两次由冷空气团引起的沙尘暴都经过了样品 1、3 和 4 所在的地区（图 15.11）。

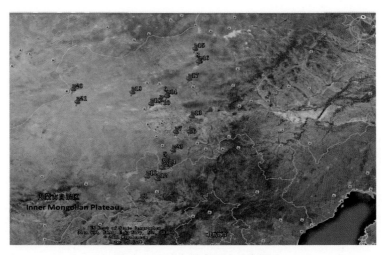

图 15.11　沙尘暴来源地示意图

　　小结　对北京市 2012 年春季沙尘天气和非沙尘天气下的 PM_{10} 颗粒物样品分析表明，3 月 27～29 日和 4 月 27～30 日有沙尘暴污染事件发生，后向轨迹图发现：3 月 27～29 日气团来自包括西北内蒙古、河北和山西北部在内的地区。4 月 27 日气团来自包括内蒙古、河北北部、天津、北京周边的地区。在沙尘期间水溶性粒子均出现峰值、金属浓度高于非沙尘天气、8 种元素在大气中没有被富集、OC 和 EC 的浓度虽然有所增加或与 SOC 一同先增加后减小。沙尘期间，颗粒物的铅同位素组成介于人为源和土壤源之间，且值更接近土壤源，说明外来土壤对北京市大气颗粒物有一定贡献，进一步对比沙尘期间颗粒物与冷空气气团经过地区的土壤样品的铅同位素组成，这两次由冷空气气团引起的沙尘暴都经过了安固里诺尔、哈夏图淖尔、白音查干淖尔等干盐湖地区。可见，包括内蒙古干盐湖在内的内蒙古、河北北部、天津、北京周边对北京尘暴均有一定程度的贡献。

第16章 2012年春季京津冀地区一次沙尘暴天气过程中颗粒物的污染特征分析

本章表征了2012年春季一次沙尘暴天气过程中京津冀地区大气可吸入颗粒物（PM_{10}）的污染特征。借助PM_{10}的水溶性元素、有机碳和元素碳的浓度，分析推断沙尘暴天气过程中矿物气溶胶对城市气溶胶污染的交汇叠加作用。

16.1 材料与方法

16.1.1 采样地点与方法

采样地点分别设在北京市西三环北京市理化分析测试中心（以下简称"北科大厦"，116°18′108″E、39°56′50.7″N）、天津市中国科学院天津工业生物技术研究所（117°40′88.3″E、40°75′1.8″N）、张家口市张家口环境监测站（114°88′30.0″E、40°75′14″N）（图16.1）。北京地区采样点离西三环主干道30 m，位于居住和交通密集区；天津地区采样点位于天津空港经济区，人烟稀少，属于城市背景点，受人类活动的影响较小；张家口地区采样点位于张家口火车站南站旁，属于居住人口密集地带。

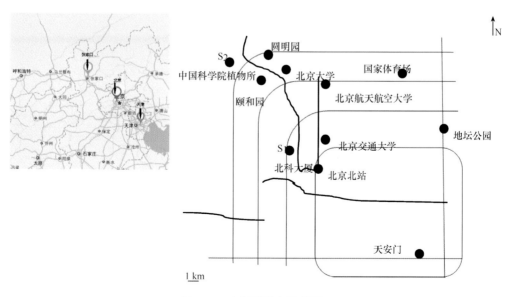

图16.1 大气采样点示意图

2012 年 4 月 1 日～5 月 24 日，采用青岛崂山应用技术研究所生产的崂应 2030 型中流量大气颗粒物采样器采集 PM_{10} 样品，每天在北京时间 10：00 采集样品，采集时间为 24 小时，采样流量 100 L/min¹，使用的滤膜为直径 90 mm 的石英膜（Whatman，USA）。滤膜在采样前后用 550℃高温灼烧 4 小时，冷却后称量，完成称量后样品放入冰箱冷冻柜中 –20℃保存以备化学分析。

16.1.2 样品分析

质量浓度、水溶性阳离子（Na^+、NH_4^+、Ca^{2+}、K^+、Mg^{2+}）和水溶性阴离子（F^-、Cl^-、NO_3^-、SO_4^{2-}）、OC 和 EC、后向轨迹分析均参照 15 章第 1 节的方法部分。

16.2　颗粒物的污染特征分析

16.2.1　质量浓度时空分布特征

2012 年春季（4 月 1 日～5 月 24 日）位于北京、天津和张家口的 3 个采样点的 PM_{10} 质量浓度变化表明（图 16.2）：北京、天津和张家口这 3 个采样点的 PM_{10} 日均质量浓度最大值分别为 755.54 $\mu g/m^3$、831.32 $\mu g/m^3$ 和 582.82 $\mu g/m^3$，日均质量浓度平均值分别为 233.82 $\mu g/m^3$、279.64 $\mu g/m^3$ 和 238.13 $\mu g/m^3$。国家环境保护部 2012 年新颁布的环境空气质量标准（GB3095—2012）中规定的 PM_{10} 年均和日均二级浓度限值分别为 70 $\mu g/m^3$ 和 150 $\mu g/m^3$。采样期间，3 个采样点的 PM_{10} 月均质量浓度都高于 150 $\mu g/m^3$，提醒政府采取更严厉的大气污染控制措施，保障居民生活的空气质量安全。从 3 个样点采样期间 PM_{10} 质量浓度值日均值中，选取大于 450 $\mu g/m^3$ 的 PM_{10} 在不同样点的出现日期。结果发现：北京地区 PM_{10} 质量浓度日均值大于 450 $\mu g/m^3$ 的出现日期为 4 月

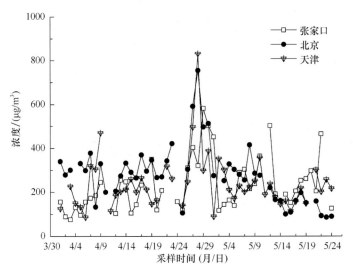

图 16.2　3 个采样期间大气颗粒物 PM_{10} 的质量浓度变化特征

27 ～ 29 日、天津地区为 4 月 27 ～ 28 日、张家口地区为 4 月 27 日～ 5 月 1 日，5 月
12 日和 5 月 22 日。综合比较 3 个城市 PM_{10} 质量浓度变化特征，发现 4 月 27 ～ 28 日
是 3 个城市共同污染时期，推断为由沙尘暴引发的区域污染。故采用反向轨迹综合分
析和证明。

图 16.3 是 2012 年 4 月 26 ～ 30 日 3 个采样点发生高浓度可吸入颗粒物污染期间，在
海拔 500 m 和 1500 m 低中空高度条件下 24 小时的后向轨迹图。4 月 27 日，北京和天津
样点位于 500 m、1500 m 中低空的 24 小时后向气团自北部俄罗斯西南穿越蒙古国中西部、
我国内蒙古地区，经河北张家口一带而来。4 月 28 日，北京和天津样点的低空 500 m

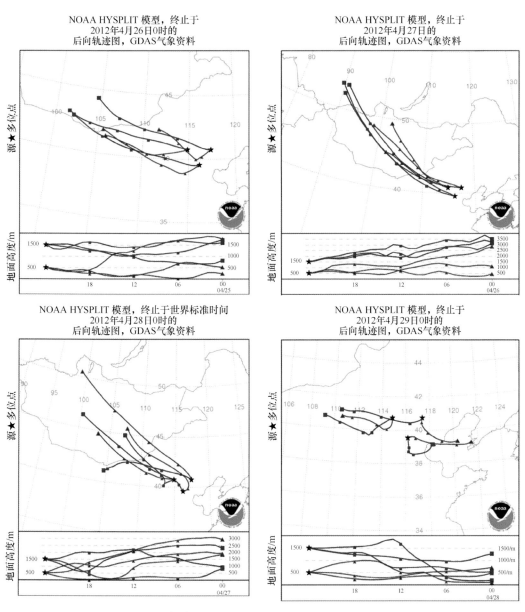

图 16.3　3 个采样点在 4 月 26 ～ 29 日的 24 小时后向轨迹图

和 3 个样点的 1500 m 中空 24 小时后向气团则来自内蒙古中部,经河北北部承德、秦皇岛、唐山、天津、廊坊地区;而张家口采样点的 500 m 低空 24 小时后向气团,则由张家口周边气团向西南回旋返抵张家口,造成张家口样点 4 月 28 日的 PM_{10} 质量浓度下降。4 月 29 日,北京和天津样点在 500 m、1000 m 低中空的 24 小时后向气团来自东部海域,经河北唐山、天津、廊坊一带;同期张家口样点在 500 m、1000 m 低中空的 24 小时后向气团来自山西、宁夏一带。这可以间接解释 29 日天津和北京气团的 PM_{10} 质量浓度稍有回落而张家口地区的 PM_{10} 质量浓度有小幅上升的现象。4 月 30 日 500 m 低空 24 小时后向气团来自天津、廊坊一带(图 16.3),三个地区颗粒物浓度 PM_{10} 迅速下降(图 16.2)。

根据北京市环境保护局公开的大气污染数据,在 2000～2010 年,北京市春季发生的由沙尘引发的大气重污染过程共 50 次。2000～2002 年北京市大气重污染过程主要以沙尘型为主,2003～2005 年沙尘型重污染明显减少,2006～2009 年北京市大气重污染以局地源排放的静稳积累型为主。2005～2010 年北京沙尘重污染天气时 PM_{10} 的平均浓度为 440 μg/m^3。2000～2010 年连续 3 天出现沙尘重污染的时间段分别为 2001 年 3 月 22～24 日、2001 年 5 月 1～5 日、2002 年 4 月 7～9 日、2008 年 5 月 27～29 日。与上述历史数据相比,本次观测期间,由沙尘天气引发的大气重污染过程持续 3 天,且北京市 PM_{10} 的质量浓度高达 755.54 μg/m^3,是近年来少见报道的持续性重污染沙尘天气。

16.2.2　水溶性离子变化特征

总体来说,大气可吸入颗粒物的化学成分主要包括水溶性无机盐、含碳化合物和矿物元素。表 16.1 列出了采样期间(4 月 25 日～5 月 4 日)3 个采样点 PM_{10} 的化学成分的变化趋势。沙尘暴期间,张家口采样点的 Na^+、NH_4^+、K^+、Ca^{2+}、Cl^-、NO_3^- 和 SO_4^{2-} 的平均浓度分别为(3.11±1.51)μg/m^3、(19.99±5.49)μg/m^3、(0.74±0.54)μg/m^3、(21.77±2.35)μg/m^3、(6.25±4.66)μg/m^3、(54.01±6.18)μg/m^3 和(54.94±7.98)μg/m^3;北京采样点这些离子的平均浓度分别为(3.65±0.55)μg/m^3、(14.41±3.78)μg/m^3、(3.51±0.89)μg/m^3、(25.81±5.81)μg/m^3、(7.17±0.69)μg/m^3、(58.07±4.33)μg/m^3 和(59.18±4.08)μg/m^3;天津采样点分别为(3.97±1.81)μg/m^3、(6.61±5.05)μg/m^3、(0.48±0.18)μg/m^3、(25.81±5.81)μg/m^3、(6.09±2.12)μg/m^3、(42.55±3.45)μg/m^3 和(43.98±9.98)μg/m^3。非沙尘暴期间,张家口采样点的 Na^+、NH_4^+、K^+、Ca^{2+}、Cl^-、NO_3^- 和 SO_4^{2-} 的平均浓度分别为(2.45±1.14)μg/m^3、(7.31±1.41)μg/m^3、(0.57±0.41)μg/m^3、(6.41±3.94)μg/m^3、(5.14±2.68)μg/m^3、(32.61±11.17)μg/m^3 和(31.87±10.84)μg/m^3;北京采样点 Na^+、NH_4^+、K^+、Ca^{2+}、Cl^-、NO_3^- 和 SO_4^{2-} 的平均浓度分别为(2.47±0.82)μg/m^3、(7.19±4.82)μg/m^3、(2.48±0.86)μg/m^3、(16.35±5.72)μg/m^3、(4.90±1.49)μg/m^3、(38.73±9.34)μg/m^3 和(36.28±10.33)μg/m^3;天津采样点 Na^+、NH_4^+、K^+、Ca^{2+}、Cl^-、NO_3^- 和 SO_4^{2-} 的平均浓度分别为(2.00±1.39)μg/m^3、(4.02±2.34)μg/m^3、(0.34±0.16)μg/m^3、(15.46±8.01)μg/m^3、(1.74±1.45)μg/m^3、(30.72±9.93)μg/m^3 和(32.21±11.19)μg/m^3。两个采样点在沙尘暴期间水溶性粒子均出现峰值,呈现沙尘暴期间污染物的普遍特征。在了解颗粒物水溶性元素浓度的基础上,进一步分析颗粒物的污染特征发现,沙尘暴期间的 Ca^{2+} 浓度

大于非沙尘暴期间的 Ca^{2+} 浓度，主要是由于沙尘暴期间外来土壤源输入的影响。Wang 等（2005）将沙尘暴天气分成强沙尘暴、一般沙尘暴、弱沙尘暴和非沙尘暴，并发现沙尘暴天气条件下，Ca^{2+} 和 Mg^{2+} 的浓度高于非沙尘暴天气，说明沙尘暴天气条件下，土壤源输入明显。此外，沙尘暴期间的 SO_4^{2-} 和 NO_3^- 浓度高于非沙尘暴期间浓度，说明外来气团增加了二次离子的转化。刘咸德等（2005）在研究北京市 2002 年 3 月 28 日～4 月 9 日沙尘暴天气前期和发生期的 SO_4^{2-} 和 NO_3^- 的浓度变化时发现，沙尘暴期间的浓度高于非沙尘暴期间的浓度，认为沙尘暴事件中高浓度的沙尘在长距离传输过程与遇到的气态和颗粒态的污染物有机会充分混合、交汇、相互作用，特别是沙尘暴的前锋形成了高浓度的沙尘，与高浓度的人为源排放的典型含硫含氮污染物的重合叠加。比较 3 个采样点的水溶性化学成分发现，SO_4^{2-} 和 NO_3^- 的浓度顺序是北京＞天津＞张家口；Na^+ 的浓度顺序是天津＞北京＞张家口；Ca^{2+} 的浓度顺序是张家口＞北京＞天津。这主要与 3 个采样点所处的地理位置有关。北京市采样点地处三环主路附近，汽车尾气排放源对大气可吸入颗粒物的贡献较大，因此 PM_{10} 中的 SO_4^{2-} 和 NO_3^- 的浓度较高；天津采样点处在天津空港区，离渤海海湾较近，PM_{10} 受到的海盐影响较大，因此 Na^+ 的浓度较高；张家口采样地处于张家口火车南站，周边有很多未开垦的荒地和正在建设的工地，因此 PM_{10} 中扬尘粒子的示踪物 Ca^{2+} 浓度较高。

表 16.1　张家口、北京和天津沙尘暴期间 PM_{10} 的主要化学组分和质量浓度　（单位：$\mu g/m^3$）

成分	张家口		北京		天津	
	D*	N*	D*	N*	D*	N*
PM	453.09±114.04	218.19±135.83	589.76±118.02	253.79±87.43	503.76±232.83	223.60±98.78
Na^+	3.11±1.51	2.45±1.14	3.65±0.55	2.47±0.82	3.97±1.81	2.00±1.39
NH_4^+	19.99±5.49	7.31±1.41	14.41±3.78	7.19±4.82	6.61±5.05	4.02±2.34
K^+	0.74±0.54	0.57±0.41	3.51±0.89	2.48±0.86	0.48±0.18	0.34±0.16
Ca^{2+}	21.77±2.35	6.41±3.94	25.81±5.81	16.35±5.72	43.28±10.81	15.46±8.01
F^-	0.28±0.18	0.49±0.31	0.27±0.14	0.29±0.10	0.18±0.06	0.29±0.14
Cl^-	6.25±4.66	5.14±2.68	7.17±0.69	4.90±1.49	6.09±2.12	1.74±1.45
NO_3^-	54.01±6.18	32.61±11.17	58.07±4.33	38.73±9.34	42.55±3.45	30.72±9.93
SO_4^{2-}	54.94±7.98	31.87±10.84	59.18±4.08	36.28±10.33	43.98±9.98	32.21±11.19
OC	98.31±47.02	44.46±35.99	69.58±16.10	40.31±16.30	67.84±38.53	39.15±18.95
EC	15.63±7.39	9.64±7.14	20.06±8.74	12.55±3.97	23.28±11.58	10.52±4.51

注：N. 非沙尘暴天气；D. 沙尘暴天气。

离子电荷平衡通常被用于讨论大气气溶胶中离子的酸碱平衡情况，阳离子与阴离子电荷比值是通过检测到的阳离子（Na^+、NH_4^+、Mg^{2+}、K^+、Ca^{2+}）和阴离子（F^-、Cl^-、NO_3^-、SO_4^{2-}）物质的量浓度与相应离子电荷的乘积来计算（刘咸德等，2005）。图 16.4 计算了采样期间 3 个采样点 PM_{10} 水溶性离子的电荷平衡情况。从中可以看出，沙尘暴期间，样品中 $\sum$ 阳离子/$\sum$ 阴离子大于1，说明沙尘暴期间样品中存在阳离子过剩现象，这主要是因为强沙尘暴过程沙尘暴会给城市气溶胶带来大量的地壳元素，从而引发颗粒物的表面电荷不平衡。Shen 等（2009）通过分析沙尘暴期间颗粒物的水溶性离子的

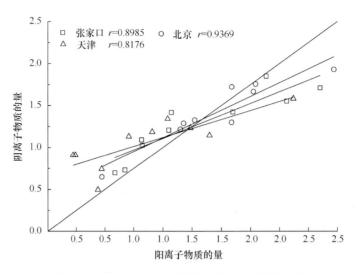

图 16.4 ∑阳离子电荷与∑阴离子电荷相关性分析

浓度，并且比较分析水溶性离子电荷平衡结果，发现沙尘暴期间，颗粒物表面呈现碱性结果，可以在一定程度上中和缓冲空气中的酸性物质，制约酸性降水的形成。非沙尘暴期间，样品中∑阳离子/∑阴离子小于 1，说明颗粒物表面存在阴离子缺损，主要原因在于本节采用的离子分析方法没有检测到样品中的 CO_3^{2-} 和有机酸造成的。

16.2.3 含碳气溶胶变化趋势

为了研究本次沙尘暴对北京市含碳气溶胶变化趋势的影响，本研究利用 EC-tracer 方法对细颗粒物二次有机物浓度进行估算，公式如下：

$$[OC]_p=[OC/EC]_p\times[EC]$$
$$[OC]_s=[OC]-[OC]_p$$
$$[OC]=[OC/EC]_p\times[EC]+[OC]_s$$

式中，$[OC]_p$ 为一次排放的 OC；$[OC/EC]_p$ 为一次排放的 OC/EC 值；$[OC]_s$ 为二次反应产生的 OC；$[OC]$、$[EC]$ 分别为样品中 OC、EC 的测量值。由于直接估算 $[OC/EC]_p$ 存在较大困难，而采用观测期间 $[OC/EC]_{min}$ 代替 $[OC/EC]_p$，会导致 $[OC/EC]_p$ 偏低，并会高估 SOC 浓度。为了客观地估算采样期间 3 个样点的 SOC 值，本研究选取国内外比较通用的城市和城郊的 $[OC/EC]_{min}$（$[OC/EC]_{min}=1.6$）。图 16.5 是 3 个采样点的有机碳和二次有机碳 / 有机碳的变化趋势图。

沙尘暴期间，张家口采样点 OC 和 EC 的浓度分别为（98.31±47.02）μg/m³ 和（15.63±7.39）μg/m³，北京采样点 OC 和 EC 的浓度分别为（69.58±16.10）μg/m³ 和（20.06±8.74）μg/m³，天津采样点 OC 和 EC 的浓度分别为（67.84±38.53）μg/m³ 和（23.28±11.58）μg/m³分别高于非沙尘暴期间三个采样点 OC 和 EC 的浓度[张家口采样点：（44.46±35.99）μg/m³、（9.64±7.14）μg/m³；北京采样点：（40.31±16.30）μg/m³、（12.55±3.97）μg/m³；天津采样点：（39.15±18.95）μg/m³、（10.52±4.51）μg/m³]。比较 3 个采样点的 PM_{10} 的有机碳和元素

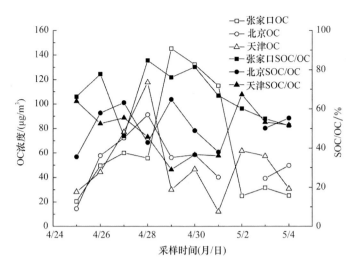

图 16.5　3 个采样点在 4 月 25 日～ 5 月 4 日采样期间有机碳、二次有机碳 / 有机碳的变化趋势

碳浓度发现，有机碳和元素碳的浓度没有规律，这可能与采样点的地理位置和当地碳排放总量有关。同时，如图 16.5 所示，沙尘暴发生期间，OC 和 SOC/OC 都呈现先增加后减少的趋势，主要是因为外来沙尘暴与本地污染叠加，沙尘暴增加了颗粒反应的表面积，而沙尘暴的碱性特征有利于酸性气体的吸附和异相反应，发生了沙尘暴和有机物耦合反应，促进了二次有机物的转化。Dan 等（2004）研究发现沙尘暴期间污染物大量增加的两个主要原因分别是沙尘暴席卷途径地区的二次扬尘因而大量增加的细粒子，以及二次形成的硫酸盐气溶胶和有机气溶胶及其表面发生的复相反应。Aymoz 等（2004）对 2000 年夏季 Saharan 沙尘暴期间法国 Alps 山脉地区大气颗粒物 PM_{10} 研究发现，沙尘暴期间 OC、甲酸和乙酸浓度都增加，而且这些组分浓度的增加幅度与颗粒物的表面积均呈现明显的正相关关系，证实了沙尘暴对有机物二次转化的促进作用。

小结　2012 年 4 月 1 日～ 5 月 24 日观测表明，北京、天津和张家口这 3 个采样点 PM_{10} 日均质量浓度平均值为 233.82 $\mu g/m^3$、279.64 $\mu g/m^3$ 和 238.13 $\mu g/m^3$。反向轨迹证明，3 个地区在 4 月 27 ～ 29 日均发生沙尘暴天气，日均最大值分别为 755.54 $\mu g/m^3$、831.32 $\mu g/m^3$ 和 582.82 $\mu g/m^3$。3 个采样点沙尘暴天气期间 PM_{10} 的水溶性成分 Ca^{2+} 的浓度均高于非沙尘暴天气，说明 3 个采样点外来土壤源输入明显。离子电荷平衡结果表明，沙尘暴天气给城市气溶胶带来大量的地壳元素，从而造成气溶胶表面呈现碱性；SOC/OC 值、SO_4^{2-} 和 NO_3^- 浓度高于非沙尘暴期间浓度，说明是沙尘暴气团携带的地壳元素增加了二次离子的转化。

第17章 北京尘暴潜在源区地表土壤物化特性

17.1 样品采集及分析方法

17.1.1 样品采集

按照图 17.1 路线图采集到土壤表土样品，然后，部分土样用陶瓷研钵研磨土样过 1 mm 筛，存于密封袋中，以备激光粒度、pH、可溶盐和电导率的测定。

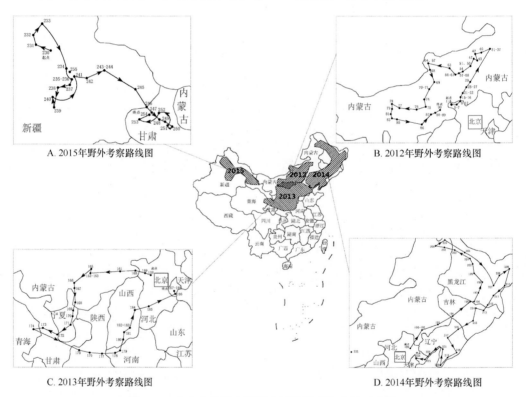

A. 2015年野外考察路线图

B. 2012年野外考察路线图

C. 2013年野外考察路线图

D. 2014年野外考察路线图

图 17.1 北京尘暴潜在源区土壤样品采集路径示意图

17.1.2 分析方法

1. 激光粒度的测定

采用日本 HORIBA LA-950 激光粒度仪测定激光粒度。其实验原理是利用颗粒对光的散射现象测量颗粒大小的，即光在行进过程中遇到颗粒时，会有一部分光偏离原来的传播方向。粒径越小，偏离量越大；粒径越大，偏离量越小。实验步骤如下：向放有适量土样的烧杯中加入 40 mL 蒸馏水，搅拌均匀后，将烧杯置于数控超声波清洗器中超声 10 分钟，然后用激光粒度分析仪进行分析测定，选取合适数据保存。

2. pH 和电导率的测定

称 10 g 粒径小于 1 mm 的土壤样品和 5 g 降尘样品，按照 1：5 的土水比加入去离子水。用 pH 计（型号 ORION868，测量范围：pH：1～14）测定土壤和降尘的 pH。用电导率仪（型号：METTLER TOLEDO FE30；测量范围：0.00 μs/cm～199.9 ms/cm；准确度等级 / 不确定度：0.5 级型号）测定土壤和降尘的电导率值。

3. 烘干全盐量的计算和盐渍化程度判定

依据以往研究结果中的计算方法（黎力群，1986；王遵亲等，1993），通过电导率值（x）计算得到烘干全盐含量（y）：$y=0.1609x^2+2.9176x-0.0141$（式中，$x$ 单位为 ms/cm，y 的单位为 g/kg），该方法的 R^2=0.9606，理论与实际相关系数 0.9801。通过土壤烘干全盐量（同干土的土壤含盐总量）判断土壤盐渍化程度（鲍士旦，2008）：土壤含盐总量（干土重 %）＜0.3 时，为非盐渍土；0.3～0.5，为弱盐渍土；0.5～1.0，为中盐渍土；1.0～2.2，为强盐渍土；＞2.0，为盐土。

4. 水溶性离子成分分析

用万分之一天平 [德国 sartorius，型号：CP 225D，精度：Max 220g d=0.01 mg（80 g）] 称 4 g 经过 1 mm 筛孔的土壤、降尘样品放入离心管中，加入 20 mL 去离子水。充分溶解 3 min，经离心后，倒取上清液，再经稀释，过 0.45 μm 水系滤膜后，采用离子色谱仪（美国戴安公司 DIONEX ICS2000）进行测定。其中，阳离子 Na^+、NH_4^+、K^+、Mg^{2+}、Ca^{2+} 的测定采用阳离子系统，阴离子 F^-、Cl^-、NO_2^-、NO_3^-、SO_4^{2-} 的测定采用阴离子系统，仪器条件参照第 15 章第 1 节颗粒物样品分析方法中水溶性离子成分分析的仪器条件。

5. 化学全分析

采用日本 HORIBA XGT 2700 X 射线分析显微镜（X 荧光分析仪）进行土壤样品的化学全分析。该仪器的实验原理为，借助高分辨率敏感半导体检查仪器与多道分析器将未色散的 X 射线荧光按光子能量分离 X 色线光谱线，根据各元素能量的高低来测定各成分的含量。具体操作时，只需将土样置于 X 射线荧光分析仪上进行测试，并将数据保存，即得到土壤样品中各成分的百分含量。

17.2 北京尘暴潜在源区地表土壤物化特性总体概况

对沙尘暴可能传输路径的 4 种类型地表土壤各成分进行总体分析，结果见表 17.1。

表 17.1 沙尘暴可能传输路径上不同省份地表土壤各成分总体概况结果

参数	样数	均值	最小值	最大值	标准偏差
中值粒径 / μm	210	106.6	0.2	966.6	153.1
平均粒径 / μm	210	137.2	1.4	976.6	150.8
模式粒径 / μm	210	178.5	0.2	1 069.1	208.2
数据离散程度 / μm	210	123.0	3.3	616.5	105.0
pH	255	8.90	5.32	10.40	0.93
电导率 / (μs/cm)	255	14 946.4	7.0	881 000.0	65 972.9
Na^+/ (μg/g)	255	7 269.7	1.2	247 022.9	24 701.2
K^+/ (μg/g)	254	136.3	0.7	3 512.2	300.4
Mg^{2+}/ (μg/g)	253	592.4	1.0	47 423.9	3 450.1
Ca^{2+}/ (μg/g)	255	905.1	8.9	12 728.5	1 987.9
NH_4^+/ (μg/g)	239	84.8	0	2 658.9	317.1
F^-/ (μg/g)	253	26.1	0.2	1 321.6	102.9
Cl^-/ (μg/g)	255	6 515.2	0	215 859.5	22 863.6
NO_2^-/ (μg/g)	207	105.3	0	798.7	224.3
NO_3^-/ (μg/g)	250	192.6	0	4 158.9	537.9
SO_4^{2-}/ (μg/g)	255	14 621.5	0	434 033.2	48 629.0
Cl/%	211	1.19	0	19.17	3.01
K_2O/%	211	2.49	0	9.75	1.59
CaO/%	211	8.45	0.07	55.81	10.39
TiO_2/%	211	4.78	0.74	16.29	2.03
Cr_2O_3/%	211	0.015	0	0.254	0.031
Mn_2O_3/%	211	0.809	0.183	3.197	0.349
Fe_2O_3/%	211	41.1	9.1	74.8	14.3
NiO/%	211	0.085	0	0.786	0.059
ZnO/%	211	0.156	0	1.318	0.177
As_2O_3/%	211	0.012	0	0.186	0.020
Br/%	211	0.025	0	0.386	0.058
Rb_2O/%	211	0.322	0	0.919	0.178
SrO/%	211	0.945	0	2.155	0.406
ZrO_2/%	211	0.721	0.058	3.760	0.504
MoO_3/%	211	2.230	0	14.525	1.714
CdO/%	211	0.042	0	0.431	0.093
SnO_2/%	211	0.147	0.004	0.528	0.097
BaO/%	211	1.59	0	7.02	1.25
HgO/%	211	0.001	0	0.029	0.004
PbO/%	211	0.090	0.003	0.279	0.049

17.2.1 激光粒度

1. 中值粒径、平均粒径和模式粒径

210 个土壤样品中值粒径（median size，是粒径大于它的颗粒占 50%）均值为 106.6 μm，最低值为 0.2 μm，出现在内蒙古白音查干淖尔干盐湖；最高值为 966.6 μm，出现在内蒙古沙丘。210 个土壤样品平均粒径均值为 137.2 μm，最低值为 1.4 μm，出现在内蒙古白音查干淖尔干盐湖；最高值为 976.6 μm，出现在内蒙古沙丘。210 个土壤样品模式粒径（出现频数最多的）均值为 178.5 μm，最低值为 0.2 μm，出现在内蒙古白音查干淖尔干盐湖；最高值为 1069.1 μm，出现在内蒙古沙丘。

2. 数据离散程度

210 个土壤样品数据集的离散程度（size std.dev）均值为 123.0 μm，最低值为 3.3 μm，出现在内蒙古白音查干淖尔干盐湖；最高值为 616.5 μm，出现在甘肃布隆吉撂荒地。

17.2.2 pH

255 个样点土壤 pH 均值为 8.90，最低值为 5.32，出现在敦化高速入口附近撂荒地，最高值为 10.40，出现在内蒙古巴音乌苏镇干盐湖。

17.2.3 电导率

255 个样点土壤电导率均值为 14 946.4 μs/cm，最低值（7.0 μs/cm）出现在内蒙古通辽库伦旗塔敏查干沙漠；最高值（881 000.0 μs/cm）出现在乌鲁木齐 — 达坂城的盐湖湿地。

17.2.4 离子浓度

1. 阳离子浓度

（1）Na^+：255 个土壤样品 Na^+ 均值为 7269.7 μg/g，最低值为 1.2 μg/g，出现在陕西咸阳撂荒地（沙土质）；最高值为 247 022.9 μg/g，出现在内蒙古乌兰淖尔干盐湖。

（2）K^+：254 个土壤样品 K^+ 均值为 136.3 μg/g，最低值为 0.7 μg/g，出现在内蒙古宝绍岱淖尔干盐湖；最高值为 3512.2 μg/g，出现在内蒙古朝克乌拉苏木的查干淖尔干盐湖。

（3）Mg^{2+}：253 个土壤样品 Mg^{2+} 均值为 592.4 μg/g，最低值为 1.0 μg/g，出现在内蒙古库布齐沙漠沙丘；最高值为 47 423.9 μg/g，出现在新疆乌鲁木齐 — 达坂城的盐湖湿地。

（4）Ca^{2+}：255 个土壤样品 Ca^{2+} 均值为 905.1 μg/g，最低值为 8.9 μg/g，出现在内蒙古九连城干盐湖；最高值为 12 728.5 μg/g，出现在甘肃玉门服务区东南 30 km 荒漠。

（5）NH_4^+：239 个土壤样品 NH_4^+ 均值为 84.8 μg/g，从未检出到最高值为 2658.9 μg/g，出现在新疆克拉玛依魔鬼城邻近盐碱地。

2. 阴离子浓度

（1）F^-：253 个土壤样品 F^- 均值为 26.1 μg/g，最低值为 0.2 μg/g，出现在内蒙古库布齐沙漠沙丘；最高值为 1321.6 μg/g，出现在内蒙古二连淖尔干盐湖（硝盐湖）。

（2）Cl^-：255 个土壤样品 Cl^- 均值为 6515.2 μg/g，从未检出到最高值为 215 859.5 μg/g，出现在内蒙古朝克乌拉苏木的查干淖尔干盐湖。

（3）NO_2^-：207 个土壤样品 NO_2^- 均值为 105.3 μg/g，从未检出到最高值为 798.7 μg/g，出现在内蒙古安固里诺尔干盐湖。

（4）NO_3^-：250 个土壤样品 NO_3^- 均值为 192.6 μg/g，从未检出到最高值为 4158.9 μg/g，出现在甘肃布隆吉乡撂荒地。

（5）SO_4^{2-}：255 个土壤样品 SO_4^{2-} 均值为 14 621.5 μg/g，从未检出到最高值为 434 033.2 μg/g，出现在内蒙古宝绍岱盐碱地干盐湖。

17.2.5 全元素分析

（1）Cl：211 个土壤样品 Cl 均值为 1.19 μg/g，从未检出到最高值为 19.17 μg/g，出现在内蒙古乌兰淖尔干盐湖。

（2）K_2O：211 个土壤样品 K_2O 均值为 2.49 μg/g，从未检出到最高值为 9.75 μg/g，出现在新疆克拉玛依魔鬼城邻近盐碱地。

（3）CaO：211 个土壤样品 CaO 均值为 8.45 μg/g，最低值为 0.07 μg/g，出现在内蒙古实验基地干盐湖；最高值为 55.81 μg/g，出现在新疆博斯腾湖边湿地。

（4）TiO_2：211 个土壤样品 TiO_2 均值为 4.78 μg/g，最低值为 0.74 μg/g，出现在新疆乌鲁木齐—达坂城的盐湖湿地；最高值为 16.29 μg/g，出现在内蒙古沙丘。

（5）Cr_2O_3：211 个土壤样品 Cr_2O_3 均值为 0.015 μg/g，从未检出到最高值为 0.254 μg/g，出现在内蒙古实验基地干盐湖。

（6）Mn_2O_3：211 个土壤样品 Mn_2O_3 均值为 0.809 μg/g，最低值（0.183 μg/g）出现在新疆乌鲁木齐—达坂城的盐湖湿地；最高值（3.197 μg/g）出现在内蒙古实验基地干盐湖。

（7）Fe_2O_3：211 个土壤样品 Fe_2O_3 均值为 41.1 μg/g，最低值（9.1 μg/g）出现在新疆乌鲁木齐—达坂城的盐湖湿地；最高值（74.8 μg/g）出现在辽宁葫芦岛高速边撂荒地。

（8）NiO：211 个土壤样品 NiO 均值为 0.085 μg/g，从未检出到 0.786 μg/g，最高值出现在黑龙江依兰县撂荒地。

（9）ZnO：211 个土壤样品 ZnO 均值为 0.156 μg/g，从未检出到 1.318 μg/g，最高值出现在黑龙江依兰县撂荒地。

（10）As_2O_3：211 个土壤样品 As_2O_3 均值为 0.012 μg/g，从未检出到 0.186 μg/g，最高值出现在宁夏吴忠市青铜峡镇沙地。

（11）Br：211 个土壤样品 Br 均值为 0.025 μg/g，从未检出到 0.386 μg/g，最高值出现在内蒙古乌兰淖尔干盐湖。

（12）Rb_2O：211 个土壤样品 Rb_2O 均值为 0.322 μg/g，从未检出到 0.919 μg/g，最高值出现在内蒙古通辽库伦旗塔敏查干沙漠。

（13）SrO：211 个土壤样品 SrO 均值为 0.945 μg/g，从未检出到 2.155 μg/g，最高为出现在内蒙古乌兰淖尔干盐湖。

（14）ZrO_2：211 个土壤样品 ZrO_2 均值为 0.721 μg/g，最低值（0.058 μg/g）出现在新疆乌鲁木齐 — 达坂城的盐湖湿地；最高值（3.760 μg/g）出现在内蒙古浑善达克沙地的沙丘。

（15）MoO_3：211 个土壤样品 MoO_3 均值为 2.230 μg/g，从未检出到 14.525 μg/g，最高值出现在内蒙古实验基地干盐湖。

（16）CdO：211 个土壤样品 CdO 均值为 0.042 μg/g，从未检出到最高值为 0.431 μg/g，出现在新疆群克尔食宿站沙漠。

（17）SnO_2：211 个土壤样品 SnO_2 均值为 0.147 μg/g，最低值为 0.004 μg/g，出现在新疆达坂城南山地；最高值为 0.528 μg/g，出现在内蒙古通辽库伦旗塔敏查干沙漠。

（18）BaO：211 个土壤样品 BaO 均值为 1.59 μg/g，从未检出到 7.02 μg/g，最高值出现在内蒙古通辽库伦旗塔敏查干沙漠。

（19）HgO：211 个土壤样品 HgO 均值为 0.001 μg/g，从未检出到 0.029 μg/g，最高值出现在新疆克拉玛依魔鬼城邻近盐碱地。

（20）PbO：211 个土壤样品 PbO 均值为 0.090 μg/g，最低值为 0.003 μg/g，出现在新疆乌鲁木齐 — 达坂城的盐湖湿地；最高值为 0.279 μg/g，出现在辽宁大连附近高速路边金州撂荒地。

17.3　北京尘暴潜在源区各省份地表土壤物化特性

17.3.1　激光粒度

北京尘暴潜在尘源区各省份地表土壤样品的激光粒度分析结果见表 17.2 和图 17.2。

1. 中值粒径、平均粒径、模式粒径

各省份土壤样品中的中值粒径从高到低顺序依次为黑龙江 145.1 μm = 辽宁 145.1 μm ＞内蒙古 132.6 μm ＞宁夏 109.5 μm ＞北京 89.6 μm ＞陕西 67.8 μm ＞新疆 66.0 μm ＞甘肃 53.6 μm ＞吉林 50.2 μm ＞河北 19.2 μm ＞山西 10.2 μm ＞青海 9.9 μm ＞天津 4.2 μm。

表 17.2 沙尘暴可能传输路径上不同省份地表土壤激光粒度　　　　　　（单位：µm）

省份	类别	中值粒径	平均粒径	模式粒径	粒径标准偏差	省份	类别	中值粒径	平均粒径	模式粒径	粒径标准偏差
内蒙古	样品数 N	133	133	133	133	天津	样品数 N	3	3	3	3
	均值 Mean	132.6	158.0	201.7	127.2		均值 Mean	4.2	9.5	5.2	16.3
	最小值 Min	0.2	1.4	0.2	3.3		最小值 Min	3.5	5.7	4.2	6.4
	最大值 Max	966.6	976.6	1069.1	444.3		最大值 Max	4.7	16.2	7.2	36.0
	标准偏差 Stdev	164.9	162.1	208.2	98.4		标准偏差 Stdev	0.6	5.8	1.7	17.0
河北	样品数 N	7	7	7	7	吉林	样品数 N	5	5	5	5
	均值 Mean	19.2	69.2	22.3	108.5		均值 Mean	50.2	69.3	109.7	68.8
	最小值 Min	5.9	16.1	2.8	22.0		最小值 Min	6.0	9.4	6.3	9.0
	最大值 Max	42.0	142.9	48.1	253.8		最大值 Max	184.2	186.2	247.1	123.5
	标准偏差 Stdev	12.0	52.3	24.1	91.7		标准偏差 Stdev	76.8	71.0	113.8	51.2
宁夏	样品数 N	3	3	3	3	黑龙江	样品数 N	9	9	9	9
	均值 Mean	109.5	138.3	283.2	127.8		均值 Mean	145.1	167.0	240.0	151.6
	最小值 Min	6.3	17.4	8.2	29.8		最小值 Min	2.7	5.1	2.8	7.2
	最大值 Max	286.0	284.8	475.3	189.0		最大值 Max	758.6	705.7	955.8	507.1
	标准偏差 Stdev	153.6	135.5	244.3	85.7		标准偏差 Stdev	275.3	248.2	353.9	170.5
甘肃	样品数 N	12	12	12	12	辽宁	样品数 N	9	9	9	9
	均值 Mean	53.6	131.0	187.2	177.4		均值 Mean	145.1	167.0	240.0	151.6
	最小值 Min	9.4	20.9	2.8	21.8		最小值 Min	2.7	5.1	2.8	7.2
	最大值 Max	291.0	346.1	708.8	616.5		最大值 Max	758.6	705.7	955.8	507.1
	标准偏差 Stdev	82.5	117.4	227.7	168.2		标准偏差 Stdev	275.3	248.2	353.9	170.5
青海	样品数 N	2	2	2	2	北京	样品数 N	4	4	4	4
	均值 Mean	9.9	23.2	17.8	33.6		均值 Mean	89.6	177.6	286.4	210.4
	最小值 Min	6.5	16.3	3.7	23.8		最小值 Min	13.9	26.3	54.9	29.7
	最大值 Max	13.3	30.0	32.0	43.5		最大值 Max	227.0	284.1	551.0	308.8
	标准偏差 Stdev	4.8	9.6	20.1	14.0		标准偏差 Stdev	94.3	112.8	268.5	125.5
陕西	样品数 N	4	4	4	4	新疆	样品数 N	18	18	18	18
	均值 Mean	67.8	73.4	95.7	68.7		均值 Mean	66.0	93.5	104.3	97.9
	最小值 Min	3.6	12.8	3.2	18.4		最小值 Min	4.1	17.4	3.2	38.1
	最大值 Max	245.5	245.2	323.1	201.0		最大值 Max	279.5	336.6	321.7	239.2
	标准偏差 Stdev	118.6	114.5	152.1	88.3		标准偏差 Stdev	81.9	83.7	106.7	60.8
山西	样品数 N	3	3	3	3						
	均值 Mean	10.2	18.7	32.7	21.4						
	最小值 Min	5.9	14.0	28.0	17.3						
	最大值 Max	15.7	25.6	42.1	28.5						
	标准偏差 Stdev	5.0	6.1	8.1	6.2						

各省份土壤样品中的平均粒径从高到低顺序依次为：北京 177.6 µm ＞黑龙江 167.0 µm ＝辽宁 167.0 µm ＞内蒙古 158.0 µm ＞宁夏 138.3 µm ＞甘肃 131.0 µm ＞新疆 93.5 µm ＞陕西 73.4 µm ＞吉林 69.3 µm ＞河北 69.2 µm ＞青海 23.2 µm ＞山西 18.7 µm ＞天津 9.5 µm。

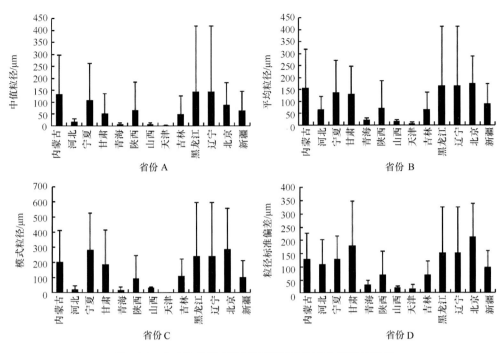

图 17.2　北京尘暴潜在源区不同省份地表土壤激光粒度

各省份土壤样品中的模式粒径从高到低顺序依次为北京 286.4 μm ＞宁夏 283.2 μm ＞ 黑龙江 240.0 μm ＝ 辽宁 240.0 μm ＞内蒙古 201.7 μm ＞甘肃 187.2 μm ＞吉林 109.7 μm ＞新疆 104.3 μm ＞陕西 95.7 μm ＞山西 32.7 μm ＞河北 22.3 μm ＞青海 17.8 μm ＞ 天津 5.2 μm。

2. 粒径标准偏差

各省份土壤样品中的粒径标准偏差从高到低顺序依次为北京 210.4 μm ＞甘肃 177.4 μm ＞黑龙江 151.6 μm ＝ 辽宁 151.6 μm ＞宁夏 127.8 μm ＞内蒙古 127.2 μm ＞河北 108.5 μm ＞新疆 97.9 μm ＞吉林 68.8 μm ＞陕西 68.7 μm ＞青海 33.6 μm ＞山西 21.4 μm ＞ 天津 16.3 μm。

激光粒度分析结果表明，天津、河北、青海、山西、陕西地表土壤粒径和跨度均相对较低，而黑龙江、辽宁、北京、内蒙古、宁夏、甘肃地表土壤粒径和跨度均相对较高。

17.3.2　pH

几乎所有样点土壤碱化趋势严重（表 17.3 和图 17.3），除吉林省的 pH 均值为 7.63 外，其他省份土壤 pH 均值均高于 8。内蒙古土壤 pH 均值最高，达 9.13。按从高到低的顺序为：内蒙 9.13 ＞宁夏 8.97 ＞甘肃 8.87 ＞陕西 8.72 ＞新疆 8.66 ＞山西 8.47 ＞北京 8.35 ＞天津 8.25 ＞河北 8.22 ＞青海 8.13 ＞黑龙江 8.03 ＝ 辽宁 8.03 ＞吉林 7.63。

表 17.3　北京尘暴潜在源区不同省份地表土壤 pH、电导率和水溶性阳离子

省份	类别	pH	电导率 / (μs/cm)	Na$^+$/ (μg/g)	K$^+$/ (μg/g)	Mg^{2+}/ (μg/g)	Ca^{2+}/ (μg/g)	NH$_4^+$/ (μg/g)
内蒙古	样品数 N	178	178	178	178	176	178	178
	均值 Mean	9.13	7257.4	8956.5	159.2	464.5	627.2	85.9
	最小值 Min	5.56	7.0	1.8	0.7	1.0	8.9	0.0
	最大值 Max	10.40	200 000.0	247 022.9	3 512.2	14 736.9	11 508.1	1 804.4
	标准偏差 Stdev	0.92	21 062.5	27 858.2	350.9	2 081.3	1 386.7	270.1
河北	样品数 N	7	7	7	7	7	7	7
	均值 Mean	8.22	223.1	23.0	125.4	16.1	369.0	0.6
	最小值 Min	7.55	116.7	5.9	15.8	7.7	245.1	0.0
	最大值 Max	8.64	479.0	41.3	221.3	31.5	509.1	3.0
	标准偏差 Stdev	0.34	121.8	15.5	72.4	7.8	109.8	1.2
宁夏	样品数 N	3	3	3	3	3	3	3
	均值 Mean	8.97	10 208.3	1 421.0	63.7	59.2	897.0	0.0
	最小值 Min	8.75	403.0	92.5	16.0	13.6	474.5	0.0
	最大值 Max	9.12	28 700.0	2 566.3	121.6	148.2	1 471.2	0.0
	标准偏差 Stdev	0.19	16 024.0	1 247.0	53.5	77.1	515.4	0.0
甘肃	样品数 N	12	12	12	12	12	12	6
	均值 Mean	8.87	43 409.4	3 580.2	88.0	532.7	3 798.9	21.8
	最小值 Min	8.25	103.8	15.8	21.3	8.4	76.0	0.0
	最大值 Max	9.47	252 800.0	19 665.7	426.0	3 100.5	12 728.5	105.6
	标准偏差 Stdev	0.36	87 869.2	7 300.4	109.3	858.4	4 963.5	42.3
青海	样品数 N	2	2	2	2	2	2	2
	均值 Mean	8.13	24 406.0	668.8	64.5	180.2	1 229.3	0.0
	最小值 Min	7.77	212.0	70.7	42.1	15.0	539.4	0.0
	最大值 Max	8.49	48 600.0	1 267.0	86.9	345.4	1 919.3	0.0
	标准偏差 Stdev	0.51	34 215.5	845.9	31.7	233.6	975.7	0.0
陕西	样品数 N	4	4	4	4	4	4	4
	均值 Mean	8.72	115.8	17.5	131.5	38.2	1 196.1	0.0
	最小值 Min	8.53	41.3	1.2	10.0	4.5	190.0	0.0
	最大值 Max	9.20	151.2	57.5	432.2	130.9	3 336.9	0.0
	标准偏差 Stdev	0.32	50.2	26.8	201.1	61.8	1442.2	0.0
山西	样品数 N	3	3	3	3	3	3	3
	均值 Mean	8.47	273.5	25.0	65.5	16.4	644.6	0.0
	最小值 Min	8.20	167.0	20.0	34.2	14.5	612.8	0.0
	最大值 Max	8.64	475.0	33.9	115.4	18.0	694.9	0.0
	标准偏差 Stdev	0.24	174.6	7.7	43.7	1.7	44.1	0.0
天津	样品数 N	3	3	3	3	3	3	3
	均值 Mean	8.25	16 632.7	1 720.3	259.4	197.6	618.9	0.0
	最小值 Min	8.13	681.0	252.1	153.3	46.2	325.1	0.0
	最大值 Max	8.37	47 700.0	3 561.5	369.2	475.9	1 123.0	0.0
	标准偏差 Stdev	0.12	26 908.3	1 686.0	108.0	241.3	438.6	0.0

省份	类别	pH	电导率 / ($\mu s/cm$)	Na^+ / ($\mu g/g$)	K^+ / ($\mu g/g$)	Mg^{2+} / ($\mu g/g$)	Ca^{2+} / ($\mu g/g$)	NH_4^+ / ($\mu g/g$)
	样品数 N	5	5	5	5	5	5	5
	均值 Mean	7.63	99.1	53.6	14.9	10.4	141.0	0.7
吉林	最小值 Min	5.32	45.2	5.0	5.6	6.6	42.4	0.0
	最大值 Max	8.96	144.5	161.1	31.1	15.3	239.9	3.3
	标准偏差 Stdev	1.39	43.2	64.8	10.0	3.4	77.4	1.5
	样品数 N	9	9	9	9	9	9	9
	均值 Mean	8.03	155.9	146.3	39.2	17.2	230.8	0.0
黑龙江	最小值 Min	6.28	58.1	9.3	5.0	11.3	93.3	0.0
	最大值 Max	9.51	345.0	753.2	164.5	37.8	360.0	0.0
	标准偏差 Stdev	1.04	88.1	254.9	52.4	8.2	106.3	0.0
	样品数 N	9	9	9	9	9	9	9
	均值 Mean	8.03	155.9	146.350	39.223	17.221	230.8	0.0
辽宁	最小值 Min	6.28	58.1	9.3	5.0	11.3	93.3	0.0
	最大值 Max	9.51	345.0	753.2	164.5	37.8	360.0	0.0
	标准偏差 Stdev	1.04	88.1	254.9	52.4	8.2	106.3	0.0
	样品数 N	4	4	4	4	4	4	4
	均值 Mean	8.35	162.8	38.1	73.7	20.3	329.0	0.0
北京	最小值 Min	8.02	111.2	4.7	50.3	13.2	227.5	0.0
	最大值 Max	8.68	257.0	82.1	121.5	25.8	428.3	0.0
	标准偏差 Stdev	0.27	64.4	36.8	33.3	5.3	87.0	0.0
	样品数 N	18	18	18	17	18	18	8
	均值 Mean	8.66	103 468.3	11 272.1	94.6	3 325.4	2 901.7	604.3
新疆	最小值 Min	7.78	208.7	161.4	12.6	53.7	392.7	6.5
	最大值 Max	9.27	881 000.0	120 365.6	380.8	47 423.9	11 456.8	2 658.9
	标准偏差 Stdev	0.39	212 668.1	28 445.5	112.7	11 065.1	3 276.0	1 101.7

17.3.3 电导率和盐渍化程度

电导率均值最高的省份是新疆，高达 103 468.3 $\mu s/cm$；其次是甘肃，43 409.4 $\mu s/cm$。后续有青海 24 406.0 $\mu s/cm$＞天津 16 632.7 $\mu s/cm$＞宁夏 10 208.3 $\mu s/cm$＞内蒙古 7257.4 $\mu s/cm$＞山西 273.5 $\mu s/cm$＞河北 223.1 $\mu s/cm$＞北京 162.8 $\mu s/cm$＞黑龙江 155.9 $\mu s/cm$= 辽宁 155.9 $\mu s/cm$＞陕西 115.8 $\mu s/cm$＞吉林 99.1 $\mu s/cm$（表 17.4）。

各调研省份土壤不同程度盐渍化，内蒙古、宁夏、甘肃、青海、天津、新疆的表土属盐土；河北、山西的表土属中盐渍土；陕西、吉林、黑龙江、辽宁、北京的表土属弱盐渍土（表 17.4）。

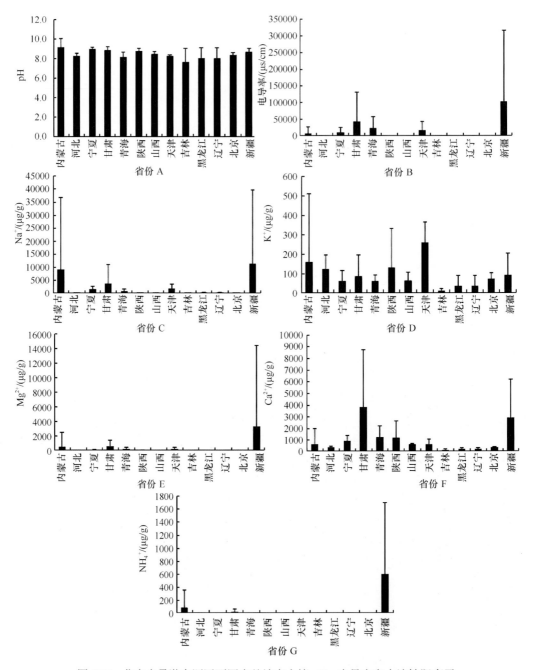

图 17.3　北京尘暴潜在源区不同省份地表土壤 pH、电导率和水溶性阳离子

17.3.4　水溶性离子浓度

1. 阳离子浓度

表 17.3 和图 17.3 中列出各阳离子浓度。

表 17.4　北京尘暴潜在源区不同省份地表土壤土壤盐渍化程度

省份	电导率 / (μs/cm)	土壤含盐总量（干土重 %）	盐渍化程度
内蒙古	7257.4	29.63	盐土
河北	223.1	0.64	中盐渍土
宁夏	10 208.3	46.54	盐土
甘肃	43 409.4	429.83	盐土
青海	24 406.0	167.03	盐土
陕西	115.8	0.33	弱盐渍土
山西	273.5	0.80	中盐渍土
天津	16 632.7	93.03	盐土
吉林	99.1	0.28	弱盐渍土
黑龙江	155.9	0.44	弱盐渍土
辽宁	155.9	0.44	弱盐渍土
北京	162.8	0.47	弱盐渍土
新疆	103 468.3	2 024.41	盐土

（1）Na^+：新疆、内蒙古土壤样品 Na^+ 均值远高于其他省份，分别为 11272.1 μg/g 和 8956.5 μg/g。随后依次是甘肃 3580.2 μg/g ＞天津 1720.3 μg/g ＞宁夏 1421.0 μg/g ＞青海 668.8 μg/g ＞辽宁 146.350 μg/g ＞黑龙江 146.3 μg/g ＞吉林 53.6 μg/g ＞北京 38.1 μg/g ＞山西 25.0 μg/g ＞河北 23.0 μg/g ＞陕西 17.5 μg/g。

（2）K^+：天津土壤样品 K^+ 均值为 259.4 μg/g，远高于其他省份，其次为内蒙古 159.2 μg/g ＞陕西 131.5 μg/g ＞河北 125.4 μg/g ＞新疆 94.6 μg/g ＞甘肃 88.0 μg/g ＞北京 73.7 μg/g ＞山西 65.5 μg/g ＞青海 64.5 μg/g ＞宁夏 63.7 μg/g ＞黑龙江 39.2 μg/g= 辽宁 39.2 μg/g ＞吉林 14.9 μg/g。

（3）Mg^{2+}：新疆土壤样品 Mg^{2+} 均值为 3325.4 μg/g，远高于其他省份，其次为甘肃 532.7 μg/g ＞内蒙古 464.5 μg/g ＞天津 197.6 μg/g ＞青海 180.2 μg/g ＞宁夏 59.2 μg/g ＞陕西 38.2 μg/g ＞北京 20.3 μg/g ＞黑龙江 17.2 μg/g ＞辽宁 17.221 μg/g ＞山西 16.4 μg/g ＞河北 16.1 μg/g ＞吉林 10.4 μg/g。

（4）Ca^{2+}：甘肃、新疆土壤样品 Na^+ 均值远高于其他省份，分别为 3798.9 μg/g 和 2901.7 μg/g。随后依次是青海 1229.3 μg/g ＞陕西 1196.1 μg/g ＞宁夏 897.0 μg/g ＞山西 644.6 μg/g ＞内蒙古 627.2 μg/g ＞天津 618.9 μg/g ＞河北 369.0 μg/g ＞北京 329.0 μg/g ＞黑龙江 230.8 μg/g ＞辽宁 230.850 μg/g ＞吉林 141.0 μg/g。

（5）NH_4^+：新疆土壤样品 NH_4^+ 均值为 604.3 μg/g，远高于其他省份，其次为内蒙古 85.9 μg/g、甘肃 21.8 μg/g、吉林 0.7 μg/g、河北 0.6 μg/g，另外，宁夏、青海、陕西、山西、天津、黑龙江、辽宁、北京的土壤样品中未检出 NH_4^+。

2. 阴离子浓度

表 17.5 和图 17.4 中列示了各阴离子浓度。

表 17.5　北京尘暴潜在源区不同省份地表土壤水溶性阴离子浓度　　（单位：µg/g）

类别	省份	F	Cl	NO₂	NO₃	SO₄²⁻	省份	F	Cl	NO₂	NO₃	SO₄²⁻
样品数 N		178	178	149	178	178		3	3	3	3	3
均值 Mean		32.1	8 404.3	134.4	161.6	16 213.2		15.8	1 673.0	28.5	17.4	33 459.5
最小值 Min	内蒙古	0.2	0.0	0.0	0.0	0.0	天津	11.3	344.7	21.0	8.3	6 893.2
最大值 Max		1 321.6	215 859.5	798.7	2 355.3	434 033.2		22.7	3 613.0	34.7	32.0	72 260.0
标准偏差 Stdev		122.1	26 804.0	258.6	433.4	53 973.0		6.1	1 717.9	7.0	12.7	34 357.8
样品数 N		7	7	7	7	7		5	5	5	5	5
均值 Mean		10.2	29.9	34.0	42.4	598.2		5.5	25.7	16.9	11.4	513.4
最小值 Min	河北	4.8	1.9	21.3	0.0	38.2	吉林	1.7	6.6	3.8	0.0	132.7
最大值 Max		19.9	60.5	42.1	61.2	1 210.2		9.5	53.9	25.6	45.7	1 078.2
标准偏差 Stdev		5.5	18.7	7.5	21.7	374.0		3.1	21.7	9.0	19.8	434.3
样品数 N		3	3	3	3	3		9	9	9	9	9
均值 Mean		19.5	945.7	30.5	107.1	18 913.1		19.2	23.4	25.1	9.5	469.0
最小值 Min	宁夏	14.7	15.7	21.2	11.2	314.8	黑龙江	2.9	3.7	9.9	0.0	73.8
最大值 Max		24.9	1 533.5	42.6	165.1	30 669.3		50.1	37.5	44.1	62.8	749.6
标准偏差 Stdev		5.1	814.6	11.0	83.7	16 293.0		18.3	12.1	12.5	20.6	242.8
样品数 N		12	12	6	12	12		9	9	9	9	9
均值 Mean		18.0	3 935.3	33.5	532.1	10 798.1		19.2	23.4	25.1	9.5	469.0
最小值 Min	甘肃	5.2	3.7	20.3	5.8	61.9	辽宁	2.9	3.7	9.9	0.0	73.8
最大值 Max		54.0	25 271.2	40.7	4 158.9	42 720.0		50.1	37.5	44.1	62.8	749.6
标准偏差 Stdev		15.6	8 325.8	8.0	1 214.9	16 167.2		18.3	12.1	12.5	20.6	242.8
样品数 N		2	2	2	2	2		4	4	4	4	4
均值 Mean		9.4	2091.8	31.4	1 004.5	41 835.4		7.7	21.7	29.7	43.3	433.6
最小值 Min	青海	8.9	43.7	22.7	22.9	874.8	北京	4.8	7.5	24.5	0.0	150.2
最大值 Max		9.9	4 139.8	40.1	1 986.0	82 796.1		13.9	36.7	36.0	132.0	733.9
标准偏差 Stdev		0.7	2 896.4	12.3	1 388.1	57 927.1		4.2	12.2	4.8	60.1	243.1
样品数 N		4	4	4	4	4		16	18	5	13	18
均值 Mean		5.6	11.1	35.5	23.0	222.9		7.7	5 826.8	59.2	688.0	24 825.9
最小值 Min	陕西	0.5	0.6	19.2	0.0	12.4	新疆	3.0	32.6	20.7	37.6	39.9
最大值 Max		11.7	25.9	44.3	51.1	517.1		29.7	46 753.8	84.8	3 070.0	257 530.8
标准偏差 Stdev		5.0	10.6	11.3	22.6	211.7		6.8	11 546.7	24.3	1 055.1	60 964.9
样品数 N	山西	3	3	3	3	3						
均值 Mean		13.0	60.4	39.1	103.5	1 208.4						
最小值 Min		9.9	39.3	37.6	26.7	786.0						
最大值 Max		17.4	98.3	40.0	254.7	1 965.5						
标准偏差 Stdev		3.9	32.9	1.3	130.9	657.1						

（1）F⁻：各省份的土壤样品中 F⁻ 浓度从高到低的顺序依次为：内蒙古 32.1 µg/g ＞宁夏 19.5 µg/g ＞黑龙江 19.2 µg/g= 辽宁 19.2 µg/g ＞甘肃 18.0 µg/g ＞天津 15.8 µg/g ＞山西 13.0 µg/g ＞河北 10.2 µg/g ＞青海 9.4 µg/g ＞北京 7.7 µg/g= 新疆 7.7 µg/g ＞陕西 5.6 µg/g ＞吉林 5.5 µg/g。

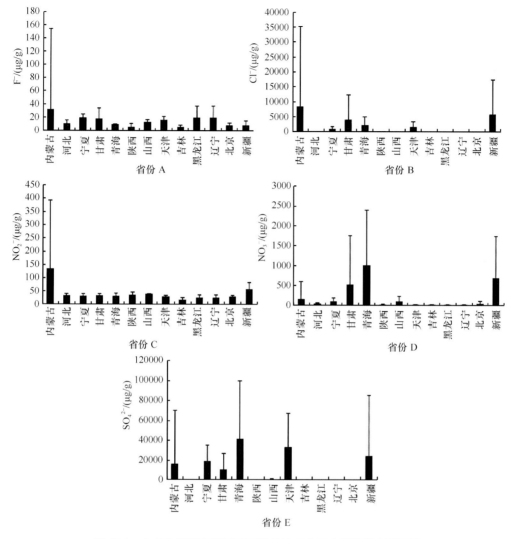

图 17.4 北京尘暴潜在源区不同省份地表土壤水溶性阴离子浓度

（2）Cl⁻：内蒙古土壤的 Cl⁻ 浓度最高，为 8404.3 μg/g，其次是新疆 5826.8 μg/g、甘肃 3935.3 μg/g、青海 2091.8 μg/g、天津 1673.0 μg/g、宁夏 945.7 μg/g，浓度较低的依次有山西 60.4 μg/g、河北 29.9 μg/g、吉林 25.7 μg/g、辽宁 23.4 μg/g、黑龙江 23.4 μg/g、北京 21.7 μg/g、陕西 11.1 μg/g。

（3）NO_2^-：内蒙古土壤的 NO_2^- 浓度最高，远高于其他省份，为内蒙古 134.4 μg/g，其他省份土壤 NO_2^- 浓度从高到低顺序为：新疆 59.2 μg/g＞山西 39.1 μg/g＞陕西 35.5 μg/g＞河北 34.0 μg/g＞甘肃 33.5 μg/g＞青海 31.4 μg/g＞宁夏 30.5 μg/g＞北京 29.7 μg/g＞天津 28.5 μg/g＞黑龙江 25.1 μg/g＝辽宁 25.1 μg/g＞吉林 16.9 μg/g。

（4）NO_3^-：土壤 NO_3^- 浓度从高到低的顺序为：青海 1004.5 μg/g＞新疆 688.0 μg/g＞甘肃 532.1 μg/g＞内蒙古 161.6 μg/g＞宁夏 107.1 μg/g＞山西 103.5 μg/g＞北京 43.3 μg/g＞河北 42.4 μg/g＞陕西 23.0 μg/g＞天津 17.4 μg/g＞吉林 11.4 μg/g＞黑龙江 9.5 μg/g＝辽宁 9.5 μg/g。

（5）SO_4^{2-}：土壤 SO_4^{2-} 浓度从高到低的顺序为：青海 41835.4 μg/g ＞天津 33459.5 μg/g ＞新疆 24825.9 μg/g ＞宁夏 18913.1 μg/g ＞内蒙古 16213.2 μg/g ＞甘肃 10798.1 μg/g ＞山西 1208.4 μg/g ＞河北 598.2 μg/g ＞吉林 513.4 μg/g ＞黑龙江 469.0 μg/g= 辽宁 469.0 μg/g ＞北京 433.6 μg/g ＞陕西 222.9 μg/g。

17.3.5　全元素分析

表 17.6A、B 和图 17.5A、B 中列出全元素分析结果。

表 17.6A　北京尘暴潜在源区不同省份地表土壤化学全分析结果（Ⅰ）　　（单位：%）

省份	类别	Cl	K₂O	CaO	TiO₂	Cr₂O₃	Mn₂O₃	Fe₂O₃	NiO	ZnO	As₂O₃
	样品数 N	134	134	134	134	134	134	134	134	134	134
	均值 Mean	1.547	1.94	5.20	5.12	0.013	0.801	37.5	0.077	0.118	0.012
内蒙古	最小值 Min	0.000	0.00	0.07	1.72	0.000	0.252	13.9	0.021	0.022	0.000
	最大值 Max	19.172	2.77	22.44	16.29	0.254	3.197	69.3	0.264	0.433	0.175
	标准偏差 Stdev	3.545	0.47	4.14	2.28	0.034	0.363	12.4	0.033	0.075	0.017
	样品数 N	7	7	7	7	7	7	7	7	7	7
	均值 Mean	0.058	1.92	4.63	4.66	0.044	0.854	57.9	0.105	0.517	0.009
河北	最小值 Min	0.000	1.65	1.46	3.42	0.008	0.756	49.2	0.074	0.149	0.000
	最大值 Max	0.129	2.12	7.77	5.86	0.122	0.929	64.7	0.150	1.098	0.035
	标准偏差 Stdev	0.050	0.16	1.91	1.01	0.039	0.068	6.0	0.028	0.387	0.013
	样品数 N	3	3	3	3	3	3	3	3	3	3
	均值 Mean	0.175	1.71	8.78	4.58	0.042	0.878	40.1	0.067	0.121	0.070
宁夏	最小值 Min	0.011	1.29	8.35	3.97	0.000	0.602	32.8	0.051	0.056	0.012
	最大值 Max	0.468	2.23	9.14	5.37	0.111	1.170	47.8	0.083	0.197	0.186
	标准偏差 Stdev	0.254	0.48	0.40	0.72	0.060	0.284	7.5	0.016	0.071	0.100
	样品数 N	12	12	12	12	12	12	12	12	12	12
	均值 Mean	1.007	4.26	28.10	2.88	0.011	0.541	31.9	0.076	0.052	0.008
甘肃	最小值 Min	0.000	1.92	6.56	1.16	0.000	0.271	18.9	0.000	0.000	0.000
	最大值 Max	6.272	7.02	47.45	4.80	0.043	0.837	46.8	0.161	0.175	0.027
	标准偏差 Stdev	2.092	1.84	14.70	1.11	0.015	0.194	9.5	0.037	0.077	0.010
	样品数 N	2	2	2	2	2	2	2	2	2	2
	均值 Mean	0.196	2.12	7.80	4.25	0.021	0.875	48.6	0.089	0.178	0.021
青海	最小值 Min	0.002	2.10	7.35	4.05	0.019	0.865	48.2	0.087	0.171	0.016
	最大值 Max	0.389	2.14	8.25	4.45	0.023	0.884	49.1	0.091	0.185	0.026
	标准偏差 Stdev	0.274	0.03	0.64	0.28	0.003	0.013	0.6	0.003	0.010	0.007
	样品数 N	4	4	4	4	4	4	4	4	4	4
	均值 Mean	0.040	2.02	6.22	4.89	0.023	0.861	51.1	0.079	0.169	0.017
陕西	最小值 Min	0.013	1.82	5.46	4.50	0.012	0.681	48.7	0.051	0.091	0.000
	最大值 Max	0.100	2.19	6.55	5.79	0.029	0.976	52.7	0.092	0.222	0.027
	标准偏差 Stdev	0.041	0.18	0.52	0.61	0.008	0.126	1.9	0.019	0.059	0.012

省份	类别	Cl	K₂O	CaO	TiO₂	Cr₂O₃	Mn₂O₃	Fe₂O₃	NiO	ZnO	As₂O₃
山西	样品数 N	3	3	3	3	3	3	3	3	3	3
	均值 Mean	0.034	1.96	7.57	4.65	0.017	0.822	48.7	0.083	0.194	0.015
	最小值 Min	0.000	1.84	7.06	4.36	0.005	0.785	48.3	0.081	0.153	0.010
	最大值 Max	0.087	2.05	7.87	4.84	0.025	0.853	49.2	0.085	0.275	0.020
	标准偏差 Stdev	0.047	0.11	0.44	0.26	0.011	0.034	0.5	0.002	0.070	0.005
天津	样品数 N	3	3	3	3	3	3	3	3	3	3
	均值 Mean	0.174	2.32	5.89	3.76	0.029	1.206	57.8	0.106	0.297	0.002
	最小值 Min	0.011	2.26	5.01	3.37	0.019	1.123	55.6	0.095	0.234	0.000
	最大值 Max	0.284	2.37	6.39	4.05	0.040	1.263	59.7	0.118	0.394	0.004
	标准偏差 Stdev	0.144	0.06	0.76	0.35	0.011	0.074	2.1	0.012	0.085	0.002
吉林	样品数 N	5	5	5	5	5	5	5	5	5	5
	均值 Mean	0.159	2.11	1.47	5.71	0.012	0.938	63.2	0.110	0.269	0.023
	最小值 Min	0.000	1.74	0.78	5.18	0.003	0.548	55.9	0.088	0.229	0.000
	最大值 Max	0.437	2.72	2.29	6.28	0.023	1.108	69.1	0.140	0.314	0.074
	标准偏差 Stdev	0.181	0.38	0.55	0.48	0.009	0.227	6.4	0.020	0.036	0.031
黑龙江	样品数 N	9	9	9	9	9	9	9	9	9	9
	均值 Mean	0.100	1.92	3.25	5.26	0.022	1.087	58.1	0.170	0.396	0.015
	最小值 Min	0.000	1.19	0.99	4.42	0.000	0.723	43.0	0.049	0.112	0.000
	最大值 Max	0.552	2.24	7.36	6.16	0.090	1.875	68.8	0.786	1.318	0.047
	标准偏差 Stdev	0.176	0.32	2.11	0.54	0.030	0.361	9.3	0.233	0.364	0.014
辽宁	样品数 N	9	9	9	9	9	9	9	9	9	9
	均值 Mean	0.100	1.92	3.25	5.26	0.022	1.087	58.1	0.170	0.396	0.015
	最小值 Min	0.000	1.19	0.99	4.42	0.000	0.723	43.0	0.049	0.112	0.000
	最大值 Max	0.552	2.24	7.36	6.16	0.090	1.875	68.8	0.786	1.318	0.047
	标准偏差 Stdev	0.176	0.32	2.11	0.54	0.030	0.361	9.3	0.233	0.364	0.014
北京	样品数 N	4	4	4	4	4	4	4	4	4	4
	均值 Mean	0.000	1.88	4.79	5.62	0.020	0.870	52.8	0.085	0.291	0.000
	最小值 Min	0.000	1.77	2.77	5.07	0.012	0.779	46.5	0.070	0.179	0.000
	最大值 Max	0.000	1.98	6.33	6.95	0.031	0.991	60.8	0.100	0.422	0.001
	标准偏差 Stdev	0.000	0.10	1.48	0.90	0.008	0.090	6.2	0.012	0.106	0.001
新疆	样品数 N	18	18	18	18	18	18	18	18	18	18
	均值 Mean	1.511	6.66	30.12	3.06	0.000	0.577	31.8	0.079	0.038	0.005
	最小值 Min	0.010	1.58	12.62	0.74	0.000	0.183	9.1	0.000	0.000	0.000
	最大值 Max	8.890	9.75	55.81	4.88	0.005	0.917	47.6	0.137	0.134	0.025
	标准偏差 Stdev	2.526	1.87	11.94	0.80	0.001	0.212	9.5	0.031	0.055	0.008

表 17.6B 北京尘暴潜在源区不同省份地表土壤化学全分析结果（Ⅱ） （单位：%）

省份	类别	Br	Rb$_2$O	SrO	ZrO$_2$	MoO$_3$	CdO	SnO$_2$	BaO	HgO	PbO
	样品数 N	134	134	134	134	134	134	134	134	134	134
	均值 Mean	0.035	0.364	1.117	0.752	2.829	0.010	0.181	2.000	0.000	0.090
内蒙古	最小值 Min	0.000	0.019	0.003	0.067	0.867	0.000	0.043	0.203	0.000	0.008
	最大值 Max	0.386	0.919	2.155	3.760	14.525	0.071	0.528	7.021	0.012	0.189
	标准偏差 Stdev	0.070	0.180	0.334	0.558	1.778	0.009	0.099	1.300	0.001	0.041
	样品数 N	7	7	7	7	7	7	7	7	7	7
	均值 Mean	0.008	0.280	0.749	0.792	1.736	0.006	0.123	1.194	0.000	0.139
河北	最小值 Min	0.003	0.174	0.490	0.375	1.300	0.004	0.088	0.685	0.000	0.088
	最大值 Max	0.016	0.465	1.146	1.420	2.386	0.010	0.185	1.913	0.000	0.209
	标准偏差 Stdev	0.004	0.094	0.227	0.436	0.383	0.002	0.031	0.422	0.000	0.043
	样品数 N	3	3	3	3	3	3	3	3	3	3
	均值 Mean	0.003	0.197	0.604	0.533	1.668	0.007	0.104	0.979	0.000	0.067
宁夏	最小值 Min	0.000	0.150	0.317	0.400	1.248	0.005	0.095	0.816	0.000	0.051
	最大值 Max	0.006	0.245	0.800	0.769	2.129	0.010	0.118	1.167	0.000	0.089
	标准偏差 Stdev	0.003	0.048	0.254	0.205	0.442	0.003	0.012	0.177	0.000	0.020
	样品数 N	12	12	12	12	12	12	12	12	12	12
	均值 Mean	0.002	0.136	0.580	0.325	0.442	0.167	0.046	0.289	0.003	0.043
甘肃	最小值 Min	0.000	0.000	0.208	0.123	0.000	0.000	0.008	0.000	0.000	0.006
	最大值 Max	0.009	0.348	1.048	0.696	1.630	0.310	0.108	1.036	0.009	0.123
	标准偏差 Stdev	0.002	0.094	0.262	0.190	0.666	0.127	0.037	0.436	0.003	0.036
	样品数 N	2	2	2	2	2	2	2	2	2	2
	均值 Mean	0.027	0.255	0.572	0.556	1.399	0.006	0.088	0.756	0.000	0.081
青海	最小值 Min	0.010	0.252	0.571	0.467	1.238	0.004	0.086	0.715	0.000	0.070
	最大值 Max	0.043	0.258	0.572	0.645	1.560	0.007	0.089	0.796	0.000	0.091
	标准偏差 Stdev	0.023	0.004	0.001	0.126	0.228	0.002	0.002	0.057	0.000	0.015
	样品数 N	4	4	4	4	4	4	4	4	4	4
	均值 Mean	0.003	0.293	0.723	0.792	1.558	0.007	0.109	1.226	0.001	0.096
陕西	最小值 Min	0.000	0.268	0.502	0.613	1.355	0.005	0.094	0.863	0.000	0.070
	最大值 Max	0.005	0.329	1.227	1.161	1.694	0.009	0.134	2.216	0.002	0.121
	标准偏差 Stdev	0.002	0.026	0.339	0.255	0.144	0.002	0.018	0.660	0.001	0.026
	样品数 N	3	3	3	3	3	3	3	3	3	3
	均值 Mean	0.005	0.241	0.554	0.674	1.394	0.006	0.097	0.806	0.001	0.075
山西	最小值 Min	0.000	0.239	0.520	0.601	1.315	0.004	0.085	0.755	0.000	0.069
	最大值 Max	0.011	0.243	0.577	0.802	1.464	0.010	0.107	0.851	0.002	0.080
	标准偏差 Stdev	0.006	0.002	0.030	0.111	0.075	0.003	0.011	0.048	0.001	0.006
	样品数 N	3	3	3	3	3	3	3	3	3	3
	均值 Mean	0.053	0.316	0.627	0.393	1.334	0.004	0.086	0.672	0.001	0.127
天津	最小值 Min	0.021	0.302	0.603	0.306	1.237	0.000	0.082	0.608	0.000	0.108
	最大值 Max	0.087	0.332	0.664	0.440	1.404	0.007	0.094	0.733	0.001	0.145
	标准偏差 Stdev	0.033	0.015	0.033	0.076	0.087	0.004	0.007	0.063	0.001	0.019

省份	类别	Br	Rb₂O	SrO	ZrO₂	MoO₃	CdO	SnO₂	BaO	HgO	PbO
	样品数 N	5	5	5	5	5	5	5	5	5	5
	均值 Mean	0.005	0.499	0.943	1.319	2.342	0.009	0.167	1.707	0.001	0.140
吉林	最小值 Min	0.000	0.420	0.636	1.060	1.996	0.006	0.141	1.283	0.000	0.126
	最大值 Max	0.007	0.552	1.546	1.705	2.555	0.011	0.192	2.443	0.002	0.154
	标准偏差 Stdev	0.003	0.057	0.379	0.258	0.234	0.002	0.020	0.471	0.001	0.013
	样品数 N	9	9	9	9	9	9	9	9	9	9
	均值 Mean	0.007	0.364	0.961	0.984	2.162	0.008	0.142	1.556	0.000	0.122
黑龙江	最小值 Min	0.002	0.233	0.785	0.706	1.703	0.006	0.101	0.925	0.000	0.058
	最大值 Max	0.013	0.455	1.128	1.197	2.922	0.012	0.198	2.971	0.000	0.157
	标准偏差 Stdev	0.003	0.081	0.109	0.218	0.414	0.002	0.028	0.589	0.000	0.036
	样品数 N	9	9	9	9	9	9	9	9	9	9
	均值 Mean	0.007	0.364	0.961	0.984	2.162	0.008	0.142	1.556	0.000	0.122
辽宁	最小值 Min	0.002	0.233	0.785	0.706	1.703	0.006	0.101	0.925	0.000	0.058
	最大值 Max	0.013	0.455	1.128	1.197	2.922	0.012	0.198	2.971	0.000	0.157
	标准偏差 Stdev	0.003	0.081	0.109	0.218	0.414	0.002	0.028	0.589	0.000	0.036
	样品数 N	4	4	4	4	4	4	4	4	4	4
	均值 Mean	0.006	0.294	1.102	0.808	1.821	0.008	0.121	1.389	0.000	0.136
北京	最小值 Min	0.004	0.238	0.950	0.706	1.662	0.007	0.078	0.846	0.000	0.115
	最大值 Max	0.008	0.349	1.214	0.914	1.969	0.009	0.158	1.818	0.000	0.168
	标准偏差 Stdev	0.002	0.045	0.119	0.087	0.169	0.001	0.035	0.456	0.000	0.024
	样品数 N	18	18	18	18	18	18	18	18	18	18
	均值 Mean	0.007	0.090	0.298	0.359	0.001	0.287	0.018	0.131	0.010	0.030
新疆	最小值 Min	0.000	0.000	0.000	0.058	0.000	0.000	0.004	0.000	0.000	0.003
	最大值 Max	0.029	0.181	1.083	0.571	0.006	0.431	0.055	0.850	0.029	0.047
	标准偏差 Stdev	0.009	0.064	0.315	0.145	0.002	0.104	0.012	0.301	0.008	0.010

（1）Cl：内蒙古、新疆、甘肃土壤 Cl 浓度远高于其他省份，分别为 1.547%、1.511%、1.007%。其余省份土壤 Cl 浓度从高到低的顺序为青海 0.196%＞宁夏 0.175%＞天津 0.174%＞吉林 0.159%＞黑龙江 0.100%＝辽宁 0.100%＞河北 0.058%＞陕西 0.040%＞山西 0.034%，北京的土壤未检出 Cl（表 17.6A 和图 17.5A）。

（2）K_2O：新疆、甘肃的 K_2O 浓度分别为 6.66% 和 4.26%，远高于其他省份。其余省份 K_2O 浓度从高到低为天津 2.32%＞青海 2.12%＞吉林 2.11%＞陕西 2.02%＞山西 1.96%＞内蒙古 1.94%＞辽宁 1.92%＝黑龙江 1.92%＝河北 1.92%＞北京 1.88%＞宁夏 1.71%（表 17.6A 和图 17.5A）。

（3）CaO：新疆和甘肃两省的 CaO 浓度远高于其他省份，分别为 30.12% 和 28.10%。其他省份的 CaO 浓度从高到底的顺序为宁夏 8.78%＞青海 7.80%＞山西 7.57%＞陕西 6.22%＞天津 5.89%＞内蒙古 5.20%＞北京 4.79%＞河北 4.63%＞黑龙江 3.25%＝辽宁 3.25%＞吉林 1.47%（表 17.6A 和图 17.5A）。

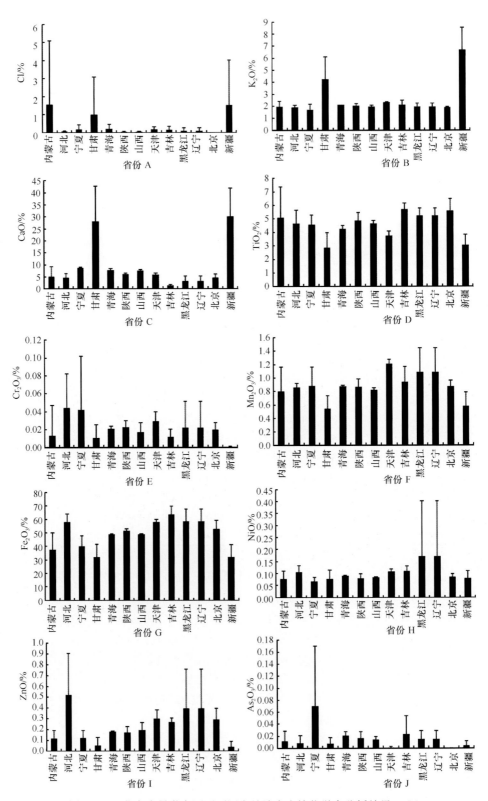

图 17.5A　北京尘暴潜在源区不同省份地表土壤化学全分析结果（Ⅰ）

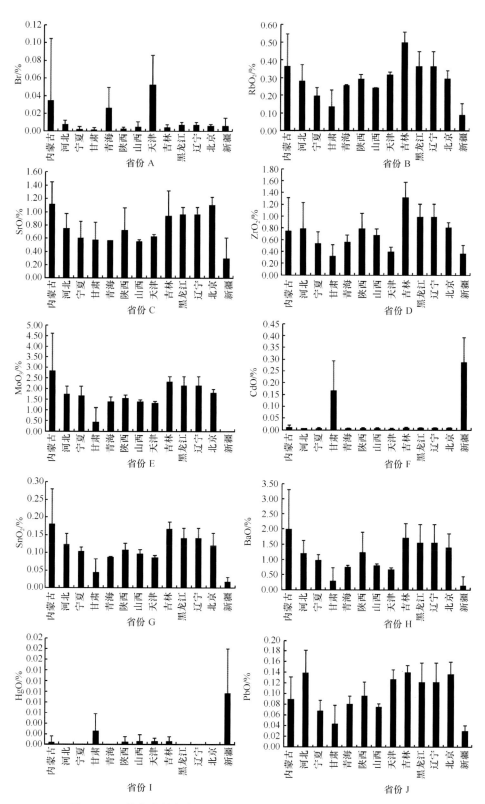

图 17.5B　北京尘暴潜在源区不同省份地表土壤化学全分析结果（II）

（4）TiO$_2$：所有省份的 TiO$_2$ 含量从高到低的顺序依次为吉林 5.71% ＞北京 5.62% ＞黑龙江 5.26%＝辽宁 5.26% ＞内蒙古 5.12% ＞陕西 4.89% ＞河北 4.66% ＞山西 4.65% ＞宁夏 4.58% ＞青海 4.25% ＞天津 3.76% ＞新疆 3.06% ＞甘肃 2.88%（表 17.6A 和图 17.5A）。

（5）Cr$_2$O$_3$：所有省份的 Cr$_2$O$_3$ 含量从高到低的顺序依次为：河北 0.044% ＞宁夏 0.042% ＞天津 0.029% ＞陕西 0.023% ＞辽宁 0.022%＝黑龙江 0.022% ＞青海 0.021% ＞北京 0.020% ＞山西 0.017% ＞内蒙古 0.013% ＞吉林 0.012% ＞甘肃 0.011% ＞新疆 0%（表 17.6A 和图 17.5A）。

（6）Mn$_2$O$_3$：所有省份的 Mn$_2$O$_3$ 含量从高到低的顺序依次为：天津 1.206% ＞辽宁 1.087%＝黑龙江 1.087% ＞吉林 0.938% ＞宁夏 0.878% ＞青海 0.875% ＞北京 0.870% ＞陕西 0.861% ＞河北 0.854% ＞山西 0.822% ＞内蒙古 0.801% ＞新疆 0.577% ＞甘肃 0.541%（表 17.6A 和图 17.5A）。

（7）Fe$_2$O$_3$：所有省份的 Fe$_2$O$_3$ 含量从高到低的顺序依次为：吉林 63.2% ＞黑龙江 58.1% ＝辽宁 58.1% ＞河北 57.9% ＞天津 57.8% ＞北京 52.8% ＞陕西 51.1% ＞山西 48.7% ＞青海 48.6% ＞宁夏 40.1% ＞内蒙古 37.5% ＞甘肃 31.9% ＞ 新疆 31.8%（表 17.6A 和图 17.5A）。

（8）NiO：所有省份的 NiO 含量从高到低的顺序依次为：辽宁 0.170%＝黑龙江 0.170% ＞吉林 0.110% ＞天津 0.106% ＞河北 0.105% ＞青海 0.089% ＞北京 0.085% ＞山西 0.083% ＞陕西 0.079%＝新疆 0.079% ＞内蒙古 0.077% ＞甘肃 0.076% ＞宁夏 0.067（表 17.6A 和图 17.5A）。

（9）ZnO：河北土壤样品中的 ZnO 的含量最高，为 0.517%。宁夏和甘肃的最低，分别为 0.121% 和 0.052%。其他省份土壤 ZnO 含量从高到低顺序依次为：黑龙江 0.396%＝辽宁 0.396% ＞天津 0.297% ＞北京 0.291% ＞吉林 0.269% ＞山西 0.194% ＞青海 0.178% ＞陕西 0.169% ＞内蒙古 0.118% ＞新疆 0.038（表 17.6A 和图 17.5A）。

（10）As$_2$O$_3$：宁夏土壤样品中的 As$_2$O$_3$ 的含量最高，为 0.070%，远高于其他省份。其他省份土壤中 As$_2$O$_3$ 含量从高到低顺序依次为：吉林 0.023% ＞青海 0.021% ＞陕西 0.017% ＞辽宁 0.015%＝黑龙江 0.015%＝山西 0.015% ＞内蒙古 0.012% ＞河北 0.009% ＞甘肃 0.008% ＞ 新疆 0.005% ＞天津 0.002%，北京土壤未检出（表 17.6A 和图 17.5A）。

（11）Br：天津、内蒙古、青海土壤样品中 Br 浓度远高于其他省份，分别为 0.053%、0.035%、0.027%。其他省份土壤样品中 Br 含量从高到低顺序依次为河北 0.008% ＞黑龙江 0.007% ＝辽宁 0.007% ＝新疆 0.007% ＞北京 0.006% ＞山西 0.005% ＝吉林 0.005% ＞陕西 0.003% ＝宁夏 0.003% ＞甘肃 0.002%（表 17.6B 和图 17.5B）。

（12）Rb$_2$O：各省份土壤样品中 Rb$_2$O 含量从高到低顺序依次为吉林 0.499% ＞黑龙江 0.364%＝辽宁 0.364%＝内蒙古 0.364% ＞天津 0.316% ＞北京 0.294% ＞陕西 0.293% ＞河北 0.280% ＞青海 0.255% ＞山西 0.241% ＞宁夏 0.197% ＞甘肃 0.136% ＞新疆 0.090%（表 17.6B 和图 17.5B）。

（13）SrO：各省份土壤样品中 SrO 含量从高到低顺序依次为内蒙古 1.117% ＞北京 1.102% ＞黑龙江 0.961% ＝辽宁 0.961% ＞吉林 0.943% ＞河北 0.749% ＞陕西 0.723% ＞天津 0.627% ＞宁夏 0.604% ＞甘肃 0.580% ＞青海 0.572% ＞山西 0.554% ＞新疆 0.298%

（表 17.6B 和图 17.5B）。

（14）ZrO_2：各省份土壤样品中 ZrO_2 含量从高到低顺序依次为吉林 1.319% >黑龙江 0.984%= 辽宁 0.984 % >北京 0.808% >陕西 0.792% = 河北 0.792% >内蒙古 0.752% >山西 0.674% >青海 0.556% >宁夏 0.533% >天津 0.393% >新疆 0.359% >甘肃 0.325%（表 17.6B 和图 17.5B）。

（15）MoO_3：各省份土壤样品中 MoO_3 含量从高到低顺序依次为内蒙古 2.829% >吉林 2.342% >黑龙江 2.162% = 辽宁 2.162% >北京 1.821% >河北 1.736% >宁夏 1.668% >陕西 1.558% >青海 1.399% >山西 1.394% >天津 1.334% >甘肃 0.442% >新疆 0.001%（表 17.6B 和图 17.5B）。

（16）CdO：新疆和甘肃土壤 CdO 含量远高于其他任何省份，分别为 0.287% 和 0.167%。其余各省份土壤样品中 CdO 含量从高到低顺序依次为内蒙古 0.010% >吉林 0.009% >北京 0.008% = 黑龙江 0.008%= 辽宁 0.008% >宁夏 0.007% = 陕西 0.007% >河北 0.006%= 山西 0.006% = 青海 0.006% >天津 0.004%（表 17.6B 和图 17.5B）。

（17）SnO_2：各省份土壤样品中 SnO_2 含量从高到低顺序依次为内蒙古 0.181% >吉林 0.167% >黑龙江 0.142%= 辽宁 0.142% >河北 0.123% >北京 0.121% >陕西 0.109% >宁夏 0.104% >山西 0.097% >青海 0.088% >天津 0.086% >甘肃 0.046% >新疆 0.018%（表 17.6B 和图 17.5B）。

（18）BaO：各省份土壤样品中 BaO 含量从高到低顺序依次为内蒙古 2.000% >吉林 1.707% >黑龙江 1.556%= 辽宁 1.556% >北京 1.389% >陕西 1.226% >河北 1.194% >宁夏 0.979% >山西 0.806% >青海 0.756% >天津 0.672% >甘肃 0.289% >新疆 0.131%（表 17.6B 和图 17.5B）。

（19）HgO：新疆土壤样品中的 HgO 含量远高于其他省份，为 0.010%，其余省份土壤样品中的 HgO 含量从高到低顺序依次为甘肃 0.003% >山西 0.001% = 天津 0.001% = 吉林 0.001%= 陕西 0.001%，内蒙古、河北、宁夏、青海、黑龙江、辽宁、北京几个省份土壤样品中未检出 HgO（表 16.6B 和图 17.5B）。

（20）PbO：各省份土壤样品中的 PbO 含量从高到低顺序依次为吉林 0.140% >河北 0.139% >北京 0.136% >天津 0.127% >黑龙江 0.122% = 辽宁 0.122% >陕西 0.096% >内蒙古 0.090% >青海 0.081% >山西 0.075% >宁夏 0.067% >甘肃 0.043% >新疆 0.030%（表 17.6B 和图 17.5B）。

17.4 北京尘暴潜在源区各省份 4 种类型地表土壤物化特征

对不同省份土壤类型划分时，基本沿用前面提到的 4 类，但又有扩展，干盐湖（包括干盐湖、盐碱地、湿地等）、山地（包括丘陵、山地等）、农耕地（包括农耕地、撂荒地、绿地、林地、草地等）、沙地（包括沙漠、沙地、沙丘等，其中内蒙古仍沿用前面的说法"沙丘"）。因采样路径所限，样本囊括了 4 种类型地表土壤的省份有内蒙古和新疆；囊括了农耕地和沙地样品的有宁夏、甘肃、吉林；仅涵盖了农耕地的省份有河北、青海、陕西、山西、黑龙江、辽宁、北京；天津则采集到干盐湖和农耕地样品。

17.4.1 pH

土壤酸碱性是随着土壤的形成而产生的，易形成微－中－碱性土壤的因素包括：气候干旱少雨，盐基不易溢出土体；草本植物富积盐基能力强；母质含盐基丰富；土壤处于易积水的地形，有利于接纳盐基（复盐基作用）；成土时间短，盐基淋失少。此外，人为施肥、灌水、环境污染（酸雨）等都影响土壤的酸碱发展。除吉林土壤 pH 为弱碱性外，研究所取土壤样品地区均表现出中－强碱性特征，各省份 4 种地表类型土壤 pH 均值对比发现，干盐湖的 pH 通常要大于其他地表类型，沙地的多高于农耕地的。同一类型地表土壤 pH 对比发现，干盐湖 pH：内蒙古 9.61 ＞新疆 8.93 ＞天津 8.13，原因可能在于内蒙古的干盐湖已全部干涸，而新疆和天津的尚或被湖水淹没；山地：新疆 8.75 ＞内蒙古 8.17，可能前者成土时间比后者短有关；农耕地普遍表现为西北高于东北：甘肃 8.96 ＞陕西 8.72 ＞山西 8.47 ＞内蒙古 8.39 ＞北京 8.35 ＝新疆 8.35 ＞天津 8.31 ＞河北 8.22 ＞青海 8.13 ＞黑龙江 8.03＝辽宁 8.03 ＞吉林 7.44;沙地:内蒙古 9.45 ＞宁夏 8.75 ＞甘肃 8.70 ＞新疆 8.63 ＞吉林 8.41（表 17.7 和图 17.6）。

表 17.7　北京尘暴潜在源区不同省份 4 种类型地表土壤 pH、电导率和水溶性阳离子浓度

省份	土地类型	类别	pH	电导率 /（μs/cm）	Na$^+$/（μg/g）	K$^+$/（μg/g）	Mg^{2+}/（μg/g）	Ca^{2+}/（μg/g）	NH$_4^+$/（μg/g）
内蒙古	干盐湖	样品数 N	87	87	87	87	85	87	87
		均值 Mean	9.61	11 330.8	17856.2	280.7	896.8	947.6	174.9
		最小值 Min	7.99	68.2	1.8	0.7	4.8	8.9	0.0
		最大值 Max	10.40	116 200.0	247 022.9	3 512.2	14 736.9	6 803.0	1 804.4
		标准偏差 Stdev	0.61	18 546.3	37 887.6	470.3	2 926.9	1 503.0	366.7
	山地	样品数 N	12	12	12	12	12	12	12
		均值 Mean	8.17	244.6	35.6	26.8	17.1	211.0	1.2
		最小值 Min	7.84	126.3	2.6	2.6	5.2	88.4	0.0
		最大值 Max	8.50	928.0	191.9	54.5	65.2	942.3	4.4
		标准偏差 Stdev	0.24	219.1	60.6	16.3	16.3	235.1	1.4
	农耕地	样品数 N	52	52	52	52	52	52	52
		均值 Mean	8.39	5 696.3	638.4	53.2	93.2	436.2	1.0
		最小值 Min	5.56	44.0	1.9	9.2	3.7	36.6	0.0
		最大值 Max	10.35	200 000.0	15 705.3	305.7	2 662.0	11 508.1	12.1
		标准偏差 Stdev	0.94	29 851.7	2 870.8	66.5	385.7	1 573.0	2.3
	沙地	样品数 N	27	27	27	27	27	27	27
		均值 Mean	9.45	255.6	264.8	30.9	17.3	147.5	0.4
		最小值 Min	7.48	7.0	2.0	3.8	1.0	10.1	0.0
		最大值 Max	10.30	3 230.0	3 625.4	97.8	86.3	345.3	4.8
		标准偏差 Stdev	0.68	607.8	696.4	22.9	17.9	88.0	1.1

省份	土地 类型	类别	pH	电导率 / （μs/cm）	Na^+/ （μg/g）	K^+/ （μg/g）	Mg^{2+}/ （μg/g）	Ca^{2+}/ （μg/g）	NH_4^+/ （μg/g）
河北	农耕地	样品数 N	7	7	7	7	7	7	7
		均值 Mean	8.22	223.1	23.0	125.4	16.1	369.0	0.6
		最小值 Min	7.55	116.7	5.9	15.8	7.7	245.1	0.0
		最大值 Max	8.64	479.0	41.3	221.3	31.5	509.1	3.0
		标准偏差 Stdev	0.34	121.8	15.5	72.4	7.8	109.8	1.2
宁夏	农耕地	样品数 N	2	2	2	2	2	2	2
		均值 Mean	9.08	15 111.0	2 085.3	87.6	80.9	972.9	0.0
		最小值 Min	9.04	1 522.0	1 604.2	53.5	13.6	474.5	0.0
		最大值 Max	9.12	28 700.0	2 566.3	121.6	148.2	1 471.2	0.0
		标准偏差 Stdev	0.06	19 217.7	680.3	48.2	95.2	704.8	0.0
	沙地	样品数 N	1	1	1	1	1	1	1
		均值 Mean	8.75	403.0	92.5	16.0	15.9	745.3	0.0
		最小值 Min	8.75	403.0	92.5	16.0	15.9	745.3	0.0
		最大值 Max	8.75	403.0	92.5	16.0	15.9	745.3	0.0
		标准偏差 Stdev	.	.	.	.	.	.	.
甘肃	农耕地	样品数 N	8	8	8	8	8	8	4
		均值 Mean	8.96	25 292.8	2 472.3	101.5	274.7	1 821.0	0.0
		最小值 Min	8.55	103.8	15.8	21.3	8.4	76.0	0.0
		最大值 Max	9.21	199 200.0	18 516.4	426.0	915.1	10 588.8	0.0
		标准偏差 Stdev	0.23	70 271.2	6 491.4	133.6	336.5	3 549.9	0.0
	沙地	样品数 N	4	4	4	4	4	4	2
		均值 Mean	8.70	79 642.6	5 796.1	61.0	1 048.7	7 754.6	65.3
		最小值 Min	8.25	200.4	93.9	32.0	107.7	381.8	24.9
		最大值 Max	9.47	252 800.0	19 665.7	93.9	3 100.5	12 728.5	105.6
		标准偏差 Stdev	0.54	119 006.5	9 342.1	26.2	1 380.3	5 443.7	57.0
青海	农耕地	样品数 N	2	2	2	2	2	2	2
		均值 Mean	8.13	24 406.0	668.8	64.5	180.2	1 229.3	0.0
		最小值 Min	7.77	212.0	70.7	42.1	15.0	539.4	0.0
		最大值 Max	8.49	48 600.0	1 267.0	86.9	345.4	1 919.3	0.0
		标准偏差 Stdev	0.51	34 215.5	845.9	31.7	233.6	975.7	0.0
陕西	农耕地	样品数 N	4	4	4	4	4	4	4
		均值 Mean	8.72	115.8	17.5	131.5	38.2	1 196.1	0.0
		最小值 Min	8.53	41.3	1.2	10.0	4.5	190.0	0.0
		最大值 Max	9.20	151.2	57.5	432.2	130.9	3 336.9	0.0
		标准偏差 Stdev	0.32	50.2	26.8	201.1	61.8	1 442.2	0.0
山西	农耕地	样品数 N	3	3	3	3	3	3	3
		均值 Mean	8.47	273.5	25.0	65.5	16.4	644.6	0.0
		最小值 Min	8.20	167.0	20.0	34.2	14.5	612.8	0.0
		最大值 Max	8.64	475.0	33.9	115.4	18.0	694.9	0.0
		标准偏差 Stdev	0.24	174.6	7.7	43.7	1.7	44.1	0.0

省份	土地类型	类别	pH	电导率 / (μs/cm)	Na$^+$/ (μg/g)	K$^+$/ (μg/g)	Mg^{2+}/ (μg/g)	Ca^{2+}/ (μg/g)	NH$_4^+$/ (μg/g)
天津	干盐湖	样品数 N	1	1	1	1	1	1	1
		均值 Mean	8.13	47 700.0	3 561.5	369.2	475.9	1 123.0	0.0
		最小值 Min	8.13	47 700.0	3 561.5	369.2	475.9	1 123.0	0.0
		最大值 Max	8.13	47 700.0	3 561.5	369.2	475.9	1 123.0	0.0
		标准偏差 Stdev	.	.	.	.	.	.	.
	农耕地	样品数 N	2	2	2	2	2	2	2
		均值 Mean	8.31	1 099.0	799.7	204.5	58.4	366.8	0.0
		最小值 Min	8.24	681.0	252.1	153.3	46.2	325.1	0.0
		最大值 Max	8.37	1 517.0	1 347.3	255.6	70.6	408.6	0.0
		标准偏差 Stdev	0.09	591.1	774.5	72.3	17.2	59.1	0.0
吉林	农耕地	样品数 N	4	4	4	4	4	4	4
		均值 Mean	7.44	112.6	62.9	14.5	10.5	152.1	0.8
		最小值 Min	5.32	79.4	5.0	5.6	6.6	42.4	0.0
		最大值 Max	8.96	144.5	161.1	31.1	15.3	239.9	3.3
		标准偏差 Stdev	1.52	35.7	70.8	11.5	3.9	84.6	1.7
	沙地	样品数 N	1	1	1	1	1	1	1
		均值 Mean	8.41	45.2	16.2	16.3	10.1	96.7	0.0
		最小值 Min	8.41	45.2	16.2	16.3	10.1	96.7	0.0
		最大值 Max	8.41	45.2	16.2	16.3	10.1	96.7	0.0
		标准偏差 Stdev	.	.	.	.	.	.	.
黑龙江	农耕地	样品数 N	9	9	9	9	9	9	9
		均值 Mean	8.03	155.9	146.3	39.2	17.2	230.8	0.0
		最小值 Min	6.28	58.1	9.3	5.0	11.3	93.3	0.0
		最大值 Max	9.51	345.0	753.2	164.5	37.8	360.0	0.0
		标准偏差 Stdev	1.04	88.1	254.9	52.4	8.2	106.3	0.0
辽宁	农耕地	样品数 N	9	9	9	9	9	9	9
		均值 Mean	8.03	155.9	146.3	39.2	17.2	230.8	0.0
		最小值 Min	6.28	58.1	9.3	5.0	11.3	93.3	0.0
		最大值 Max	9.51	345.0	753.2	164.5	37.8	360.0	0.0
		标准偏差 Stdev	1.04	88.1	254.9	52.4	8.2	106.3	0.0
北京	农耕地	样品数 N	4	4	4	4	4	4	4
		均值 Mean	8.35	162.8	38.1	73.7	20.3	329.0	0.0
		最小值 Min	8.02	111.2	4.7	50.3	13.2	227.5	0.0
		最大值 Max	8.68	257.0	82.1	121.5	25.8	428.3	0.0
		标准偏差 Stdev	0.27	64.4	36.8	33.3	5.3	87.0	0.0

省份	土地类型	类别	pH	电导率 /(μs/cm)	Na$^+$/(μg/g)	K$^+$/(μg/g)	Mg^{2+}/(μg/g)	Ca^{2+}/(μg/g)	NH$_4^+$/(μg/g)
新疆	干盐湖	样品数 N	3	3	3	2	3	3	2
		均值 Mean	8.93	38 3700.0	46 067.4	207.8	16 424.7	4 203.5	2 371.7
		最小值 Min	8.85	63 800.0	905.6	34.8	115.7	1 325.2	2 084.5
		最大值 Max	9.06	881 000.0	120 365.6	380.8	47 423.9	9 343.9	2 658.9
		标准偏差 Stdev	0.11	436 528.4	64 841.1	244.7	26 858.3	4 462.3	406.2
	山地	样品数 N	4	4	4	4	4	4	3
		均值 Mean	8.75	18 459.0	1181.5	31.8	330.7	3 527.8	14.0
		最小值 Min	8.11	448.0	273.1	15.7	53.7	392.7	6.5
		最大值 Max	9.27	70 600.0	2 878.4	76.2	791.2	11 456.8	22.8
		标准偏差 Stdev	0.56	34 766.6	1 183.6	29.6	349.8	5 310.7	8.2
	农耕地	样品数 N	3	3	3	3	3	3	3
		均值 Mean	8.35	14 4457.0	14 703.1	181.3	2 418.2	2 442.9	0.0
		最小值 Min	7.78	371.0	176.5	36.9	404.5	821.1	0.0
		最大值 Max	8.76	252 700.0	30 372.6	372.3	4 725.4	4 888.3	0.0
		标准偏差 Stdev	0.51	129 927.0	15 130.4	172.5	2 175.4	2 155.1	0.0
	沙地	样品数 N	8	8	8	8	8	8	3
		均值 Mean	8.63	25 515.3	1 982.5	65.1	250.8	2 272.6	16.2
		最小值 Min	8.11	208.7	161.4	12.6	66.5	569.9	8.1
		最大值 Max	9.16	193 400.0	12 188.6	129.1	383.7	6 417.5	30.4
		标准偏差 Stdev	0.28	67 843.9	4132.5	38.6	113.7	2 338.3	12.3

17.4.2 电导率和土壤盐渍化

1. 电导率

电导率是物质传送电流的能力，是电阻率的倒数。在液体中常以电阻的倒数 —— 电导率来衡量其导电能力的大小。土壤电导率包含了反映土壤质量和物理性质的丰富信息，土壤浸出液电导率是测定土壤水溶性盐的指标，后者是土壤的一个重要属性。对同一地区而言，干盐湖的土壤电导率>农耕地>沙地>山地，如内蒙古和新疆。就不同地区同一类型地表而言，干盐湖为新疆 383 700.0 μs/cm >天津 47 700.0 >内蒙古 11 330.8，山地为新疆>内蒙古，农耕地为新疆 144 457.0μs/cm >甘肃 25 292.8 μs/cm >青海 24 406.0 μs/cm >宁夏 15 111.0 μs/cm >内蒙古 5696.3 μs/cm >天津 1099.0 μs/cm >山西 273.5 μs/cm >河北 223.1 μs/cm >北京 162.8μs/cm >黑龙江 155.9 μs/cm= 辽宁 155.9 μs/cm >陕西 115.8 μs/cm >吉林 112.6 μs/cm，即西部和西北部地区高于中部和东北地区；沙地为甘肃 79642.6 μs/cm >新疆 25 515.3 μs/cm >宁夏 403.0 μs/cm >内蒙古 255.6 μs/cm >吉林 45.2 μs/cm（表 17.7，图 17.6）。

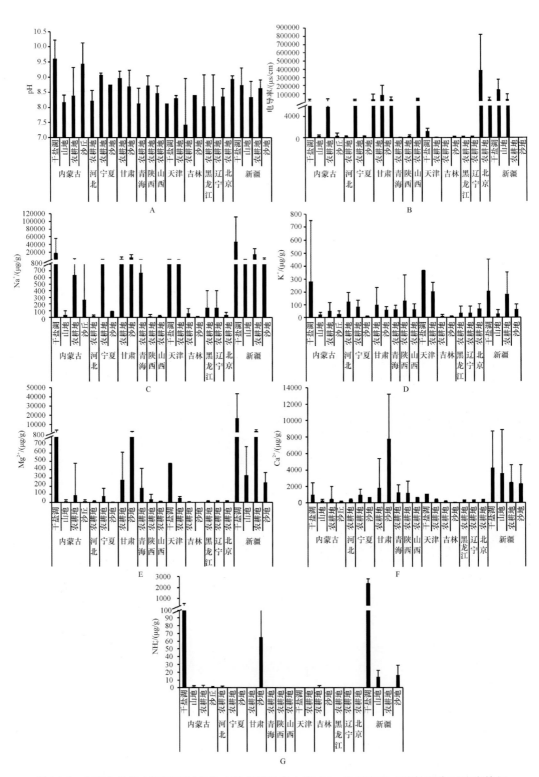

图 17.6　北京尘暴潜在源区不同省份 4 种类型地表土壤 pH、电导率和水溶性阳离子浓度特征

2. 土壤盐渍化

土壤中的总盐量是表示土壤中所含盐类的总含量。由于土壤浸出液中各种盐类一般均以离子的形式存在，所以总盐量也可以表示为土壤浸出液中各种阳离子的量和各种阴离子的量之和，借以判断土壤的盐渍化程度。调查的尘暴尘源路径区域土壤普遍表现为土地盐渍化程度严重，除北京、辽宁、吉林、黑龙江、陕西的农耕地土壤表现为弱盐渍土，山西、河北为中盐渍土外，其他地区的干盐湖、农耕地均已变成盐土。沙地和山地也呈中盐渍化程度以上（表17.8）。

表17.8　北京尘暴潜在源区不同省份4种类型地表土壤盐渍化程度

省份	土地类型	电导率/（μs/cm）	含盐总量（干土重%）	盐渍化程度	省份	土地类型	电导率/（μs/cm）	含盐总量（干土重%）	盐渍化程度
内蒙古	干盐湖	11 330.8	53.70	盐土	天津	干盐湖	47 700.0	505.25	盐土
	山地	244.6	0.71	中盐渍土		农耕地	1 099.0	3.39	盐土
	农耕地	5 696.3	21.83	盐土	吉林	农耕地	112.6	0.32	弱盐渍土
	沙地	255.6	0.74	中盐渍土		沙地	45.2	0.12	非盐渍土
河北	农耕地	223.1	0.64	中盐渍土	黑龙江	农耕地	155.9	0.44	弱盐渍土
宁夏	农耕地	15 111.0	80.81	盐土	辽宁	农耕地	155.9	0.44	弱盐渍土
	沙地	403.0	1.19	强盐渍土	北京	农耕地	162.8	0.47	弱盐渍土
甘肃	农耕地	25 292.8	176.71	盐土	新疆	干盐湖	383 700.0	24 808.08	盐土
	沙地	79 642.6	1 252.93	盐土		山地	18 459.0	108.67	盐土
青海	农耕地	24 406.0	167.03	盐土		农耕地	144 457.0	3 779.09	盐土
陕西	农耕地	115.8	0.33	弱盐渍土		沙地	25 515.3	179.18	盐土
山西	农耕地	273.5	0.80	中盐渍土					

17.4.3　离子浓度特征

离子浓度，是溶液中含某种离子的总量与体积之比，用 n/V 表示，单位一般为 mol/L，本书用 μg/g。共分析离子浓度8项，即 Na^+、K^+、Ca^{2+}、Mg^{2+}、B、Cl^-、NO_3^-、SO_4^{2-} 等。

1. 阳离子浓度

（1）Na^+：比较同一地区土壤 Na^+ 浓度普遍表现的地表类型从高到低的顺序为干盐湖的＞农耕地＞沙地＞山地，如内蒙古和新疆，在内蒙古，干盐湖 Na^+ 浓度分别是农耕地、沙地、山地的2.0倍、44.3倍、46.3倍；在新疆，干盐湖 Na^+ 浓度分别是农耕地、沙地、山地的2.7倍、15.0倍、20.8倍。就不同地区同一类型地表而言，干盐湖 Na^+ 浓度（μg/g）从高到低的地表类型顺序为，新疆46 067.4 μg/g＞内蒙古17 856.2 μg/g＞天津3 561.5 μg/g；山地为新疆1181.5 μg/g＞内蒙古35.6 μg/g；农耕地为新疆14 703.1 μg/g＞甘肃2472.3 μg/g＞宁夏2085.3 μg/g＞天津799.7 μg/g＞青海668.8 μg/g＞内蒙古638.4 μg/g＞黑龙江146.3 μg/g＞辽宁146.3 μg/g＞吉林62.9 μg/g＞北京38.1 μg/g＞山西25.0 μg/g＞河北

23.0 μg/g＞陕西17.5 μg/g；沙地为甘肃5796.1 μg/g＞新疆1982.5 μg/g＞内蒙古264.8 μg/g＞宁夏92.5 μg/g＞吉林16.2 μg/g（表17.7和图17.6）。

（2）K^+：比较同一地区土壤K^+浓度普遍表现为，干盐湖＞农耕地＞沙地＞山地，如内蒙古和新疆。在内蒙古，干盐湖Na^+浓度分别是农耕地、沙地、山地的5.3倍、9.1倍、10.5倍；在新疆，干盐湖Na^+浓度分别是农耕地、沙地、山地的1.1倍、3.2倍、6.5倍。就不同地区同一类型地表而言，干盐湖K^+浓度从高到低的地表类型顺序为天津369.2 μg/g＞内蒙古280.7 μg/g＞新疆207.8 μg/g；山地为新疆31.8 μg/g＞内蒙古26.8 μg/g；农耕地为，天津204.5 μg/g＞新疆181.3 μg/g＞陕西131.5 μg/g＞河北125.4 μg/g＞甘肃101.5 μg/g＞宁夏87.6 μg/g＞北京73.7 μg/g＞山西65.5 μg/g＞青海64.5 μg/g＞内蒙古53.2 μg/g＞黑龙江39.2 μg/g＝辽宁39.2 μg/g＞吉林14.5 μg/g，天津土壤富含K^+，是北京的2.8倍、是吉林的14.1倍；沙地为新疆65.1 μg/g＞甘肃61.0 μg/g＞内蒙古30.9 μg/g＞吉林16.3 μg/g＞宁夏16.0 μg/g（表17.7和图17.6）。

（3）Mg^{2+}：比较同一地区土壤Mg^{2+}浓度普遍表现为干盐湖＞农耕地＞沙地或山地，如内蒙古和新疆。在内蒙古，干盐湖Mg^{2+}浓度分别是农耕地、沙地、山地的9.6倍、51.7倍、52.5倍；在新疆，干盐湖Mg^{2+}浓度分别是农耕地、沙地、山地的6.8倍、65.5倍、49.7倍。就不同地区同一类型地表而言，干盐湖Mg^{2+}浓度从高到低的地表类型顺序为新疆16424.7 μg/g＞内蒙古896.8 μg/g＞天津475.9 μg/g；山地为，新疆330.7 μg/g＞内蒙古17.1 μg/g。农耕地为新疆2418.2 μg/g＞甘肃274.7 μg/g＞青海180.2 μg/g＞内蒙古93.2 μg/g＞宁夏80.9 μg/g＞天津58.4 μg/g＞陕西38.2 μg/g＞北京20.3 μg/g＞黑龙江17.2 μg/g＝辽宁17.2 μg/g＞山西16.4 μg/g＞河北16.1 μg/g＞吉林10.5 μg/g；沙地为甘肃1048.7 μg/g＞新疆250.8 μg/g＞内蒙古17.3 μg/g＞宁夏15.9 μg/g＞吉林10.1 μg/g，其中甘肃沙地富含Mg^{2+}，分别为内蒙古、宁夏的4.2倍和104.0倍（表17.7和图17.6）。

（4）Ca^{2+}：同一地区不同地表类型土壤Ca^{2+}浓度不同，在内蒙古，Ca^{2+}浓度从高到低的地表类型顺序为，干盐湖＞农耕地＞山地＞沙地，干盐湖分别是后三种地表土壤Ca^{2+}浓度的2.2倍、4.5倍、6.4倍。而在新疆，顺序为干盐湖＞山地＞农耕地＞沙地，干盐湖是后三种地表土壤Ca^{2+}浓度的1.2倍、1.7倍、1.8倍。就不同地区同一类型地表而言，干盐湖Ca^{2+}浓度从高到低的地表类型顺序为，新疆4203.5 μg/g＞天津1123.0 μg/g＞内蒙古947.6 μg/g。山地为，新疆3527.8 μg/g＞内蒙古211.0 μg/g。农耕地为，新疆2442.9 μg/g＞甘肃1821.0 μg/g＞青海1229.3 μg/g＞陕西1196.1 μg/g＞宁夏972.9 μg/g＞山西644.6 μg/g＞内蒙古436.2 μg/g＞河北369.0 μg/g＞天津366.8 μg/g＞北京329.0 μg/g＞黑龙江230.8 μg/g＝辽宁230.8 μg/g＞吉林152.1 μg/g。沙地为甘肃7754.6 μg/g＞新疆2272.6 μg/g＞宁夏745.3 μg/g＞内蒙古147.5 μg/g＞吉林96.7 μg/g（表17.7和图17.6）。

（5）NH_4^+：很多样品中未检测出NH_4^+。在能检测到的样品中，同一地区不同地表类型土壤NH_4^+浓度总是干盐湖最高，在内蒙古，NH_4^+浓度从高到低的地表类型顺序为干盐湖＞山地＞农耕地＞沙地，干盐湖分别是后三种地表土壤NH_4^+浓度的143.2倍、169.0倍、395.4倍。而在新疆，农耕地未检出，其他顺序为干盐湖＞沙地＞山地，干盐湖是后两种地表土壤NH_4^+浓度的146.2倍、169.7倍。就不同地区同一类型地表而言，干盐湖NH_4^+浓度从高到低的地表类型顺序为，新疆2371.7 μg/g＞内蒙古174.9 μg/g。山地为新疆14.0 μg/g＞内蒙古1.2 μg/g。沙地为，甘肃65.3 μg/g＞新疆16.2 μg/g＞内蒙古 0.4 μg/g（表 17.7 和图 17.6）。

2. 阴离子浓度

（1）F^-：内蒙古干盐湖 F^- 浓度远远高于内蒙古其他地表及其他省份的所有地表类型。并非同一地区不同地表类型土壤 F^- 浓度均表现为干盐湖最高，比如新疆的就是干盐湖最低。就不同地区同一类型地表而言，干盐湖 F^- 浓度从高到低的地表类型顺序为内蒙古 60.6 μg/g ＞天津 22.7 μg/g ＞新疆 3.9 μg/g。山地为，新疆 12.7 μg/g ＞内蒙古 5.0 μg/g。农耕地为宁夏 21.9 μg/g ＞黑龙江 19.2 μg/g＝辽宁 19.2 μg/g ＞甘肃 17.5 μg/g ＞山西 13.0 μg/g ＞天津 12.3 μg/g ＞河北 10.2 μg/g ＞青海 9.4 μg/g ＞北京 7.7 μg/g ＞新疆 7.0 μg/g ＞吉林 6.4 μg/g ＞陕西 5.6 μg/g ＞内蒙古 4.9 μg/g。沙地为甘肃 18.8 μg/g ＞宁夏 14.7 μg/g ＞新疆 6.1 μg/g ＞内蒙古 4.4 μg/g ＞吉林 1.7 μg/g（表 17.9 和图 17.7）。

（2）Cl^-：同一地区不同地表类型土壤 Cl^- 浓度普遍表现为，Cl^- 浓度从高到低的地表类型顺序为干盐湖＞农耕地＞沙地＞山地，在内蒙古干盐湖分别是后三种地表土壤 Cl^- 浓度的 33.3 倍、118.4 倍、511.4 倍；在新疆分别为 3.2 倍、10.2 倍、14.4 倍；天津干盐湖的是农耕地的 5.1 倍。就不同地区同一类型地表而言，干盐湖 Cl^- 浓度从高到低的地表类型顺序为，新疆 20957.0 μg/g ＞内蒙古 16843.8 μg/g ＞天津 3613.0 μg/g。山地为新疆 1454.6 μg/g ＞内蒙古 32.9 μg/g。农耕地为新疆 6560.5 μg/g ＞甘肃 2269.6 μg/g ＞青海 2091.8 μg/g ＞宁夏 1410.6 μg/g ＞天津 703.0 μg/g ＞内蒙古 506.1 μg/g ＞山西 60.4 μg/g ＞河北 29.9 μg/g ＞吉林 28.1 μg/g ＞黑龙江 23.4 μg/g＝辽宁 23.4 μg/g ＞北京 21.7 μg/g ＞陕西 11.1 μg/g。沙地为新疆 2063.9 μg/g ＞内蒙古 142.3 μg/g ＞吉林 15.9 μg/g ＞宁夏 15.7 μg/g（表 17.9 和图 17.7）。

（3）NO_2^-：内蒙古干盐湖地表土壤 NO_2^- 浓度为 60.6 μg/g，远远高于内蒙其他所有地表类型土壤和其他省份所有类型土壤。就不同地区同一类型地表而言，干盐湖 NO_2^- 浓度从高到低的地表类型顺序为内蒙古 247.3 μg/g ＞天津 21.0 μg/g。山地为新疆 64.5 μg/g ＞内蒙古 7.2 μg/g。农耕地为新疆 84.8 μg/g ＞山西 39.1 μg/g ＞陕西 35.5 μg/g ＞河北 34.0 μg/g ＞甘肃 33.5 μg/g ＞天津 32.3 μg/g ＞宁夏 31.9 μg/g ＞青海 31.4 μg/g ＞北京 29.7 μg/g ＞黑龙江 25.1 μg/g＝辽宁 25.1 μg/g ＞内蒙古 18.9 μg/g ＞吉林 17.8 μg/g。沙地为新疆 49.0 μg/g ＞宁夏 27.7 μg/g ＞内蒙古 24.7 μg/g ＞吉林 13.4 μg/g（表 17.9 和图 17.7）。

（4）NO_3^-：同一地区不同地表类型土壤 NO_3^- 浓度不同，通常，NO_3^- 浓度从高到低的地表类型顺序为干盐湖＞山地＞农耕地＞沙地，在内蒙古，干盐湖分别是后三种类型地表土壤 NO_3^- 浓度的 3.3 倍、3.8 倍、18.4 倍。而在新疆，干盐湖是后三种地表土壤 NO_3^- 浓度的 4.36 倍、4.44 倍、5.16 倍。就不同地区同一类型地表而言，干盐湖 NO_3^- 浓度从高到低的地表类型顺序为，新疆 2559.3 μg/g ＞内蒙古 272.0 μg/g ＞天津 12.1 μg/g。山地为新疆 587.4 μg/g ＞内蒙古 83.0 μg/g。农耕地为，青海 1004.5 μg/g ＞甘肃 589.2 μg/g ＞新疆 576.2 μg/g ＞宁夏 155.0 μg/g ＞山西 103.5 μg/g ＞内蒙古 71.3 μg/g ＞北京 43.3 μg/g ＞河北 42.4 μg/g ＞陕西 23.0 μg/g ＞天津 20.1 μg/g ＞吉林 14.2 μg/g ＞黑龙江 9.5 μg/g ＝辽宁 9.5 μg/g。沙地为新疆 495.7 μg/g ＞甘肃 417.8 μg/g ＞内蒙古 14.8 μg/g ＞宁夏 11.2 μg/g

（表 17.9 和图 17.7）。

（5）SO_4^{2-}：同一地区不同地表类型土壤 SO_4^{2-} 浓度不同，通常，SO_4^{2-} 浓度从高到低的地表类型顺序为干盐湖＞农耕地＞山地＞沙地，在内蒙古，干盐湖分别是后三种地表土壤 SO_4^{2-} 浓度的 3.2 倍、138.8 倍、178.1 倍。而在新疆，干盐湖分别是后 3 种地表土壤 SO_4^{2-} 浓度的 3.0 倍、10.6 倍、16.2 倍。天津干盐湖的 SO_4^{2-} 浓度是农耕地的 5.1 倍。就不同地区同一类型地表而言，干盐湖 SO_4^{2-} 浓度从高到低的地表类型顺序为新疆 91 772.4 μg/g＞天津 72 260.0 μg/g＞内蒙古 27 819.3 μg/g。山地为新疆 8670.8 μg/g＞内蒙古 200.4 μg/g。农耕地为青海 41 835.4 μg/g＞新疆 30 544.2 μg/g＞宁夏 28 212.3 μg/g＞天津 14 059.2 μg/g＞内蒙古 8827.9 μg/g＞甘肃 5867.4 μg/g＞山西 1208.4 μg/g＞河北 598.2 μg/g＞吉林 562.3 μg/g＞黑龙江 469.0 μg/g= 辽宁 469.0 μg/g＞北京 433.6 μg/g＞陕西 222.9 μg/g。沙地为甘肃 20 659.6 μg/g＞新疆 5654.1 μg/g＞吉林 318.0 μg/g＞宁夏 314.8 μg/g＞内蒙古 156.2 μg/g（表 17.9 和图 17.7）。

表 17.9　北京尘暴潜在源区不同省份 4 种类型地表土壤水溶性阴离子浓度特征

省份	土地类型	类别	$F^-/$（μg/g）	$Cl^-/$（μg/g）	$NO_2^-/$（μg/g）	$NO_3^-/$（μg/g）	$SO_4^{2-}/$（μg/g）
内蒙古	干盐湖	样品数 N	87	87	75	87	87
		均值 Mean	60.6	16 843.8	247.3	272.0	27 819.3
		最小值 Min	1.0	0.4	0.9	0.0	7.9
		最大值 Max	1321.6	215 859.5	798.7	2 355.3	434 033.2
		标准偏差 Stdev	170.3	36 505.2	327.9	576.2	61 134.6
	山地	样品数 N	12	12	6	12	12
		均值 Mean	5.0	32.9	7.2	83.0	200.4
		最小值 Min	1.1	6.2	0.8	0.0	22.9
		最大值 Max	31.7	88.7	38.8	697.9	1774.0
		标准偏差 Stdev	8.5	26.3	15.5	195.1	496.0
	农耕地	样品数 N	52	52	43	52	52
		均值 Mean	4.9	506.1	18.9	71.3	8 827.9
		最小值 Min	0.7	0.0	0.0	0.0	0.0
		最大值 Max	35.1	20 763.0	67.7	1 368.3	415 260.8
		标准偏差 Stdev	6.5	2 890.4	15.6	203.2	57 666.7
	沙地	样品数 N	27	27	25	27	27
		均值 Mean	4.4	142.3	24.7	14.8	156.2
		最小值 Min	0.2	0.0	0.8	0.0	0.0
		最大值 Max	18.1	3 238.8	78.7	190.4	1 413.4
		标准偏差 Stdev	4.1	623.6	17.6	35.8	277.5
河北	农耕地	样品数 N	7	7	7	7	7
		均值 Mean	10.2	29.9	34.0	42.4	598.2
		最小值 Min	4.8	1.9	21.3	0.0	38.2
		最大值 Max	19.9	60.5	42.1	61.2	1 210.2
		标准偏差 Stdev	5.5	18.7	7.5	21.7	374.0

省份	土地类型	类别	F / (μg/g)	Cl⁻ / (μg/g)	NO₂⁻ / (μg/g)	NO₃⁻ / (μg/g)	SO₄²⁻ / (μg/g)
宁夏	农耕地	样品数 N	2	2	2	2	2
		均值 Mean	21.9	1 410.6	31.9	155.0	28 212.3
		最小值 Min	19.0	1 287.8	21.2	144.9	25 755.4
		最大值 Max	24.9	1 533.5	42.6	165.1	30 669.3
		标准偏差 Stdev	4.2	173.7	15.2	14.3	3 474.7
	沙地	样品数 N	1	1	1	1	1
		均值 Mean	14.7	15.7	27.7	11.2	314.8
		最小值 Min	14.7	15.7	27.7	11.2	314.8
		最大值 Max	14.7	15.7	27.7	11.2	314.8
		标准偏差 Stdev	.	.	.	.	.
甘肃	农耕地	样品数 N	8	8	6	8	8
		均值 Mean	17.5	2 269.6	33.5	589.2	5 867.4
		最小值 Min	5.2	3.7	20.3	9.6	61.9
		最大值 Max	54.0	17 238.7	40.7	4 158.9	42 720.0
		标准偏差 Stdev	17.2	6 054.6	8.0	1 444.4	14 911.3
	沙地	样品数 N	4	4		4	4
		均值 Mean	18.8	7 266.7		417.8	20 659.6
		最小值 Min	6.2	33.8		5.8	63.9
		最大值 Max	37.9	25 271.2		1 491.9	35 376.4
		标准偏差 Stdev	14.1	12 101.1		719.5	15 655.3
青海	农耕地	样品数 N	2	2	2	2	2
		均值 Mean	9.4	2 091.8	31.4	1 004.5	41 835.4
		最小值 Min	8.9	43.7	22.7	22.9	874.8
		最大值 Max	9.9	4 139.8	40.1	1 986.0	82 796.1
		标准偏差 Stdev	0.7	2 896.4	12.3	1 388.1	57 927.1
陕西	农耕地	样品数 N	4	4	4	4	4
		均值 Mean	5.6	11.1	35.5	23.0	222.9
		最小值 Min	0.5	0.6	19.2	0.0	12.4
		最大值 Max	11.7	25.9	44.3	51.1	517.1
		标准偏差 Stdev	5.0	10.6	11.3	22.6	211.7
山西	农耕地	样品数 N	3	3	3	3	3
		均值 Mean	13.0	60.4	39.1	103.5	1 208.4
		最小值 Min	9.9	39.3	37.6	26.7	786.0
		最大值 Max	17.4	98.3	40.0	254.7	1 965.5
		标准偏差 Stdev	3.9	32.9	1.3	130.9	657.1
天津	干盐湖	样品数 N	1	1	1	1	1
		均值 Mean	22.7	3 613.0	21.0	12.1	72 260.0
		最小值 Min	22.7	3 613.0	21.0	12.1	72 260.0
		最大值 Max	22.7	3 613.0	21.0	12.1	72 260.0
		标准偏差 Stdev	.	.	.	.	.
	农耕地	样品数 N	2	2	2	2	2
		均值 Mean	12.3	703.0	32.3	20.1	14 059.2
		最小值 Min	11.3	344.7	29.9	8.3	6 893.2
		最大值 Max	13.3	1061.3	34.7	32.0	21 225.2
		标准偏差 Stdev	1.4	506.7	3.4	16.8	10 134.2

省份	土地类型	类别	F / (μg/g)	Cl / (μg/g)	NO_2^- / (μg/g)	NO_3^- / (μg/g)	SO_4^{2-} / (μg/g)
吉林	农耕地	样品数 N	4	4	4	4	4
		均值 Mean	6.4	28.1	17.8	14.2	562.3
		最小值 Min	2.9	6.6	3.8	0.0	132.7
		最大值 Max	9.5	53.9	25.6	45.7	1 078.2
		标准偏差 Stdev	2.7	24.3	10.1	21.6	485.4
	沙地	样品数 N	1	1	1	1	1
		均值 Mean	1.7	15.9	13.4	0.0	318.0
		最小值 Min	1.7	15.9	13.4	0.0	318.0
		最大值 Max	1.7	15.9	13.4	0.0	318.0
		标准偏差 Stdev	.	.	.	.	.
黑龙江	农耕地	样品数 N	9	9	9	9	9
		均值 Mean	19.2	23.4	25.1	9.5	469.0
		最小值 Min	2.9	3.7	9.9	0.0	73.8
		最大值 Max	50.1	37.5	44.1	62.8	749.6
		标准偏差 Stdev	18.3	12.1	12.5	20.6	242.8
辽宁	农耕地	样品数 N	9	9	9	9	9
		均值 Mean	19.2	23.4	25.1	9.5	469.0
		最小值 Min	2.9	3.7	9.9	0.0	73.8
		最大值 Max	50.1	37.5	44.1	62.8	749.6
		标准偏差 Stdev	18.3	12.1	12.5	20.6	242.8
北京	农耕地	样品数 N	4	4	4	4	4
		均值 Mean	7.7	21.7	29.7	43.3	433.6
		最小值 Min	4.8	7.5	24.5	0.0	150.2
		最大值 Max	13.9	36.7	36.0	132.0	733.9
		标准偏差 Stdev	4.2	12.2	4.8	60.1	243.1
新疆	干盐湖	样品数 N	2	3		1	3
		均值 Mean	3.9	20 957.0		2559.3	91 772.4
		最小值 Min	3.9	971.7		2559.3	4 339.6
		最大值 Max	4.0	46 753.8		2559.3	257 530.8
		标准偏差 Stdev	0.0	23 437.8		.	143 623.2
	山地	样品数 N	4	4	1	3	4
		均值 Mean	12.7	1 454.6	64.5	587.4	8 670.8
		最小值 Min	3.8	32.6	64.5	40.3	431.8
		最大值 Max	29.7	4 745.6	64.5	1619.5	29 624.3
		标准偏差 Stdev	11.7	2 208.3	.	894.3	14 067.0
	农耕地	样品数 N	3	3	1	2	3
		均值 Mean	7.0	6 560.5	84.8	576.2	30 544.2
		最小值 Min	4.8	60.9	84.8	253.1	175.4
		最大值 Max	9.8	15 142.7	84.8	899.4	77 879.7
		标准偏差 Stdev	2.5	7 753.6	.	457.0	41 537.8
	沙地	样品数 N	7	8	3	7	8
		均值 Mean	6.1	2 063.9	49.0	495.7	5 654.1
		最小值 Min	3.0	66.0	20.7	37.6	39.9
		最大值 Max	15.2	13 645.7	72.2	3 070.0	17 233.3
		标准偏差 Stdev	4.6	4 703.9	26.1	1 135.5	7 136.0

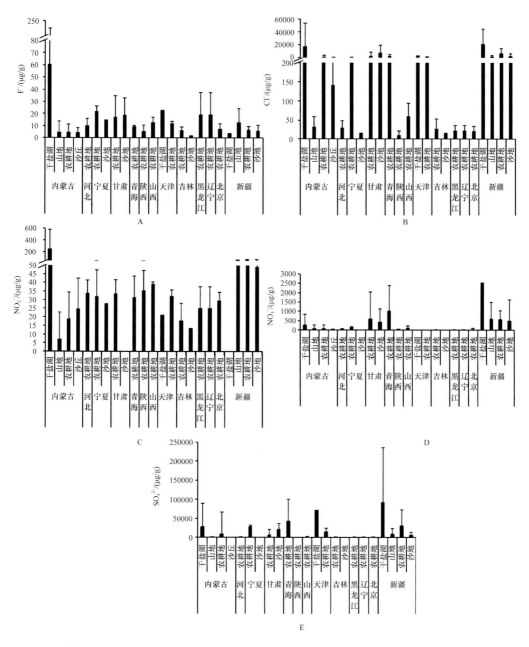

图 17.7 北京尘暴潜在源区不同省份 4 种类型地表土壤水溶性阴离子浓度特征

17.4.4 化学全分析

化学全分析,包括 20 种化合物及单质,如 Cl、K_2O、CaO、TiO_2、Cr_2O_3、Mn_2O_3、Fe_2O_3、NiO、ZnO、As_2O_3、Br、Rb_2O、SrO、ZrO_2、MoO_3、CdO、SnO_2、BaO、HgO 和 PbO。

(1) Cl:同一地区不同地表类型土壤 Cl 含量不同,通常 Cl 含量从高到低的地表类型顺序为干盐湖＞农耕地＞沙地＞山地，在内蒙古，干盐湖地表土壤 Cl 含量分别是后 3 种地表土壤 Cl 含量的 16.2 倍、56.4 倍、123.5 倍。而在新疆，干盐湖分别是后 3 种地表土壤 Cl 含量的 1.6 倍、4.9 倍、10.5 倍。天津干盐湖的 Cl 含量是农耕地的 1.5 倍。就不同地区同一类型地表而言，干盐湖 Cl 含量从高到低的地表类型顺序为新疆 3.926%＞内蒙古 3.004%＞天津 0.228%。农耕地为新疆 2.485%＞甘肃 0.626%＞宁夏 0.257%＞青海 0.196%＞内蒙古 0.185%＞吉林 0.163%＞天津 0.148%＞黑龙江 0.100%＝辽宁 0.100%＞河北 0.058%＞陕西 0.040%＞山西 0.034%＞北京 0。沙地为甘肃 1.767%＞新疆 0.809%＞吉林 0.144%＞内蒙古 0.053%＞宁夏 0.011%。山地为，新疆 0.375%＞内蒙古 0.024%（表 17.10A 和图 17.8A）。

表 17.10A　北京尘暴潜在源区不同省份 4 种类型地表土壤水溶性阴离子浓度全元素分析（Ⅰ）（单位：%）

省份	土地类型	类别	Cl	K_2O	CaO	TiO_2	Cr_2O_3	Mn_2O_3	Fe_2O_3	NiO	ZnO	As_2O_3
内蒙古	干盐湖	样品数 N	66	66	66	66	66	66	66	66	66	66
		均值 Mean	3.004	1.922	6.34	4.04	0.010	0.782	33.1	0.065	0.103	0.013
		最小值 Min	0.000	0.000	0.07	1.72	0.000	0.296	13.9	0.021	0.022	0.000
		最大值 Max	19.172	2.765	17.20	9.27	0.254	3.197	58.2	0.264	0.433	0.042
		标准偏差 Stdev	4.619	0.546	4.12	1.55	0.032	0.422	11.0	0.035	0.064	0.011
	山地	样品数 N	3	3	3	3	3	3	3	3	3	3
		均值 Mean	0.024	2.136	13.24	5.74	0.012	0.955	48.3	0.085	0.163	0.021
		最小值 Min	0.007	1.750	1.60	3.82	0.000	0.498	33.0	0.046	0.102	0.011
		最大值 Max	0.044	2.750	22.44	7.30	0.033	1.195	58.3	0.109	0.204	0.027
		标准偏差 Stdev	0.019	0.537	10.63	1.77	0.019	0.396	13.5	0.034	0.054	0.009
	农耕地	样品数 N	42	42	42	42	42	42	42	42	42	42
		均值 Mean	0.185	1.997	4.10	5.87	0.015	0.845	45.2	0.090	0.158	0.012
		最小值 Min	0.000	1.020	0.67	2.42	0.000	0.417	18.6	0.042	0.030	0.000
		最大值 Max	2.680	2.717	13.11	12.11	0.229	1.526	69.3	0.161	0.412	0.175
		标准偏差 Stdev	0.439	0.382	3.22	1.72	0.037	0.255	12.3	0.028	0.090	0.027
	沙地	样品数 N	23	23	23	23	23	23	23	23	23	23
		均值 Mean	0.053	1.889	2.90	6.75	0.018	0.754	34.8	0.087	0.081	0.005
		最小值 Min	0.000	1.186	0.29	2.48	0.000	0.252	23.9	0.044	0.038	0.000
		最大值 Max	0.329	2.475	6.84	16.29	0.119	1.935	52.4	0.128	0.169	0.022
		标准偏差 Stdev	0.085	0.378	1.85	3.34	0.035	0.351	8.3	0.026	0.032	0.006
河北	农耕地	样品数 N	7	7	7	7	7	7	7	7	7	7
		均值 Mean	0.058	1.917	4.63	4.66	0.044	0.854	57.9	0.105	0.517	0.009
		最小值 Min	0.000	1.647	1.46	3.42	0.008	0.756	49.2	0.074	0.149	0.000
		最大值 Max	0.129	2.118	7.77	5.86	0.122	0.929	64.7	0.150	1.098	0.035
		标准偏差 Stdev	0.050	0.159	1.91	1.01	0.039	0.068	6.0	0.028	0.387	0.013

省份	土地类型	类别	Cl	K$_2$O	CaO	TiO$_2$	Cr$_2$O$_3$	Mn$_2$O$_3$	Fe$_2$O$_3$	NiO	ZnO	As$_2$O$_3$
宁夏	农耕地	样品数 N	2	2	2	2	2	2	2	2	2	2
		均值 Mean	0.257	1.912	8.60	4.19	0.063	0.732	43.8	0.075	0.153	0.013
		最小值 Min	0.046	1.596	8.35	3.97	0.014	0.602	39.8	0.066	0.109	0.012
		最大值 Max	0.468	2.228	8.85	4.41	0.111	0.862	47.8	0.083	0.197	0.013
		标准偏差 Stdev	0.298	0.447	0.35	0.31	0.069	0.184	5.7	0.012	0.062	0.001
	沙地	样品数 N	1	1	1	1	1	1	1	1	1	1
		均值 Mean	0.011	1.292	9.14	5.37	0.000	1.170	32.8	0.051	0.056	0.186
		最小值 Min	0.011	1.292	9.14	5.37	0.000	1.170	32.8	0.051	0.056	0.186
		最大值 Max	0.011	1.292	9.14	5.37	0.000	1.170	32.8	0.051	0.056	0.186
		标准偏差 Stdev	.	.	.	.	.	.	.	.	.	.
甘肃	农耕地	样品数 N	8	8	8	8	8	8	8	8	8	8
		均值 Mean	0.626	3.668	23.94	3.34	0.016	0.612	36.0	0.069	0.077	0.009
		最小值 Min	0.000	1.925	6.56	2.02	0.001	0.377	23.6	0.000	0.000	0.000
		最大值 Max	4.511	7.018	47.45	4.80	0.043	0.837	46.8	0.102	0.175	0.022
		标准偏差 Stdev	1.575	1.944	15.62	1.04	0.015	0.169	8.7	0.032	0.083	0.008
	沙地	样品数 N	4	4	4	4	4	4	4	4	4	4
		均值 Mean	1.767	5.442	36.42	1.96	0.000	0.400	23.8	0.091	0.000	0.007
		最小值 Min	0.024	4.459	27.41	1.16	0.000	0.271	18.9	0.053	0.000	0.000
		最大值 Max	6.272	6.470	46.08	2.40	0.000	0.658	28.9	0.161	0.000	0.027
		标准偏差 Stdev	3.019	0.881	9.22	0.56	0.000	0.177	5.0	0.048	0.000	0.014
青海	农耕地	样品数 N	2	2	2	2	2	2	2	2	2	2
		均值 Mean	0.196	2.118	7.80	4.25	0.021	0.875	48.6	0.089	0.178	0.021
		最小值 Min	0.002	2.100	7.35	4.05	0.019	0.865	48.2	0.087	0.171	0.016
		最大值 Max	0.389	2.137	8.25	4.45	0.023	0.884	49.1	0.091	0.185	0.026
		标准偏差 Stdev	0.274	0.026	0.64	0.28	0.003	0.013	0.6	0.003	0.010	0.007
陕西	农耕地	样品数 N	4	4	4	4	4	4	4	4	4	4
		均值 Mean	0.040	2.021	6.22	4.89	0.023	0.861	51.1	0.079	0.169	0.017
		最小值 Min	0.013	1.817	5.46	4.50	0.012	0.681	48.7	0.051	0.091	0.000
		最大值 Max	0.100	2.187	6.55	5.79	0.029	0.976	52.7	0.092	0.222	0.027
		标准偏差 Stdev	0.041	0.176	0.52	0.61	0.008	0.126	1.9	0.019	0.059	0.012
山西	农耕地	样品数 N	3	3	3	3	3	3	3	3	3	3
		均值 Mean	0.034	1.955	7.57	4.65	0.017	0.822	48.7	0.083	0.194	0.015
		最小值 Min	0.000	1.837	7.06	4.36	0.005	0.785	48.3	0.081	0.153	0.010
		最大值 Max	0.087	2.055	7.87	4.84	0.025	0.853	49.2	0.085	0.275	0.020
		标准偏差 Stdev	0.047	0.110	0.44	0.26	0.011	0.034	0.5	0.002	0.070	0.005

省份	土地类型	类别	Cl	K₂O	CaO	TiO₂	Cr₂O₃	Mn₂O₃	Fe₂O₃	NiO	ZnO	As₂O₃
天津	干盐湖	样品数 N	1	1	1	1	1	1	1	1	1	1
		均值 Mean	0.228	2.367	6.26	3.37	0.040	1.263	58.1	0.118	0.263	0.000
		最小值 Min	0.228	2.367	6.26	3.37	0.040	1.263	58.1	0.118	0.263	0.000
		最大值 Max	0.228	2.367	6.26	3.37	0.040	1.263	58.1	0.118	0.263	0.000
		标准偏差 Stdev	.	.	.	.	.	.	.	.	.	.
	农耕地	样品数 N	2	2	2	2	2	2	2	2	2	2
		均值 Mean	0.148	2.299	5.70	3.95	0.024	1.178	57.6	0.101	0.314	0.003
		最小值 Min	0.011	2.258	5.01	3.86	0.019	1.123	55.6	0.095	0.234	0.001
		最大值 Max	0.284	2.339	6.39	4.05	0.029	1.233	59.7	0.106	0.394	0.004
		标准偏差 Stdev	0.193	0.057	0.98	0.14	0.007	0.078	2.9	0.008	0.113	0.002
吉林	农耕地	样品数 N	4	4	4	4	4	4	4	4	4	4
		均值 Mean	0.163	1.953	1.51	5.84	0.014	0.908	65.0	0.114	0.277	0.029
		最小值 Min	0.000	1.736	0.78	5.27	0.004	0.548	56.8	0.088	0.229	0.000
		最大值 Max	0.437	2.141	2.29	6.28	0.023	1.108	69.1	0.140	0.314	0.074
		标准偏差 Stdev	0.209	0.180	0.63	0.43	0.008	0.250	5.7	0.021	0.037	0.033
	沙地	样品数 N	1	1	1	1	1	1	1	1	1	1
		均值 Mean	0.144	2.725	1.30	5.18	0.003	1.061	55.9	0.095	0.239	0.000
		最小值 Min	0.144	2.725	1.30	5.18	0.003	1.061	55.9	0.095	0.239	0.000
		最大值 Max	0.144	2.725	1.30	5.18	0.003	1.061	55.9	0.095	0.239	0.000
		标准偏差 Stdev	.	.	.	.	.	.	.	.	.	.
黑龙江	农耕地	样品数 N	9	9	9	9	9	9	9	9	9	9
		均值 Mean	0.100	1.924	3.25	5.26	0.022	1.087	58.1	0.170	0.396	0.015
		最小值 Min	0.000	1.193	0.99	4.42	0.000	0.723	43.0	0.049	0.112	0.000
		最大值 Max	0.552	2.240	7.36	6.16	0.090	1.875	68.8	0.786	1.318	0.047
		标准偏差 Stdev	0.176	0.319	2.11	0.54	0.030	0.361	9.3	0.233	0.364	0.014
辽宁	农耕地	样品数 N	9	9	9	9	9	9	9	9	9	9
		均值 Mean	0.100	1.924	3.25	5.26	0.022	1.087	58.1	0.170	0.396	0.015
		最小值 Min	0.000	1.193	0.99	4.42	0.000	0.723	43.0	0.049	0.112	0.000
		最大值 Max	0.552	2.240	7.36	6.16	0.090	1.875	68.8	0.786	1.318	0.047
		标准偏差 Stdev	0.176	0.319	2.11	0.54	0.030	0.361	9.3	0.233	0.364	0.014
北京	农耕地	样品数 N	4	4	4	4	4	4	4	4	4	4
		均值 Mean	0.000	1.879	4.79	5.62	0.020	0.870	52.8	0.085	0.291	0.000
		最小值 Min	0.000	1.771	2.77	5.07	0.012	0.779	46.5	0.070	0.179	0.000
		最大值 Max	0.000	1.985	6.33	6.95	0.031	0.991	60.8	0.100	0.422	0.001
		标准偏差 Stdev	0.000	0.098	1.48	0.90	0.008	0.090	6.2	0.012	0.106	0.001

省份	土地类型	类别	Cl	K₂O	CaO	TiO₂	Cr₂O₃	Mn₂O₃	Fe₂O₃	NiO	ZnO	As₂O₃
新疆	干盐湖	样品数 N	3	3	3	3	3	3	3	3	3	3
		均值 Mean	3.926	5.171	37.24	1.98	0.000	0.381	22.5	0.079	0.038	0.005
		最小值 Min	0.508	1.583	12.62	0.74	0.000	0.183	9.1	0.060	0.000	0.000
		最大值 Max	8.890	9.746	55.81	3.19	0.000	0.626	41.2	0.097	0.115	0.014
		标准偏差 Stdev	4.399	4.170	22.22	1.23	0.000	0.225	16.7	0.019	0.066	0.008
	山地	样品数 N	4	4	4	4	4	4	4	4	4	4
		均值 Mean	0.375	6.631	29.19	3.05	0.000	0.706	39.3	0.068	0.057	0.009
		最小值 Min	0.231	6.029	25.42	2.72	0.000	0.383	31.6	0.054	0.000	0.000
		最大值 Max	0.775	7.030	35.00	3.43	0.001	0.903	47.6	0.082	0.116	0.025
		标准偏差 Stdev	0.267	0.429	4.38	0.29	0.001	0.226	7.1	0.012	0.065	0.012
	农耕地	样品数 N	3	3	3	3	3	3	3	3	3	3
		均值 Mean	2.485	7.550	20.05	3.26	0.000	0.735	37.0	0.092	0.112	0.009
		最小值 Min	0.240	6.517	17.36	3.05	0.000	0.640	32.8	0.059	0.100	0.000
		最大值 Max	6.230	8.073	21.94	3.45	0.000	0.917	42.6	0.128	0.134	0.015
		标准偏差 Stdev	3.265	0.894	2.39	0.20	0.000	0.157	5.0	0.035	0.019	0.008
	沙地	样品数 N	8	8	8	8	8	8	8	8	8	8
		均值 Mean	0.809	6.891	31.69	3.39	0.001	0.527	29.5	0.079	0.000	0.002
		最小值 Min	0.010	4.945	19.22	2.76	0.000	0.306	22.7	0.000	0.000	0.000
		最大值 Max	4.827	8.537	50.02	4.88	0.005	0.802	39.3	0.137	0.000	0.012
		标准偏差 Stdev	1.639	1.358	11.25	0.65	0.002	0.162	4.9	0.041	0.000	0.004

（2）K_2O：新疆的所有地表类型土壤 K_2O 含量和甘肃的农耕地和沙地 K_2O 含量均高于其他地区的所有地表类型土壤。新疆农耕地的 K_2O 含量均值高于沙地、山地，干盐湖最低。内蒙古和天津的 K_2O 含量在不同地表类型之间差别不大。就不同地区同一类型地表而言，干盐湖 K_2O 含量从高到低的地表类型顺序为，新疆5.17%＞天津2.37%＞内蒙古1.92%。山地为新疆6.63%＞内蒙古2.14。农耕地为新疆7.55%＞甘肃3.67%＞天津2.30%＞青海2.12%＞陕西2.02%＞内蒙古2.00%＞山西1.96%＞吉林1.95%＞黑龙江1.92%＝辽宁1.92%＝河北1.92%＝宁夏1.92%＞1.91%＞北京1.88%。沙地为新疆6.89%＞甘肃5.44%＞吉林2.72%＞内蒙古1.89%＞宁夏1.29%（表17.10A 和图 17.8A）。

（3）CaO：新疆的所有地表类型土壤 CaO 含量和甘肃的农耕地和沙地 CaO 含量均高于其他地区的所有地表类型土壤。在新疆，干盐湖的 CaO 含量依次高于沙地、山地和农耕地，甘肃为沙地大于农耕地，内蒙古则为山地＞干盐湖＞农耕地＞沙地。就不同地区同一类型地表而言，干盐湖 CaO 含量从高到低的地表类型顺序为，新疆37.24%＞内蒙古6.34%＞天津6.26%。山地为新疆29.19%＞内蒙13.24。农耕地为甘肃23.94%＞新疆20.05%＞宁夏8.60%＞青海7.80%＞山西7.57%＞陕西6.22%＞天津5.70%＞北京4.79%＞河北4.63%＞内蒙古4.10%＞黑龙江3.25%＝辽宁3.25%＞吉林

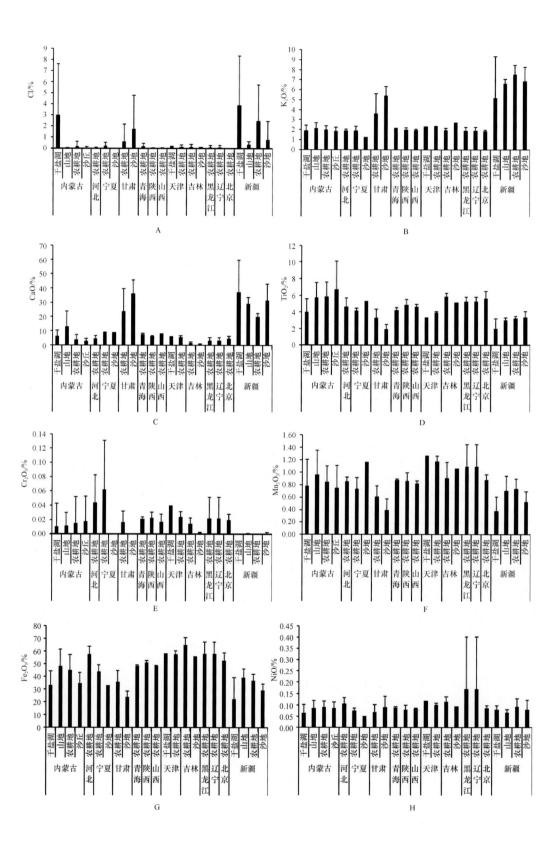

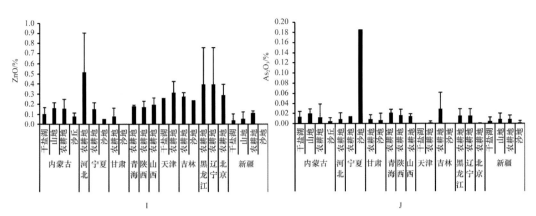

图 17.8A　北京尘暴潜在源区不同省份 4 种类型地表土壤水溶性阴离子浓度特征全元素分析（Ⅰ）

1.51%。沙地为甘肃 36.42% ＞宁夏 9.14% ＞内蒙古 2.90% ＞吉林 1.30%（表 17.10A 和图 17.8A）。

（4）TiO$_2$：同一地区不同地表类型土壤 TiO$_2$ 含量不同，通常 TiO$_2$ 含量从高到低的地表类型顺序为沙地＞农耕地＞干盐湖＞山地。就不同地区同一类型地表而言，干盐湖 TiO$_2$ 含量从高到低的地表类型顺序为内蒙古 4.04% ＞天津 3.37% ＞新疆 1.98。山地为内蒙古 5.74% ＞新疆 3.05。农耕地为内蒙古 5.87% ＞吉林 5.84% ＞北京 5.62% ＞黑龙江 5.26%＝辽宁 5.26% ＞陕西 4.89% ＞河北 4.66% ＞山西 4.65% ＞青海 4.25% ＞宁夏 4.19% ＞天津 3.95% ＞甘肃 3.34% ＞新疆 3.26。沙地为内蒙古 6.75% ＞宁夏 5.37% ＞吉林 5.18% ＞新疆 3.39% ＞甘肃 1.96%（表 17.10A 和图 17.8A）。

（5）Cr$_2$O$_3$：Cr$_2$O$_3$ 含量在新疆各类型地表土壤中都最低，多未检出。河北和宁夏的农耕地地表土壤的 Cr$_2$O$_3$ 含量较其他地区的各类土壤高。干盐湖的 Cr$_2$O$_3$ 含量常低于其他类型地表土壤，但天津例外。就不同地区同一类型地表而言，干盐湖 TiO$_2$ 含量从高到低的地表类型顺序为天津 0.040% ＞内蒙古 0.010% ＞新疆 0%。山地为内蒙古 0.012% ＞新疆 0%。农耕地为宁夏 0.063% ＞河北 0.044% ＞天津 0.024% ＞陕西 0.023% ＞黑龙江 0.022%＝辽宁 0.022% ＞青海 0.021% ＞北京 0.020% ＞山西 0.017% ＞甘肃 0.016% ＞内蒙古 0.015% ＞吉林 0.014% ＞新疆 0.000。沙地为内蒙古 0.018% ＞吉林 0.003% ＞新疆 0.001% ＞宁夏 0% ＝甘肃 0%（表 17.10A 和图 17.8A）。

（6）Mn$_2$O$_3$：通常同一地表类型的地表土壤中 Mn$_2$O$_3$ 含量相比较，山地和农耕地的多大于干盐湖和沙地的。就不同地区同一类型地表而言，干盐湖 Mn$_2$O$_3$ 含量从高到低的地表类型顺序为天津 1.263% ＞内蒙古 0.782% ＞新疆 0.381%。山地为内蒙古 0.955% ＞新疆 0.706%。农耕地为天津 1.178% ＞黑龙江 1.087%。农耕地为辽宁 1.087% ＞吉林 0.908% ＞青海 0.875% ＞北京 0.870% ＞陕西 0.861% ＞河北 0.854% ＞内蒙古 0.845% ＞山西 0.822% ＞新疆 0.735% ＞宁夏 0.732% ＞甘肃 0.612%。沙地为宁夏 1.170% ＞吉林 1.061% ＞内蒙古 0.754% ＞新疆 0.527% ＞甘肃 0.400%（表 17.10A 和图 17.8A）。

（7）Fe$_2$O$_3$：同一地区不同地表类型土壤 Fe$_2$O$_3$ 含量不同，通常 Fe$_2$O$_3$ 含量从高到低的地表类型顺序为山地＞农耕地＞沙地＞干盐湖。就不同地区同一类型地表而言，

干盐湖 Fe_2O_3 含量从高到低的地表类型顺序为，天津 58.13% ＞内蒙古 33.12% ＞新疆 22.54。山地为内蒙古 48.27% ＞新疆 39.26%。农耕地为吉林 65.03% ＞黑龙江 58.06%＝辽宁 58.06% ＞河北 57.88% ＞天津 57.63% ＞北京 52.84% ＞陕西 51.12% ＞山西 48.69% ＞青海 48.64% ＞内蒙古 45.22% ＞宁夏 43.81% ＞新疆 36.98% ＞甘肃 35.99%。沙地为吉林 55.92% ＞内蒙古 34.83% ＞宁夏 32.78% ＞新疆 29.49% ＞甘肃 23.76%（表 17.10A 和图 17.8A）。

（8）NiO：辽宁和黑龙江的 NiO 含量高于其他地区的各类地表土壤。同一地区不同地表类型土壤 NiO 含量中，农耕地的略高于其他类型地表土壤。就不同地区同一类型地表而言，干盐湖 NiO 含量从高到低的地表类型顺序为天津 0.118% ＞新疆 0.079% ＞内蒙古 0.065%。山地为内蒙古 0.085% ＞新疆 0.068%。农耕地为黑龙江 0.170%＝辽宁 0.170% ＞吉林 0.114% ＞河北 0.105% ＞天津 0.101% ＞新疆 0.092% ＞内蒙古 0.090% ＞青海 0.089% ＞北京 0.085% ＞山西 0.083% ＞陕西 0.079% ＞宁夏 0.075% ＞甘肃 0.069%。沙地为吉林 0.095% ＞甘肃 0.091% ＞内蒙古 0.087% ＞新疆 0.079% ＞宁夏 0.051%（表 17.10A 和图 17.8A）。

（9）ZnO：河北农耕地 ZnO 含量高于其他地区的各类地表土壤。通常情况下，同一地区农耕地和山地的 ZnO 含量高于干盐湖和沙地。不同地区同一地表类型 ZnO 含量相比较，干盐湖的 ZnO 含量从高到低的顺序为天津 0.263% ＞内蒙古 0.103% ＞新疆 0.038%。山地为内蒙古 0.163% ＞新疆 0.057%。农耕地为河北 0.517% ＞黑龙江 0.396%＝辽宁 0.396% ＞天津 0.314% ＞北京 0.291% ＞吉林 0.277% ＞山西 0.194% ＞青海 0.178% ＞陕西 0.169% ＞内蒙古 0.158% ＞宁夏 0.153% ＞新疆 0.112% ＞甘肃 0.077%。沙地为吉林 0.239% ＞内蒙古 0.081% ＞宁夏 0.056% ＞甘肃 0%＝新疆 0%（表 17.10A 和图 17.8A）。

（10）As_2O_3：宁夏沙地土壤的 As_2O_3 含量远远高于其他各地区的所有地表类型的土壤样品。通常同一地区农耕地和山地的 As_2O_3 含量高于干盐湖和沙地。不同地区同一地表类型 As_2O_3 含量相比较，干盐湖的 ZnO 含量从高到低的顺序为内蒙古 0.013% ＞新疆 0.005% ＞天津 0%。山地为内蒙古 0.021% ＞新疆 0.009%。农耕地为吉林 0.029% ＞青海 0.021% ＞陕西 0.017% ＞黑龙江 0.015%＝辽宁 0.015%＝山西 0.015% ＞宁夏 0.013% ＞内蒙古 0.012% ＞甘肃 0.009%＝新疆 0.009%＝河北 0.009% ＞天津 0.003% ＞北京 0%。沙地为宁夏 0.186% ＞甘肃 0.007% ＞内蒙古 0.005% ＞新疆 0.002% ＞吉林 0%（表 17.10A 和图 17.8A）。

（11）Br：内蒙干盐湖、天津农耕地和干盐湖的 Br 含量远高于各省份的地表类型土壤。通常同一地区干盐湖和农耕地的 Br 含量高于干盐湖和沙地。不同地区同一地表类型 Br 含量相比较，干盐湖的 Br 含量从高到低的顺序为内蒙古 0.065% ＞天津 0.050% ＞新疆 0.014%。山地为内蒙古 0.004% ＞新疆 0.001%。农耕地为天津 0.054% ＞青海 0.027% ＞新疆 0.014% ＞河北 0.008% ＞黑龙江 0.007%＝辽宁 0.007%＝内蒙古 0.007% ＞北京 0.006% ＞山西 0.005%＝吉林 0.005% ＞宁夏 0.004% ＞陕西 0.003% ＞甘肃 0.002%。沙地为吉林 0.006% ＞新疆 0.004% ＞甘肃 0.003% ＞内蒙古 0.001% ＞宁夏 0%（表 17.10B 和图 17.8B）。

（12）Rb_2O：同一省份的不同类型地表的土壤 Rb_2O 含量高低变化没有规律可循。不同地区同一地表类型 Rb_2O 含量相比较，干盐湖的 Rb_2O 含量从高到低的顺序为，天津 0.313% ＞内蒙古 0.269% ＞新疆 0.089%。山地为内蒙古 0.378% ＞新疆 0.086%。农耕地吉林 0.487%＞内蒙古 0.447%＞黑龙江 0.364%＝辽宁 0.364%＞天津 0.317%＞北京 0.294%＞陕西 0.293%＞河北 0.280%＞青海 0.255%＞山西 0.241%＞宁夏 0.221%＞甘肃 0.168%＞新疆 0.036%。沙地为吉林 0.544%＞内蒙古 0.481%＞宁夏 0.150%＞新疆 0.114%＞甘肃 0.070%（表 17.10B 和图 17.8B）。

（13）SrO：吉林沙地 SrO 含量远高于各地区所有地表土壤中的 SrO 含量。不同地区同一地表类型 SrO 含量相比较，干盐湖的 SrO 含量从高到低的顺序为内蒙古 1.152%＞天津 0.664%＞新疆 0.515%。山地为内蒙古 0.906%＞新疆 0.259%。农耕地为北京 1.102%＞内蒙古 1.069%＞黑龙江 0.961%＝辽宁 0.961%＞吉林 0.792%＞河北 0.749%＞宁夏 0.748%＞陕西 0.723%＞天津 0.608%＞青海 0.572%＞山西 0.554%＞甘肃 0.532%＞新疆 0.152%。沙地为吉林 1.546%＞内蒙古 1.135%＞甘肃 0.677%＞宁夏 0.317%＞新疆 0.290%（表 17.10B 和图 17.8B）。

（14）ZrO_2：同一地区不同地表 ZrO_2 含量之间没有明显变化规律。不同地区同一地表类型 ZrO_2 含量相比较，干盐湖的 ZrO_2 含量从高到低的顺序为内蒙古 0.467%＞天津 0.306%＞新疆 0.241%。山地为内蒙古 0.955%＞新疆 0.346%。农耕地为吉林 1.347%＞内蒙古 0.996%＞黑龙江 0.984%＝辽宁 0.984%＞北京 0.808%＞陕西 0.792%＝河北 0.792%＞山西 0.674%＞宁夏 0.585%＞青海 0.556%＞天津 0.437%＞新疆 0.435%＞甘肃 0.393%。沙地为吉林 1.208%＞内蒙古 1.098%＞宁夏 0.431%＞新疆 0.382%＞甘肃 0.190%（表 17.10B 和图 17.8B）。

（15）MoO_3：内蒙古沙地的 MoO_3 含量最高，远高于各地区的其他地表类型土壤。新疆的最低。不同地区同一地表类型 MoO_3 含量相比较，干盐湖的 MoO_3 含量从高到低的顺序为，内蒙古 2.191%＞天津 1.237%＞新疆 0.004%。山地为内蒙古 2.349%＞新疆 0.001%。农耕地为内蒙古 3.007%＞吉林 2.289%＞黑龙江 2.162%＝辽宁 2.162%＞北京 1.821%＞河北 1.736%＞陕西 1.558%＞宁夏 1.438%＞青海 1.399%＞山西 1.394%＞天津 1.383%＞甘肃 0.661%＞新疆 0.001%。沙地为内蒙古 4.400%＞吉林 2.555%＞宁夏 2.129%＞甘肃 0.004%＞新疆 0%（表 17.10B 和图 17.8B）。

（16）CdO：新疆、甘肃的土壤中 CdO 含量较其他地区各类类型地表土壤高。CdO 更易在沙地、农耕地中积累。不同地区同一地表类型 CdO 含量相比较，干盐湖的 CdO 含量从高到低的顺序为新疆 0.146%＞内蒙古 0.008%＞天津 0%。山地为新疆 0.270%＞内蒙古 0.006%。农耕地为新疆 0.324%＞甘肃 0.127%＞内蒙古 0.010%＞吉林 0.009%＞北京 0.008%＝黑龙江 0.008%＝辽宁 0.008%＞陕西 0.007%＞河北 0.006%＝山西 0.006%＝天津 0.006%＝宁夏 0.006%＝青海 0.006%。沙地为新疆 0.335%＞甘肃 0.248%＞内蒙古 0.016%＞吉林 0.011%＞宁夏 0.010%（表 17.10B 和图 17.8B）。

（17）SnO_2：内蒙古沙地类型的土壤中 SnO_2 含量较其他地区各类类型地表土壤高，新疆的所有类型土壤均最低。同一地表类型的土壤 SnO_2 含量中，沙地类型的高于其他类型地表土壤。不同地区同一地表类型 SnO_2 含量相比较，干盐湖的 SnO_2 含量从高到低的顺序为，内蒙古 0.127%＞天津 0.082%＞新疆 0.013%。山地为内蒙古 0.155%＞新疆 0.016%。农耕地为内蒙古 0.203%＞吉林 0.161%＞黑龙江 0.142%＝辽宁 0.142%＞河北 0.123%＞北京 0.121%＞陕西 0.109%＞宁夏 0.097%＝山西 0.097%＞天津 0.089%＞青海 0.088%＞甘肃 0.058%＞新疆 0.013%。沙地为内蒙古 0.296%＞吉林 0.192%＞宁

表 17.10B　北京尘暴潜在源区不同省份 4 种类型地表土壤全元素分析（Ⅱ）　（单位：%）

省份	土地类型	类别	Br	Rb$_2$O	SrO	ZrO$_2$	MoO$_3$	CdO	SnO$_2$	BaO	HgO	PbO
内蒙古	干盐湖	样品数 N	66	66	66	66	66	66	66	66	66	66
		均值 Mean	0.065	0.269	1.152	0.467	2.191	0.008	0.127	1.366	0.001	0.070
		最小值 Min	0.000	0.039	0.074	0.067	0.867	0.000	0.043	0.203	0.000	0.008
		最大值 Max	0.386	0.749	2.155	1.144	14.525	0.071	0.416	6.200	0.012	0.189
		标准偏差 Stdev	0.090	0.148	0.386	0.274	1.889	0.009	0.071	1.078	0.002	0.036
	山地	样品数 N	3	3	3	3	3	3	3	3	3	3
		均值 Mean	0.004	0.378	0.906	0.955	2.349	0.006	0.155	1.447	0.000	0.075
		最小值 Min	0.000	0.120	0.712	0.400	0.952	0.000	0.065	0.808	0.000	0.030
		最大值 Max	0.009	0.527	1.177	1.488	3.055	0.014	0.202	1.806	0.000	0.099
		标准偏差 Stdev	0.005	0.224	0.242	0.544	1.210	0.007	0.078	0.555	0.000	0.039
	农耕地	样品数 N	42	42	42	42	42	42	42	42	42	42
		均值 Mean	0.007	0.447	1.069	0.996	3.007	0.010	0.203	2.400	0.000	0.112
		最小值 Min	0.000	0.019	0.003	0.366	1.255	0.000	0.081	0.647	0.000	0.033
		最大值 Max	0.048	0.878	1.590	2.527	6.049	0.026	0.416	4.988	0.003	0.183
		标准偏差 Stdev	0.009	0.166	0.277	0.518	1.197	0.007	0.080	1.040	0.001	0.037
	沙地	样品数 N	23	23	23	23	23	23	23	23	23	23
		均值 Mean	0.001	0.481	1.135	1.098	4.400	0.016	0.296	3.161	0.000	0.108
		最小值 Min	0.000	0.302	0.756	0.410	2.044	0.000	0.139	1.412	0.000	0.051
		最大值 Max	0.004	0.919	1.596	3.760	7.776	0.033	0.528	7.021	0.002	0.187
		标准偏差 Stdev	0.002	0.147	0.266	0.803	1.367	0.009	0.093	1.334	0.001	0.037
河北	农耕地	样品数 N	7	7	7	7	7	7	7	7	7	7
		均值 Mean	0.008	0.280	0.749	0.792	1.736	0.006	0.123	1.194	0.000	0.139
		最小值 Min	0.003	0.174	0.490	0.375	1.300	0.004	0.088	0.685	0.000	0.088
		最大值 Max	0.016	0.465	1.146	1.420	2.386	0.010	0.185	1.913	0.000	0.209
		标准偏差 Stdev	0.004	0.094	0.227	0.436	0.383	0.002	0.031	0.422	0.000	0.043
宁夏	农耕地	样品数 N	2	2	2	2	2	2	2	2	2	2
		均值 Mean	0.004	0.221	0.748	0.585	1.438	0.006	0.097	0.885	0.000	0.076
		最小值 Min	0.002	0.196	0.695	0.400	1.248	0.005	0.095	0.816	0.000	0.062
		最大值 Max	0.006	0.245	0.800	0.769	1.628	0.006	0.099	0.953	0.000	0.089
		标准偏差 Stdev	0.003	0.035	0.074	0.261	0.269	0.001	0.003	0.097	0.000	0.019
	沙地	样品数 N	1	1	1	1	1	1	1	1	1	1
		均值 Mean	0.000	0.150	0.317	0.431	2.129	0.010	0.118	1.167	0.000	0.051
		最小值 Min	0.000	0.150	0.317	0.431	2.129	0.010	0.118	1.167	0.000	0.051
		最大值 Max	0.000	0.150	0.317	0.431	2.129	0.010	0.118	1.167	0.000	0.051
		标准偏差 Stdev	.	.	.	.	.	.	.	.	.	.

省份	土地类型	类别	Br	Rb$_2$O	SrO	ZrO$_2$	MoO$_3$	CdO	SnO$_2$	BaO	HgO	PbO
甘肃	农耕地	样品数 N	8	8	8	8	8	8	8	8	8	8
		均值 Mean	0.002	0.168	0.532	0.393	0.661	0.127	0.058	0.434	0.002	0.055
		最小值 Min	0.000	0.072	0.208	0.183	0.000	0.000	0.017	0.000	0.000	0.015
		最大值 Max	0.003	0.348	0.932	0.696	1.630	0.291	0.108	1.036	0.007	0.123
		标准偏差 Stdev	0.001	0.096	0.251	0.199	0.730	0.136	0.040	0.476	0.003	0.037
	沙地	样品数 N	4	4	4	4	4	4	4	4	4	4
		均值 Mean	0.003	0.070	0.677	0.190	0.004	0.248	0.021	0.000	0.003	0.017
		最小值 Min	0.000	0.000	0.334	0.123	0.001	0.188	0.008	0.000	0.000	0.006
		最大值 Max	0.009	0.123	1.048	0.255	0.006	0.310	0.035	0.000	0.009	0.033
		标准偏差 Stdev	0.004	0.054	0.292	0.061	0.002	0.053	0.013	0.000	0.004	0.012
青海	农耕地	样品数 N	2	2	2	2	2	2	2	2	2	2
		均值 Mean	0.027	0.255	0.572	0.556	1.399	0.006	0.088	0.756	0.000	0.081
		最小值 Min	0.010	0.252	0.571	0.467	1.238	0.004	0.086	0.715	0.000	0.070
		最大值 Max	0.043	0.258	0.572	0.645	1.560	0.007	0.089	0.796	0.000	0.091
		标准偏差 Stdev	0.023	0.004	0.001	0.126	0.228	0.002	0.002	0.057	0.000	0.015
陕西	农耕地	样品数 N	4	4	4	4	4	4	4	4	4	4
		均值 Mean	0.003	0.293	0.723	0.792	1.558	0.007	0.109	1.226	0.001	0.096
		最小值 Min	0.000	0.268	0.502	0.613	1.355	0.005	0.094	0.863	0.000	0.070
		最大值 Max	0.005	0.329	1.227	1.161	1.694	0.009	0.134	2.216	0.002	0.121
		标准偏差 Stdev	0.002	0.026	0.339	0.255	0.144	0.002	0.018	0.660	0.001	0.026
山西	农耕地	样品数 N	3	3	3	3	3	3	3	3	3	3
		均值 Mean	0.005	0.241	0.554	0.674	1.394	0.006	0.097	0.806	0.001	0.075
		最小值 Min	0.000	0.239	0.520	0.601	1.315	0.004	0.085	0.755	0.000	0.069
		最大值 Max	0.011	0.243	0.577	0.802	1.464	0.010	0.107	0.851	0.002	0.080
		标准偏差 Stdev	0.006	0.002	0.030	0.111	0.075	0.003	0.011	0.048	0.001	0.006
天津	干盐湖	样品数 N	1	1	1	1	1	1	1	1	1	1
		均值 Mean	0.050	0.313	0.664	0.306	1.237	0.000	0.082	0.608	0.001	0.127
		最小值 Min	0.050	0.313	0.664	0.306	1.237	0.000	0.082	0.608	0.001	0.127
		最大值 Max	0.050	0.313	0.664	0.306	1.237	0.000	0.082	0.608	0.001	0.127
		标准偏差 Stdev	.	.	.	.	.	.	.	.	.	.
	农耕地	样品数 N	2	2	2	2	2	2	2	2	2	2
		均值 Mean	0.054	0.317	0.608	0.437	1.383	0.006	0.089	0.704	0.001	0.127
		最小值 Min	0.021	0.302	0.603	0.434	1.361	0.005	0.083	0.675	0.000	0.108
		最大值 Max	0.087	0.332	0.613	0.440	1.404	0.007	0.094	0.733	0.001	0.145
		标准偏差 Stdev	0.047	0.021	0.007	0.004	0.030	0.001	0.008	0.041	0.001	0.026

省份	土地类型	类别	Br	Rb₂O	SrO	ZrO₂	MoO₃	CdO	SnO₂	BaO	HgO	PbO
吉林	农耕地	样品数 N	4	4	4	4	4	4	4	4	4	4
		均值 Mean	0.005	0.487	0.792	1.347	2.289	0.009	0.161	1.523	0.001	0.140
		最小值 Min	0.000	0.420	0.636	1.060	1.996	0.006	0.141	1.283	0.000	0.126
		最大值 Max	0.007	0.552	1.067	1.705	2.553	0.010	0.180	1.789	0.002	0.154
		标准偏差 Stdev	0.003	0.059	0.199	0.289	0.233	0.002	0.016	0.265	0.001	0.015
	沙地	样品数 N	1	1	1	1	1	1	1	1	1	1
		均值 Mean	0.006	0.544	1.546	1.208	2.555	0.011	0.192	2.443	0.001	0.140
		最小值 Min	0.006	0.544	1.546	1.208	2.555	0.011	0.192	2.443	0.001	0.140
		最大值 Max	0.006	0.544	1.546	1.208	2.555	0.011	0.192	2.443	0.001	0.140
		标准偏差 Stdev	.	.	.	.	.	.	.	.	.	.
黑龙江	农耕地	样品数 N	9	9	9	9	9	9	9	9	9	9
		均值 Mean	0.007	0.364	0.961	0.984	2.162	0.008	0.142	1.556	0.000	0.122
		最小值 Min	0.002	0.233	0.785	0.706	1.703	0.006	0.101	0.925	0.000	0.058
		最大值 Max	0.013	0.455	1.128	1.197	2.922	0.012	0.198	2.971	0.000	0.157
		标准偏差 Stdev	0.003	0.081	0.109	0.218	0.414	0.002	0.028	0.589	0.000	0.036
辽宁	农耕地	样品数 N	9	9	9	9	9	9	9	9	9	9
		均值 Mean	0.007	0.364	0.961	0.984	2.162	0.008	0.142	1.556	0.000	0.122
		最小值 Min	0.002	0.233	0.785	0.706	1.703	0.006	0.101	0.925	0.000	0.058
		最大值 Max	0.013	0.455	1.128	1.197	2.922	0.012	0.198	2.971	0.000	0.157
		标准偏差 Stdev	0.003	0.081	0.109	0.218	0.414	0.002	0.028	0.589	0.000	0.036
北京	农耕地	样品数 N	4	4	4	4	4	4	4	4	4	4
		均值 Mean	0.006	0.294	1.102	0.808	1.821	0.008	0.121	1.389	0.000	0.136
		最小值 Min	0.004	0.238	0.950	0.706	1.662	0.007	0.078	0.846	0.000	0.115
		最大值 Max	0.008	0.349	1.214	0.914	1.969	0.009	0.158	1.818	0.000	0.168
		标准偏差 Stdev	0.002	0.045	0.119	0.087	0.169	0.001	0.035	0.456	0.000	0.024
新疆	干盐湖	样品数 N	3	3	3	3	3	3	3	3	3	3
		均值 Mean	0.014	0.089	0.515	0.241	0.004	0.146	0.013	0.000	0.012	0.018
		最小值 Min	0.005	0.000	0.000	0.058	0.000	0.000	0.007	0.000	0.003	0.003
		最大值 Max	0.029	0.181	1.083	0.500	0.006	0.253	0.018	0.000	0.029	0.028
		标准偏差 Stdev	0.013	0.091	0.543	0.231	0.003	0.131	0.006	0.000	0.014	0.013
	山地	样品数 N	4	4	4	4	4	4	4	4	4	4
		均值 Mean	0.001	0.086	0.259	0.346	0.001	0.270	0.016	0.213	0.012	0.037
		最小值 Min	0.000	0.000	0.000	0.224	0.000	0.194	0.004	0.000	0.002	0.028
		最大值 Max	0.003	0.144	0.650	0.460	0.004	0.340	0.032	0.850	0.017	0.046
		标准偏差 Stdev	0.002	0.061	0.318	0.108	0.002	0.077	0.012	0.425	0.007	0.007
	农耕地	样品数 N	3	3	3	3	3	3	3	3	3	3
		均值 Mean	0.014	0.036	0.152	0.435	0.001	0.324	0.013	0.000	0.009	0.033
		最小值 Min	0.002	0.000	0.000	0.284	0.000	0.283	0.005	0.000	0.000	0.029
		最大值 Max	0.026	0.107	0.456	0.566	0.003	0.357	0.021	0.000	0.016	0.040
		标准偏差 Stdev	0.012	0.062	0.263	0.142	0.002	0.038	0.008	0.000	0.008	0.006
	沙地	样品数 N	8	8	8	8	8	8	8	8	8	8
		均值 Mean	0.004	0.114	0.290	0.382	0.000	0.335	0.023	0.188	0.008	0.029
		最小值 Min	0.000	0.000	0.000	0.207	0.000	0.200	0.009	0.000	0.000	0.020
		最大值 Max	0.011	0.175	0.620	0.571	0.002	0.431	0.055	0.790	0.018	0.047
		标准偏差 Stdev	0.004	0.055	0.252	0.126	0.001	0.081	0.014	0.348	0.008	0.009

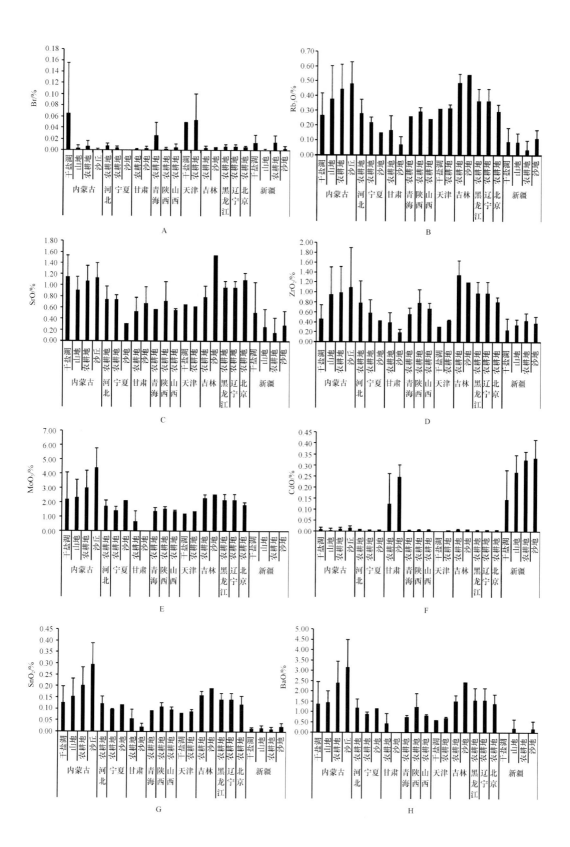

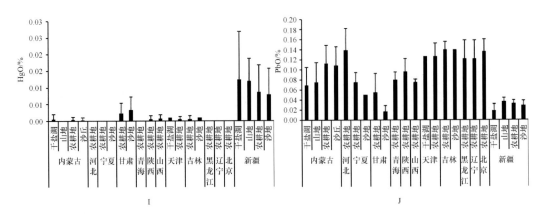

图 17.8B　北京尘暴潜在源区不同省份 4 种类型地表土壤全元素分析（Ⅱ）

夏 0.118% ＞新疆 0.023% ＞甘肃 0.021%（表 17.10B 和图 17.8B）。

（18）BaO：内蒙古沙地类型的土壤中 BaO 含量较其他地区各类类型地表土壤高，新疆的所有类型土壤均很低。不同地区同一地表类型 BaO 含量相比较，干盐湖的 BaO 含量从高到低的顺序为内蒙古 1.366% ＞天津 0.608% ＞新疆 0%。山地为内蒙古 1.447% ＞新疆 0.213%。农耕地为内蒙古 2.400% ＞黑龙江 1.556%＝辽宁 1.556% ＞吉林 1.523% ＞北京 1.389% ＞陕西 1.226% ＞河北 1.194% ＞宁夏 0.885% ＞山西 0.806% ＞青海 0.756% ＞天津 0.704% ＞甘肃 0.434% ＞新疆 0%。沙地为内蒙古 3.161% ＞吉林 2.443% ＞宁夏 1.167% ＞新疆 0.188% ＞甘肃 0%（表 17.10B 和图 17.8B）。

（19）HgO：新疆所有类型地表土壤中 HgO 含量远远高于其他地区各类地表土壤，且干盐湖和山地的高于农耕地和沙地。不同地区同一地表类型 HgO 含量相比较，干盐湖的 HgO 含量从高到低的顺序为新疆 0.012% ＞天津 0.001%＝内蒙古 0.001%。山地为新疆 0.012% ＞内蒙古 0%。农耕地为新疆 0.009% ＞甘肃 0.002% ＞山西 0.001%＝陕西 0.001%＝天津 0.001%＝吉林 0.001%，内蒙古、宁夏、青海、黑龙江、辽宁、北京农耕地未检出 HgO。沙地为新疆 0.008% ＞甘肃 0.003% ＞吉林 0.001% ＞内蒙古 0% ＝宁夏 0%（表 17.10B 和图 17.8B）。

（20）PbO：新疆所有类型地表土壤中 PbO 含量远远高于其他地区各类地表土壤，且干盐湖多低于其他类型地表土壤。不同地区同一地表类型 PbO 含量相比较，干盐湖的 PbO 含量从高到低的顺序为天津 0.127% ＞内蒙古 0.070% ＞新疆 0.018%。山地为内蒙 0.075% ＞新疆 0.037%。农耕地为吉林 0.140% ＞河北 0.139% ＞北京 0.136% ＞天津 0.127% ＞辽宁 0.122%＝黑龙江 0.122% ＞内蒙古 0.112% ＞陕西 0.096% ＞青海 0.081% ＞宁夏 0.076% ＞山西 0.075% ＞甘肃 0.055% ＞新疆 0.033%。沙地为吉林 0.140% ＞内蒙古 0.108% ＞宁夏 0.051% ＞新疆 0.029% ＞甘肃 0.017%（表 17.10B 和图 17.8B）。

17.4.5　激光粒度

本节分析了中值粒径（median size）、平均粒径（mean size）、模式粒径（mode size）和粒径标准误差（size std.dev）（表 17.11 和图 17.9）。

表 17.11 北京尘暴潜在源区不同省份 4 种类型地表土壤激光粒度特征　　（单位：m）

省份	土地类型	类别	中值粒径	平均粒径	模式粒径	粒径标准误差	省份	土地类型	类别	中值粒径	平均粒径	模式粒径	粒径标准误差
内蒙古	干盐湖	样品数 N	65	65	65	65	天津	干盐湖	样品数 N	1	1	1	1
		均值 Mean	84.1	109.6	150.9	100.7			均值 Mean	4.7	6.7	7.2	6.6
		最小值 Min	0.2	1.4	0.2	3.3			最小值 Min	4.7	6.7	7.2	6.6
		最大值 Max	452.8	467.1	553.1	306.7			最大值 Max	4.7	6.7	7.2	6.6
		标准偏差 Stdev	117.6	120.4	169.1	88.1			标准偏差 Stdev	.	.	.	.
	山地	样品数 N	3	3	3	3		农耕地	样品数 N	2	2	2	2
		均值 Mean	56.0	97.2	157.0	112.6			均值 Mean	4.0	10.9	4.2	21.2
		最小值 Min	6.8	22.5	48.1	33.7			最小值 Min	3.5	5.7	4.2	6.4
		最大值 Max	114.2	156.5	280.1	158.9			最大值 Max	4.5	16.2	4.2	36.0
		标准偏差 Stdev	54.3	68.3	116.6	68.7			标准偏差 Stdev	0.7	7.4	0.0	20.9
	农耕地	样品数 N	42	42	42	42	吉林	农耕地	样品数 N	4	4	4	4
		均值 Mean	112.5	139.7	176.1	123.7			均值 Mean	16.7	40.0	83.7	55.2
		最小值 Min	3.1	14.9	2.4	25.2			最小值 Min	6.0	9.4	6.3	9.0
		最大值 Max	594.3	576.5	721.9	368.8			最大值 Max	46.1	72.4	247.1	117.4
		标准偏差 Stdev	120.2	120.0	167.3	81.2			标准偏差 Stdev	19.6	31.9	113.1	47.5
	沙地	样品数 N	23	23	23	23		沙地	样品数 N	1	1	1	1
		均值 Mean	316.5	336.2	397.7	210.4			均值 Mean	184.2	186.2	213.5	123.5
		最小值 Min	22.7	122.8	162.6	72.4			最小值 Min	184.2	186.2	213.5	123.5
		最大值 Max	966.6	976.9	1069.1	444.3			最大值 Max	184.2	186.2	213.5	123.5
		标准偏差 Stdev	227.6	216.6	272.5	115.8			标准偏差 Stdev	.	.	.	.
河北	农耕地	样品数 N	7	7	7	7	黑龙江	农耕地	样品数 N	9	9	9	9
		均值 Mean	19.2	69.2	22.3	108.5			均值 Mean	145.1	167.0	240.0	151.6
		最小值 Min	5.9	16.1	2.8	22.0			最小值 Min	2.7	5.1	2.8	7.2
		最大值 Max	42.0	142.9	48.1	253.8			最大值 Max	758.6	705.7	955.8	507.1
		标准偏差 Stdev	12.0	52.3	24.1	91.7			标准偏差 Stdev	275.3	248.2	353.9	170.5
宁夏	农耕地	样品数 N	2	2	2	2	辽宁	农耕地	样品数 N	9	9	9	9
		均值 Mean	21.2	65.0	241.8	97.1			均值 Mean	145.1	167.0	240.0	151.6
		最小值 Min	6.3	17.4	8.2	29.8			最小值 Min	2.7	5.1	2.8	7.2
		最大值 Max	36.1	112.7	475.3	164.4			最大值 Max	758.6	705.7	955.8	507.1
		标准偏差 Stdev	21.0	67.4	330.3	95.2			标准偏差 Stdev	275.3	248.2	353.9	170.5
	沙地	样品数 N	1	1	1	1	北京	农耕地	样品数 N	4	4	4	4
		均值 Mean	286.0	284.8	366.0	189.0			均值 Mean	89.6	177.6	286.4	210.4
		最小值 Min	286.0	284.8	366.0	189.0			最小值 Min	13.9	26.3	54.9	29.7
		最大值 Max	286.0	284.8	366.0	189.0			最大值 Max	227.0	284.1	551.0	308.8
		标准偏差 Stdev	.	.	.	.			标准偏差 Stdev	94.3	112.8	268.5	125.5

省份	土地类型	类别	中值粒径	平均粒径	模式粒径	粒径标准误差
甘肃	农耕地	样品数 N	8	8	8	8
		均值 Mean	39.5	119.4	150.8	186.9
		最小值 Min	12.2	20.9	18.6	21.8
		最大值 Max	116.3	346.1	554.7	616.5
		标准偏差 Stdev	41.0	110.0	179.5	194.5
	沙地	样品数 N	4	4	4	4
		均值 Mean	81.8	154.3	260.1	158.3
		最小值 Min	9.4	30.2	2.8	44.7
		最大值 Max	291.0	340.6	708.8	304.1
		标准偏差 Stdev	139.5	145.7	323.0	121.1
青海	农耕地	样品数 N	2	2	2	2
		均值 Mean	9.9	23.2	17.8	33.6
		最小值 Min	6.5	16.3	3.7	23.8
		最大值 Max	13.3	30.0	32.0	43.5
		标准偏差 Stdev	4.8	9.6	20.1	14.0
陕西	农耕地	样品数 N	4	4	4	4
		均值 Mean	67.8	73.4	95.7	68.7
		最小值 Min	3.6	12.8	3.2	18.4
		最大值 Max	245.5	245.2	323.1	201.0
		标准偏差 Stdev	118.6	114.5	152.1	88.3
山西	农耕地	样品数 N	3	3	3	3
		均值 Mean	10.2	18.7	32.7	21.4
		最小值 Min	5.9	14.0	28.0	17.3
		最大值 Max	15.7	25.6	42.1	28.5
		标准偏差 Stdev	5.0	6.1	8.1	6.2

省份	土地类型	类别	中值粒径	平均粒径	模式粒径	粒径标准误差
新疆	干盐湖	样品数 N	3	3	3	3
		均值 Mean	73.1	86.9	90.4	81.8
		最小值 Min	4.3	17.4	3.2	38.2
		最大值 Max	195.3	202.7	246.6	151.1
		标准偏差 Stdev	106.1	100.9	135.6	60.7
	山地	样品数 N	4	4	4	4
		均值 Mean	13.0	41.9	53.0	66.5
		最小值 Min	4.1	25.1	3.2	53.1
		最大值 Max	30.6	61.6	144.4	87.5
		标准偏差 Stdev	11.9	15.5	65.1	14.9
	农耕地	样品数 N	3	3	3	3
		均值 Mean	18.5	43.9	84.4	62.1
		最小值 Min	4.6	23.5	3.2	38.1
		最大值 Max	36.6	79.0	213.4	99.9
		标准偏差 Stdev	16.4	30.6	112.9	33.2
	沙地	样品数 N	8	8	8	8
		均值 Mean	107.6	140.3	142.6	133.0
		最小值 Min	12.8	40.5	18.6	57.2
		最大值 Max	279.5	336.6	321.7	239.2
		标准偏差 Stdev	91.5	92.9	116.3	69.9

1. 中值粒径、平均粒径和模式粒径

同一地区不同地表类型土壤中值粒径含量不同，通常沙地的最高。不同地区同一类型土壤比较发现，干盐湖中值粒径从高到低的顺序为内蒙古84.1 μm＞新疆73.1 μm＞天津4.7 μm。山地为内蒙古56.0 μm＞新疆13.0 μm。农耕地为黑龙江145.1 μm＝辽宁145.1 μm＞内蒙古112.5 μm＞北京89.6 μm＞陕西67.8 μm＞甘肃39.5 μm＞宁夏21.2 μm＞河北19.2 μm＞新疆18.5 μm＞吉林16.7 μm＞山西10.2 μm＞青海9.9 μm＞天津4.0 μm。沙地为内蒙古316.5 μm＞宁夏286.0 μm＞吉林184.2 μm＞新疆107.6 μm＞甘肃81.8 μm。

同一地区不同地表类型土壤平均粒径含量不同，通常沙地的最高。不同地区同一类型土壤比较发现，干盐湖平均粒径从高到低的顺序为内蒙古109.6 μm＞新疆86.9 μm＞天津6.7 μm。山地为内蒙古97.2 μm＞新疆41.9 μm。农耕地为北京177.6 μm＞黑龙江167.0 μm＝辽宁167.0 μm＞内蒙古139.7 μm＞甘肃119.4 μm＞陕西73.4 μm＞河北69.2 μm＞宁

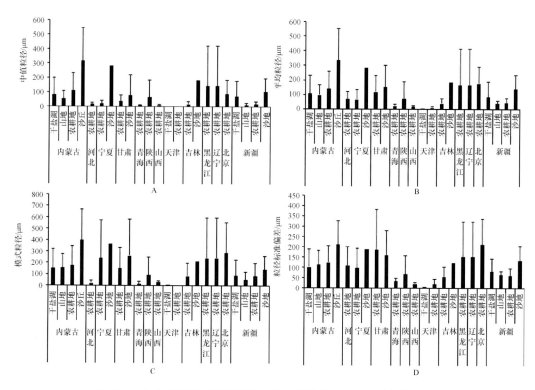

图 17.9　北京尘暴潜在源区不同省份 4 种类型地表土壤激光粒度特征

夏 65.0 μm ＞新疆 43.9 μm ＞吉林 40.0 μm ＞青海 23.2 μm ＞山西 18.7 μm ＞天津 10.9 μm。
沙地为内蒙古 336.2 μm ＞宁夏 284.8 μm ＞吉林 186.2 μm ＞甘肃 154.3 μm ＞新疆 140.3 μm。

　　同一地区不同地表类型土壤模式粒径含量不同，通常沙地的最高。不同地区同
一类型土壤比较发现，干盐湖模式粒径从高到低的顺序为内蒙古 150.9 μm ＞新疆
90.4 μm ＞天津 7.2 μm。山地为内蒙古 157.0 μm ＞新疆 53.0 μm。农耕地为北京 286.4 μm ＞
宁夏 241.8 μm ＞黑龙江 240.0 μm＝辽宁 240.0 μm ＞内蒙古 176.1 μm ＞甘肃 150.8 μm ＞
陕西 95.7 μm ＞新疆 84.4 μm ＞吉林 83.7 μm ＞山西 32.7 μm ＞河北 22.3 μm ＞青海
17.8 μm ＞天津 4.2 μm。沙地为内蒙古 397.7 μm ＞宁夏 366.0 μm ＞甘肃 260.1 μm ＞吉
林 213.5 μm ＞新疆 142.6 μm。

2. 粒径标准误差

　　同一地区不同地表类型土壤粒径标准误差含量不同，通常沙地的最高。不同地
区同一类型土壤比较发现，干盐湖模式粒径从高到低的顺序为内蒙古 100.7 μm ＞新疆
81.8 μm ＞天津 6.6 μm。山地为内蒙古 112.6 μm ＞新疆 66.5 μm。农耕地北京 210.4 μm ＞
甘肃 186.9 μm ＞黑龙江 151.6 μm＝辽宁 151.6 μm ＞内蒙古 123.7 μm ＞河北 108.5 μm ＞宁
夏 97.1 μm ＞陕西 68.7 μm ＞新疆 62.1 μm ＞吉林 55.2 μm ＞青海 33.6 μm ＞山西 21.4 μm ＞
天津 21.2 μm。沙地为内蒙古 210.4 μm ＞宁夏 189.0 μm ＞甘肃 158.3 μm ＞新疆 133.0 μm ＞
吉林 123.5 μm。

17.5 北京尘暴潜在源区地表土壤参数相关性

17.5.1 激光粒度之间及与各参数的相关性

（1）激光粒度与 pH：激光粒度的各项粒径指标与 pH 均呈正相关关系，且中值粒径，平均粒径和模式粒径与 pH 显著正相关（表 17.12）。

表 17.12 激光粒度之间及与各参数的相关性

参数		N 样品数	皮尔森相关性 / 显著性（双尾）			
			中值粒径	平均粒径	模式粒径	粒径标准偏差
pH		210	0.172*	0.170*	0.173*	0.119
电导率		210	−0.118	−0.105	−0.123	−0.048
阴、阳离子	Na^+	210	−0.152*	−0.176*	−0.180**	−0.180**
	K^+	209	−0.222**	−0.238**	−0.208**	−0.209**
	Mg^{2+}	208	−0.098	−0.115	−0.118	−0.125
	Ca^{2+}	210	−0.172*	−0.131	−0.112	−0.006
	NH_4^+	194	−0.125	−0.144*	−0.158*	−0.150*
	F^-	208	−0.088	−0.101	−0.108	−0.085
	Cl^-	210	−0.191**	−0.217**	−0.222**	−0.221**
	NO_2^-	178	−0.167*	−0.195**	−0.205**	−0.210**
	NO_3^-	205	−0.137	−0.091	−0.161*	0.053
	SO_4^{2-}	210	−0.159*	−0.177*	−0.158*	−0.172*
全元素	Cl	210	−0.176*	−0.192**	−0.198**	−0.172*
	K_2O	210	−0.090	−0.064	−0.104	0.008
	CaO	210	−0.118	−0.084	−0.070	0.009
	TiO_2	210	0.285**	0.286**	0.224**	0.223**
	Cr_2O_3	210	−0.012	−0.007	0.017	−0.022
	Mn_2O_3	210	−0.059	−0.088	−0.059	−0.094
	Fe_2O_3	210	−0.300**	−0.309**	−0.259**	−0.251**
	NiO	210	−0.001	−0.025	−0.017	−0.052
	ZnO	210	−0.108	−0.088	−0.057	−0.011
	As_2O_3	210	−0.092	−0.117	−0.080	−0.117
	Br	210	−0.226**	−0.266**	−0.262**	−0.285**
	Rb_2O	210	0.243**	0.227**	0.169*	0.121
	SrO	210	0.128	0.110	0.089	0.050
	ZrO_2	210	0.157*	0.142*	0.109	0.078
	MoO_3	210	0.318**	0.300**	0.244**	0.166*
	CdO	210	−0.043	−0.011	−0.050	0.054
	SnO_2	210	0.401**	0.385**	0.303**	0.233**
	BaO	210	0.366**	0.345**	0.265**	0.198**
	HgO	210	−0.104	−0.093	−0.079	−0.047
	PbO	210	0.042	0.043	0.027	0.019
激光粒度	中值粒径	210	—	0.964**	0.836**	0.727**
	平均粒径	210	—	—	0.895**	0.864**
	模式粒径	210	—	—	—	0.835**

** 在 α=0.01 水平上显著相关

* 在 α=0.05 水平上显著相关

（2）激光粒度与电导率：尽管激光粒度的各项粒径指标与电导率均呈负相关关系，但均无显著性，暗示粒径大小与盐碱化关系不明显。

（3）激光粒度与阴、阳离子：激光粒度与阴、阳离子浓度之间普遍呈负相关关系，且大部分显著相关。暗示大粒径颗粒比例越大、平均粒径越大、分布最多的粒径越大、粒径分散程度越大，则土壤颗粒附着的离子就越少。

（4）激光粒度与全元素：激光粒度与大部分全元素呈负相关且部分相关具有显著性，可解释为粒径越小越有利于这些全元素的附着。但激光粒度粒径与另一些全元素含量呈正相关关系，且与 BaO、SnO_2、MoO_3、ZrO_2、Rb_2O、TiO_2 含量显著相关，原因可能在于这些元素原子半径大，更适宜于附着在大颗粒粒度上，如 Ba 钡的原子半径为 2.78×10^{-10}m，Sn 锡为 1.72×10^{-10}m，Mo 钼为 2.01×10^{-10}m，Zr 锆为 2.16×10^{-10}m，Rb 铷为 2.98×10^{-10}m，Ti 钛为 2.00×10^{-10}m。而呈显著负相关的全元素原子半径普遍偏小，如 Cl 的原子半径只有 0.97×10^{-10}m，Br 原子半径为 1.12×10^{-10}m。

（5）激光粒度自身之间：激光粒度自身的几个参数之间均呈显著正相关，其中一个参数基本上可以代表这些参数做分析用。

17.5.2　pH、电导率、阴离子、阳离子之间的相关性

（1）pH 与电导率和各阴、阳离子的相关性：pH 与阳离子 Na^+ 和 K^+ 浓度呈显著正相关，与阴离子 NO_2^- 和 SO_4^{2-} 浓度呈显著正相关（表 17.13）。

（2）电导率与各阴、阳离子的相关性：电导率与除 F^- 浓度之外的其他所有阴、阳离子都显著相关，与 Mg^{2+} 浓度的相关系数高达 0.803（表 17.13）。

（3）阴、阳离子之间的相关性：阳离子浓度与阳离子浓度之间两两均呈显著正相关。阴离子浓度之间，除 SO_4^{2-} 浓度与 F^-、NO_2^-、NO_3^- 之间不显著相关，F^- 浓度和 Cl^- 浓度之间无显著相关性外，其他阴离子浓度之间均显著正相关。阴离子、阳离子浓度之间，除 F^- 与 Na^+、K^+、Mg^{2+} 之间，以及 NO_3^- 与 Mg^{2+} 之间无显著相关性外，其他阴离子与阳离子浓度之间均显著正相关，且 Cl^- 与 Na^+，Cl^- 与 K^+ 之间相关系数分别高达 0.786 和 0.836（表 17.13）。

表 17.13　pH、电导率及水溶性离子之间的相关性（皮尔森相关性 / 显著性（双尾））

参数	N	电导率	Na^+	K^+	Mg^{2+}	Ca^{2+}	NH_4^+	F^-	Cl^-	NO_2^-	NO_3^-	SO_4^{2-}
pH	255	0.005	0.136*	0.172**	0.030	0.019	0.111	0.086	0.117	0.202**	0.031	0.195**
电导率	255		0.418**	0.223**	0.803**	0.556**	0.590**	0.038	0.298**	0.451**	0.630**	0.441**
Na^+	254			0.694**	0.490**	0.266**	0.595**	0.119	0.786**	0.527**	0.345**	0.268**
K^+	252				0.305**	0.257**	0.546**	0.059	0.836**	0.529**	0.333**	0.240**
Mg^{2+}	237					0.414**	0.475**	−0.013	0.429**	0.430**	0.098	0.334**
Ca^{2+}	239						0.293**	0.166**	0.258**	0.455**	0.453**	0.383**
NH_4^+	237							0.238**	0.639**	0.789**	0.687**	0.207**
F^-	253								0.088	0.458**	0.442**	0.072
Cl^-	207									0.659**	0.377**	0.230**
NO_2^-	204										0.673**	0.049
NO_3^-	250											0.107

** 在 $\alpha=0.01$ 水平上显著相关

* 在 $\alpha=0.05$ 水平上显著相关

17.5.3 pH、电导率、阴离子、阳离子浓度与化学全元素含量之间的相关性

（1）pH 与化学全元素：pH 与个别的全元素如 Cl、Br 和 SrO 呈显著正相关，推测属于易增加土壤酸性的物质成分。而与相当一些全元素如 Mn_2O_3、Fe_2O_3、NiO、ZnO、Rb_2O、ZrO_2 和 PbO 呈显著负相关，推测这些元素是利于增强土壤碱性的成分（表 17.14A、B）。

表 17.14A　pH、电导率、水溶性离子与化学全元素之间的相关性（Ⅰ）（皮尔森相关性/显著性（双尾））

	N	Cl	K_2O	CaO	TiO_2	Cr_2O_3	Mn_2O_3	Fe_2O_3	NiO	ZnO	As_2O_3
pH	211	0.179**	−0.110	0.020	−0.082	−0.086	−0.234**	−0.625**	−0.317**	−0.448**	0.045
电导率	211	0.336**	0.249**	0.344**	−0.250**	−0.070	−0.213**	−0.215**	−0.054	−0.114	−0.060
Na^+	211	0.632**	−0.015	0.109	−0.249**	−0.061	−0.153*	−0.215**	−0.125	−0.105	0.011
K^+	210	0.717**	−0.013	0.003	−0.316**	−0.033	−0.156*	−0.244**	−0.190**	−0.082	0.006
Mg^{2+}	209	0.452**	0.009	0.238**	−0.248**	−0.070	−0.202**	−0.248**	−0.088	−0.104	−0.056
Ca^{2+}	211	0.433**	0.374**	0.476**	−0.340**	−0.101	−0.265**	−0.279**	−0.167*	−0.189**	−0.052
NH_4^+	195	0.515**	0.340**	0.191**	−0.206**	−0.082	−0.151*	−0.151*	−0.065	−0.096	0.012
F^-	209	0.371**	−0.010	−0.046	0.003	−0.002	−0.028	−0.027	−0.060	−0.050	0.070
Cl^-	211	0.869**	0.027	0.048	−0.311**	−0.069	−0.187**	−0.246**	−0.149*	−0.119	−0.005
NO_2^-	179	0.805**	0.054	−0.045	−0.234**	−0.090	−0.135	−0.160*	−0.126	−0.109	0.058
NO_3^-	206	0.456**	0.424**	0.212**	−0.164*	−0.058	−0.172*	−0.100	−0.082	−0.108	−0.028
SO_4^{2-}	211	0.230**	−0.035	0.097	−0.143*	0.046	−0.038	−0.119	−0.053	−0.041	0.017

表 17.14B　pH、电导率及水溶性离子之间的相关性（Ⅱ）（皮尔森相关性/显著性（双尾））

	N	Br	Rb_2O	SrO	ZrO_2	MoO_3	CdO	SnO_2	BaO	HgO	PbO
pH	211	0.178**	−0.242**	0.222**	−0.327**	0.078	−0.083	0.019	−0.001	−0.030	−0.451**
电导率	211	0.083	−0.278**	−0.065	−0.182**	−0.232**	0.290**	−0.245**	−0.241**	0.263**	−0.259**
Na^+	211	0.618**	−0.273**	0.250**	−0.220**	−0.162*	0.012	−0.213**	−0.218**	0.053	−0.291**
K^+	210	0.779**	−0.330**	0.281**	−0.325**	−0.205**	−0.081	−0.275**	−0.294**	−0.010	−0.332**
Mg^{2+}	209	0.315**	−0.249**	0.110	−0.186**	−0.186**	0.121	−0.196**	−0.191**	0.061	−0.247**
Ca^{2+}	211	0.258**	−0.423**	−0.022	−0.316**	−0.346**	0.397**	−0.374**	−0.380**	0.301**	−0.402**
NH_4^+	195	0.371**	−0.230**	−0.003	−0.169*	−0.193**	0.058	−0.226**	−0.213**	0.435**	−0.269**
F^-	209	0.253**	−0.130	0.073	−0.060	−0.071	−0.055	−0.115	−0.114	−0.043	−0.149*
Cl^-	211	0.857**	−0.320**	0.247*	−0.279**	−0.194**	−0.012	−0.250**	−0.261**	0.051	−0.330**
NO_2^-	179	0.776**	−0.296**	0.254**	−0.248**	−0.184*	−0.058	−0.243**	−0.242**	0.007	−0.329**
NO_3^-	206	0.240**	−0.247**	−0.110	−0.158*	−0.239**	0.269**	−0.255**	−0.258**	0.324**	−0.248**
SO_4^{2-}	211	0.178**	−0.201**	0.118	−0.165*	−0.066	0.012	−0.141*	−0.154*	0.038	−0.144*

**：$\alpha=0.01$ 水平上显著相关；*：$\alpha=0.05$ 水平上显著相关

（2）电导率与化学全元素：电导率与个别的全元素如 Cl、K_2O、CaO、CdO 和 HgO 呈显著正相关，这些元素利于提高电导率，提高土壤盐渍化程度。电导率与一些全元

素如 TiO_2、Mn_2O_3、Fe_2O_3、Rb_2O、ZrO_2、MoO_3、SnO_2、BaO、PbO 呈显著负相关，推测这些元素是利于降低电导率，从而可能减缓土壤盐渍化程度（表 17.14A、B）。

（3）阴离子、阳离子与化学全元素：全元素 Cl 和 Br 含量与所有的阳离子浓度显著正相关，表明阳离子以氯化物和溴化物存在的可能性。Mg^{2+}、Ca^{2+}、NH_4^+ 浓度与 CaO 含量之间，SrO 与 Na^+ 和 K^+，以及 Ca^{2+} 与 CdO 以及与 HgO 之间显著正相关。而 TiO_2、Mn_2O_3、Fe_2O_3、Rb_2O、ZrO_2、MoO_3、SnO_2、BaO、PbO 与几乎所有阳离子，NiO 与 ZnO 与个别阳离子显著负相关。除 F^- 外的大部分阴离子与全元素 TiO_2、Rb_2O、ZrO_2、MoO_3、SnO_2、BaO、PbO 呈显著负相关，个别阳离子与 Mn_2O_3、Fe_2O_3、NiO 呈显著负相关（表 17.14A、B）。

17.5.4　化学全元素之间的相关性及主成分分析

1. 化学全元素之间的相关性

全元素之间相关性比较复杂，但相关性显著且相关系数高的并不多。Cl 和 Br 显著正相关，系数 0.874；K_2O 和 CaO，系数 0.643；Fe_2O_3 和 ZnO，系数 0.639；Mn_2O_3 和 Fe_2O_3，系数 0.571；NiO 和 ZnO，系数 0.569；K_2O 和 CdO，系数 0.846；K_2O 和 HgO，系数 0.674；CaO 和 CdO，系数 0.786；CaO 和 HgO，系数 0.502；TiO_2 和 ZrO_2，系数 0.715；Fe_2O_3 和 PbO，系数 0.654；ZnO 和 PbO，系数 0.619；Rb_2O 和 ZrO_2、MoO_3、SnO_2、BaO、PbO，系数分别为 0.595、0.631、0.797、0.814、0.653；MoO_3 与 SnO_2、BaO 显著正相关，系数分别为 0.910，0.723；SnO_2 与 BaO、PbO 显著正相关，系数为 0.887，0510；BaO 与 PbO 显著正相关，系数为 0.5（表 17.15A、B）。

表 17.15A　化学全元素之间的相关性（Ⅰ）（n=211）

	K_2O	CaO	TiO_2	Cr_2O_3	Mn_2O_3	Fe_2O_3	NiO	ZnO	As_2O_3	Br
	皮尔森相关性/显著性（双尾）									
Cl	0.042	0.041	−0.263**	−0.041	−0.178**	−0.246**	−0.129	−0.121	0.022	0.874**
K_2O		0.643**	−0.280**	−0.169*	−0.241**	−0.177**	−0.085	−0.251**	−0.128	−0.084
CaO			−0.422**	−0.169*	−0.317**	−0.367**	−0.101	−0.299**	−0.066	−0.084
TiO_2				0.111	0.310**	0.267**	0.037	0.047	−0.037	−0.268**
Cr_2O_3					0.215**	0.227**	0.338**	0.373**	−0.025	−0.057
Mn_2O_3						0.571**	0.276**	0.375**	0.177**	−0.106
Fe_2O_3							0.369**	0.639**	0.098	−0.150*
NiO								0.569**	0.120	−0.131
ZnO									0.028	−0.064
As_2O_3										0.074

∗∗ α=0.01 水平上显著相关；∗∗ α=0.05 水平上显著相关

2. 化学全元素的主成分分析

采用 SPSS 软件对各样点土壤样品化学全元素进行主成分分析。表 17.16A 同时给

表 17.15B　化学全元素之间的相关性（Ⅱ）（*n*=211）

	Rb$_2$O	SrO	ZrO$_2$	MoO$_3$	CdO	SnO$_2$	BaO	HgO	PbO
Cl	−0.304**	0.171*	−0.255**	−0.127	0.022	−0.219**	−0.249**	0.081	−0.317**
K$_2$O	−0.383**	−0.473**	−0.221**	−0.509**	0.846**	−0.466**	−0.392**	0.674**	−0.418**
CaO	−0.554**	−0.462**	−0.376**	−0.540**	0.786**	−0.552**	−0.497**	0.502**	−0.551**
TiO$_2$	0.457**	0.126	0.715**	0.383**	−0.309**	0.440**	0.432**	−0.212**	0.387**
Cr$_2$O$_3$	−0.054	−0.137*	0.042	0.240**	−0.126	0.069	−0.094	0.012	0.249**
Mn$_2$O$_3$	0.143*	−0.066	0.341**	0.102	−0.271**	0.059	0.119	−0.130	0.485**
Fe$_2$O$_3$	0.264**	−0.123	0.418**	−0.079	−0.281**	−0.023	0.006	−0.145*	0.654**
NiO	0.098	−0.155*	0.110	0.184**	−0.026	0.123	0.041	0.009	0.370**
ZnO	0.102	−0.110	0.153*	0.032	−0.272**	−0.017	−0.060	−0.138*	0.619**
As$_2$O$_3$	−0.150*	−0.220**	−0.062	−0.054	−0.130	−0.066	−0.058	−0.049	−0.068
Br	−0.259**	0.295**	−0.248**	−0.151*	−0.136*	−0.214**	−0.223**	−0.051	−0.257**
Rb$_2$O		0.370**	0.595**	0.631**	−0.444**	0.797**	0.814**	−0.345**	0.653**
SrO			0.153*	0.290**	−0.492**	0.377**	0.438**	−0.473**	0.086
ZrO$_2$				0.345**	−0.268**	0.466**	0.502**	−0.172*	0.522**
MoO$_3$					−0.403**	0.910**	0.723**	−0.221**	0.460**
CdO						−0.414**	−0.382**	0.494**	−0.432**
SnO$_2$							0.887**	−0.294**	0.510**
BaO								−0.306**	0.500**
HgO									−0.293**

** α=0.01 水平上显著相关；** α=0.05 水平上显著相关

表 17.16A　化学全元素的主成分分析特征值方差解释

主成分	初始特征值			平方载荷提取款项			平方载荷旋转款项		
	方差	方差百分比	方差累积值	方差	方差百分比	方差累积值	方差	方差百分比	方差累积值
1	6.663	33.313	33.313	6.663	33.313	33.313	4.38	21.9	21.9
2	3.029	15.147	48.46	3.029	15.147	48.46	3.293	16.465	38.365
3	2.441	12.207	60.667	2.441	12.207	60.667	2.608	13.038	51.403
4	1.357	6.786	67.454	1.357	6.786	67.454	2.354	11.772	63.174
5	1.19	5.951	73.405	1.19	5.951	73.405	1.967	9.834	73.009
6	1.094	5.471	78.876	1.094	5.471	78.876	1.173	5.867	78.876
7	0.905	4.525	83.401						
8	0.608	3.041	86.441						
9	0.546	2.729	89.17						
10	0.455	2.276	91.446						
11	0.388	1.94	93.386						
12	0.306	1.532	94.918						
13	0.256	1.279	96.197						
14	0.191	0.954	97.152						
15	0.166	0.83	97.982						
16	0.119	0.593	98.575						
17	0.112	0.558	99.133						
18	0.099	0.497	99.63						
19	0.046	0.232	99.862						
20	0.028	0.138	100						

注：提取方法主成分分析法。

出了提取的主成分公因子方差、方差贡献和累积方差贡献。取特征值大于 1 对应的主成分数，一共有 6 个因子，累积方差贡献可达 78.876%（表 17.16A）。表 17.16B 对 6个因子进行载荷分析，主成分 1 中载荷较高的组分包含了 Rb_2O、MoO_3、SnO_2、BaO，主要来自沙地源；主成分 2：K_2O、CaO、CdO、HgO，主要来自新疆和甘肃的土壤；主成分 3：TiO_2、Mn_2O_3、Fe_2O_3、PbO，主要来自除甘肃、新疆西部地区外的各类地表土壤源；主成分 4：NiO、ZnO_3，主要来自黑龙江、辽宁或河北农耕地；主成分 5：Cl、Br，主要来自干盐湖；主成分 6：As_2O_3，主要来自宁夏沙地。

表 17.16B 化学全元素的主成分分析 - 旋转后的主成分矩阵

全元素	主成分						全元素	主成分					
	1	2	3	4	5	6		1	2	3	4	5	6
Cl	−0.157	0.021	−0.154	−0.045	0.934	−0.001	Br	−0.206	−0.178	−0.100	−0.056	0.918	0.010
K_2O	−0.304	0.842	−0.040	−0.155	−0.024	−0.155	Rb_2O	0.766	−0.274	0.275	−0.010	−0.173	−0.210
CaO	−0.447	0.656	−0.300	−0.160	−0.135	−0.044	SrO	0.312	−0.614	−0.096	−0.259	0.279	−0.330
TiO_2	0.524	−0.054	0.587	−0.137	−0.090	0.064	ZrO_2	0.537	−0.005	0.705	−0.088	−0.065	−0.076
Cr_2O_3	0.081	0.007	−0.010	0.713	0.052	0.046	MoO_3	0.889	−0.194	−0.130	0.244	0.008	0.078
Mn_2O_3	0.019	−0.146	0.666	0.277	−0.038	0.239	CdO	−0.281	0.808	−0.196	−0.100	−0.112	−0.124
Fe_2O_3	−0.123	−0.193	0.777	0.405	−0.138	−0.054	SnO_2	0.945	−0.221	−0.032	0.075	−0.081	−0.001
NiO	0.093	0.067	0.120	0.766	−0.071	0.071	BaO	0.872	−0.228	0.084	−0.095	−0.117	−0.045
ZnO	−0.148	−0.245	0.379	0.749	−0.071	−0.138	HgO	−0.106	0.812	−0.056	0.074	0.109	0.030
As_2O_3	−0.104	−0.095	0.074	0.028	0.014	0.919	PbO	0.418	−0.290	0.527	0.469	−0.188	−0.168

小结 对包括我国北方、西北和东北地区在内的北京尘暴潜在源区进行表土物化分析的总体情况是，土壤颗粒粒径及其离散程度最低值均出现在干盐湖、最高值均出现在沙丘；pH 最高值出现在干盐湖、最低值出现在撂荒地；电导率最高值出现在新疆的盐湖湿地、最低值在沙漠；大部分水溶性离子如 Na^+、Mg^{2+}、F^-、Cl^-、NO_2^-、SO_4^{2-} 的最高值出现在干盐湖，最低值多出现在沙丘；K^+ 的最高值和最低值都出现在干盐湖；Ca^{2+} 最高值出现在荒漠、最低值在干盐湖；NO_3^- 最高值出现在撂荒地。Cl、K_2O、CaO、Cr_2O_3、Mn_2O_3、Br、SrO、MoO_3、HgO 的最高值出现在干盐湖；TiO_2、As_2O_3、Rb_2O、ZrO_2、CdO、SnO_2、BaO 的最高值出现在沙漠、沙丘；Fe_2O_3、NiO、ZnO、PbO 的最高值出现在撂荒地。各调研省份土壤物化特性均值结果表现为，天津、山西、青海等省份的土壤粒度和跨度小，而黑龙江、辽宁、北京、宁夏等地的土壤粒径和跨度均大。内蒙古 pH 最高、吉林最低；新疆的电导率最高、吉林的最低，大部分省份土壤盐渍化程度重；不同水溶性离子和全元素最高均值在不同省份出现，Na^+、Mg^{2+}、NH_4^+ 在新疆，Ca^{2+} 在甘肃，K^+ 在天津，F^-、Cl^-、NO_2^- 在内蒙古，NO_3^-、SO_4^{2-} 在青海；全元素 SrO、MoO_3、SnO_2、BaO 在内蒙古，Cl、Rb_2O 在内蒙古、新疆、甘肃，K_2O、CaO、CdO 在新疆和甘肃，Cr_2O_3、ZnO 在河北，Mn_2O_3、Br 在天津，Fe_2O_3、NiO、Rb_2O、ZrO_2 在东北三省；As_2O_3 在宁夏，HgO 在新疆，PbO 在吉林、河北、北京。不同省份 4 类土壤物化性质结果表明，干盐湖的 pH 和电导率较高；新疆、甘肃、青海、宁夏各类土壤，以及内蒙古、天津的干盐湖和农耕地已成盐土或强盐渍土，河北、山西、内蒙古的山

地和沙地土壤为中盐渍土，陕西、东北三省和北京土壤也弱盐渍化，值得关注。对同省份不同类型地表而言，干盐湖的水溶性离子浓度普遍高。化学全元素普遍呈现干盐湖浓度高的有 Cl、Br、SrO，山地或农耕地普遍高的有 Mn_2O_3、Fe_2O_3、NiO、ZnO、As_2O_3、PbO，沙地普遍高的有 Rb_2O、SnO_2、HgO、ZrO_2，新疆各类型土壤中都有高的 K_2O、CdO、HgO、BaO。通常，同一地区不同类型土壤粒径和跨度沙地最高、其他三种远低于沙地。土壤颗粒粒度决定其附着水溶性离子的多少，与全元素的原子半径大小共同影响土壤全元素的含量。化学全元素主成分分析结果表明有 6 个主成分：主成分 1 中载荷较高的组分包含了 Rb_2O、MoO_3、SnO_2、BaO，主要来自沙地源；主成分 2 包括 K_2O、CaO、CdO、HgO，主要来自新疆和甘肃的土壤；主成分 3 包括 TiO_2、Mn_2O_3、Fe_2O_3、PbO，主要来自除甘肃、新疆西部地区外的各类地表土壤源；主成分 4 包括 NiO、ZnO_3，主要来自黑龙江、辽宁或河北农耕地；主成分 5 包括 Cl、Br，主要来自干盐湖；主成分 6 包括 As_2O_3，主要来自宁夏沙地。

第18章 北京尘暴降尘组分来源估算方法和应用

18.1 北京尘暴降尘组成来源估算方法

18.1.1 关于北京尘暴降尘组成来源的认识和争论

自20世纪50年代我国开始研究北京所谓的"沙尘暴"以来，绝大多数研究者认为，尘暴降尘物质主要来源于沙漠、沙地、退化草地、沙化土地和农耕地等（胡金明等，1999；申元村等，2000；中国科学院地学部，2000；方翔等，2002；李万元等，2011；刘晓春等，2002；路明，2002；石广玉和赵思雄，2003；李耀辉，2004；王炜和方宗义，2004；尹晓惠等，2007；邱玉珺等，2008），理由是这些地区大面积地表裸露，有利于大风吹蚀和扬起沙尘，理所当然它们是北京尘暴降尘的主要来源。21世纪初只有极少数研究者提出干盐湖盆区也是十分重要来源之一（丁瑞强等，2001；李万元等，2003），但均无法提供具体的数据和资料。

目前大多认为北京尘暴的尘源区为蒙古国的东南部和内蒙古的中部，现可确定尘暴的降尘物质主要来自尘源区的不同地表类型，但降尘物质的组成中，来自尘源区不同地表类型的粉尘物质的比例分别是多少？目前尚缺乏相关报道和资料记载。如果依据尘源区不同类型地表的一些特有数值（如水溶盐含量），通过计算能基本确定不同地表类型对北京尘暴降尘的各自贡献量，无疑会对北京尘暴的防治工作提供十分重要和可靠的科学数据和依据。尤其是尘源区分布面积最小、含粉尘物质最丰富的干涸盐渍湖盆区，对北京尘暴降尘物质贡献量大小的确定，不但可澄清长期被忽视和存在较大争议的干涸盐渍湖盆区对北京尘暴降尘物质的贡献问题，同时也将推进北京尘暴防治工作的方向、方法和措施转向正确轨道，重新认识和重视对干涸盐渍湖盆区的治理和研究。

通过采样分析和参考前人取得的有关成果，北京"4.16"和"3.19"两次尘暴的降尘总量分别为33.6万t和55.48万t，<200目的百分粉尘含量分别为99.28%和98.68%，百分含盐量分别为2.36%和2.32%，通过初步计算，<200目的粉尘总量分别为33.35万t和55.48万t，含盐总量分别为7612.42t和12 871.15t（表18.1）。

依据水溶盐及粉尘含量的多少和特点，北京尘暴尘源区的地表大致可划分为4种不同地表类型，并依据尘源区有关资料和结合卫片解释，尘源区总面积为270 000 km²，其中，干盐湖（包括盐积土区）分布面积约3600 km²，丘陵（包括山地）分布面积约

163 400 km^2，农耕地（包括草地、沙化土地、退化草地等）分布面积约 31 000 km^2，沙地（包括沙漠）分布面积约 72 000 km^2（表 18.2）。尘源区 4 种不同类型地表土壤样品的百分粉尘含量和百分含盐量结果（表 18.2）为计算不同类型地表对北京尘暴降尘的贡献量，提供重要依据。

表 18.1　北京"4.16"和"3.19"尘暴的降尘特征对比

尘暴事件	总降尘量 /t	<200 百分粉尘含量 /%	<200 目粉尘总量 /t	百分含盐量 /%	含盐总量 /t
"4.16"尘暴	336 000	99.28	333 580.8	2.36	7 612.42
"3.19"尘暴	562 212	98.68	554 790.8	2.32	12 871.15

表 18.2　北京尘暴尘源区 4 种不同类型地表分布面积、百分粉尘含量和百分含盐量对比

地表类型	分布面积 /km^2	百分粉尘含量		百分含盐量	
		样本数	均值 /%	样本数	均值 /%
干盐湖	3 600	17	85.89	16	8.086
丘陵	163 400	8	18.87	8	0.116 3
农耕地	31 000	10	10.83	14	0.274
沙地	72 000	17	1.33	14	0.019 2

初步研究表明，4 种不同类型地表的百分粉尘含量和百分含盐量相对十分稳定，最重要原因可能是，不同类型地表在当地区域所处的特有地形地貌位置的长期地质历史发展的必然结果（图 18.1）。即在降水及春天雪融水的作用下，区域内不同类型地表的盐碱物质及粉尘很容易从相对高度高的丘陵山地向相对高度低的农耕地和沙地以及相对高度最低的湖盆区进行长期搬运和堆积、沉积。例如，四子王旗及宝昌一带采样分析结果表明，随着山地丘陵向盐湖方向的地形高度的逐渐降低，细小粉尘含量相应增加，常温水溶盐含量则随地形高度的增加而减少。在四子王旗剖面，随着从高处的山地丘陵向低处的农耕地和草地、盐湖过渡，<200 目的百分粉尘含量（括号内数值）逐渐升高，从 48.1%、41.0%、59.2%，增至 84.2%。相应地，百分含盐量则从 0.06%、0.08%、0.11%，升至 0.13%。与四子王旗剖面百分粉尘含量和百分含盐量变化情况类似，宝昌剖面的结果显示，相对高度由高变低，<200 目的百分粉尘量（括号内数值）则

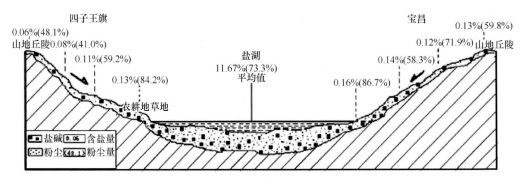

图 18.1　北京尘暴尘源区不同类型地表的粉尘和水溶盐物质迁移路线示意剖面图
箭头示盐碱及粉尘物质自高处向低处盐湖搬运方向

按照顺序 59.8% → 71.9% → 58.3% → 86.7%，由低变高，百分含盐量也由低变高，顺序为 0.13% → 0.12% → 0.14% → 0.16%。

应着重指出的是，沙地、沙漠、沙丘等虽然所处位置比丘陵山地低，但因其结构松散、孔隙度大，细小的粉尘和水溶盐物质极易随大气降水和雪融水流失，并最终到达干盐湖区。这也是造成沙地粉尘量和含盐量比山地、丘陵还低的重要原因。正是上述区域地质地貌长期演化的结果，为利用尘暴降尘中的水溶盐含量变化稳定的特征计算北京尘暴降尘组分来源提供了可靠的地质依据。

18.1.2 北京 "4.16" 尘暴降尘组分来源计算的依据及假设

1. 计算的依据

北京尘暴降尘，大多都是从高空降落。降尘物质主要来自尘源区。目前尘源区地表大致可划分为 4 种不同地表类型。因此，北京尘暴降尘物质，主要由尘源区 4 种不同类型地表的粉尘物质组成。换言之，北京尘暴降尘物质，是由 4 种不同类型地表的百分粉尘量和百分含盐量组成。也可以说，北京尘暴降尘物质百分粉尘总量和百分含盐总量，完全由尘源区不同类型地表的百分粉尘量和百分含盐量的贡献量组成。

就像假定由含盐量为 8.087% 的绿豆粉（模拟干盐湖）、含盐量为 0.274% 的黄豆粉（模拟农耕地）、含盐量为 0.0192% 的黑豆粉（模拟沙地）和含盐量为 0.1163% 的土豆粉（模拟丘陵）4 种不同含盐的豆粉，各取出若干重量，经过混合（模拟北京尘暴降尘量）。已知混合后豆粉的总重量和含盐量（模拟北京尘暴降尘总量、总含盐量和百分含盐量），求解 4 种不同含盐量豆粉，在混合后的豆粉中，各自占有的豆粉重量和含盐重量（相当于尘源区 4 种不同类型地表对北京尘暴降尘组分来源的贡献量），如图 18.2 所示。

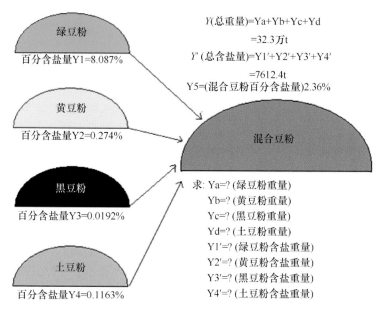

图 18.2　模拟尘暴尘源区 4 种不同类型地表对北京尘暴降尘组分来源贡献量示意图

所谓计算4种不同含盐量豆粉,在混合后的豆粉中各自占有的豆粉重量和含盐重量,通俗地说,就是通过不断加、减4种不同含盐量豆粉各自的重量,最终达到基本或完全符合求解的目的。

从北京"4.16"和"3.19"两次尘暴发生时间,相隔长达4年之久,尽管两次尘暴强度不同,所带来的粉尘量相差很大(前者为336 000万t,后者为562 212万t),但降尘中的百分粉尘含量和百分含盐量,却十分接近,分别为2.36%和2.3247%,证明两次尘暴的粉尘物质和含盐量,基本上是由尘源区4种不同地表类型的百分粉尘含量和百分含盐量的贡献量组成。由于尘源区4种不同类型地表的百分粉尘量和百分含盐量相对十分稳定,因此,尘暴降尘与尘源区4种不同地表类型的百分粉尘含量和含盐量之间存在相关性特征,为尘源区不同类型地表对尘暴降尘的粉尘量和含盐量贡献大小的计算,提供重要的依据。

2. 尘源区不同类型地表粉尘对北京尘暴降尘粉尘物质贡献量的估算假设

由前些章节结果可知尘暴降尘主要来源于尘源区。计算的目的是为求得尘暴降尘组分来源中,尘源区 4种不同类型地表,即干盐湖(包括盐积土区)、农耕地(包括草地、沙化土地、退化草地等)、沙地(包括沙漠)和丘陵(包括山地)等,在百分粉尘量和百分含盐量方面,各自贡献量的大小。尤其是干盐湖对北京尘暴的贡献大小的确定,对尘暴的防治工作的方向和一系列相应方针、政策的制定及实施等,将起到十分关键的作用。

从目前现有资料中,可从两方面考虑:

其一,按四元一次方程可列出2个方程式,即

$$X=X1+X2+X3+X4$$
$$=322\,560.0\ t$$
$$X'=X1'+X2'+X3'+X4'$$
$$=7612.416\ t$$

但因四元一次方程仅有两个方程属无解方程式,无法求得所需数值和答案。此路不通。

为了计算的可行性,需要事先做如下假设:

假设1:尘暴事件降尘中粉尘物质完全来自尘源区的4种类型地表粉尘。

假设2:尘暴事件降尘中粉尘含盐量完全由尘源区4种类型地表粉尘含盐量构成。

假设3:尘暴事件降尘中的粉尘组成来源的估算,是通过其在尘源区各类型地表不断分配和再分配过程逐渐实现,直到尘暴事件降尘和尘源区地表的粉尘和粉尘含盐量之间均达到平衡时,分配完成,此时的尘源区各类型地表粉尘和粉尘含盐量即估算结果。也就是说,尘源区4种类型地表粉尘贡献量(干盐湖X1、丘陵X2、农耕地X3、沙地X4)之和与尘暴降尘粉尘总量(A)相等;同时,尘源区4种类型地表粉尘含盐量(干盐湖X1'、丘陵X2'、农耕地X3'和沙地X4')之和与尘暴降尘粉尘含盐总量相等,则尘源区4种类型地表对北京尘暴粉尘的贡献量分别为干盐湖X1、丘陵X2、农耕地X3、沙漠X4,且尘源区4种类型地表对北京尘暴粉尘含盐量的贡献量分别为干盐湖X1'、丘陵X2'、农耕地X3'和沙漠X4'。为方便计算,首次分配采用平均分配方式,即尘暴事

件降尘的粉尘总量（A）是由尘源区 4 种不同地表类型等量贡献而成，即干盐湖 X1a、丘陵 X2a、农耕地 X3a 和沙漠 X4a 各贡献 1/4 的粉尘量；依据实验已得的 4 种类型地表粉尘百分含盐量（干盐湖 C1′、丘陵 C2′、农耕地 C3′ 和沙地 C4′）可计算获得各类型地表粉尘含盐量，即干盐湖 X1a′、丘陵 X2a′、农耕地 X3a′ 和沙漠 X4a′。即按照假设 2，这 4 种类型地表含盐量之和应该与实验已得的尘暴事件降尘中粉尘的总含盐量相等，则估算过程完成，但实际情况是，4 种类型地表贡献的粉尘量不相等，所以计算得出的尘源区各类型地表粉尘含盐量之和与实际的尘暴降尘粉尘含盐总量有差别，前者减去后者得到一个差值 Δa′。考虑干盐湖地表粉尘的百分含盐量最高、沙地的地表粉尘含盐量最低的情况，假设这种差别是仅由于粉尘在干盐湖和沙地之间的分配差别所至，故，依据干盐湖地表粉尘百分含盐量 C1′，换算出该含盐量差值所对应的粉尘量 Δa，将该粉尘量 Δa 在干盐湖和沙地之间进行再分配，即若 Δa′ < 0，表明 1 次分配中高含盐量的粉尘量（干盐湖）在尘暴粉尘总量中估算比例偏低，而低含盐量的粉尘（沙地）比例偏高，则进行尘暴粉尘 2 次分配时，将 Δa 加入干盐湖 1 次分配后粉尘量作为 2 次分配后的干盐湖粉尘量 X1+Δa，同时，将沙地 1 次分配后的粉尘量作为 2 次分配后的沙地粉尘量 X4−Δa，2 次分配后的丘陵和农耕地粉尘量同 1 次分配后的粉尘量（丘陵 X2 和农耕地 X3）。按照 1 次分配后的方法计算 2 次分配后的各地表类型粉尘含盐量……依次类推，直至经 n 次分配后，4 种类型地表粉尘量分别为干盐湖 X1n、丘陵 X2n、农耕地 X3n、沙漠 X4n 可计算获得各类型地表粉尘含盐量，即干盐湖 X1n′、丘陵 X2n′、农耕地 X3n′ 和沙漠 X4n′，且得到的尘源区各类型地表粉尘含盐量之和与实际的尘暴降尘粉尘含盐总量的差值 Δan′ 足够小，足以被忽略时，分配结束，则第 n 次分配后的 4 种类型地表粉尘及粉尘含盐量为各自对北京尘暴事件降尘中粉尘及粉尘含盐量的贡献量的最终估算结果。

假设 4：根据估算结果得到的不同类型地表粉尘量、粉尘含盐量、尘暴粉尘总量（等同尘源区粉尘总量）及尘暴粉尘含盐总量（等同尘源区粉尘含盐总量），即可获得尘暴事件中，尘源区各类型地表的百分粉尘贡献量和粉尘百分含盐量贡献。

假设 5：根据估算结果得到的不同类型地表粉尘量、粉尘含盐量及已测得的尘源区各地表面积，得到尘源区各类型地表单位面积粉尘贡献量和粉尘含盐贡献量。

18.2　北京"4.16"尘暴降尘粉尘来源估算

18.2.1　估算过程

以"4.16"尘暴降尘为例，依据上节所述的假设和依据，依据目前已取得的有关资料和数据作为已知参数（表 18.3A），按照公式依次计算出未知参数（表 18.3B）。

需要特别说明的是，尘暴粉尘在尘源区 4 种类型地表之间经过第 1 次、2 次、3 次、4 次分配后，获得的尘源区粉尘含盐量与尘暴降尘粉尘含盐总量之间的差值，即第 3、7、11、15 步的计算结果 Δa′、Δb′、Δc′ 和 Δd′ 是决定尘暴粉尘是否继续进行再分配的关键，即 Δa′、Δb′、Δc′ 分别为 527.5808 t、1.2527 t、1.1544 t，仍需继续分配，而第 4 次分配后 Δd′ 低达 0.0027 t，可以忽略不计，故第 4 次分配后的尘源区 4 种类型地表粉尘含量、粉尘含盐量则为其对北京尘暴降尘粉尘贡献量、粉尘含盐贡献量。

表 18.3A　已知参数（以"4.16"尘暴为例）

	参数	参数符号	"4.16"尘暴参数值
尘暴降尘 - 受体	尘暴降尘＜200 目粉尘总量 /t	A	333 580.8
	尘暴降尘＜200 目粉尘含盐总量 /t	A′	7 612.42
尘暴降尘 - 供体	干盐湖＜200 目粉尘百分含盐量 /%	C1′	8.086
	丘陵＜200 目粉尘百分含盐量 /%	C2′	0.1163
	农耕地＜200 目粉尘百分含盐量 /%	C3′	0.274
	沙地＜200 目粉尘百分含盐量 /%	C4′	0.0192
	干盐湖分布面积 /km^2	S1	3 600
	丘陵分布面积 /km^2	S2	163 400
	农耕地分布面积 /km^2	S3	31 000
	沙地分布面积 /km^2	S4	72 000

表 18.3B　未知参数计算过程

步骤	参数	符号	运算公式	参数值
1 步	尘暴降尘粉尘 1 次均分后干盐湖所占粉尘量 /t	X1a	X1a=A/4	83 395.200 0
	尘暴降尘粉尘 1 次均分后丘陵所占粉尘量 /t	X2a	X2a=A/4	83 395.200 0
	尘暴降尘 1 次粉尘均分后农耕地所占粉尘量 /t	X3a	X3a=A/4	83 395.200 0
	尘暴降尘粉尘 1 次均分后沙地所占粉尘量 /t	X4a	X4a=A/4	83 395.200 0
2 步	尘暴降尘粉尘 1 次均分后干盐湖所占粉尘含盐量 /t	X1a′	X1a′=X1a×C1′	6 743.335 9
	尘暴降尘粉尘 1 次均分后丘陵所占的粉尘含盐量 /t	X2a′	X2a′=X2a×C2′	96.988 6
	尘暴降尘粉尘 1 次均分后农耕地湖所占的粉尘含盐量 /t	X3a′	X3a′=X3a×C3′	228.502 8
	尘暴降尘粉尘 1 次均分后沙地所占的粉尘含盐量 /t	X4a′	X4a′=X4a×C4′	16.011 9
	尘暴降尘粉尘 1 次均分后尘源区地表所占粉尘含盐总量 /t	Xa′	X1a′+X2a′+X3a′+X4a′	7 084.839 2
3 步	1 次均分后尘源区地表粉尘含盐总量与实测尘暴降尘粉尘含盐总量差值 /t	Δa′	Δa′=A′−Xa′	527.580 8
4 步	1 次均分后含盐量差值相对应的粉尘量 /t	Δa	Δa=100×Δa′/C1′	6 524.620 1
5 步	2 次分配加入差值粉尘量后的干盐湖粉尘量 /t	X1b	X1b=X1a+Δa	89 919.820 1
	2 次分配保持不变的丘陵粉尘量 /t	X2b	X2b=X2a	83 395.200 0
	2 次分配保持不变的农耕地粉尘量 /t	X3b	X3b=X3a	83 395.200 0
	2 次分配减去差值粉尘量后沙地的粉尘量 /t	X4b	X4b=X4a−Δa	76 870.579 9
6 步	尘暴降尘粉尘 2 次分配后干盐湖所占粉尘含盐量 /t	X1b′	X1b′=X1b×C1′	7 270.916 7
	尘暴降尘粉尘 2 次分配后丘陵湖所占粉尘含盐量 /t	X2b′	X2b′=X2b×C2′	96.988 6
	尘暴降尘粉尘 2 次分配后农耕地所占粉尘含盐量 /t	X3b′	X3b′=X3b×C3′	228.502 8
	尘暴降尘粉尘 2 次分配后沙地所占粉尘含盐量 /t	X4b′	X4b′=X4b×C4′	14.759 2
	尘暴降尘粉尘 2 次分配后尘源区地表所占粉尘含盐总量 /t	Xb′	Xb′=X1b′+X2b′+X3b′+X4b′	7 611.167 3
7 步	2 次分配后尘源区地表粉尘含盐总量与尘暴降尘粉尘含盐总量差值 /t	Δb′	Δb′=A′-Xb′	1.252 7
8 步	2 次分配后含盐量差值相对应的粉尘量 /t	Δb	Δb=100×Δb′/C1′	15.492 5
9 步	3 次分配加入差值粉尘量后干盐湖粉尘量 /t	X1c	X1c=X1b+Δb	89 921.072 9
	3 次分配保持不变的丘陵粉尘量 /t	X2c	X2c=X2b	83 395.200 0
	3 次分配保持不变的农耕地粉尘量 /t	X3c	X3c=X3b	83 395.200 0
	3 次分配减去差值粉尘量后沙地粉尘量 /t	X4c	X4c=X4b−Δb	76 855.087 3

步骤	参数	符号	运算公式	参数值
10步	尘暴降尘粉尘3次分配后干盐湖所占粉尘含盐量/t	X1c'	X1c'=X1c×C1'	7 271.018 0
	尘暴降尘粉尘3次分配后丘陵所占粉尘含盐量/t	X2c'	X2c'=X2c×C2'	96.988 6
	尘暴降尘粉尘3次分配后农耕地所占粉尘含盐量/t	X3c'	X3c'=X3c×C3'	228.502 8
	尘暴降尘粉尘3次分配后沙地所占粉尘含盐量/t	X4c'	X4c'=X4c×C4'	14.756 2
	尘暴降尘粉尘3次分配后尘源区地表所占粉尘含盐总量/t	Xc'	Xc'=X1c'+X2c'+X3c'+X4c'	7 611.265 6
11步	3次分配后尘源区地表粉尘含盐总量与尘暴降尘粉尘含盐总量差值/t	Δc'	Δc'=A'-Xc'	1.154 4
12步	3次分配后含盐量差值相对应的粉尘量/t	Δc	Δc=100×Δc'/C1'	14.276 6
13步	4次分配加入差值粉尘量后的干盐湖粉尘量/t	X1d	X1d=X1c+Δc	89 935.349 5
	4次分配保持不变的丘陵粉尘量/t	X2d	X2d=X2c	83 395.200 0
	4次分配保持不变的农耕地粉尘量/t	X3d	X3d=X3c	83 395.200 0
	4次分配减去差值粉尘量后沙地的粉尘量/t	X4d	X4d=X4c-Δc	76 840.810 7
14步	尘暴降尘粉尘4次分配后干盐湖所占粉尘含盐量/t	X1d'	X1d'=X1d×C1'	7 272.172 4
	尘暴降尘粉尘4次分配后丘陵所占粉尘含盐量/t	X2d'	X2d'=X2d×C2'	96.988 6
	尘暴降尘粉尘4次分配后农耕地所占粉尘含盐量/t	X3d'	X3d'=X3d×C3'	228.502 8
	尘暴降尘粉尘4次分配后沙地所占粉尘含盐量/t	X4d'	X4d'=X4d×C4'	14.753 4
	尘暴降尘粉尘4次分配后尘源区地表所占粉尘含盐总量/t	Xd'	Xd'=X1d'+X2d'+X3d'+X4d'	7 612.417 3
15步	4次分配后尘源区地表粉尘含盐总量与尘暴降尘粉尘含盐总量差值/t	Δd'	Δd'=A'-Xc'	0.002 7
16步	尘暴降尘中干盐湖百分粉尘贡献量/%	X1	X1=X1d×100/A	26.960 6
	尘暴降尘中丘陵百分粉尘贡献量/%	X2	X2=X2d×100/A	25.000 0
	尘暴降尘中农耕地百分粉尘贡献量/%	X3	X3=X3d×100/A	25.000 0
	尘暴降尘中沙地百分粉尘贡献量/%	X4	X4=X4d×100/A	23.035 1
17步	尘暴降尘中干盐湖粉尘百分含盐贡献量/%	X1'	X1'=X1d'×100/A'	95.530 4
	尘暴降尘中丘陵粉尘百分含盐贡献量/%	X2'	X2'=X2d'×100/A'	1.274 1
	尘暴降尘中农耕地粉尘百分含盐贡献量/%	X3'	X3'=X3d'×100/A'	3.001 7
	尘暴降尘中沙地粉尘百分含盐贡献量/%	X4'	X4'=X4d'×100/A'	0.193 8
18步	干盐湖单位面积粉尘贡献量/（t/km²）	S1a	S1a=X1d/S1	24.982 0
	丘陵单位面积粉尘贡献量/（t/km²）	S2a	S2a=X2d/S2	0.510 4
	农耕地单位面积粉尘贡献量/（t/km²）	S3a	S3a=X3d/S3	2.690 2
	沙地单位面积粉尘贡献量/（t/km²）	S4a	S4a=X4d/S4	1.067 2
19步	干盐湖单位面积粉尘含盐贡献量/（t/km²）	S1a'	S1a'=X1d'/S1	2.020 0
	丘陵单位面积粉尘含盐贡献量/（t/km²）	S2a'	S2a'=X2d'/S2	0.000 6
	农耕地单位面积粉尘含盐贡献量/（t/km²）	S3a'	S3a'=X3d'/S3	0.007 4
	沙地单位面积粉尘含盐贡献量/（t/km²）	S4a'	S4a'=X4d'/S4	0.000 2

18.2.2　估算结果

通过依次计算，最终获得尘源区4种不同类型地表对北京"4.16"尘暴降尘粉尘物质的粉尘贡献量（表18.4）。

表 18.4　尘源区不同类型地表对"4.16"尘暴降尘组分贡献量

地表类型	粉尘贡献量/t	含盐贡献量/t	百分粉尘贡献量/%	百分含盐贡献量/%	单位面积粉尘贡献量/(t/km²)	单位面积含盐贡献量/(t/km²)
干盐湖	89 935.349 5	7 272.172 4	26.960 6	95.530 4	24.982 0	2.020 0
丘陵	83 395.200 0	96.988 6	25.000 0	1.274 1	0.510 4	0.000 6
农耕地	83 395.200 0	228.502 8	25.000 0	3.001 7	2.690 2	0.007 4
沙地	76 840.810 7	14.753 4	23.035 1	0.193 8	1.067 2	0.000 2

18.3　北京"3.19"尘暴降尘粉尘来源估算

18.3.1　估算过程

依照前节计算方法，逐步计算获得尘源区不同类型地表对北京"3.19"尘暴降尘粉尘、粉尘含盐量的贡献等（表 18.5A、B）。

表 18.5A　已知参数（以"3.19"尘暴为例）

	参数	参数符号	"3.19"尘暴参数值
尘暴降尘-受体	尘暴降尘＜200 目粉尘总量/t	A	554 790.8
	尘暴降尘＜200 目粉尘含盐总量/t	A′	12 871.15
尘暴降尘-供体	干盐湖＜200 目粉尘百分含盐量/%	C1′	8.086
	丘陵＜200 目粉尘百分含盐量/%	C2′	0.116 3
	农耕地＜200 目粉尘百分含盐量/%	C3′	0.274
	沙地＜200 目粉尘百分含盐量/%	C4′	0.019 2
	干盐湖分布面积/km²	S1	3 600
	丘陵分布面积/km²	S2	163 400
	农耕地分布面积/km²	S3	31 000
	沙地分布面积/km²	S4	72 000

表 18.5B　未知参数计算过程（以"3.19"尘暴为例）

步骤	参数	符号	运算公式	参数值
1 步	尘暴降尘粉尘 1 次均分后干盐湖所占粉尘量/t	X1a	X1a=A/4	138 697.700 0
	尘暴降尘粉尘 1 次均分后丘陵所占粉尘量/t	X2a	X2a=A/4	138 697.700 0
	尘暴降尘 1 次粉尘均分后农耕地所占粉尘量/t	X3a	X3a=A/4	138 697.700 0
	尘暴降尘粉尘 1 次均分后沙地所占粉尘量/t	X4a	X4a=A/4	138 697.700 0
2 步	尘暴降尘粉尘 1 次均分后干盐湖所占粉尘含盐量/t	X1a′	X1a′=X1a×C1′	11 215.096 0
	尘暴降尘粉尘 1 次均分后丘陵所占的粉尘含盐量/t	X2a′	X2a′=X2a×C2′	161.305 4
	尘暴降尘粉尘 1 次均分后农耕地湖所占的粉尘含盐量/t	X3a′	X3a′=X3a×C3′	380.031 7
	尘暴降尘粉尘 1 次均分后沙地所占的粉尘含盐量/t	X4a′	X4a′=X4a×C4′	26.630 0
	尘暴降尘粉尘 1 次均分后尘源区地表所占粉尘含盐总量/t	Xa′	X1a′+X2a′+X3a′+X4a′	11 783.063 1
3 步	1 次均分后尘源区地表粉尘含盐总量与实测尘暴降尘粉尘含盐总量差值/t	Δa′	Δa′=A′−Xa′	1 088.086 9
4 步	1 次均分后含盐量差值相对应的粉尘量/t	Δa	Δa=100×Δa′/C1′	13 456.429 6
5 步	2 次分配加入差值粉尘量后的干盐湖粉尘量/t	X1b	X1b=X1a+Δa	152 154.129 6
	2 次分配保持不变的丘陵粉尘量/t	X2b	X2b=X2a	138 697.700 0
	2 次分配保持不变的农耕地粉尘量/t	X3b	X3b=X3a	138 697.700 0
	2 次分配减去差值粉尘量后沙地的粉尘量/t	X4b	X4b=X4a−Δa	125 241.270 4

步骤	参数	符号	运算公式	参数值
6步	尘暴降尘粉尘 2 次分配后干盐湖所占粉尘含盐量 /t	X1b′	X1b′=X1b×C1′	12 303.182 9
	尘暴降尘粉尘 2 次分配后丘陵湖所占粉尘含盐量 /t	X2b′	X2b′=X2b×C2′	161.305 4
	尘暴降尘粉尘 2 次分配后农耕地所占粉尘含盐量 /t	X3b′	X3b′=X3b×C3′	380.031 7
	尘暴降尘粉尘 2 次分配后沙地所占粉尘含盐量 /t	X4b′	X4b′=X4b×C4′	24.046 3
	尘暴降尘粉尘 2 次分配后尘源区地表所占粉尘含盐总量 /t	Xb′	Xb′=X1b′+X2b′+X3b′+X4b′	12 868.566 4
7步	2 次分配后尘源区地表粉尘含盐总量与尘暴降尘粉尘含盐总量差值 /t	Δb′	Δb′=A′-Xb′	2.583 6
8步	2 次分配后含盐量差值相对应的粉尘 /t	Δb	Δb=100×Δb′/C1′	31.951 9
9步	3 次分配加入差值粉尘量后干盐湖粉尘量 /t	X1c	X1c=X1b+Δb	152 156.713 2
	3 次分配保持不变的丘陵粉尘量 /t	X2c	X2c=X2b	138 697.700 0
	3 次分配保持不变的农耕地粉尘量 /t	X3c	X3c=X3b	138 697.700 0
	3 次分配减去差值粉尘量后沙地粉尘量 /t	X4c	X4c=X4b-Δb	125 209.318 5
10步	尘暴降尘粉尘 3 次分配后干盐湖所占粉尘含盐量 /t	X1c′	X1c′=X1c×C1′	12 303.391 8
	尘暴降尘粉尘 3 次分配后丘陵所占粉尘含盐量 /t	X2c′	X2c′=X2c×C2′	161.305 4
	尘暴降尘粉尘 3 次分配后农耕地所占粉尘含盐量 /t	X3c′	X3c′=X3c×C3′	380.031 7
	尘暴降尘粉尘 3 次分配后沙地所占粉尘含盐量 /t	X4c′	X4c′=X4c×C4′	24.040 2
	尘暴降尘粉尘 3 次分配后尘源区地表所占粉尘含盐总量 /t	Xc′	Xc′=X1c′+X2c′+X3c′+X4c′	12 868.769 1
11步	3 次分配后尘源区地表粉尘含盐总量与尘暴降尘粉尘含盐总量差值 /t	Δc′	Δc′=A′-Xc′	2.380 9
12步	3 次分配后含盐量差值相对应的粉尘量 /t	Δc	Δc=100×Δc′/C1′	29.444 2
13步	4 次分配加入差值粉尘量后的干盐湖粉尘量 /t	X1d	X1d=X1c+Δc	152 186.157 4
	4 次分配保持不变的丘陵粉尘量 /t	X2d	X2d=X2c	138 697.700 0
	4 次分配保持不变的农耕地粉尘量 /t	X3d	X3d=X3c	138 697.700 0
	4 次分配减去差值粉尘量后沙地的粉尘量 /t	X4d	X4d=X4c-Δc	125 179.874 3
14步	尘暴降尘粉尘 4 次分配后干盐湖所占粉尘含盐量 /t	X1d′	X1d′=X1d×C1′	12 305.772 7
	尘暴降尘粉尘 4 次分配后丘陵所占粉尘含盐量 /t	X2d′	X2d′=X2d×C2′	161.305 4
	尘暴降尘粉尘 4 次分配后农耕地所占粉尘含盐量 /t	X3d′	X3d′=X3d×C3′	380.031 7
	尘暴降尘粉尘 4 次分配后沙地所占粉尘含盐量 /t	X4d′	X4d′=X4d×C4′	24.034 5
	尘暴降尘粉尘 4 次分配后尘源区地表所占粉尘含盐总量 /t	Xd′	Xd′=X1d′+X2d′+X3d′+X4d′	12 871.144 3
15步	4 次分配后尘源区地表粉尘含盐总量与尘暴降尘粉尘含盐总量差值 /t	Δd′	Δd′=A′-Xc′	0.005 7
16步	尘暴降尘中干盐湖百分粉尘贡献量 /%	X1	X1=X1d×100/A	27.431 3
	尘暴降尘中丘陵百分粉尘贡献量 /%	X2	X2=X2d×100/A	25.000 0
	尘暴降尘中农耕地百分粉尘贡献量 /%	X3	X3=X3d×100/A	25.000 0
	尘暴降尘中沙地百分粉尘贡献量 /%	X4	X4=X4d×100/A	22.563 4
17步	尘暴降尘中干盐湖粉尘百分含盐贡献量 /%	X1′	X1′=X1d′×100/A′	95.607 4
	尘暴降尘中丘陵粉尘百分含盐贡献量 /%	X2′	X2′=X2d′×100/A′	1.253 2
	尘暴降尘中农耕地粉尘百分含盐贡献量 /%	X3′	X3′=X3d′×100/A′	2.952 6
	尘暴降尘中沙地粉尘百分含盐贡献量 /%	X4′	X4′=X4d′×100/A′	0.186 7
18步	干盐湖单位面积粉尘贡献量 /（t/km²）	S1a	S1a=X1d/S1	42.273 9
	丘陵单位面积粉尘贡献量 /（t/km²）	S2a	S2a=X2d/S2	0.848 8
	农耕地单位面积粉尘贡献量 /（t/km²）	S3a	S3a=X3d/S3	4.474 1
	沙地单位面积粉尘贡献量 /（t/km²）	S4a	S4a=X4d/S4	1.738 6
19步	干盐湖单位面积粉尘含盐贡献量 /（t/km²）	S1a′	S1a′=X1d′/S1	3.418 3
	丘陵单位面积粉尘含盐贡献量 /（t/km²）	S2a′	S2a′=X2d′/S2	0.001 0
	农耕地单位面积粉尘含盐贡献量 /（t/km²）	S3a′	S3a′=X3d′/S3	0.012 3
	沙地单位面积粉尘含盐贡献量 /（t/km²）	S4a′	S4a′=X4d′/S4	0.000 3

18.3.2 估算结果

"3.19"尘暴降尘粉尘中，尘源区不同类型地表的贡献量见表18.6。

表18.6 尘源区不同类型地表对"3.19"尘暴降尘组分贡献量结果

地表类型	粉尘贡献量/t	含盐贡献量/t	百分粉尘贡献量/%	粉尘百分含盐贡献量/%	单位面积粉尘贡献量/(t/km²)	单位面积含盐贡献量/(t/km²)
干盐湖	152 186.157 4	12305.772 7	27.431 3	95.607 4	42.273 9	3.418 3
农耕地	138 697.700 0	161.305 4	25.000 0	1.253 2	0.848 8	0.001 0
沙地	138 697.700 0	380.031 7	25.000 0	2.952 6	4.474 1	0.012 3
丘陵	125 179.874 3	24.034 5	22.563 4	0.186 7	1.738 6	0.000 3

小结　本章依据4种不同类型地表的百分粉尘含量和百分含盐量非常稳定的特性，假定北京尘暴降尘物质百分粉尘总量和百分含盐总量，完全由尘源区不同类型地表的百分粉尘量和百分含盐量的贡献量组成，建立尘源区不同类型地表对北京尘暴降尘的估算方法。并尝试应用到"3.19"和"4.16"尘暴中，估算结果表明：干盐湖、丘陵、农耕地和沙地的百分粉尘贡献量分别为27%、25%、25%、23%；百分含盐贡献量分别为95%、1.3%、3.0%、0.2%，单位面积粉尘贡献量分别为25～42 t/km²、0.5～0.8 t/km²、2.7～4.5 t/km²、1.1～1.7 t/km²；单位面积含盐贡献量分别为2.0200～3.4183 t/km²、0.0006～0.001 t/km²、0.0074～0.0123 t/km²、0.0002～0.0003 t/km²。因此，北京尘暴粉尘来源中，干盐湖的作用不可忽视。

下篇　尘暴治理

第19章 基于典型尘暴源地
—— 干盐湖特性的研究

19.1 查干诺尔干盐湖地表风蚀深度的测定及特征

对北京尘暴降尘有着重要贡献的干盐湖地区，究竟每年能被强风吹蚀和带走多少尘量？仍是广大研究者十分关心却一直无法解决的难题。为此，刘艳菊博士主持的国家自然科学基金项目组成员在安固里诺尔和查干诺尔两个干盐湖进行了地表风蚀深度试验。

19.1.1 地表风蚀深度的测定方法

1. 研究方法的选择

某地区风对地面的吹蚀作用强度可通过两种方法获得。第一种方法：在待测区发生尘暴或扬尘时，收集降尘或监测空气中粉尘浓度，并进行计算获得。第二种方法：在待测区地面埋下固定标记，经过相当长的时期后观察固定标记因地面被侵蚀而裸露的深度与被侵蚀面积的大小，计算可得选定地区风吹蚀的强弱程度。第一种方法精度虽然可能会高一些，但费时、费力。第二种方法精度可能会低一点，但省时、省力。因此我们选择后一种方法测定，可暂称之为"埋桩标记法"，或简称为"埋桩法"。

2. 测定区域的选择

多年的调查发现，查干诺尔东部是当地风吹蚀作用最强烈的地区之一（彩图96），因此在这一地区选择较为平坦和一定规模的区域作为测定干盐湖地表风蚀深度的样地相对科学。

3. 桩的材质选择

由于干盐湖盐碱腐蚀作用较强，要求实验用的埋设固定标记必须耐盐碱腐蚀，小竹签廉价易得、又耐盐碱腐蚀，是理想的埋桩材料。实验选择直径较粗的竹筷子作为小竹签，埋桩前事先在签上记上埋竹签的具体时间（图19.1）。

图 19.1　在竹签上标记埋设时的日期

4. 埋竹签的方法

采用"+"形埋竹签法,即在"+"字的 4 个端点和 2 条对角线的交叉点各埋 1 竹签(共 5 竹签,可称 5 点梅花埋竹签法),计作 1 组,4 个端点的竹签间距各为 2 m(图19.2)。与风向垂直和顺风吹蚀方向连续各埋设约 10 组。并将每 1 个竹签垂直向下打入地表,直至竹签顶端位于地表面水平位置(图 19.3)。这种埋竹签的测定方法可以采集到尽可能大的有效面积,且有利于提高测定的精度。

图 19.2　5 点梅花埋竹签法图形

图 19.3　竹签垂直地表埋入至地面水平位置

19.1.2　查干诺尔干盐湖地表风蚀深度的测定结果及特征

2006 年 10 月 23 日埋下竹签后，2010 年 10 月观测，发现竹签已经露出地表 5～6 cm（图 19.4A、B），从中选择表现一致的 4 个竹签进行详细测量，获得高度分别为 6.5 cm、5.5 cm、5.3 cm 和 5.2 cm，平均露出地面的高度为 5.625 cm，年平均风蚀厚度约 1.3 cm。如果风吹蚀区面积以查干诺尔总面积（约 80 km²）的 1/4 计算，即约 20 km²。吹蚀粉尘的密度按 2 t/m³ 计算。则查干诺尔平均每年被风吹蚀的盐碱粉尘大约在 52 万 t。

图 19.4A　查干诺尔干盐湖东头 2006～2010 年风蚀后竹签露出湖面表层（吹蚀的平均深度为 5.625 cm）

图 19.4B　查干诺尔干盐湖东头 2006～2010 年竹签风蚀后露出地表（近照）

19.2　干盐湖盐壳剖面特征及盐壳形成

19.2.1　干盐湖的盐渍化程度

对干盐湖的盐渍化程度分析发现，非盐渍化土地比例仅占总调查土地的 17.0%，另外的 83.0% 的土地达到重盐土、中度盐土、盐渍化和极重盐土的程度，极重盐土达 45.3%（表 19.1 和图 19.5），值得重视。

表 19.1　干盐湖表土盐渍化程度

盐渍化程度	频率	百分比 /%	有效百分比 /%	累积百分比 /%
非盐渍化	9	17.0	17.0	17.0
极重盐土	24	45.3	45.3	62.3
盐渍化	11	20.8	20.8	83.1
中度盐土	1	1.9	1.9	85.0
重盐土	8	15.1	15.1	100.0
合计	53	100.0	100.0	

19.2.2　呼日查干淖尔干盐湖盐壳剖面特征

1. 剖面常温水溶盐含量

呼日查干淖尔干盐湖（43°26′45″N/114°55′43.7″E，海拔 1013 m）人工盐壳剖面，

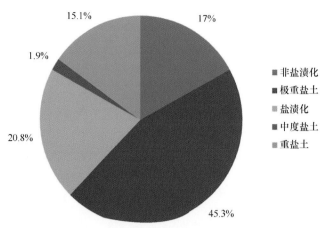

图 19.5 干盐湖表土盐渍化程度比例示意

位于干盐湖之东北湖滨地带，剖面深约 0.4 m，自上而下以每 2 cm 取一个样品，共 20 个剖面土壤样品。剖面样品的常温水溶盐含量（表 19.2 和图 19.6）除个别层（如层号为 3、7、14、15、17）外，随着剖面自上而下，土壤样品水溶盐百分含量则由高变低。顶层（第 1 层）、底层（第 20 层）含盐量相差极大。地表土壤的含盐量最高，高达 32.08%（图 19.6），最顶层含盐量占剖面总盐量的 53.66%，是最底层的 72.51 倍，是长期地表裸露蒸发和晨露雨水后毛细管作用的结果。这部分土样风吹日晒，比重较轻，在春季大风期间，容易起尘，狂风下可以直接搬运到上空，向其他下风向地区输送。虽然随着剖面深度的增加，常温水溶盐含量降低，但依然高出其他地貌类型几十倍，因此，干盐湖的降盐是目前面临的迫切任务。

表 19.2 呼日淖尔干盐湖人工盐壳剖面常温水溶盐分析结果

层号	实测剖面	距地表距离 /cm	水溶盐含量 /%	占剖面总含盐量 /%
1		0～2	32.08	53.66
2		2～4	3.13	5.24
3		4～6	4.68	7.83
4		6～8	1.99	3.33
5		8～10	1.68	2.81
6		10～12	1.58	2.64
7		12～14	1.90	3.18
8		14～16	1.63	2.73
9		16～18	1.62	2.71
10		18～20	1.46	2.44
11		20～22	1.13	1.89
12		22～24	0.84	1.41
13		24～26	0.74	1.24
14		26～28	0.78	1.30
15		28～30	0.81	1.35
16		30～32	1.15	1.92
17		32～34	1.17	1.96
18		34～36	0.50	0.84
19		36～38	0.47	0.79
20		38～40	0.44	0.74

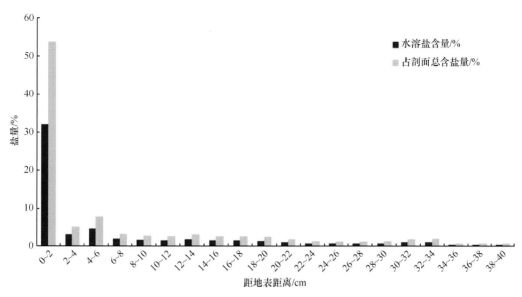

图 19.6 呼日查干淖尔干盐湖实际采样剖面水溶盐含量柱状对比图

2. 小于 200 目粉尘含量

呼日查干淖尔干盐湖粒径小于 200 目的粉尘含量（图 19.7）结果显示：地表土壤样品中小于 200 目的粉尘含量达 87%，极易因风而动，扩大周围盐碱地面积。随着剖面向下，细微粉尘比例越发增大，到 10 ～ 12 m 处达到最高。26 m 深度之下，细微离子比例又开始下降，这时出现沙砾、碎岩块等。这意味着随着盐碱地表土因风蚀作用不断变薄后，其下层逐渐上移，更细微粒径的上移土壤越发容易向外扩散，污染风险更大。因此，加快干盐湖的治理步伐，将有效减弱干盐湖自身的风蚀过程、减缓其对周边土壤盐碱化的侵蚀进程、减轻远距离传输对我国其他地域大气环境的影响。

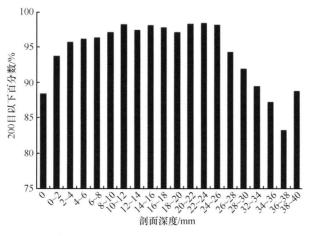

图 19.7 呼日查干淖尔干盐湖剖面样品粒径小于 200 目的粉尘含量

19.3　干盐湖的治理方法探索

19.3.1　干盐湖向草原的转化过程浅析

众所周知，干盐湖由于含盐量太高，既无法种植庄稼、种树，也无法让正常的草原植被生长。因此，对干盐湖治理的目的，除了减少对环境的污染外，还可以通过不断减少干盐湖沉积物含盐量，逐渐使其转化成草原植被能生长的地区。

有两条途径可实现干盐湖向草原的转化。一种完全借助风力对表层盐壳的吹蚀和输送，使干盐湖的含盐量逐年减少，直至满足草原草本植物的生长要求。其缺点是转化过程太慢，需要几百、上千年以至上万年的漫长地质过程，且风力的持续作用会给周围环境带来长期污染影响，优点在于无须投入资金和人力、物力。另一种则采用人工手段去除干盐湖的表层盐壳，则人工干预下的干盐湖含盐量能快速减少，从而可极大缩短干盐湖向草原的转化过程。优点为转化过程速度快、对周边环境污染小，缺点则是需要投入一定量的资金、人力和物力。

19.3.2　干盐湖盐壳形成实验

为了证实干盐湖盐壳形成的真实过程和形成机制，以及采用干盐湖盐壳去除法对干盐湖的治理取得好效果，在室内进行了多次盐壳形成实验。现将实验过程和结果简介如下。

1. 实际干盐湖剖面的盐壳去除法实验

1）实验器材及实验材料

实验用器材为上口径大（23 cm）、下底小（15 cm）、高 40 cm 的圆桶。实验材料采用呼日查干淖尔剖面所采集的 20 个土壤样品，分别制作成 20 层，但在剖面位置上与原剖面按颠倒顺序放置。即原剖面的表层（第一层）放在最下层，依次类推，最顶层为原剖面的最底层，如表 19.3 所示。

2）实验及结果

圆桶剖面制作完成后，加水至淹没全部实验样品。并将样品完全置于自然干燥的条件下，约经 6 个月（自 2013 年 7 月 2 日开始至 2014 年 1 月 2 日）的自然蒸发作用（其间曾 2 次追加灌水）。干燥后最终形成的盐壳，分别取表层盐壳层、中间层和底层 3 个样品。经测定，含盐量：表层为 11.46%，中层为 1.23%，底层为 7.79%（表 19.3 和图 19.8）。充分表明，含盐量高的底层，在表层不断蒸发过程中，由于毛细管的吸附作用，使含盐量逐渐向上迁移，使原本含盐量低的表层的含盐量迅速增加。因此，干盐湖沉积物中的含盐量均集中分布于表层，是剖面底部含盐水通过毛细管吸附作用蒸发的必然结果。因此，如果采用人工去除盐壳方法，一次可减少盐壳剖面总盐量的一半以上。

表 19.3　尘暴尘源区呼日查干淖尔含盐剖面室内实验结果

原剖面距地表距离 /cm	现剖面距地表距离 /cm	实验前剖面含盐量 /%	实验后剖面含盐量 /%	采样位置
38 ～ 40	0 ～ 2	0.44	11.46	上层
36 ～ 38	2 ～ 4	0.47	10.41	
34 ～ 36	4 ～ 6	0.50	9.37	
32 ～ 34	6 ～ 8	1.17	8.32	
30 ～ 32	8 ～ 10	1.15	7.28	
28 ～ 30	10 ～ 12	0.81	6.23	
26 ～ 28	12 ～ 14	0.78	5.18	
24 ～ 26	14 ～ 16	0.74	4.14	
22 ～ 24	16 ～ 18	0.84	3.09	
20 ～ 22	18 ～ 20	1.13	2.05	
18 ～ 20	20 ～ 22	1.46	1.23	中层
16 ～ 18	22 ～ 24	1.62	1.96	
14 ～ 16	24 ～ 26	1.63	2.69	
12 ～ 14	26 ～ 28	1.90	3.42	
10 ～ 12	28 ～ 30	1.58	4.15	
8 ～ 10	30 ～ 32	1.68	4.86	
6 ～ 8	32 ～ 34	1.99	5.61	
4 ～ 6	34 ～ 36	4.68	6.34	
2 ～ 4	36 ～ 38	3.31	7.07	
0 ～ 2	38 ～ 40	32.08	7.79	下层

注：采样位置列所示上层为原底层 38 ～ 40cm 层样品，中层为原距地表 18 ～ 20cm 样品，下层为原底层 0 ～ 2cm 样品。

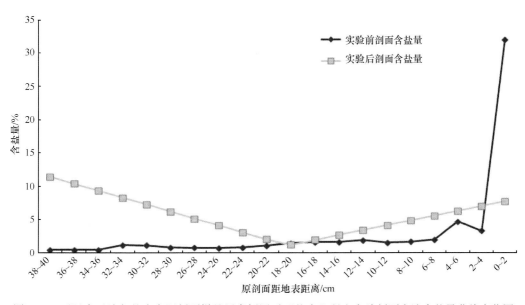

图 19.8　呼日查干淖尔盐壳实际剖面样品层序倒置后"盐壳"释出实验剖面水溶含盐量曲线变化图

当顶层盐壳去除后，由于剖面毛细管的吸附作用，在表层又会逐渐形成新的盐壳。再将新盐壳去除后，又会产生更新的盐壳⋯⋯这样反复进行，剖面的总盐量将逐渐降低。因此，利用人工去除盐壳方法，减少干盐湖沉积物中的含盐量，在能达到治理干盐湖的同时，又能快速促进干盐湖向草原方向转化的目的。

2. 含盐沙土的盐壳去除法实验

1）实验器材及实验材料

实验使用的器材同实验一。实验材料则采用人工配置而成。采用含盐沙土，总重量为 12.08 kg，其中含盐总量为 72.27g，由此计算所得实验样品的百分含盐量为 0.60%。如表 19.4 所示。

表 19.4　室内人工配置含盐沙土表层释出盐量实验结果表

层号	剖面	距表层距离 /cm	剖面层含盐量 /g		剖面层百分含盐量 /%		剖面原含盐总量 /g	剖面释出总盐量 /g	剖面释出总百分含盐量 /%
			实验前	实验后	实验前	实验后			
1	⋯⋯⋯	0～2	7.23	3.85	0.60	0.28			
2	⋯⋯⋯	2～4	7.23	4.93	0.60	0.19			
3	⋯⋯⋯	4～6	7.23	4.45	0.60	0.23			
4	⋯⋯⋯	6～8	7.23	4.57	0.60	0.22			
5	⋯⋯⋯	8～10	7.23	4.21	0.60	0.25	72.3	46.81	64.74
6	⋯⋯⋯	10～12	7.23	4.57	0.60	0.22			
7	⋯⋯⋯	12～14	7.23	4.45	0.60	0.23			
8	⋯⋯⋯	14～16	7.23	4.33	0.60	0.24			
9	⋯⋯⋯	16～18	7.23	4.09	0.60	0.26			
10	⋯⋯⋯	18～20	7.23	3.97	0.60	0.27			

2）实验及结果

将人工配置的百分含盐量为 0.60% 的实验样品，分为 10 份，置于实验用器材之中，然后缓慢加水至将实验样品全被淹没。为了缩短实验时间，实验开始后，增加风扇吹风，加速实验样品的蒸发。每次实验，按实验样品表层形成的盐碱物质的多少，大致可划分为 4 个阶段。即盐壳原始表面形成阶段、岛状盐壳出现阶段、半覆盖盐壳形成阶段和盐壳形成阶段。现分述之：

（1）盐壳原始表面形成阶段：是指样品表面水全部蒸发完后，实验样品表层已经无水存在，也无盐壳产生，如图 19.9A 所示。

（2）岛状盐壳出现阶段：是指随着蒸发的继续，表层相对凸起的部分开始出现泛白色岛状特征，如图 19.9B 所示。

（3）半覆盖盐壳形成阶段：是指随着蒸发继续，盐壳再次不断扩大、岛状盐壳逐渐相互连接，覆盖率占实验样品表面积一半以上，但盐壳尚未将实验样品表面全部覆盖，如图 19.9C 所示。

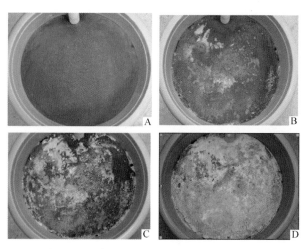

图 19.9　实验二中的盐壳形成过程

A. 盐壳原始表面形成阶段；B. 岛状盐壳出现阶段；C. 半覆盖盐壳形成阶段；D. 盐壳形成阶段

（4）盐壳形成阶段：是指随着蒸发继续，直至白色盐碱几乎全部覆盖表层，形成统一的盐壳，如图 19.9D 所示。

对形成的盐壳取样分析表明，表层盐壳的总盐量为 46.81g，占剖面总盐量的 64.74%。实验后的剖面，按原来 10 层取样进行水溶盐分析结果，由实验前每层的含盐量 7.23 g，经去除盐壳后剖面含盐量自上而下分别为 3.85 g → 4.93 g → 4.45 g → 4.57 g → 4.21 g → 4.57 g → 4.45 g → 4.33 g → 4.09 g → 3.97 g。由实验前每层的百分含盐量为 0.6%，经去除盐壳后剖面百分含盐量自上而下含盐量分别为由 0.28 g → 0.19 g → 0.23 g → 0.22 g → 0.25 g → 0.22 g → 0.23 g → 0.24 g → 0.26 g → 0.27 g（表 19.4 和图 19.10）。说明盐壳的去除，可有效地降低剖面的含盐量。

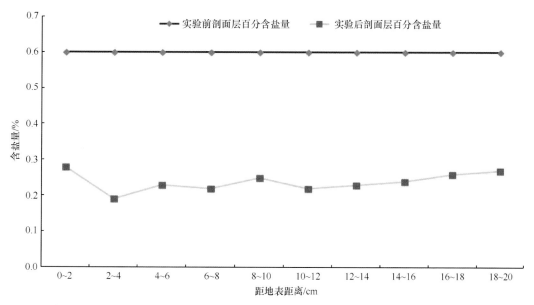

图 19.10　室内人工配置含盐沙土 5 次表层去除"盐壳"后剖面剩余盐量曲线变化图

3.含盐沙土的盐壳去除法的平行实验

1）实验过程

选用的实验器材为一口宽 22 cm 的塑料盆。盆中放入实验二的含盐沙土。含盐沙土的百分含盐量与实验二相同。即为 0.6%。

实验从开始到结束，具体操作和步骤，与实验二完全相同，分别进行 5 次实验。每次实验形成的盐壳，也可分 4 个阶段即盐壳原始表面形成阶段、岛状盐壳出现阶段、半覆盖盐壳形成阶段和盐壳形成阶段，如图 19.11 所示。

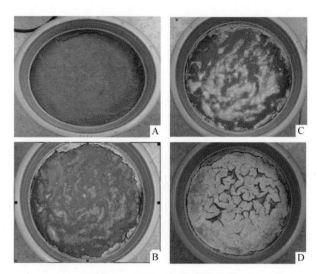

图 19.11　实验三盐壳形成过程
A. 盐壳原始表面形成阶段；B. 岛状盐壳出现阶段；C. 半覆盖盐壳形成阶段；D. 盐壳形成阶段

2）干盐湖盐壳形成实验结果的初步认识

由盐壳形成实验结果可推断以下结论：

（1）干盐湖盐壳的产生，是由于含盐碱沉积物表层，因蒸发和毛细管的吸附作用而产生，是干涸盐渍湖盆区普遍发生的一种地质现象。

（2）人工去盐壳方法是目前所知最有效、最快捷的降低干涸盐渍湖盆区含盐碱量的方法，是促使干涸盐渍湖盆区迅速向草原转化的重要治理方法。

小结　以呼日查干淖尔干盐湖为例，埋签法测定地表风蚀深度计算得到该盐湖年被风吹蚀的盐碱粉尘大约在 52 万 t。随着剖面自上而下，干盐湖土壤样品的水溶盐百分含量相应地由高变低，地表土壤的含盐量最高（达 32.08%）。通过干盐湖剖面盐壳去除实验发现，利用人工去除盐壳方法，可有效地降低剖面的含盐量。估计盐壳去除法是一种在能达到治理干盐湖目的的同时，又能快速促进干盐湖向草原方向转化的理想手段。

第 20 章　浅析北京尘暴与"京津风沙源治理工程"及"三北防护林体系建设工程"的关系

20.1　浅析北京尘暴与"京津风沙源治理工程"的关系

20.1.1　"京津风沙源治理工程"概况

依据资料报道，20 世纪 90 年代以来，京津地区日趋严重的沙尘暴天气不断发生，尤其是 2000 年春季，连续 12 次发生较大的沙尘暴、扬沙和浮尘天气，对京津地区造成严重影响。此阶段沙尘暴天气发生的频率之高、范围之广、强度之大为 50 年来所罕见，引起我国政府有关部门的高度重视。因此，以国家林业局、农业部和水利部等部门联合紧急启动和实施的一项具有重大战略意义的生态建设工程——京津风沙源治理工程（陈佐忠，2001；赵光平等，2000，2004，2006），是以改善和优化京津及周边地区生态环境状况，减轻风沙危害为目的。

"京津风沙源治理工程"是为"固土防沙，减少京津沙尘天气"而制定的"针对京津周边地区土地沙化的治理措施"，是一项具有重大战略意义的生态建设工程。其目标任务是，通过对现有植被的保护，封沙育林，飞播造林、人工造林、退耕还林、草地治理等生物措施和小流域综合治理等工程措施，到 2010 年建设工程完成时，使工程区内可治理的沙化土地得到基本治理，使区内生态环境明显好转，风沙天气和沙尘暴天气明显减少，从总体上遏制沙化土地的扩展趋势，使治理区域范围及京津周围生态环境得到明显改善。

"京津风沙源治理工程"所确定的风沙源范围，西起内蒙古的达尔罕茂明安联合旗，东至内蒙古的阿鲁科尔沁旗，南起山西代县，北至内蒙古的东乌珠穆沁旗，涉及北京、天津、河北、山西及内蒙古 5 省（自治区、直辖市）的 75 个县（旗）。工程区总面积约 45.8 万 km^2，其中沙化土地面积达 10.12 万 km^2，区内总人口数约 1958 万人。

按不同地表类型和地貌特征，"京津风沙源治理工程"的一期工程区域被划分为 4 个治理区，即北部干旱草原沙化治理区、浑善达克沙地治理区、农牧交错地带沙化土地治理区和燕山丘陵山地水源保护区治理区。在林业、农业和水利三方面采取了相应的治理措施，总治理面积达到 222 292 万亩，初步估算的总投资约 558 亿元。

20.1.2　"京津风沙源治理工程"（一期，2001～2012 年）的治理效益

关于"京津风沙源治理工程"，经过第一阶段（2001～2005 年）和第二阶段（2006～

2010年）的工程建设，所取得的成效，已有大量论文和专著进行专门讨论。有的研究者对工程实施10年来进行总体和全面的总结（石莎等，2009；赵国明和裴秀荣，2009；王亚明，2010；高尚玉等，2012），有的则从各区（县）范围实施"京津风沙源治理工程"建设所取得的实际效益进行总结（郭磊等，2006；王晓东等，2010；李沁，2006，2007；张金明和黄翔，2012），有的则进行阶段性总结（赵奎元，2002；王全会，2005；邓桂梅，2007）。尽管不同研究者对"京津风沙源治理工程"效益总结的范围和内容有所不同，但基本上都围绕3个主要方面，即生态效益、经济效益和社会效益等。现简述如下。

1. 生态效益

目前，"京津风沙源治理工程"实施10余年来，无论是整体工程还是不同县（旗）的局部工程，在植被恢复、土壤风蚀、地表释尘、土壤水蚀控制等方面所取得良好的实施效果和生态效益，为多数研究者所肯定（陈晖，2003；陈泽军等，2006；高尚玉等，2012）。工程累计完成治理任务1.67亿亩，占规划任务的54.1%；完成林业项目建设任务5037万亩，占林业规划任务的44.3%。与工程实施前的2000年相比，林草植被盖度普遍提高了近30%，初步形成了区域性生态防护体系，改善了首都及周边地区生态状况，沙尘天气大幅度减少和减弱，北方天气气候有明显好转。首都整体环境质量明显改善，空气总悬浮颗粒物下降48%，密云水库每年减少泥沙输入量2.5万t，沙尘暴正逐渐远离京城等（王会全，2005；钟德军，2009；王立群，2012）。整个京津风沙源区植被平均覆盖度上升，植被盖度低的土地面积逐渐减少，盖度高的土地面积逐渐增加，区内土地具有良好的植被恢复潜力与趋势（王新艳，2005；石莎等，2009；燕楠等，2010）。

"京津风沙源治理工程"实施后，从区域和阶段性治理角度取得的一些具体数据显示的效益如下：

（1）北京市工程营造对减少地表径流和削减泥沙的作用明显，2004～2007年工程营造林地累计固土量为64 814.71 t，累计固定肥力约10 085.2 t（王晓东，2010）。

（2）工程实施的第一阶段，内蒙古正蓝旗增加了可利用的土地价值，2004年沙化土地面积的比重比1998年降低10.9%；森林固碳效益达7 696.1万元；每年增加涵养水源约1 329.75万m^3；新增草地13.34万hm^2，实现生态效益19 572.45万元；固土保肥效益达17 951.69万元等（郭磊等，2006）。

（3）工程实施5年后，山西省共累计完成治理任务60.91万km^2，项目区内的林木覆盖率由治理前的12%提高到20%，每年减少地表土风蚀损失2300万t以上，建成了晋西北地区防风固沙的主体框架，基本构筑起治理京津风沙源的绿色生态屏障（李沁，2006，2007）。

（4）工程实施10年后，蓟县林草资源大幅增加、生态环境质量明显提升。到2008年年底，全县林木覆盖率达到了45%，净增6.6%，气候干旱程度逐渐减弱。沙尘天气由2002年的15次减少到2008年的1次，减少了90%以上（赵国明和裴秀荣，2009）。

（5）工程实施以来，密云县森林覆盖率增加了 10.51%，其中退耕还林增加森林覆盖率 3.55%，退耕地天然坡面径流场产沙量明显低于灌草坡（地）。工程在净化空气、减少风沙危害、保持水土等各方面效益显著（张金明和黄翔，2012）。

"京津风沙源治理工程"专家咨询会明确指出："京津风沙源治理工程"实施以来，植被明显恢复，生态恶化的趋势得到控制，地表起沙得到有效遏制，流动沙丘得到初步治理。连片的生态防护林发挥了调节气候、保持水土、阻挡风沙、遏制土地沙化的作用。专家们一致认为，"京津风沙源治理工程"实施 10 年来，对减轻京津地区的沙尘危害、改善生产生活条件发挥了重要作用（温雅莉，2011）。2004 年 1～5 月，北京市空气总悬浮颗粒物同比 2003 年下降 48%，可吸入颗粒物下降 29%，2005 年大风日数与往年相当，工程区只发生了 2 次沙尘暴，这说明地表起沙得到了有效遏制（李沁，2006，2007）。

2. 经济效益

"京津风沙源治理工程"也取得了良好的经济效益，对内蒙古自治区 11 个、河北省 6 个和山西省 4 个，总共 21 个样本县（占总 75 个样本县的 28%）调查表明，自 2000 年工程实施以来，样本县（旗）农村居民人均纯收入增长 156.75%，收入增长幅度高于同期全国平均水平（王亚明，2010）。正蓝旗因工程实施造成移民的牧民人均收入由 660 元增加到 1800 元（陈玉福和蔡强国，2003；郭磊等，2006；司秀丽，2008）。工程实施至 2005 年，山西省当地农民各项收入累计增加 5.37 亿元，249 万农村人口人均增收 215 元，占同期增加收入的 50% 以上（李沁，2006，2007；李岩，2009；刘炜，2010）。蓟县工程实施 10 年后，林果、旅游等相关产业快速发展，据不完全统计，到 2008 年年底，农民年均增收近亿元（赵国明和裴秀荣，2009；邓桂梅，2007；高立娟等，2007）。北京市工程实施后，固碳释氧价值 101 176.70 万元 /a，占 11.70%；积累营养物质价值 6045.1422 万元 /a，占 0.70%；净化大气环境价值 18 234.63 万元 /a，占 2.11%；森林防护价值 1 686.05 万元 /a，占 0.19%；生物多样性保护价值 218 439.45 万元 /a，占 25.26%；森林游憩价值 25 875.20 万元 /a，占 2.99%. 封山育林和人工造林是水源涵养的主体（累计贡献率为 69.30%），人工造林和配套荒山造林单位面积涵养水源量最高（王晓东等，2010；陈海燕，2010）。

3. 社会效益

"京津风沙源治理工程"对区域社会经济可持续发展起到积极的促进作用（高尚玉等，2012）。正蓝旗京津风沙源治理工程实施后，信息通信便利，就医方便，子女上学条件优越，升学率高，生态移民生产、生活条件、生态环境得到明显改善。文化生活也较以前丰富，对沙源治理工程的认知程度有较大提高（郭磊等，2006）。蓟县农民生产生活条件得到进一步改善，通过修建小水窖、蓄水池，打配水井、装节水管道、配套微滴灌设施等，年增蓄水能力 14.4 万 m^3，大大缓解了农民生产、生活水源紧张状况，受益面积达 1 万 hm^2（赵国明和裴秀荣，2009）。

20.2　北京尘暴与"京津风沙源治理工程"的关系讨论

20.2.1　"京津风沙源治理工程"涉及区域存在的缺陷

"京津风沙源治理工程"的治理方向、治理地区、治理重点的选择和工程方针政策的制定等一系列问题，是一个重大的科学问题，也是关系到国家投巨资能否得到最大回报的重大科学决策问题，深入研究和探讨是十分必要的（彭继平，2007；解国营和贾军合，2009；陈海燕，2010；李永东等，2010）。

自 20 世纪 50 年代以来，绝大多数研究者认为京津地区发生的危害极大的灾害性天气是"沙尘暴"（史培军等，2000；陈广庭，2000；李令军和高庆生，2001；王玮等，2002），明确提出是"尘暴"的研究者凤毛麟角（王赞红，2003a；王赞红和夏正楷 2004；张宏仁，2007）。正是众多研究者在未对北京降尘进行粒度分析确定有无"沙"或"沙"的含量究竟有多少的情况下，认为京津地区发生的是"沙尘暴"，从而把京津风沙源确定为沙漠、沙地（刘晓春等，2002；石广玉和赵思雄，2003；王革丽等，2002；陈玉福和蔡强国，2003；丁国栋等，2004）。但根据尘暴来源研究发现，京津尘暴的重要来源地位于我国西北干旱、半干涸地区，内蒙古的中东部和河北的北部地区，干涸的湖盆盐渍分布面积达 3600 km^2 以上，尽管仅占源区总面积的 1.3%，但仍是京津尘暴降尘量和含盐量贡献最多和最重要的地区。包括内蒙古中东部的锡林郭勒盟、乌兰察布市和河北张北地区等大面积干涸盐渍湖盆区。而"京津风沙源治理工程"的治理范围，主要分布于京津地区的西北和西部地区的北京、天津、河北、山西及内蒙古 5 省（自治区、直辖市）的 75 个县（旗），总面积约 45.8 万 km^2。该工程把人力和物力几乎完全投入到沙漠和沙地的治理，很少涉及干涸盐渍湖盆区，仍存在不可忽视的漏洞缺陷。多年来治理效果良好、沙尘暴降低的评价结果与当年尘源区降水等气候条件相关。当尘暴源区降水量多时，尘暴发生少，就有可能被误认为沙尘暴得到控制。当气象条件不利，北京尘暴难免再次发生，如 2006 年 4 月 16 日和 2010 年 3 月 19 日两次尘暴事件。

干涸盐渍湖盆区面积虽小，但含粉尘量多而厚，能长时间、无限制满足风蚀释尘量的要求，对北京"盐碱尘暴"降尘的贡献量就大，而农耕地、草地、沙漠沙地和山地丘陵，尽管分布面积大，但风暴来临，地表释尘量受到自身粉尘含量低的限制，而无法长时间释尘，对北京"盐碱尘暴"降尘物质的贡献量当然就会少。

20.2.2　干涸盐渍湖盆区治理难度和可能

一方面，由于干涸盐渍湖盆区属于全裸露的盐碱荒漠区，缺水少雨，蒸发量大，土壤含盐碱度高，技术上难于治理。另一方面，作为主管部门，国家林业部门尝试种树，累种累死；农业部门尝试种庄稼、颗粒无收；水利部门无水可灌、束手无策。更缺乏可以借鉴的资料和可依赖的专业人才，于是干涸盐渍湖盆区的治理更难上加难。

但干涸盐渍湖盆区并非不能和无法治理，郑柏峪等利用耐高盐碱植物——碱蓬的种植和对干涸盐渍湖盆区进行的实际调查和研究，已取得对干涸盐渍湖盆区治理的初步成效和经验，为下一步全面治理和研究工作积累了宝贵的资料。今后在京津地区尘暴的治理工作中，需要投入资源治理干涸盐渍湖盆区，以彻底切断尘暴来源。

20.3 北京尘暴与"三北防护林体系建设工程"关系讨论

20.3.1 "三北防护林体系建设工程"概况

依据现有资料，我国防护林建设最早始于 1949 年 4 月，晋西北行政公署发布的《保护与发展林木林业暂行条例（草案）》，这是我国首次正式提到"退耕还林"工作的文件。20 世纪 50 年代始，为抵御和减轻海啸、风暴潮等自然灾害，开始实施改善生态环境和促进工农业生产的"沿海防护工程"，该工程项目北起鸭绿江口，南至北仑河口，覆盖 150 余个县，海岸线长达 18 000 km，总面积 2270 km^2。1989 年启动的"长江中上游防护林工程"，涉及长江流域总面积为 180 万 km^2，占我国国土面积的 20%，人口集中约 3.5 亿（柏方敏等，2010）。

我国西北、华北及东北西部地区（简称"三北地区"），植被遭人为和自然力的作用而受到严重破坏，风沙危害和水土流失现象严重。区内分布的八大沙漠、四大沙地、加上沙漠化土地，总面积达到 149 万 km^2，大于全国耕地面积的总和。流沙埋没城镇、村庄、道路、农田、牧场，严重威胁着铁路、公路、水利设施的安全，据估算每年造成的直接经济损失达 45 亿元人民币。黄土高原水土流失面积占这一地区总面积的90%，在黄河下游的有些地段河床高出堤外地面 3～5 m，成为地上"悬河"。大部分地区年均降水量在 400 mm 以下，形成了"十年九旱，不旱则涝"的气候特点。农业生产低而不稳，木料、燃料、肥料、饲料俱缺，风沙危害、水土流失和干旱所带来的生态危害严重制约着三北地区的经济和社会发展，使各族人民长期处于贫困落后的境地，同时也是构成对中华民族生存发展的严峻挑战。为此，1978 年经国务院批准，实施"三北防护林体系建设工程"，即带、片、网相结合的"绿色万里长城"，也是为实施改变这一地区农牧业生产条件和提高当地人民生活水平的一项重大战略措施（国家林业局，2008）。

三北防护林，地跨东北西部、华北北部和西北大部分地区，规划范围包括新疆、青海、宁夏、内蒙古、甘肃中北部、陕西、晋北坝上地区和东北三省的西部，包括我国北方 13 个省（自治区、直辖市）的 551 个县（旗、市、区），农村人口 4400万，总面积 39 亿亩。建设范围东起黑龙江省的宾县，西至新疆维吾尔自治区乌孜别里山口，约 73°26′～127°50′E，33°30′～50°12′N。东西长 4480 km，南北宽 560～1460 km，总面积 406.9 万 km^2，占国土面积的 42.4%，接近我国的半壁河山。也是居世界上有名的四大生物工程——美国的"罗斯福大草原工程"、苏联的"斯大林改造大自然计划"、北非五国（摩洛哥，阿尔及利亚，突尼斯，利比亚，埃及）的"绿色坝建设"等之首（国家林业局，2008）。

按照总体规划（1978～2050 年），"三北防护林体系建设工程"分 3 个阶段、8 期工程，建设期限 73 年，共需造林 5.34 亿亩。有计划、有步骤地营造防风固沙林、水土保持林、农田防护林、牧场防护林、水源涵养林，以及各种薪炭林、经济林和用材林，使我国三北地区的生态环境得到全面改善。初衷是在生态环境脆弱、气候恶劣的广大"三北"地区建设一座巍巍绿色长城，保护首都和中原地区的安宁。并于 1978 年决定把这项绿色生态工程列为国家经济建设的重要项目，是我国林业发展史上的一大壮举，开创了我国林业生态工程建设的先河。目标任务是使三北地区森林面积由 1977 年的 2 454 $\times$ 10^4 km^2 增加到 6 057 $\times$ 10^4 km^2，森林覆盖率由 5.05% 提高到 14.95%，沙漠化土地得到有效治理，水土流失得到基本控制（张力小，2003），建立起比较完备的森林生态体系和比较发达的林业产业体系，并在此基础上最大限度地为社会经济和人民谋取最佳生态效益（国家林业局，2008）。

20.3.2 "三北防护林体系建设工程"效益

大多数人对"三北防护林体系建设工程"持肯定态度，认为改善了当地生态环境、气候、水土流失、有效保护农田，提高当地百姓生存环境质量、生活水平等（张力小，2003；郭磊等，2006；李沁，2006，2007；孙桂丽等，2007；何婧娜，2008；石莎等，2009；赵国明和裴秀荣，2009；王晓东等，2010；王亚明，2010；高尚玉等，2012；张金明和黄翔，2012）。有人认为，三北防护林体系工程走过的 20 多年历程中，已超额完成了一期（1978～1985 年）、二期（1986～1995 年）工程规划任务（国家林业局，2008）。

1. 生态效益

三北防护林体系工程建设后，土壤风蚀、水土流失控制效果明显，从新疆到黑龙江的风沙危害区有 20% 的沙漠化土地得到有效治理，沙漠化土地扩展速度由 20 世纪 80 年代的 2100 km^2/a 下降到 1700 km^2/a（国家林业局，2008）。甘肃省森林覆盖率由原来的 4.03% 提高到目前的 7.11%，治理风沙口达 470 多处，控制流沙面积约为 18 .67 万 km^2（田原，2004）。陕西省生态环境得到前所未有的转变，沙区表层沙土细粒明显增加，出现结皮层，表层保持水量增加 20% 以上（何婧娜，2008）。辽宁、吉林、黑龙江、北京、天津、山西、宁夏 7 省（自治区、直辖市）结束了沙进人退的历史，重点治理的科尔沁、毛乌素两大沙地森林覆盖率分别达到 20.4% 和 29.1%，不仅实现了土地沙漠化逆转，而且进入综合治理、综合开发的新阶段。赤峰市治理沙化土地 58%；榆林沙区森林覆盖率已由 1977 年的 18.1% 上升到 38.9%，沙化土地治理度达 68.4%。黄土高原 40% 的水土流失面积得到不同程度的治理，辽宁省在辽西低山丘陵区土壤侵蚀模数已由 4500～5000 t 下降到 1500～2191 t，朝阳市水土流失控制面积达到 70% 以上。京津周围地区绿化工程是三北防护林体系的一项重点工程，实施 12 年来，河北省项目区森林覆盖率达到 25.22%，已充分显示出"泽被当地，护卫京津"的效果，使风沙紧逼北京城的状况得到一定程度的缓解，张家口市土壤侵蚀模数已由过去的 5900 t 下降到 1540 t，官厅水库泥沙入库量由 899 t 减少到 235 t，潘家口和密云两大水库泥沙入库量分别减少 20% 和 60%（国家林业局，2008）。

三北防护林的实施对区域气候影响明显,对当地气温、湿度、土壤水分起到很好调节作用,对土壤理化性质的改良、固沙和水土保持、防风等,效益也十分明显,稳定并拓宽了人们的生存空间,促进了社会经济的可持续发展。

2. 经济效益

据专家测定,三北防护林体系建设工程实施后,农田防林的护田增产效益普遍在10%以上,一些风沙危害严重地区高达30%以上。吉林省在松辽平原年均增产效益达53亿斤[①]。黑龙江省护田增产效益15%。新疆农防林使粮食增产16%～29%。牧防林保护了大面积草场,枝叶为畜牧业提供了丰富的饲料资源,牲畜存栏数和畜牧业产值成倍增长(国家林业局,2008)。

截至2005年年底,陕西省"三北地区"直接经济效益中,用材林总价值436 387.41万元、经济林产值超过100亿元、防护林折合人民币868.3亿元、薪炭林总价值达263.2万元、灌木林折合人民2560.0万元、粮食产量年均稳定递增5.4%。截至2005年年底,三北工程间接经济效益中,农田防护林总价值为79 300万元;防风固沙林17 598.3万元。潜在经济效益表明,我国近20年中,森林吸收CO_2的功能明显增强,20年共净吸收约4.5亿t碳(何婧娜,2008)。

3. 社会效益

陕西省三北防护林实施后,社会效益明显。包括薪炭林、用材林、灌木林、草场的"四料俱缺"状况得到改观,促进了社会稳定。提高了空气中氧气的含量、净化了空气、减少了噪声、美化了环境、提高了人们的生活质量。为广大农民增加了就业机会。提高人民生活水平,增加收入。起到了教育宣传的作用,增强了当地居民的环保意识,促进了社会文明进步(何婧娜,2008)。

20.3.3 "三北防护林体系建设工程"存在的问题

也有人指出,三北防护林体系建设工程只是在一定程度、一定时期和特定区域上,改善了农牧区和绿洲的生态环境,遏制了荒漠化的恶性蔓延,在局部地区出现了人进沙退的良好局面。但就造林而言,三北防护林的存活率不高,造林的有关报道中有一半是错误的,成活率仅有40%(张力小,2003)。因大面积营造人工纯林,使树林的生物多样性水平低,成活率很低。规划方面也未注意地域分异规律等(孙桂丽等,2007)。三北防护林建设忽视了西北地区90%以上属于干草原、荒漠草原和荒漠区,绝大部分地区适于旱生草、灌生长,而不利于乔木生存的现实情况,重视林木而轻草、灌,造成防护林带因补水困难或地下水位下降而成片枯萎和死亡;忽视风沙运动是面上起沙尘、从空中飘散输送的规律,对地面进行点的治理,最终只能起到"局部改善"的

[①] 1斤=500g。

作用（石元春，2002）。

20.3.4 北京尘暴与"三北防护林体系建设工程"的关系

三北防护林虽涉及面积极广，但忽视了作为北京尘暴最重要源区的内蒙古中部、河北北部，对于减轻北京尘暴粉尘量的作用则极为有限，虽然从整个区域上对北京尘暴降尘物质来源有所减少，但由于到达北京的粉尘物质是通过高空输送的，再多再高大的树木也无法阻挡数百数千米高空粉尘前进的脚步（国家林业局，2008）。三北防护林建设采取的最重要治理措施是以大量营造林木为主，而北京尘暴最重要源区——干涸盐渍湖盆区的盐碱含量高，难以实施造林技术。

由于三北防护林建设工程涉及面广，建设周期长，如何看待三北防护林建设取得的效益？仍需进一步验证。纵观三北防护林建设工程，不管目前对取得的效益作出何种不同的评价，但是，都无法否认三北防护林建设工程是我国也是世界的一项伟大的绿色生态工程建设。

小结 在京津风沙源确定为沙漠、沙地的研究结论的指导下，"京津风沙源治理工程"和"三北防护林体系建设工程"建设所涉及的范围和所采取的一系列防治措施，均以治沙为主要目的，该工程把人力和物力几乎完全投入到沙漠和沙地的治理，很少涉及干涸盐渍湖盆区，虽已取得了良好的生态、经济和社会效益，且对减轻京津地区的沙尘危害、改善生产生活条件发挥了重要作用。但因工程始终未涉及北京尘暴最重要、最关键的源区 —— 干涸盐渍湖盆区，仍存在不可忽视的漏洞缺陷，当气象条件不利，北京尘暴难免再次发生，如 2006 年 4 月 16 日和 2010 年 3 月 19 日两次尘暴事件。

第 21 章　北京尘暴的治理对策和建议

治理北京尘暴，要从源头开始，这是大家不约而同的共识（李鹏，2002；路明，2003；郑柏峪，2006）。通过对北京尘暴源区的实际调查，和采自不同土地和地貌类型样品进行的多项目分析和测试结果，取得的大量科学数据的分析研究和对比，最终可以肯定，北京尘暴最关键和最重要的源区是干涸的盐渍湖盆区，其次是农耕地和丘陵，与沙漠、沙地的关系不大。参考文献资料（中国科学院地学部，2000；陈昌礼，2001；张望英和谷德近，2002；李继红，2004），结合多年来采用碱蓬治理盐碱地的经验，现提出如下北京尘暴的治理对策和建议。

21.1　北京尘暴的治理对策

实际调查表明，北京尘暴源区由不同类型的地表组成，尽管这些地表类型同处于我国北方干旱和半干旱地区，但在地质构造、地貌、物理、化学、粉尘量和水溶盐含量特征等方面均存在明显不同，从而呈现生态环境的千差万别。只有充分了解不同类型地表特征，才有可能找到行之有效的尘暴源的治理措施（申元村等，2000；祝廷成等，2002；王国倩等，2012），加速北京尘暴源区的现代生态环境的修复工作（邢军武，1993；申元村等，2000；祝廷成等，2002）。现针对 4 种不同类型地表的尘源区的治理措施分述如下。

21.1.1　干涸盐渍湖盆区的治理方案

内蒙古中部分布着大小湖泊千个以上，其中绝大多数属于盐碱湖，随着全球气候向着干旱方向发展，不少湖泊出现干涸。干涸的盐湖表层常形成由白茫茫盐碱物质组成的白色地表荒漠区（彩图 97A、B）。这些水溶性的盐碱物质具强碱性，pH 一般为 7 ~ 8，最高可达 10 以上，具有极大的腐蚀性和毒性，使干盐湖的地表区既无法种草，也无法植树造林，更谈不上种植各种农作物，治理难度极大。有人参考西居延海以淡水灌溉干盐湖取得"成功经验"的启发，萌生利用渤海水改造北方沙漠与遏制北京沙尘暴的设想（霍有光，2002；杜宗阳，2004），却难以实现。通过多年来对干盐湖区的研究成果，特提出如下 4 种治理方法和方案。

1. 盐壳直接去除法 —— 干涸盐渍湖盆区盐碱物质人工直接收集盐壳治理方案

实际调查和取样分析研究结果表明，经过长期毛细管的吸收作用，干涸盐渍湖盆区所含盐碱物质，在秋、冬干旱和大风季节，干盐湖的土壤表层，大部分盐碱物质已集中到干涸盐湖地表面上，形成白茫茫一片的"盐碱壳"。考虑到该区干盐湖与咸海干涸的治理有所区别（毛汉英，1991），采取治理的方法也应有所不同。前面有关章节研究结果表明，干盐湖的盐碱壳的盐碱含量极高，常是下部的数十、数百倍，并且自盐碱壳向下，盐碱含量逐渐递减。且表层盐壳在经过人工收集后，下部盐碱物质通过毛细管的吸附作用，很快又会在表层形成新的盐壳。通过再收集→再形成……反复多次后，干盐碱湖沉积层下部含盐碱量能得到迅速减少。盐壳与土层之间界线分明，很容易剥落和收集，采用机械收集更为方便和快速。因此，采用人工方法收集干盐湖地表面上白色盐碱壳物质，不但可以达到最迅速、最有效、最大限度地减少干盐湖盐碱度，达到最快速度向草原转化的目的。同时这些大量白色盐碱物质也是很好的化工原料和矿产资源，可作为当地进行产业化开发、利用和推广的重要资源，以促进当地牧民的经济自然转型，又能达到治理尘源区的目的。

2.生态修复法——人工种植高耐盐碱碱蓬植物生态修复方案

碱蓬（学名：*Suaeda glauca*（Bunge）Bunge），为藜科碱蓬属一年生草本植物，茎直立，圆柱形，株高 30 ～ 100 cm。碱蓬嫩苗俗称为"狼尾巴条"、又称为海英菜、碱蒿、盐蓬、碱蒿子、盐蒿等，别名有老虎尾、和尚头、猪尾巴等。碱蓬喜高湿环境，茎叶肉质，叶内储有大量含盐碱物质的水分，故能忍受暂时的干旱。种子的休眠期很短，遇上适宜的条件便能迅速发芽出苗生长，具有耐盐碱、耐贫瘠、少病虫害的特性，人工播种能有效覆盖裸露的盐碱地面，达到增加地表粗糙度、降低风速减少起尘的目的。经初步研究和测定，这种方法不足之处在于耐盐碱植物对地面表层盐碱化程度有一定的条件要求，过高（彩图 98）或过低的盐碱度都不宜生长。且在夏季降雨过多时，雨水长时的浸泡极易造成碱蓬死亡。

采用人工播种碱蓬植物控制干盐湖粉尘的探索工作，最早由宋怀龙和郑柏峪于 2002 年发起和实施，经过多年的艰苦努力，以及韩国现代汽车行业的大力支持下，取得令人满意的效果，碱蓬长势喜人（彩图 99 ～彩图 101），对减少干涸盐湖区起尘起到良好作用。经实地初步测定，在风力为 7.07 m/s 的情况下，对距地表 2 cm 高度处进行风力测定以判断碱蓬种植的效果，发现在无碱蓬生长区的地表 2 cm 高度处的风力可达 3.80 m/s，而在人工种植碱蓬区地表同一高度处风速仅约 0.70 m/s，碱蓬的种植可使风速降低约 7/38，风速的降低无疑降低了激起地表粉尘的动力，降低风对盐碱地地表的侵蚀作用。同时，人工种植碱蓬还可增加地表湿度，减少地表蒸发量，降低土壤的 pH，还可截流风沙，据测定每平方米碱蓬群落可截流风沙约 26.50 km（黄丽鹏，2012）。

据相关资料研究表明，碱蓬具有极高的经济价值。嫩叶可用作蔬菜，直接为人食用，能清热解毒，能降低胆固醇、降血压，对高血压、糖尿病均有很好疗效，还具有减肥功效，也是治疗肝炎的主要中药，其所含的生物碘和 β 胡萝卜素是母乳中对婴儿提供长期生长所必需的重要成分之一。深加工技术获得的碱蓬籽油是一种优质保健油，其脂肪成分中亚油酸含量高达 70% 以上，高于其他常用食用油，与亚油酸含量最高的红花籽油相当，是制备共轭亚油酸的极好材料。共轭亚油酸是一类含共轭双键的 18 碳脂肪酸的总称，具有抗癌、降低胆固醇、增强肌体免疫能力和防治糖尿病等作用，受到世界各国医学界和营养学界的高度重视与推崇，它的研究开发都具有重要的意义。

可见，在适合碱蓬生长的干涸盐渍湖盆区，进行人工播种碱蓬植物不但对干涸盐渍湖盆区是一项良好的治理方法和方案，同时为当地的经济发展提供新的契机。因此，采用高耐盐碱的碱蓬植物进行干盐湖的修复和治理，也是一项值得进一步研究和推广的好方法。进行人工播种时，可考虑选择在干盐湖上风的西北方向首先播撒种子，促使其生长发育，等到了秋、冬季节种子成熟后，在西北风的吹蚀下，种子向着西南方向输送，在自然条件下使碱蓬种植面积不断扩大，可以大大节省人力、物力。

3. 咸雨水收集利用的治理方法和方案

北京尘暴尘源区降雨量，一般可达 300 ～ 400 mm，夏季干盐湖形成大量雨水（暂称"咸雨水"）积存局面。咸雨水中含有大量的盐碱物质（彩图 102），是其危害大、难治理的关键所在。野外实际采样分析结果表明，咸雨水的常温水溶盐含量较盐碱地低，一般在 0.2% ～ 1%，完全有可能用作咸水植物和动物养殖之用的无污染天然优质咸水，为当地有关产业发展提供优质咸水源，又能减少干盐湖的盐碱度，达到对干盐湖治理的目的，同时还保证碱蓬的正常生长，可谓"一箭三雕"。

最简单的"咸雨水收集利用法"，可通过架设管道，用水泵人工抽取咸雨水存储于人工建造的地表储水池，作为种植和养殖业之用（彩图 103）。

4. 地下咸水抽取治理方法和方案

实际调查和样品分析结果表明，干盐湖底有相当数量地下咸水存在，其含盐量较高，多在 5% 左右。在干盐湖表层不断蒸发过程中，这些地下咸水会通过毛细管向上不断输送、补充表层土壤的盐碱成分，因此，通过抽取干盐湖的地下咸水，既可保证盐湖表层淡化的成果，同时也可将这些高含盐量的咸水经过晾晒成干盐碱后，作为化工原料，或用作调配咸水进行动物养殖、植物种植业之用的无污染天然咸水材料。

具体操作时，采用人工方法抽取干盐湖地下咸水，可以与"咸雨水"抽取工程结合实施（图 21.1），即将抽水口加深至地下含水层抽取地下咸水。这样可以截断地下咸水对干盐湖表层不断供应碱水物质的途径，保证和巩固采用盐壳物质直接去除方案、生态修复方案和咸雨水治理方案所取得的成果，以达到保证治理取得良好效果的目的。

21.1.2　丘陵的治理方法和方案

丘陵，包括山地和部分高山草地及草甸等，是尘源区分布面积最大的地区，约占尘源区总面积（27 万 km^2）的 60.52%。由于尘源区地处干旱半干旱和大陆性气候地区，风化作用主要为物理风化，化学风化作用极微弱，在山地、丘陵裸露的岩石下风化产物主要为碎屑物质，粉尘物质极少。三北防护林建设和"京津风沙源治理工程"多年来的实践表明，封山育林对山地、丘陵的治理，已取得较好效果（彩图 104A、B）。证

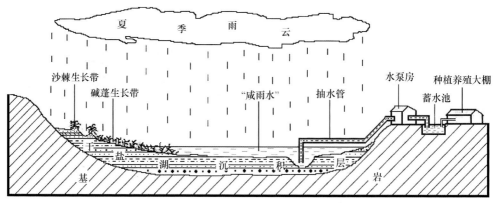

图 21.1 干盐湖"咸雨水"综合利用示意剖面图

明这样的治理方法是最有效、最经济的方法。在极度强烈人为过度破坏区，适当增加人工飞播育林，也能取得很好效果。

21.1.3 农耕地的治理方法和方案

这里指的农耕地，包括撂荒地、退化草地、沙化土地等。2002 年，我国启动的"京津风沙源治理工程"项目中，重点就是对农耕地、撂荒地、退化草地、沙化土地等进行治理的，有关资料十分丰富。采取的方法和方案多种多样，如退耕还林、植树造林、退耕还草、围封草场等。经过多年的努力，对于改善当地百姓的生存环境和条件已显现出很好效果。

21.1.4 沙地的治理方法和方案

对沙地、沙漠的治理，长期以来主要关注一些严重危害交通、农田和村庄等的沙地和沙漠的治理。经过多年的摸索已形成一套行之有效的方法和方案，在有关著作中有大量叙述，也是野外实际调查中看到成效最显著的，如库布齐沙漠流动沙丘经初步治理后，部分流动沙丘已开始向半固定沙丘转化；浑善达克沙地经多年围封治理后，大多流动沙丘已转化成半固定和固定沙丘（彩图 83；彩图 105）。表现为，流动沙丘表层局部开始长草或灌木，尤其是流动沙丘的前沿，植被生长更好，无论是实地调查结果还是在卫星像片上都有明显显示（彩图 106A、B）。

21.2 北京尘暴的治理建议

针对上述的大量实地调查及分析测试取得的大量数据，和以往多年来采用碱蓬植物的治理经验总结及 20 世纪 50 年代至今半个多世纪以来对北京尘暴治理的成果和经验、教训的基础上，对北京尘暴尘源区的治理，要主次分明，分清主要源区和次要源区。不同类型地表源区，采取不同的治理方法和方案，以最小的投入，达到最大的治理效果，加速北京尘暴源区的现代生态环境的修复工作。为此，提出如下建议，供参考和讨论。

1. 主次分明相结合

由于干盐湖中盐碱物质（常温水溶盐物质）的存在，既无法种草，也无法植树造林，目前条件下因无足够量的水去灌溉而难以得到有效治理。为此建议：以治理干涸盐渍湖盆区为重点，兼顾农耕地、丘陵和沙地，才能收到良好治理效果。

2. 治理与产业化相结合

采用碱蓬覆盖干盐湖进行现代生态环境修复达到治理目的的同时，利用碱蓬植物及其种子的经济价值，进行产业化开发利用，使当地百姓得到实惠，促使当地经济发展的自然转型，使治理工作持续和治理效果得到巩固和发展。

3. 综合治理与综合利用相结合

在采用咸雨水治理时，利用咸雨水与当地开展咸雨水的种植和养殖业相结合（如咸水蔬菜的种植和螺旋藻养殖、对虾养殖等），促进当地经济自然转型，解决治理工作资金短缺和使治理得到不断扩展。采用干盐湖盐碱物质直接收集方案和地下咸水抽取方案治理时，与发展当地相关化工业产业或资源开发利用产业相结合，发展当地社会经济，促进当地经济发展自然转型。

4. 重视干涸盐渍湖盆区生态环境保护和尘源区地表及地下水的合理利用

干涸盐渍湖盆区涵养源区生态环境的保护和人工恢复湿地工作的同时，对全流域地表水和地下水资源进行科学有效的限量开发利用和管控，将对恢复干涸盐渍湖盆区的原本良好的生态环境起到良好作用。

5. 加强人工降雨、降雪

北京尘暴的发生，是"水"与"土"之间的矛盾。"水"是"土"（或尘）的克星。保持尘源区地表一定的湿度环境是抑制北京尘暴发生的关键。因此，在尘暴多发季节，尽可能在尘源区增加人工降雨、降雪作业，增加地表湿度，改善河流水系流量和面积，增加水库蓄水量，达到有效防治尘暴发生发展的目的，最大可能减少对京津地区的危害。

小结　我国已在对丘陵、农耕地和沙地治理方面积累了丰富经验并取得了卓越成效，继续保持其成果的可持续性则可。而对干涸盐渍湖盆区，或称为盐碱荒漠区的治理工作，是目前世界性难题。经过自 2002 年以来，对北京尘暴源区的干涸盐渍湖盆区的治理问题的不断实践和深入调查研究，已形成多种治理方法和方案，如盐壳直接去除法、生态修复法、咸雨水收集利用法、地下咸水抽取法，综合各种手段效果会更好。

参 考 文 献

白侔洁, 宋洋. 2003. 浅谈沙尘暴的成因、危害及其防治措施. 黑河科技, (2): 103-105.

白海云. 2013. 锡林郭勒盟一次强沙尘暴天气成因. 农业开发与装备, (5): 48, 99.

白静, 刘旭, 杜文娟, 等. 2013. 呼和浩特市近40年沙尘暴特征分析. 内蒙古农业科技, (3): 92-93.

柏方敏, 戴成栋, 陈朝祖, 等. 2010. 国内外防护林研究综述. 湖南林业科技, 37(5): 8-14.

鲍士旦. 2008. 土壤农化分析(第三版). 北京: 中国农业出版社.

北京晚报. 2006. 沙尘在北京滞留5天, 造成6年来污染之最. 北京晚报, 2版. 2006-4-11.

毕列爵, 胡征宇. 2005. 中国淡水藻志. 北京: 科学出版社.

卞学昌, 张祖陆. 2003. 我国沙尘暴产生的原因、危害及防治对策. 国土与自然资源研究, (2): 60-61.

蔡忠兰, 孙宏义, 董海涛, 等. 2013. 1955-2011年兰州沙尘暴、浮尘天气事件发生概率的Markov模型研究. 冰川冻土, 35(2): 364-368.

常兆丰, 王耀琳, 韩福贵, 等. 2012. 沙尘暴发生日数与空气湿度和植物物候的关系——以民勤荒漠区为例. 生态学报, 32(5): 1378-1386.

陈昌礼. 2001. 海水西调与我国沙漠和沙尘暴的根治. 中国工程科学, 3(10): 13-21, 27.

陈甫华, 杨可莲, 刘伟. 1999. 大气重金属在天然湖水表面微层的迁移研究. 南开大学学报: 自然科学版, 32(1): 119-123.

陈广庭. 2000. 北京沙尘暴史及治理对策. 科学对社会的影响(中文版), (04): 31-36.

陈广庭. 2001. 近50年北京的沙尘天气及治理对策. 中国沙漠, 21(4): 402-407.

陈广庭. 2002. 北京强沙尘暴史和周围生态环境变化. 中国沙漠, 22(3): 210-213.

陈海燕. 2010. 对北京市京津风沙源治理工程建设的几点思考. 林业资源管理, (2): 16-19.

陈晖. 2003. 经济学视野中的沙尘暴治理问题. 云南财贸学院学报(社会科学版). 18(5): 25-26.

陈静, 许彦慧, 蔡文玮. 2011. 内蒙古中西部地区一次沙尘暴天气的动力诊断. 干旱气象, 29(3): 330-335.

陈磊, 顾润源, 姜学恭, 等. 2013a. 内蒙古中西部一次强沙尘暴天气过程的诊断分析 I ——背景场分析. 干旱区资源与环境, 27(1): 137-141.

陈磊, 顾润源, 姜学恭, 等. 2013b. 内蒙古中西部一次强沙尘暴天气过程的诊断分析——物理量场分析. 干旱区资源与环境, 27(2): 89-96.

陈司, 李一楠, 2010. 沙尘暴的成因及防治对策浅析. 生态与环境, (14): 171, 292.

陈霞, 魏文寿, 刘明哲, 顾光芹, 安月改. 2012. 塔克拉玛干沙漠腹地沙尘气溶胶对低层大气的加热效应. 气象学报, 70(6): 1235-1246.

陈玉福, 蔡强国. 2003. 京北浑善达克沙地荒漠化现状、成因与对策. 地理科学进展, 22(04): 353-359.

陈泽军, 邓文靖, 陈新庚. 2006. 控制大气颗粒物的经济效应预测研究. 环境污染与防治, 28(12): 934-937.

陈志刚, 周坚华. 2010. 植被覆盖度与沙尘暴形成条件分析. 生态环境学报, 19(4): 870-876.

陈佐忠. 2001. 沙尘暴的发生与草地生态治理. 中国草地, 23(3): 73-74.

成天涛, 吕达仁, 陈洪滨. 2005a. 浑善达克沙地沙尘气溶胶的粒谱特征. 大气科学, 29(1): 147-153.

成天涛, 吕达仁, 陈洪滨, 等. 2005b. 浑善达克沙地沙尘气溶胶的物理化学特性. 科学通报, 50(5): 469-472.

成天涛, 吕达仁, 徐永福. 2006a. 浑善达克沙地起沙率和起沙量的估计. 高原气象, 25(2): 236-241.

成天涛, 吕达仁, 于兴娜. 2006b. 浑善达克沙地沙尘气溶胶的化学元素组成及含量. 过程工程学报, 6(2): 100-104.

程凯. 2007. 噬藻体PP种群动力学和淡水浮游病毒生态学研究. 中国科学院研究生院(武汉病毒研究所)微生物学(专业)博士论文.

仇立慧, 庞奖励. 2003. 中国北方沙尘暴研究进展. 宝鸡文理学院学报(自然科学版), 23(2): 158-160.

崔桂凤, 苟学义, 银山, 姜淑琴, 孙万仙, 王轶博. 2010. 鄂尔多斯市春季大风、沙尘暴变化特征与高原季风的关系. 内蒙古师范大学学报(自然科学汉文版), 39(2): 191-197.

戴海夏, 宋伟民, 高翔. 2004. 上海市A城区大气PM_{10}、$PM_{2.5}$污染与居民日死数的相关分析. 卫生研究, 33(3): 293-297.

戴树桂. 1997. 环境化学. 北京: 高等教育出版社.

邓桂梅. 2007. 河北省京津风沙源治理工程综合效益评价研究. 河北农业大学硕士学位论文.

狄潇泓, 张新荣, 刘新伟, 等. 2014. 甘肃省两次强沙尘暴天气对比分析. 干旱气象, 32(1): 81-86.

刁鸣军, 王树森, 罗于洋, 等. 2013. 内蒙古通辽市沙尘暴发生规律. 中国水土保持科学, 11(6): 23-27.

丁国栋, 蔡京艳, 王贤, 等. 2004. 浑善达克沙地沙漠化成因、过程及其防治对策研究——以内蒙古正蓝旗为例. 北京林业大学学报, 26(4): 15-19.

丁凯, 刘吉平. 2011. 近50年中国北方沙尘暴空间分布格局的动态变化研究. 干旱区资源与环境, 25(4): 116-120.

丁瑞强, 王式功, 尚可政, 等. 2003. 近45 a我国沙尘暴和扬沙天气变化趋势和突变分析. 中国沙漠, 23(3): 306-310.

董建林, 邹受益, 邹立杰. 2012. 内蒙古自治区沙尘暴的分布特征及其影响因素分析. 干旱区资源与环境, 26(5): 67-72.

杜恒俭. 1981. 地貌学及第四纪地质学. 北京: 地质出版社.

杜宗阳. 2004. 准噶尔盆地短命植物降低沙尘暴危害. 草业科学, 21(9): 7.

段海霞, 李耀辉. 2007. 2006年北京一次持续浮尘天气过程的分析. 干旱气象, 25(3): 48-53.

段海霞, 李耀辉. 2014. 2013年春季沙尘天气特征及其成因. 干旱气象, 32(3): 359-365.

段海霞, 李耀辉, 蒲朝霞, 等. 2013a. 高空急流对一次强沙尘暴过程沙尘传输的影响. 中国沙漠, 33(5): 1461-1472.

段海霞, 赵建华, 李耀辉. 2013b. 2011年春季中国北方沙尘天气过程及其成因. 中国沙漠, 33(1): 179-186.

段魏魏, 娄恺, 曾军, 等. 2012. 塔克拉玛干沙尘暴源区空气微生物群落的代谢特征. 环境科学, (1): 26-31.

方翔, 郑新江, 陆均天, 等. 2002. 2002年春季北京沙尘天气成因及源地分析. 国土资源遥感, (4): 17-22.

方修琦, 李令军, 谢云. 2003. 沙尘天气过境前后北京大气污染物质量浓度的变化. 北京师范大学学报(自然科学版), 39(3): 407-411.

方治国, 欧阳志云, 胡利蜂, 等. 2005. 北京市三个功能区空气微生物中值粒径分布特征. 生态学报, 25(12): 3220-3224.

方宗义, 王炜. 2003. 2002年我国沙尘暴的若干特征分析. 应用气象学报, 14(5): 513-521.

冯晓红. 2002. 浅析沙尘暴的危害及防治对策. 科技情报开发与经济, 12(1): 105-117.

高辉, 刘芸芸, 王勇. 2012. 冬季风异常对中国春季北方沙尘日数的影响. 高原山地气象研究, 32(1): 18-21.

高立娟, 倪守斌, 王充贵. 2007. 张家口市京津风沙源治理工程效益调查. 河北金融, (10): 44-46.

高尚玉, 张春来, 邹学勇, 等. 2012. 京津风沙源治理工程效益. 北京: 科学出版社.

高卫东, 姜巍. 2002. 塔克拉玛干沙漠西部和南部沙尘暴的形成及危害. 干旱区资源与环境, 16(3): 64-70.

勾芒芒, 戴晟懋, 李钢铁, 等. 2008. 我国的沙尘暴及防治问题探讨. 内蒙古林业科技, 34(3): 40-44.

顾佳佳. 2013. 2013年3月8~10日沙尘暴个例分析. 河南省气象学会2013年年会论文集. 郑州, 河南省气象学会主办2013.12.1, 64-71.

顾正萌, 郭烈锦. 2003. 沙粒跃移运动的动理学模拟. 中国工程热物理学会多相流学术会议论文集. 昆明, 中国工程热物理学会2003.10.1, 333-341.

郭发辉, 郝京甫, 宣捷. 2002. 北京风沙天气基本特征. 气象, 28(8): 51-53.

郭磊, 陈建成, 王顺彦. 2006. 正蓝旗京津风沙源治理工程综合效益评价. 经济研究参考, (30): 39-44.

郭萍萍, 殷雪莲, 刘秀兰, 等. 2011. 河西走廊中部一次特强沙尘暴天气特征及预报方法研究. 干旱气象, 29(1): 110-115.

国家林业局. 2008. 三北防护林体系建设30年发展报告(1978—2008). 北京: 中国林业出版社.

海显莲. 2011. 2010年两次强沙尘暴期间地面气象要素变化对比分析. 干旱区资源与环境, 25(10): 104-108.

韩国慧, 庄国顺, 孙业乐, 等. 2005. 北京大气颗粒物污染本地源与外来源的区分——元素比值Mg/Al示踪法估算矿物气溶胶外来源的贡献. 中国科学: B辑, 35(3): 237-246.

韩兰英, 张强, 郭铌, 等. 2012. 中国西北地区沙尘天气的时空位移特征. 中国沙漠, 32(2): 454-457.

韩力慧, 庄国顺, 孙业乐, 等. 2005. 北京大气颗粒物污染本地源与外来源的区分. 中国科学B辑化学, 35(3): 237-246.

韩同林. 1987. 西藏活动构造. 北京: 地质出版社.

韩同林. 1991. 青藏大冰盖. 北京: 地质出版社.

韩同林. 2006. 火星地貌与地质. 北京: 地质出版社.

韩同林. 2008a. 质疑京津地区"沙尘暴". 中国减灾, (1): 24-25.

韩同林. 2008b. 京津地区沙尘暴与盐碱尘暴浅析. 科学, 60(1): 46-49.

韩同林, 林景星, 王永, 等. 2007. 京津地区"沙尘暴"的性质和治理——以北京2006年4月16日的尘暴为例. 地质通报, 26(2): 117-127.

韩秀云. 2003. 我国北方地区沙尘暴的危害现状及防治措施. 水土保持学报, 17(3): 167-169.

郝璐, 穆斯塔发. 2012. 新疆绿洲区沙尘暴变化特征及气象因子影响分析. 干旱区资源与环境, 26(8): 130-134.

郝志邦. 2013. 沙尘暴的主因不是沙——谈粉煤灰对沙尘暴的影响. 粉煤灰综合利用, (5): 55-56.

何婧娜. 2008. 陕西省三北防护林体系工程建设与发展研究. 西北农林科技大学硕士学位论文.

何清. 1997. 浮尘天气及其评价. 新疆气象, 20(3): 23-25.

何清, 赵景峰. 1997. 塔里木盆地浮尘时空分布及对环境影响的研究. 中国沙漠, 17(2): 119-126.

何晓红, 次仁德吉, 林志强. 2007. 拉萨一次浮尘天气过程分析. 气象, 33(9): 69-73.

胡海华, 吉祖稳, 曹文洪, 等. 2006. 风蚀水蚀交错区小流域的风沙输移特性及其影响因素. 水土保持学报, 20(5): 20-47.

胡金明, 崔海亭, 唐志尧. 1999. 中国沙尘暴时空特征及人类活动对其发展趋势的影响. 自然灾害学报, 8(4): 49-56.

胡敏. 2002. 沙尘暴的另类思考. 中国经济信息, (8): 1.

胡星明, 王丽平, 毕建洪. 2008. 城市大气重金属污染分析. 安徽农业科学, 36(1): 302-303.

黄丽鹏. 2012. 碱蓬栽培对内陆盐碱干湖盆治理的生态效益分析——以内蒙古阿巴嘎旗呼日查淖尔湖为例. 内蒙古师范大学硕士学位论文.

黄淼, 方莉, 佟彦超, 等. 2008. 东北亚地区沙尘暴监测合作机制研究. 中国环境监测, (3): 47-51.

黄维, 张宁, 牛耘. 1998. 西北地区沙尘暴的危害及对策. 干旱区资源与环境, 12(3): 83-88.

霍文, 杨青, 何清, 等. 2011. 新疆大风区沙尘暴气候特征分析. 干旱区地理, 34(5): 753-761.

霍有光. 2002. 西调渤海水改造北方沙漠与遏制北京沙尘暴. 世界科技研究与发展, 24(2): 44-52.

贾振杰. 2011. 中国北方沙尘暴时空变化特征研究. 北京师范大学硕士学位论文.

江远安, 魏荣庆, 王铁, 等. 2007. 塔里木盆地西部浮尘天气特征分析. 中国沙漠, 27(2): 301-306.

金昱, 郭新彪, 黄雪莲, 等. 2004. 沙尘暴颗粒物对人肺成纤维细胞的细胞毒性研究. 环境与健康杂志, 21(4): 199-201.

京华时报. 2006. 北京昨"下土"超30万吨降尘量占全年总量10%. 2006-04-18.

荆俊山, 傅刚, 陈栋. 2008. 北京市大气悬浮颗粒物TSP和PM_{10}的季节变化特征. 中国海洋大学学报(自然科学版), 38(4): 539 -541.

科学时报. 2006. 北京刮的是盐碱尘暴, 不是沙尘暴. 2006.11.24. http://www.cas.cn/ xw/kjsm/gndt/200611/ t20061124_1002992.shtml

雷建顺. 2012. 和田沙尘暴天气对飞行活动的影响. 科技传播, (1): 73-74.

黎力群. 1986. 盐渍土基础知识. 北京: 科学出版社: 54-62.

李安春, 陈丽蓉, 王丕诰. 1997. 青岛地区一次浮尘过程的来源及向海输尘强度. 科学通报, 42(18): 1990-1992.

李栋栋. 2014. 沙尘暴对人体健康的影响及防治措施. 第十届海峡两岸沙尘与环境治理学术研讨会论文集. 甘肃武威, 甘肃省科协, 内蒙古科协, 台湾蒙藏基金会, 武威市科协. 2013.7.12: 197-199.

李锋. 2007. 中国北方沙尘源区铅同位素分布特征及其示踪意义的初步研究. 中国沙漠, 27(5): 738-744.

李锋. 2009. 沙尘暴物质来源的研究进展综述. 林业资源管理, (1): 101-106.

李红军, 杨兴华, 王敏仲, 等. 2012. 塔里木河流域沙尘暴变化的多尺度特征研究. 干旱区资源与环境, 26(10): 77-83.

李红英, 高振荣, 许东蓓, 等. 2013. 一次区域性强沙尘暴天气物理量诊断分析. 干旱区资源与环境, 27(7): 134-141.

李虎, 高俊峰, 王晓峰, 等. 2005. 新疆艾比湖湿地土地荒漠化动态监测研究. 湖泊科学, 17(2): 127-132.

李继红. 2004. 关于沙尘暴及生态治理的思考. 河南气象, (3): 5-7.

李锦荣. 2011. 基于RS和GIS的沙尘暴灾害风险评价研究——以内蒙古锡林郭勒盟为例. 北京林业大学博士学位论文.

李锦荣, 高君亮, 郭建英, 等. 2013. 半干旱草原区沙尘暴灾害承灾体脆弱性动态变化分析. 水土保持研究, 20(5): 113-118.

李晋昌, 董治宝, 钱广强, 等. 2010. 中国北方不同区域典型站点降尘特性的对比. 中国沙漠, 30(6): 1269-1277.

李晋昌, 康晓云, 张彩霞. 2012. 塔克拉玛干沙漠近48年起尘速率变化趋势分析. 中国环境科学, 32(1): 43-47.

李亮, 李健军, 王瑞斌, 等. 2013. 2005—2010年沙尘天气影响我国城市环境空气质量分析. 中国环境监测, 29(3): 16-19.

李令军, 高庆生. 2001. 2000年北京沙尘暴源地解析. 环境科学研究, 14(2): 1-3.

李明玉. 2002. 浅谈沙尘暴的缘起与西部沙化生态环境的治理. 延边大学学报(自然科学版), 28(1): 58-60.

李鹏. 2002. 张家口市治理沙尘暴的思路及基本对策. 河北建筑工程学院学报, 20(1): 69-70.

李强. 2013. 新疆近40年气候变化与沙尘暴趋势分析. 新农村(黑龙江), (2): 97.

李沁. 2006. 山西省京津风沙源治理成效与发展对策. 林业建设, (05): 36-38.

李沁. 2007. 山西省京津风沙源治理工程模式与对策研究. 山西农业大学学报(自然科学版), (01): 12-15.

李青春, 薄天利, 傅林涛, 等. 2013. 混合颗粒点源扩散风洞试验研究. 兰州大学学报(自然科学版), 49(2): 276-287.

李青春, 谢璞, 吴正华. 2003. 北京地区沙尘天气的气候特征分析. 气象科技, 31(6): 328-333.

李生宇, 雷加强, 徐新文. 2007. 塔克拉玛干沙漠腹地沙尘暴发生条件分析. 应用气象学报, 18(4): 490-496.

李万元, 吕世华. 2013. 巴丹吉林沙漠周边地区降水量的季节、年和年代际变化规律及其空间差异. 创新驱动发展, 提高气象灾害防御能力——S9大气成分与天气气候变化. 第30届中国气象学会年会. 南京, 中国气象学会. 2013.9.13: 1-21.

李万元, 董治宝, 吕世华. 2011. 近半个世纪中国北方沙尘暴的分布和变化趋势研究回顾. 第28届中国气象学会年会——S3天气预报灾害天气研究与预报.

李维超, 季海冰, 戚琦. 2001. 北京交通干道旁杨树叶中重金属和硫的测定及大气污染状况的研究. 北京师范大学学报: 自然科学版, 37(6): 796-799.

李文杰. 2001. 美国沙尘暴危害及治理措施. 全球科技经济瞭望, (9): 58.

李晓丽, 申向东. 2006. 裸露耕地土壤风蚀跃移颗粒分布特征的试验研究. 农业工程学报, 22(5): 74-77.

李岩. 2009. 山西浑源京津风沙源小流域综合治理效益评价. 北京林业大学硕士学位论文.

李岩瑛, 张强, 陈英, 胡兴才. 2014. 中国西北干旱区沙尘暴源地风沙大气边界层特征. 中国沙漠, 34(1): 206-214.

李耀辉. 2004. 近年来我国沙尘暴研究的新进展. 中国沙漠, 24(5): 616-622.

李永东, 龙双红, 张维征. 2010. 把京津风沙源治理成为"生态屏障"——京津风沙源治理建设工程存在问题与发展对策. 中国林业, (09): 46.

梁凤娟. 2014. 基于GIS的巴彦淖尔地区沙尘暴特征及风险区划. S10气象与现代农业发展. 第29届中国气象学会年会. 沈阳, 中国气象学会. 2012.9.12.

梁桂雄, 伦伟明, 郭建平, 等. 2010. 一次北方沙尘暴南下影响珠江三角洲地区空气质量的实例研究. 安徽农业科学, 38(9): 4686-4688.

梁美霞, 李明华, 蔡清楚. 2002. 我国西北地区沙尘暴的概况及其防治. 福建地理, 17(4): 40-43.

梁贞, 梁慧彬. 2007. 阿拉善的生态失衡与沙尘暴灾害. 内蒙古自治区第四届自然科学学术年会论文集, 内蒙古自治区第四届自然科学学术年会, 呼和浩特, 内蒙古自治区科协. 2007年4月15日: 297-303.

凌红波, 徐海量, 张青青. 2011. 玛纳斯河流域绿洲沙尘暴趋势及其与气候因子的关系. 干旱区研究, 28(6): 928-935.

刘春华, 岑况. 2007. 北京市街道灰尘粒度特征及其来源探析. 环境科学学报, 27(6): 1006-1012.

刘东生, 韩家懋, 张德二, 秦小光, 张崧, 靳春胜, 刘平, 姜文玲. 2006. 降尘与人类世沉积-Ⅰ: 北京2006年4月16—17日降尘初步分析. 第四纪研究, 26(4): 628-633.

刘多森, 汪枞生. 2006. 中国历史时期尘暴波动的分析. 土壤学报, 43(4): 549-553.

刘国梁, 张峰. 2013. 1958~2000年黄土高原沙尘天气基本特征分析. 干旱区资源与环境, 27(4): 76-80.

刘静, 毛军需, 王连喜, 等. 2007. 宁夏河东沙地不同植被覆盖度的土壤起沙特征试验研究. 中国沙漠, 27(3): 436-441.

刘力, 杜银梅, 张晓平, 等. 2007. 太原市儿童急性呼吸系统症状与大气中颗粒物等环境因素的关系. 环境与健康杂志, 24(3): 132-135.

刘梦潇. 2008. 乌鲁木齐市近年来大气降尘变化规律及趋势. 新疆环境保护, 30(2): 35-37.

刘宁微, 马雁军, 刘晓梅, 等. 2011. 蒙古气旋引发辽宁沙尘暴天气过程的数值模拟. 中国沙漠, 31(1): 217-222.

刘蓉, 赵明瑞. 2014. 浅析沙尘暴天气的危害与防治. 甘肃农业, (1): 26-27.

刘树坤. 2000. 我国西部大开发中的灾害与生态环境问题. 水利水电科技进展, 20(5): 2-5.

刘炜. 2010. 山西省京津风沙源治理工程建设效益研究. 山西林业, (02): 15-16.

刘咸德, 覃树屏, 李冰, 等. 2005. 沙尘暴事件中大气颗粒物化学组分的浓度变化和硫酸盐的形成. 环境科学研究, 18(6): 12-17.

刘晓春, 曾燕, 邱新法, 等. 2002. 影响北京地区的沙尘暴. 南京气象学院学报, 25(1): 118-123.

刘新春, 钟玉婷, 何清, 等. 2011. 塔克拉玛干沙漠腹地沙尘暴过程大气颗粒物浓度及影响因素分析. 中国沙漠, 31(6): 1548-1533.

刘艳菊, 韩同林, 庞健峰, 等. 2010. 北京地区盐碱尘暴粉尘物质的主要来源. 地质通报, 29(5): 713-722.

龙潭, 孙波珍, 聂文信. 2002. 关于悬浮于大气中有毒金属的研究. 国外医学: 医学地理分册, 23(2): 94-96.

鲁敏, 王永胜, 杨秀平. 2003. 园林植物对大气Pb、Cd污染物吸滞能力的比较. 山东建筑工程学院学报, 18(2): 29-41.

路明. 2002. 我国沙尘暴发生成因及其防御策略. 中国农业科学, 35(4): 440-446.

路明. 2003. 我国沙尘暴发生成因及其防治策略. 王连铮主编, 21世纪作物科技与生产发展学术讨论会论文集. 北京: 中国农业科技出版社: 3-10.

路明. 2004. 发挥农业科技的作用综合治理沙尘暴和沙漠化土地. 中国科协 2003年学术年会农林水论文精选. 北京: 中国科学技术协会声像中心: 1-5.

罗双, 王鑫. 2012. 黄土高原地区沙尘气溶胶对降水的影响——以2004年3月9—11 日沙尘暴天气过程为例. 第28届中国气象学会年会——S8大气成分与天气气候变化的联系. 2011.11.01. 中国福建厦门, 中国气象学会: 1-8.

罗显发. 2010. 海西西部一次特强沙尘暴天气分析. 青海科技, (3): 39-41

罗莹华, 梁凯, 刘明. 2006. 大气颗粒物重金属环境地球化学研究进展. 广东微量元素科学, 13(2): 1-6.

吕娜娜, 王宗花, 张菲菲, 等. 2012. 沙尘暴对青岛雨水中阴离子含量的影响. 环境化学, 31(2): 256-257.

吕玄丈, 陈春瑜, 党志. 2005. 大气颗粒物中重金属的形态分析与迁移. 华南理工大学学报, 33(1): 75-78.

吕艳丽. 2011. 中国北方沙尘暴过程及对大气环境的影响研究. 北京师范大学博士学位论文.

马丽芳. 2002. 中国地质图集. 北京: 地质出版社.

马琪, 延军平, 杜继稳. 2011. 我国北方沙尘暴活动对全球变暖的响应. 干旱区资源与环境, 25(7): 100-105.

马瑞志. 2011. 漠表海多功能长城与沙尘暴防治. 发明专利, 申请(专利)号: CN201110175339. 1.

马素艳, 丁治英, 韩经纬, 苏日娜. 2013. 2011年5月11日内蒙古地区强沙尘暴天气过程分析. 内蒙古气象, (1): 8-15.

毛汉英. 1991. 咸海危机的起因与解决途径. 地理研究, (02): 76-84.

苗增. 2013. 内蒙古自治区额济纳旗沙尘现状和问题分析. 华北科技学院学报, 10(1): 86-90.

彭继平. 2007. 关于京津风沙源治理工程建设的思考. 林业经济, (10): 34-36.

彭珂珊. 2002. 中国西部沙尘暴的成因、危害及其防御对策. 水利水电科技进展, 22(3): 18-39.

钱嫦萍, 陈振楼, 毕春娟. 2002. 潮滩沉积物重金属生物地球化学研究进展. 环境科学研究, 15(2): 49-51.

钱鹏, 郑祥民, 周立旻. 2013. 沙尘暴期间上海市大气颗粒物元素地球化学特征及其物源示踪意义. 环境科学, 34(5): 2010-2017.

钱鹏, 周立旻, 郑祥民, 等. 2012. 大气颗粒物色度特征及其物源指示意义. 干旱区资源与环境, 26(9): 143-148.

钱亦兵, 周兴佳, 李崇舜, 等. 2001. 准噶尔盆地沙漠沙矿物组成的多源性. 中国沙漠, 21(2): 183-187.

秦文华. 2011. 从美国沙尘暴治理看环保可持续性要素. 现代经济探讨, (11): 88-92.

邱进强, 高峰. 2014. 民勤县沙尘源区概况及其沙尘释放机制探讨. 第十届海峡两岸沙尘与环境治理学术研讨会(文集). 甘肃武威, 甘肃省科协, 台湾蒙藏基金会. 武威市科协主办. 2013.7.12: 189-192.

邱玉珺, 牛生杰, 邹学勇, 等. 2008. 北京沙尘天气成因概率研究. 自然灾害学报, 17(2): 93-98.

邱玉珺, 杨义文, 李云. 2004. 北京地区沙尘天气的某些特征分析. 气候与环境研究, (1): 18-27.

人人健康综合. 2012. 化学沙尘暴的警示. 人人健康, (10): 34.

任楠, 赵晨烨, 张铁栓, 等. 2012. 4.23北方地区一次强沙尘暴成因分析. 科技资讯, (27): 241-242.

任万辉, 苏枞枞, 王东. 2011. 沈阳市春季一次沙尘天气过程分析. 环境保护与循环经济, 31(7): 47-49.

任阵海, 高庆先, 苏福庆, 等. 2003. 北京大气环境的区域特征与沙尘影响. 中国工程科学, 5(2): 49-56.

邵龙义, 杨书申, 时宗波, 等. 2006. 城市大气可吸入颗粒物物理化学特征及生物活性研究. 北京: 气象出版社: 209.

申冲, 李园, 王雪梅, 等. 2012. 北方强沙尘暴天气过程对广州空气质量影响的个例分析. 环境科学学报, 32(7): 1725-1735.

申元村, 杨勤业, 景可, 等. 2000. 我国的沙暴、尘暴及其防治. 科技导报, (8): 39-41.

师育新, 戴雪荣, 宋之光, 等. 2006. 上海春季沙尘与非沙尘天气大气颗粒物粒度组成与矿物成分. 中国沙漠, 26(5): 780-785.

石广玉, 赵思雄. 2003. 沙尘暴研究中的若干科学问题. 大气科学, 27(4): 591-606.

石莎, 邹学勇, 张春来, 等. 2009. 京津风沙源治理工程区植被恢复效果调查. 中国水土保持科学, 7(02): 86-92.

石元春. 2002. 走出治沙与退耕误区. 华夏星火, (7): 22-23.

史培军, 王一谋. 2000. 我国沙尘暴灾害及其研究进展与展望. 自然灾害学报, 9(3): 71-77.

史培军, 严平, 高尚玉, 等. 2000. 我国沙尘暴灾害及其研究进展与展望. 自然灾害学报, 9(3): 71-77.

树宏, 王克明. 2000. 城市大气重金属(Pb、Cd、Cu、Zn)污染及其在植物中的富集. 烟台大学学报: 自然科学与工程版, 13(1): 31-37.

司秀丽. 2008. 内蒙古赤峰市林西县人工种草的效益分析. 畜牧与饲料科学, 29(1): 24-25.

宋桂英, 李彰俊, 王德民, 姬雅, 张旭, 姜学恭, 张戈. 2012. 内蒙古一次特强沙尘暴大风成因分析. 干旱区资源与环境, 26(6): 47-51.

宋怀龙. 2006. 混合型尘暴袭击北京地区. 中国减灾, (3): 42-42.

宋锦熙. 1987. 北京地区沙源物质的重矿物成分、结构特征与风沙的沙源物质来源. 中国沙漠, 7(01): 25-33.

宋阳, 刘连友, 严平, 等. 2005. 中国北方5种下垫面对沙尘暴的影响研究. 水土保持学报, 19(6): 15-19.

宋迎昌. 2002. 北京沙尘暴成因及其防治途径. 城市环境与城市生态, 15(6): 26-28.

苏松, 李巧云, 关欣. 2009. 浮尘对土壤及小麦矿质元素含量的影响. 湖南农业科学, (5): 68-70.

孙桂丽, 李晓娜, 王东. 2007. "三北"防护林建设中若干问题的生态思考. 新疆师范大学学报(自然科学版), 26(03): 217-219.

孙辉, 晏利斌, 刘晓东. 2012. 中国北方一次强沙尘暴爆发的数值模拟研究. 干旱区地理, 35(2): 200-208.

孙建华, 赵琳娜, 赵思雄. 2004. 华北强沙尘暴的数值模拟及沙源分析. 气候与环境研究, 9(1): 139-154.

孙业乐, 庄国顺, 袁蕙, 等. 2004. 2002年北京特大沙尘暴的理化特性及其组分来源分析. 科学通报, 49(4): 340-346.

孙珍全, 邵龙义, 李慧. 2010. 沙尘期间大气颗粒PM_{10}与$PM_{2.5}$化学组分的浓度变化及来源研究. 中国粉体技术, 16(1): 35-40.

覃云斌, 信忠保, 易扬, 等. 2012. 京津风沙源治理工程区沙尘暴时空变化及其与植被恢复关系. 农业工程学报, 28(24): 196-204.

谭钦文, 姚太平. 2014. 一次沙尘天气对成都市空气质量影响过程分析. 中国环境科学学会2013年学术年会论文集(第五卷). 中国云南昆明, 中国环境科学学会, 2013.8.1: 4643-4646.

唐丹妮. 2012. 沙尘暴带给美国的反思. 科学大观园, (6): 4-8.

唐国策. 2006. 草原在防治沙尘暴中的基础作用. 中国牧业通讯, (13): 4-15.

唐志红, 任育红, 鞠宝, 等. 2006. 藻类中抗病毒物质. 生命的化学, (06): 559-561.

田原. 2004. 甘肃省三北防护林四期工程建设对策——以古浪县三北四期工程示范区建设为例. 甘肃林业科技, (2): 74-77.

屠志方. 2013. 美国南部大平原沙尘暴防治经验及其启示. 林业资源管理, (6): 157-161.

汪建君, 陈立奇, 张远辉, 等. 2010. 2008年1次沙尘暴事件对厦门岛大气中SO$_2$等污染物含量的影响. 台湾海峡, 29(3): 297-303.

王澄海, 胡菊, 靳双龙. 2013. 2009年中国一次沙尘暴过程中的水汽变化特征及WRF回报. 中国沙漠, 33(1): 205-213.

王多民, 杨宗英, 王海鹰. 2014. 拐子湖近50年沙尘暴的变化特征. 第30届中国气象学会年会论文集. 南京, 中国气象学会. 2014.6.9.

王凤玲, 李江宁. 2012. 黑龙江省近50 a沙尘天气变化. 黑龙江气象. 29(3): 16, 19.

王伏村, 许东蓓, 付有智, 2012. 甘肃河西走廊一次特强沙尘暴的诊断分析. 2011年第二十八届中国气象学会年会论文集. 厦门, 中国气象学会. 2011.11.1.

王革丽, 吕达仁, 尤莉. 2002. 浑善达克沙地沙尘暴气候特征分析. 气候与环境研究, 7(4): 433-439.

王国倩, 王学全, 吴波, 等. 2012. 中国的荒漠化及其防治策略. 资源与生态学报(英文版), 3(2): 97-104.

王红旗(笔名: 重构). 2006. 北京市政府给我100万元创意奖, 能减少沙尘三分之一. http://club.kdnet.net/dispbbs.asp?id=1072476&boardid=1. [2006-04-19]

王静, 郭铌, 张强, 等. 2012. 沙尘暴影响综合评价指标体系及评估方法研究. 干旱区资源与环境, 26(5): 59-66.

王静, 江月松, 路小梅, 等. 2011. 基于CALIOP星载激光雷达探测数据的北京沙尘天气大气状况分析. 遥感技术与应用, 26(5): 647-654.

王柯, 何清, 王敏仲, 等. 2013. 塔中一次强沙尘暴边界风场变化特征. 沙漠与绿洲气象, 7(1): 6-11.

王立群. 2012. 京津风沙源治理生态工程绩效评估研究. 北京: 中国林业出版社.

王全会. 2005. 京津风沙源治理工程阶段性评价. 中国农业大学硕士学位论文.

王绍芳. 蒋忠良, 韩同林, 等, 2011. 北京地区降尘物质来源探析. 北京自然博物馆研究报告, (62): 19-28.

王石英, 蔡强国, 吴淑安. 2004. 美国历史时期沙尘暴的治理及其对中国的借鉴意义. 资源科学, 26(1): 120-128.

王式功, 董光荣, 陈惠忠, 等. 2000. 沙尘暴研究的进展. 中国沙漠, 20(4): 349-356.

王涛. 2002. 中国北方沙漠化过程及其防治研究. 中国科学院院刊, (3): 204-206.

王玮, 王英, 苏红梅, 等. 2001. 北京市沙尘暴天气大气气溶胶酸度和酸化缓冲能力. 环境科学, 22(5): 25-28.

王玮, 岳欣, 刘红杰, 等. 2002. 北京市春季沙尘暴天气大气气溶胶污染特征研究. 环境科学学报, 22(4): 494-498.

王炜, 方宗义. 2004. 沙尘暴天气及其研究进展综述. 应用气象学报, 15(3): 366-381.

王文彪, 党晓宏, 胡生荣, 等. 2013. 呼和浩特地区近48年沙尘暴发生规律及其影响因子研究. 水土保持研究, 20(3): 131-134.

王晓东, 袁定昌, 李金海, 等. 2010. 北京市京津风沙源治理工程营造林水土保持效益分析. 林业调查规划, 35(2): 126-135.

王新艳. 2005. 北京市居民对京津风沙治理工程环境价值的支付意愿研究. 中国农业大学硕士学位论文.

王学强. 2012. 2006年春季锡林郭勒盟一次强沙尘天气分析. 内蒙古科技与经济, (18); 33-35.

王学强. 2014. 锡林郭勒盟地区一次强沙尘暴天气分析. 内蒙古科技与经济, (7): 66-67.

王亚明. 2010. 京津风沙源治理工程效益分析. 北京林业大学学报(社会科学版), 9(3): 81-85.

王耀庭, 缪启龙, 高庆先, 苏福庆. 2003. 北京秋季一次先污染后沙尘现象成因分析. 环境科学研究, 16(2): 1-5.

王钰国, 张润锁. 2003. 论根治沙尘暴危害. 职大学报, (2): 12-14.

王赞红. 2003a. 现代尘暴降尘与非尘暴降尘的粒度特征. 地理学报, 58(4): 606-610.

王赞红. 2003b. 大气降尘监测研究. 干旱区资源与环境, 17(1): 54-59.

王赞红, 夏正楷. 2004. 北京2002年3月20—21日尘暴过程的降尘量与降尘粒度特征. 第四纪研究, 24(1): 95-99.

王志学, 刘艳菊, 韩同林. 2009. 中国叠球藻科(绿藻纲, 绿藻门)新纪录植物. 庆祝中国藻类学会成立30周年暨第十五次学术讨论会摘要集. 中国广东珠海, 中国海洋湖沼学会藻类学分会. 2009.11.15: 10-12.

王竹方, 2011. 以ELPI/LA-ICP-MS 方法分析沙尘暴期间大气中奈米、次微米和微米悬浮微粒之元素分布. 第八届海峡两岸气溶胶技术研讨会暨第三届空气污染技术研讨会论文摘要集. 中国陕西西安, 中国科学院地球环境研究所, 中国颗粒学会气溶胶专业委员会, 国际空气与废弃物管理学会中国学会, 中国科学院大气物理研究所: p.48.

王遵亲, 祝寿泉, 俞仁培, 等. 1993. 中国盐渍土. 北京: 科学出版社, 336-346.

魏复盛, 胡伟, 腾恩江. 2000. 空气污染与儿童呼吸系统患病率的相关分析. 中国环境科学, 20(3): 220-224.

魏复盛, 胡伟, 滕恩江, 等. 2004. 空气污染对人体健康影响研究的进展. 世界科技研究与发展, 22(3): 14-18.

温小浩, 李保生, 李森, 等. 2005. 额济纳绿洲沙尘暴沉积的物质特征. 中国环境科学, 25(5): 549-553.

温雅莉. 2011. 京津风沙源治理是生态工程也是民生工程. 中国绿色时报, 2011-5-26.

温雅婷, 缪启龙, 何清, 等. 2012. 南疆一次强沙尘暴的近地层特征和湍流输送分析. 中国沙漠, 32(1): 204-209.

文倩, 戴君峰, 崔卫国, 等. 2001. 关于现代浮尘研究与进展. 干旱区研究, 18(4): 68-71.

毋兆鹏, 陈学刚, 卢燕. 2011. 新疆典型沙尘暴源区绿洲土地荒漠化的动态变化分析. 干旱区资源与环境, 25(11): 23-28.

吴涛, 兰昌云. 2004. 环境中的钒及其对人体健康的影响. 广东微量元素科学, 11(1): 11-15.

吴宣儒, 林锐敏. 2011. 大陆沙尘暴对台湾南部大气悬浮微粒浓度及粒径分布影响研究. 第八届海峡两岸气溶胶技术研讨会暨第三届空气污染技术研讨会论文摘要集, 中国陕西西安, 中国科学院地球环境研究所, 中国颗粒学会气溶胶专业委员会, 国际空气与废弃物管理学会中国学会, 中国科学院大气物理研究所: p.7-8.

吴学玲, 李淑华. 2005. 我国沙尘暴的危害及防御系统. 山西水土保持科技, (4): 29-30.

武健伟, 李锦荣, 孙涛, 等. 2011. 锡林郭勒地区沙尘暴气候致灾因子危险性评价. 干旱区研究, 28(6): 936-943.

武健伟, 李锦荣, 邢恩德, 等. 2012. 基于下垫面孕灾环境因子的锡林郭勒地区沙尘暴风险评价. 林业科学, 48(9): 1-7.

席关凤, 高晓燕. 2011. 论锡林郭勒盟2006—2010年沙尘暴发生情况及原因分析. 北方环境, 23(9): 50-52.

裘著峰. 2007. 浅议沙尘暴的形成和危害. 黑龙江科技信息, (19): 67, 149.

肖正辉, 邵龙义, 张宁. 等, 2010. 兰州沙尘暴过程对PM$_{10}$组成变化的影响. 辽宁工程技术大学学报(自然科学版), 29(3): 506-508.

解国营, 曹军合. 2009. 京津风沙源造林治理工程中存在的问题及对策探究. 安徽农学通报(下半月刊),

(12): 16.

谢华林, 张萍, 贺惠. 2002. 大气颗粒物中重金属元素在不同粒径上的形态分布. 环境工程. 20(6): 55-57.

谢远云, 梁鹏, 孟杰, 等. 2009. 哈尔滨沙尘沉降物物源敏感粒度组分的提取及来源分析. 地理与地理信息科学, 25(6): 51-55.

邢军武. 1993. 盐碱荒漠和粮食危机. 青岛: 青岛海洋大学出版社: 290.

徐建芬, 狄潇泓, 李耀辉. 2002. 西北地区沙尘暴天气概念模型及分类. 陈晓光. 西北地区重要天气成因及预报方法研究. 北京: 气象出版社: 129-136.

徐力, 樊小标, 石广玉, 等. 1998. 对流层平流层气溶胶粒子的形态和化学组成. 气象学报, 56(5): 551-559

闫淑清, 谢东, 巴特尔, 等. 2011. 2006年锡林郭勒盟地区一次特强沙尘暴天气分析. 内蒙古气象, (6): 19-21.

燕楠, 王冬梅, 李金海, 等. 2010. 北京市京津风沙源治理工程生态效益评价研究. 现代林业, 3(1): 16-21.

杨东华. 2014. 沙尘暴的危害及防治对策. 环境研究与监测. 26(4): 72-73, 71.

杨东贞, 颜鹏, 徐祥德. 2002. 北京风沙天气的气溶胶特征. 应用气象学报, 13(特刊): 185-194.

杨宏伟, 郭博书, 李经纬. 2012. 内蒙古沙漠与沙尘粒子中磷形态分布特征及其环境意义. 环境化学, 31(7): 990-997.

杨美霞. 2000. 抓住西部大开发机遇, 改善乌海市环境条件. 内蒙古环境保护, 12(2): 42-44.

杨先荣, 王劲松, 张锦泉, 等. 2011. 高空急流带对甘肃沙尘暴强度的影响. 中国沙漠, 31(4): 1046-1051.

杨兴华, 何清, 艾力•买买提依明, 等. 2013. 塔克拉玛干沙漠东南缘沙尘暴过程中近地表沙尘水平通量观测研究. 中国沙漠, 33(5): 1299-1304.

杨艳, 程捷, 田明中, 等. 2012a. 近50年来哈尔滨市沙尘暴发生规律及气象特征研究. 干旱区资源与环境, 26(11): 54-60.

杨艳, 王杰, 田明中, 等. 2012b. 中国沙尘暴分布规律及研究方法分析. 中国沙漠, 32(2): 465-472.

姚红. 2001. 漫话加强自我保护意识——从沙尘暴谈粉尘呼吸危害的预防. 中国个体防护装备, (2): 40-41.

姚磊, 朱汉光. 2011. 北方沙尘暴影响广东地区空气质量的实例分析. 城市建设理论研究(电子版), (16): 54-60.

叶任高, 陆再英. 2005. 内科学. 北京: 人民卫生出版社.

易仁明. 1982. 略谈轻雾、雾、浮尘、烟雾. 气象, 11(总第95期): 25-27.

尹晓惠, 时少英, 张明英, 等. 2007. 北京沙尘天气的变化特征及其沙尘源地分析. 高原气象, 26(5): 1039-1044.

游来光, 马堵民, 陈君寒, 等. 1991. 沙暴天气下大气中沙尘粒子空间分布特征及其微结构. 应用气象学报, 2(1): 13-21.

于善经. 2006. 京津冀的强沙尘暴因素探析. 科技信息(科技教育版), (7): 195.

余永江, 王宏, 林长城, 等. 2012. 福州一次重度空气污染过程分析. 福建省科协第十一届学术年会卫星会议-福建省气象学会2011学术年会论文集, 福建龙岩, 福建省科协, 福建省气象学会. 2011.10.1: 164-168.

禹朴家, 徐海量, 张青青, 等. 2011. 近49a古尔班通古特沙漠南缘地区沙尘暴变化特征初探. 干旱区地理, 34(6): 967-974.

岳德鹏, 刘永兵, 臧润国, 等. 2005. 北京市永定河沙地不同土地利用类型风蚀规律研究. 林业科学, 41(4): 62-66.

岳高伟, 宁黄, 郑晓静. 2003. 沙粒形状的不规则性及静电力对起动风速的影响. 中国沙漠, (23)6: 621-627.

臧英, 高焕文. 2006. 土壤风蚀采沙器的结构设计与性能试验研究. 农业工程学报, 22(3): 46-50.

翟秋敏, 郭志永, 王海荣, 等. 2010. A市大气污染物浓度与呼吸系统疾病发病率的相关性分析. 信阳师范学院学报(自然科学版), 23(1): 101-103.

詹科杰, 赵明, 杨自辉, 等. 2011. 地-气温差对沙尘源区不同下垫面沙尘输运结构的影响. 中国沙漠, 31(3): 655-660.

张朝晖, 邵晶, 柴之芳. 2001. 利用苔藓和地衣作为生物监测器对大气降尘中重金属污染物质的研究. 核科技, 34(9): 776-778.

张存杰, 宁惠芳. 2002. 甘肃省近30年沙尘暴、扬沙、浮尘天气空间分布特征. 气象, 28(3): 28-32.

张德二. 1984. 我国历史时期以来降尘的天气气候学初步分析. 中国科学(B辑), (3): 278-288.

张宏仁. 2007. 沙粒不能"远走高飞"——有关"尘暴"的一条根本原理. 地质力学学报, 13(1): 1-6.

张洪杰, 申忠霞, 魏学军. 2013. 2011年4月29日乌海大风沙尘天气分析. 才智, (21): 233.

张辉. 1997. 南京某合金厂土壤铬污染研究. 中国环境科学, 17(2): 80-82.

张金明, 黄翔. 2012. 密云县退耕还林工程主要造林模式生态效益分析. 林业资源管理, (4): 39-42.

张力小. 2003. 三北防护林体系工程政策有效性评析. 北京大学学报(自然科学版), (4): 594-600.

张宁, 倾继祖. 1997. 沙尘暴对大气背景值的影响及遥感技术应用研究. 环境研究与监测, (3): 14-19.

张庆阳, 张沅, 李莉. 2001. 我国沙尘暴灾害及其治理对策初步研究. 干旱环境监测, 15(4): 199-203.

张仁健, 王明星, 浦一芬, 等. 2000. 2000年春季北京特大沙尘暴物理化学特性的分析. 气候与环境研究, 5(3): 259-266.

张仁健, 徐永福, 韩志伟. 2005. 北京春季沙尘暴的近地面特征. 气象, 31(2): 8-11.

张钛仁. 2008. 中国北方沙尘暴灾害形成机理与荒漠化防治研究. 兰州大学博士学位论文: 1-146.

张万儒, 杨光滢. 2005. 强沙尘暴降尘对北京土壤的影响. 林业科学研究, (01): 69-72.

张望英, 谷德近. 2002. 关于沙尘暴防治的国际环境法的发展. 适应市场机制的环境法制建设问题研究——2002年中国环境资源法学研讨会论文集(下册). 2002年10月22～25日, 西安. 国家环境保护总局, 中国法学会环境资源法学研究会, 西北政法学院. 2002.10: 768-770.

张武平. 2010. 沙尘暴对甘肃大气环境质量的影响. 甘肃科技, 26(2): 67-70, 84.

张小玲, 刘建忠, 徐晓峰. 2004. 北京春季一次持续浮尘和污染天气过程分析. 气象科技, 32(6): 420-424.

张兴赢, 庄国顺, 袁蕙. 2004. 北京沙尘暴的干盐湖盐渍土源——单颗粒物分析和XPS表面结构分析. 中国环境科学, 24(5): 533-537.

张宇, 郭永涛, 王式功, 等. 2011. 4.23沙尘暴过程分析以及对兰州市的影响. 第二十八届中国气象学会年会——S8大气成分与天气气候变化的联系. 中国福建厦门, 中国气象学会. 2011年11月1日. 9.1-11.

赵光平, 陈楠, 王连喜. 2006. 干旱带生态恢复对沙尘暴降频与减灾潜力分析. 中国气象学会2006年年会. "气候变化及其机理和模拟"分会场论文集. 中国四川成都, 中国气象学会, 2006.10: 428-437.

赵光平, 陈楠, 杨建玲, 等. 2004. 宁夏中部干旱带生态变化与沙尘暴发生的关系分析. 应用气象学报, 15(4): 477-484.

赵光平, 王连喜, 杨淑萍. 2000. 宁夏强沙尘暴生态调控对策的初步研究. 中国沙漠, 20(4): 447-450.

赵国明, 裴秀荣. 2009. 回眸十年蓟县京津风沙源治理工程见成效. 天津农林科技, (4): 3-5.

赵华军, 王立, 赵明, 等. 2011. 沙尘暴粉尘对不同作物气体交换特征的影响. 水土保持学报, 25(3): 202-206.

赵俊杰. 2002. 保护首都生态环境刻不容缓任重道远——2001年对北京地区沙尘暴监测结果表明: 必须加快生态屏障建设. 中国经贸导刊, (5): 27.

赵奎元. 2002. 根治沙尘暴新方案建议. 林业经济, (7): 23-24.

赵明瑞, 闫大同, 李岩瑛, 等. 2013. 甘肃民勤2001—2010年沙尘暴变化特征及原因分析. 中国沙漠, 33(4):

1144-1149.

赵庆云, 张武, 吕萍, 等. 2012. 河西走廊 "2010.04.24" 特强沙尘暴特征分析. 高原气象, 31(3): 688-696.

赵山志, 田青松, 那日苏, 等. 2011. 利用沙尘暴进行荒漠化草原表土再造技术原理及实践. 现代农业科技, (3): 321-323.

赵文才. 2011. 20世纪50～60年代北京沙尘暴人为成因刍议. 北京师范大学硕士学位论文.

赵旋, 李耀辉, 康富贵, 等. 2012. "4.24" 民勤特强沙尘暴过程初步分析. 干旱区资源与环境, 26(6): 40-46.

赵勇, 李红军. 2012. 青藏高原热力异常对塔里木盆地沙尘暴日数的影响. 2011年第二十八届中国气象学会年会论文集厦门, 中国气象学会. 2011.11.1.

郑柏峪. 2006. 我国西部的盐碱荒漠及化学尘暴的防治. 中韩第三届荒漠化防治与草原保护研讨会——水资源保护与草原生态系统.北京, 自然之友杂志社, 环境运动. 2006.10.20: 84-100.

郑新江, 刘诚. 1995. 沙暴天气的云图特征分析. 气象, (2): 26-31.

郑新江, 杨义文, 李云. 2004. 北京地区沙尘天气的某些特征分析. 气候与环境研究, 9(1): 14-23.

职新浩, 胡昌平. 2000. 生物多样性保护. 安阳师范学院学报, (2): 130-132.

中国地图出版社. 1974. 中华人民共和国分省地图集. 北京: 地图出版社.

中国地图出版社. 1984. 中华人民共和国地图集. 北京: 地图出版社.

中国经济信息. 2002. 沙尘暴的另类思考. 中国经济信息, (8): 1.

中国科学院地学部. 2000. 关于我国华北沙尘天气的成因与治理对策. 地球科学进展, 15(4): 361-364.

钟德军. 2009. 京津风沙源治理工程造林效果调查. 河北林业科技, (05): 40-41.

周家茂, 张仁健, 石磊, 等. 2007. 北京一次浮尘事件的沙尘化学特征. 中国科学院研究生院学报, 24(5): 720-723.

周秀骥, 徐祥德, 颜鹏. 2000. 沙尘暴成因研究的科学问题. 西部大开发: 气象科技与可持续发展学术研讨会论文集, 西部大开发: 气象科技与可持续发展学术研讨会. 西安. 中国气象学会. 2000.9.15: 5-9.

周秀骥, 徐祥德, 颜鹏, 等. 2002. 2000年春季沙尘暴动力学特征. 中国科学(D辑), 32(4): 327-334.

周燕. 2001. 试论沙尘暴的危害及防治. 黔西南民族师专学报, (3): 51-54.

周自江. 2001. 近45年中国扬沙和沙尘暴天气. 第四纪研究, 21(1): 9-17.

朱好, 张宏升. 2011. 沙尘天气过程临界起沙因子的研究进展. 地球科学进展, 26(1): 30-38.

朱育和, 张月明. 2001. 乡镇工业环境污染问题与西部开发. 清华大学学报, 16(2): 62-67.

祝从文, 徐康, 张书萍, 等. 2010. 中国春季沙尘暴年代际变化和季节预测. 气象科技, 38(2): 201-204.

祝廷成, 高洪文, 周守标, 等. 2002. 中国草原带与沙尘暴, 草原资源与生态治理. 现代草业科学进展——中国国际草业发展大会暨中国草原学会第六届代表大会论文集. 北京, 中国草原学会. 2002.5.1: 271-276.

庄国顺, 郭敬华, 袁蕙, 等. 2001. 2000年我国沙尘暴的组成、来源、粒径分布及其对全球环境的影响. 科学通报, 46(3): 191-197.

邹晶. 2006. 荒漠化治理时不我待. 访美国国家大气研究中心格兰茨博士. 世界环境, (4): 12-13.

邹受益, 高科, 邹晓峰. 2007. 北京及其周边地区的沙尘暴研究. 环境保护, (5A): 57-62.

Almeida S M, Pio C A, Freitas M C, et al. 2005. Source apportionment of fine and coarse particulate matter in a sub-urban area at the Western European Coast. Atmospheric Environment, 39: 3127-3138.

Amodio M, Andriani E, Cafagna I, et al. 2010. A statistical investigation about sources of PM in South Italy. Atmospheric Research, 98: 207-218.

Ashbaugh L L, Carvacho O F, Brown M S, et al. 2003. Soil sample collection and analysis for the Fugitive Dust Characterization Study. Atmospheric Environment, 37(9-10): 1163-1173.

Aymoz G, Jaffrezo J L, Jacob V, et al. 2004. Evolution of organic and inorganic components of aerosol during a Saharan dust episode observed in the French Alps.Atmospheric Chemistry and Physics, 4: 2499-2512.

Barnett A G, Fraser J F, Munck L. 2012. The effects of the 2009 dust storm on emergency admissions to a hospital in Brisbane, Australia. International Journal of Biometeorology, 56: 719-726.

Bell M L, Levy J K, Lin Z. 2008. The effect of sandstorms and air pollution on cause-specific hospital admissions in Taipei, Taiwan. Occupational and Environmental Medicine, 65(2): 104-111.

Bozlaker A, Prospero J M, Fraser M P, et al. 2013. Quantifying the contribution of long-range saharan dust transport on particulate matter concentrations in Houston, Texas, using detailed elemental analysis. Environmental Science & Technology, 47(18).

Cao S. 2008. Why large-scale afforestation efforts in China have failed to solve the desertification problem. Environmental Science & Technology, 42(6): 1826-1831.

Chelani A B, Gajghate D G, Devotta S. 2008. Source apportionment of PM_{10} in Mumbai, India using CMB model. Bulletin of Environmental Contamination and Toxicology, 81: 190-195.

Chen J, Tan M, Li Y, et al. 2008. Characteristics of trace elements and lead isotope ratios in $PM_{2.5}$ from four sites in Shanghai. Journal of Hazardous Materials, 156: 36–43.

Chen L W A, Watson J G, Chow J C, et al. 2010. Chemical mass balance source apportionment for combined $PM_{2.5}$ measurements from U.S. non-urban and urban long-term networks. Atmospheric Environment, 44: 4908-4918.

Cheng H, Hu Y. 2010. Lead (Pb) isotopic fingerprinting and its applications in lead pollution studies in China: a review. Environmental Pollution , 158(5): 1134-1146.

Chow J C, Watson J G, Lowenthal D H, et al. 2006. Particulate carbon measurements in California's San Joaquin Valley. Chemosphere, 62(3): 337-348.

Chung Y, Kim H, Dulam J, et al. 2003. On heavy dustfall observed with explosive sandstorms in Chongwon-Chongju, Korea in 2002. Atmospheric Environment, 37: 3425-3433.

Chung Y-S. 1992. On the observations of yellow sand (dust storms) in Korea. Atmospheric Environment, 26(15): 2743-2749.

Dan M, Zhuang G S, Li X, Tao H, et al. 2004. The characteristics of carbonaceous species and their sources in $PM_{2.5}$ in Beijing . Atmospheric Environment, 38: 3443-3452.

Demir S, Saral A, Ertürk F, et al. 2010. Combined use of principal component analysis (PCA) and chemical mass balance (CMB) for source identification and source apportionment in air pollution modeling studies. Water, Air & Soil Pollution, 212: 429-439.

Duan J C, Tan J H. 2013. Atmospheric heavy metals and Arsenic in China: Situation, sources and control policies. Atmospheric Environment , 74: 93-101.

Erel Y, Dayan U, Rabi R, et al. 2006. Trans boundary transport of pollutants by atmospheric mineral dust. Environmental Science & Technology , 40(9): 2996-3005.

Fu P, Zhong S, Huang J, et al. 2012. An observational study of aerosol and turbulence properties during dust storms in northwest China. Journal of Geophysical Research, 117. D09202, doi: 10.1029/2011JD016696.

Fu S, Yang Z Z, Zhang L, et al. 2009. Composition, distribution, and characterization of polybrominated diphenyl ethers in sandstorm depositions in Beijing, China. Bulletin of Environmental Contamination and Toxicology, 83: 193-198.

Fujiwara H, Fukuyama T, Shirato Y, et al. 2007. Deposition of atmospheric super (1) super (3) super (7) Cs in Japan associated with the Asian dust event of March 2002. Science of the Total Environment, 384(1-3):

306-315.

Gallon C, Ranville M A, Conaway C H, et al. 2011. Asian industrial lead inputs to the North Pacific evidenced by lead concentrations and isotopic compositions in surface waters and aerosols. Environmental Science & Technology, 45(23): 9874-9882.

Genis A, Vulfson L, Ben-Asher J. 2013. Combating wind erosion of sandy soils and crop damage in the coastal deserts: Wind tunnel experiments. Aeolian Research, 9: 69-73.

Ho K F, Lee S C, Chow J C, et al. 2003. Characterization of PM_{10} and $PM_{2.5}$ source profiles for fugitive dust in Hong Kong. Atmospheric Environment , 37(8): 1023-1032.

Hoffmann C, Funk R, Sommer M, et al. 2008. Temporal variations in PM_{10} and particle size distribution during Asian dust storms in Inner Mongolia. Atmospheric Environment , 42(36): 8422-8431.

Huang L, Brook J R, Zhang W, et al. 2006. Stable isotope measurements of carbon fractions (OC/EC) in airborne particulate: A new dimension for source characterization and apportionment. Atmospheric Environment, 40: 2690-2705.

Jayaratne E R, Johnson G R, McGarry P, et al. 2011. Characteristics of airborne ultrafine and coarse particles during the Australian dust storm of 23 September 2009. Atmospheric Environment, 45(24): 3996-4001.

Jiang G. 2008. The control of sandstorms in Inner Mongolia. Lee C, Schaaf T. The future of drylands. International Scientific Conference on Desertification and Drylands Research. June 19-21, 2006 Tunis, TUNISIA UNESCO. Springer Nether lands: DOI: 10.1007/978-1-4020-6970-3-43. 471-481.

Kim H S, Nagata Y, Kai K. 2009. Variation of dust layer height in the northern Taklimakan Desert in April 2002. Atmospheric Environment, 43(3): 557-567.

Kim W, Lee H, Kim J, et al. 2012. Estimation of seasonal diurnal variations in primary and secondary organic carbon concentrations in the urban atmosphere: EC tracer and multiple regression approaches. Atmospheric Environment, 56: 101-108.

Knaapen A M, Borm P J, Albrecht C, et al. 2004. Inhaled particles and lung cancer. Part A: Mechanisms. International Journal of Cancer. Journal international du cancer, 109(6): 799-809.

Korenyi-Both A L, Korényi-Both A L, Molnar A C, et al. 1992. AIEs—kan disease: Desert Storm pneumonifis. Military Medicine, 157(9): 452-462.

Kurashi N Y, al-Hamdan A, Ibrahim E M, et al. 1992. Community acqutred acute bacterial and a typical pneumonia in Saudi Arabia. Thorax Military Medicine, 157(2): 115-118.

Kwaasi A A, Parhar R S, al-Mohanna F A, et al. 1998. Aeroallergens and viable microbes in sandstorm dust. Potential triggers of allergic and nonallergic respiratory ailments. Allergy, 53: 255-265.

Lall R, Thurston G D. 2006. Identifying and quantifying transported vs. local sources of New York City $PM_{2.5}$ fine particulate matter air pollution. Atmospheric Environment, 40(Suppl.2): S333-S346.

Li G, Jiang G, Li Y, et al. 2007. A new approach to the fight against desertification in Inner Mongolia. Environmental Conservation, 34(2): 95-97.

Li X, Zhang H. 2012. Seasonal variations in dust concentration and dust emission observed over Horqin Sandy Land area in China from December 2010 to November 2011. Atmospheric Environment, 61: 56-65.

Li X R, Zhou H Y, Wang X P, et al. 2003. The effects of sand stabilization and revegetation on cryptogam species diversity and soil fertility in the Tengger Desert, Northern China. Plant and Soil, 251: 237–245.

Lim J Y, Chun Y. 2006. The characteristics of Asian dust events in Northeast Asia during the springtime from 1993 to 2004. Global and Planetary Change, 52(1-4): 231-247.

Ling X L, Guo W D, Zhao Q F, et al. 2011. Case Study of a Typical Dust Storm Event over the Loess Plateau of Northwest China. Atmospheric and Oceanic Science Letters, 4(6): 344-348.

Liu T, Gu X, An Z. 1981. The dust fall in Beijing, China on April 18. Geological Society of America(Special Paper), 186: 1981.

Liu X, Yin Z Y, Zhang X. 2004. Analyses of the spring dust storm frequency of northern China in relation to 12 antecedent and concurrent wind, precipitation, vegetation, and soil moisture conditions. Journal of Geophysical Research, 109. D16210, doi: 10.1029/2004JD004615.

Lue Y L, Liu L Y, Hu X, et al. 2010. Characteristics and provenance of dustfall during an unusual floating dust event. Atmospheric Environment, 44: 3477-3484.

Mainguet M. 1994. Dimensions in space of "Desertification" or land degradation: their degree and specificity in each continent. Desertification. Natural Background and Human Mismanagement. Springer Study Edition Springer Berlin Heidelberg. : 42-150.

Majestic B J, Anbar A D, Herckes P. 2009. Stable isotopes as a tool to apportion atmospheric iron. Environmental Science and Technology, 43: 4327-4333.

Nishikawa M, Mori I, Morita M, et al. 2000. Poster Session II. Atmospheric aerosols: elemental composition characteristics of sand storm dust sampled at an originating desert , case of the Taklamakan Desert. Journal of Aerosol Science, 31(Suppl): 755-756.

Nouh M S. 1989. Is the desert lung syndrome(nonoccupational dust pneumoconiosis)a variant of pulmonary alveolar microlithiasis? Report of 4 cases with review of the literature. Respiration, 55(2): 122-126.

Pye K. 1987. Aolian dust deposits. London: Academic Press Inc Ltd, 113-126.

Qiang M, Chen F, Zhou A, et al. 2007. Impacts of wind velocity on sand and dust deposition during dust storm as inferred from a series of observations in the northeastern Qinghai–Tibetan Plateau, China. Powder Technology, 175: 82–89.

Reff A, Eberly S I, Bhave P V. 2007. Receptor modeling of ambient particulate matter data using positive matrix factorization: Review of existing methods. Journal of the Air & Waste Management Association, 57(2): 146-154.

Rotem J. 1965. Sand and dust storms as factors leading to alternaria blight epidemics on potatoes and tomatoes. Agricultural Meteorology, 2(4): 281-288.

Sangster D F, Outridge P M, Davis W J. 2000. Stable lead isotope characteristics of lead ore deposits of environmental significance. Environmental Reviews, 8(2): 115-147.

Shao Y, Dong C H. 2006. A review on East Asian dust storm climate, modeling and monitoring. Global and Planetary Change, 52: 1-22.

Shen Z, Cao J, Arimoto R, et al. 2009. Ionic composition of TSP and $PM_{2.5}$ during dust storms and air pollution episodes at Xi' an, China. Atmospheric Environment. 43: 2911-2918.

Song Y, Dai W, Shao M, et al. 2008. Comparison of receptor models for source apportionment of volatile organic compounds in Beijing, China. Environmental Pollution, 156: 174-183.

Song Y, Tang X, Xie S, et al. 2007. Source apportionment of $PM_{2.5}$ in Beijing in 2004. Journal of Hazardous Materials, 146(1-2): 124-130.

Su Y Z, Zhao W Z, Su P X, et al. 2007. Ecological effects of desertification control and desertified land reclamation in an oasis–desert ecotone in an arid region: A case study in Hexi Corridor, northwest China. Ecological Engineering, 29: 117-124.

Sun J, Zhang M, Liu T. 2001.Spatial and temporal characteristics of dust storms in China and its surrounding regions, 1960—1999: Relations to source area and climate. Journal of Geophysical Research, 106(D10): 325–10, 333.

Tan S, Shi G. 2012. Correlation of dust storms in China with chlorophyll a concentration in the Yellow Sea between 1997—2007. Atmospheric and Oceanic Science Letters, 5(2): 140-144.

Thalib L, Al-Taiar A. 2012. Dust storms and the risk of asthma admissions to hospitals in Kuwait. Science of the Total Environment, 433: 347-351.

Thomas D S G. 1993. Sandstorm in a teacup? Understanding desertification. The Geographical Journal, 159(3): 318-331.

Thorsteinsson T, Gísladóttir G, Bullard J, et al. 2011. Dust storm contributions to airborne particulate matter in Reykjavík, Iceland. Atmospheric Environment, 45: 5924-5933.

Wang G X, Tuo W Q, Du M Y. 2004. Flux and composition of wind-eroded dust from different landscapes of an arid inland river basin in north-western China. Journal of Arid Environments, 58: 373-385.

Wang Q, Zhuang G, Li J, et al. 2011b. Mixing of dust with pollution on the transport path of Asian dust—Revealed from the aerosol over Yulin, the north edge of Loess Plateau. Science of The Total Environment, 409(3): 573-581.

Wang S, Wang J, Zhou Z, et al. 2005a. Regional characteristics of three kinds of dust storm events in China. Atmospheric Environment, 39(3): 509-520.

Wang Y, Guo J, Wang T, et al. 2011a. Influence of regional pollution and sandstorms on the chemical composition of cloud/fog at the summit of Mt. Taishan in northern China. Atmospheric Research, 99: 434-442.

Wang Y, Zhuang G, Sun Y, et al. 2005b. Water-soluble part of the aerosol in the dust storm season-evidence of the mixing between mineral and pollution aerosol. Atmospheric Environment, 39: 7020-7029.

Wu P C, Tsai J C, Li F C, et al. 2004. Increased levels of ambient fungal spores in Taiwan are associated with dust events from China. Atmospheric Environment, 38: 4879-4886.

Wu Z, Wu J, Liu J, et al. 2013. Increasing terrestrial vegetation activity of ecological restoration program in the Beijing–Tianjin Sand Source Region of China. Ecological Engineering, 52: 37-50.

Xie S, Yu T, Zhang Y, et al. 2005a. Characteristics of PM_{10}, SO_2, NOx and O_3 in ambient air during the dust storm period in Beijing. The Science of the total Environment, 345(1-3): 153-164.

Xie S, Zhang Y, Qi L, et al. 2005b. Characteristics of air pollution in Beijing during sand-dust storm periods. Water, Air, and Soil Pollution, 5: 217-229.

Xin J, Wang S, Wang Y, et al. 2005. Optical properties and size distribution of dust aerosols over the Tengger Desert in Northern China. Atmospheric Environment, 39(32): 5971-5978.

Xu J. 2006. Sand-dust storms in and around the Ordos Plateau of China as influenced by land use change and desertification. Catena, 65: 279-284.

Xu X, Levy J K, Lin Z, et al. 2006. An investigation of sand–dust storm events and land surface characteristics in China using NOAA NDVI data. Global and Planetary Change, 52: 182-196.

Yang F . 2010. Correlation analysis between sand-dust events and meteorological factors in Shapotou, Northern China. Environmental Earth Sciences, 59: 1359-1365.

Yang J, Li G, Rao W, et al. 2009. Isotopic evidences for provenance of East Asian Dust. Atmospheric Environment, 43: 4481-4490.

Yang X, He Q, Ali M, et al. 2013. Near-surface sand-dust horizontal flux in Tazhong-the hinterland of the Taklimakan desert. Journal of Arid Land, 5(2): 199-206.

Yin J, Allen A G, Harrison R M, et al. 2005. Major component composition of urban PM_{10} and $PM_{2.5}$ in Ireland. Atmospheric Research, 78(3-4): 149-165.

Yin J, Harrison R M. 2008. Pragmatic mass closure study for $PM_{1.0}$, $PM_{2.5}$ and PM_{10} at roadside, urban background and rural sites. Atmospheric Environment, 42(5): 980-988.

Zeng F, Shi G L, Li X, et al. 2010. Application of a combined model to study the source apportionment of PM_{10} in Taiyuan, China. Aerosol and Air Quality Research, 10: 177-184.

Zhang G, Dong J, Xiao X, et al. 2012. Effectiveness of ecological restoration projects in Horqin Sandy Land, China based on SPOT-VGT NDVI data. Ecological Engineering, 38: 20-29.

Zhang J, Tang C. 2011. Vertical distribution shapes of dust aerosol and the relation with atmospheric condition. Procedia Environmental Sciences, 11: 960-969.

Zhang W, Wang W, Chen J, et al. 2010a. Pollution situation and possible markers of different sources in the Ordos Region, Inner Mongolia, China. The Science of the total environment, 408(3): 624-635.

Zhang W, Zhuang G, Huang K, et al. 2010b. Mixing and transformation of Asian dust with pollution in the two dust storms over the northern China in 2006. Atmospheric Environment, 44(28): 3394-3403.

Zhang X, Zhuang G, Yuan H, et al. 2009. Aerosol particles from dried salt-lakes and saline soils carried on dust storms over Beijing. Terrestrial Atmospheric and Oceanic Sciences, 20: 619-628, doi: 10.3319/ TAO.2008.07.11.03(A).

Zhou W, Sun Z, Li J, et al. 2013. Desertification dynamic and the relative roles of climate change and human activities in desertification in the Heihe River Basin Based on NPP. Journal of Arid Land, 5(4): 465-479.

彩　图

彩图 1　干涸的查干诺尔盐碱荒漠地貌
（郑柏峪提供）

经过连年大旱，2002 年春季查干诺尔咸水湖干涸，
形成面积达 80 平方千米的干湖盆

彩图 2　韩同林在观察强风力吹蚀下查干诺尔盐
碱荒漠上产生的"沙丘核"微形地貌
（郑柏峪提供）

彩图 3　2002 年查干诺尔湖绝大部分干涸，仅存
极少盐碱沼泽地貌之一（郑柏峪提供）

彩图 4　2002 年查干诺尔湖绝大部分干涸，仅存
极少盐碱沼泽地貌之二（郑柏峪提供）

彩图 5　2003 年刘书润教授（右 1）等在考察进一步干涸
的查干诺尔湖并思索最佳治理方案（郑柏峪提供）

彩图 6　矗立在浑善达克沙地上的"京津
周边地区风沙源治理工程"界碑

彩图 7　宋怀龙（前）播下我国也是世界首次用
碱蓬治理干盐湖的种子（郑柏峪提供）

彩图 8　首次收获长势喜人的人工播种的碱蓬
（郑柏峪提供）

彩图 9　2008 年 4 月 19 日，查干诺尔干盐湖远处
粉尘已腾空，考察队尝试渡过泥泞的盐沼

彩图 10　2008 年 4 月 19 日查干诺尔干盐湖尘暴
发生时进行野外实地调查和测量工作之一

彩图 11　2008 年 4 月 17～22 日考察人员，左起：
庞健峰，孙珍全，林景星，王绍芳，刘艳菊，当
地牧民 1，当地牧民 2（韩同林摄）

彩图 12　2008 年 4 月 20 日，考察人员在天寒地
冻的查干诺尔干盐湖试验播种碱蓬

彩图 13　2012 年 4 月 17～26 日中韩联合考察，
干盐湖地貌

彩图 14　2012 年 4 月 17～26 日的中韩联合考察，
团队遭遇强尘暴

彩图 15　强风长期吹蚀下粉尘殆尽后，不再有粉
尘可扬起的沙砾漠概貌

彩图 16　强风长期吹蚀下粉尘殆尽后，不再有粉
尘可扬起的沙砾漠近貌

彩图 17　2012 年 4 月 18 日宝昌—哈根淖尔—浑
善达克沙地—锡林浩特途中地貌 1

彩图 18　2012 年 4 月 18 日宝昌—哈根淖尔—浑
善达克沙地—锡林浩特途中地貌 2

彩图 19　2012 年 4 月 19 日锡林浩特—乌兰盖淖尔——锡林浩特路遇沙尘暴

彩图 20　2012 年 4 月 20 日锡林浩特—朝克乌拉苏木查干淖尔—呼日查干淖尔途中采样

彩图 21　2012 年 4 月 21 日查干淖尔—二连浩特途中地貌

彩图 22　2012 年 4 月 22 日二连浩特—四子王旗—呼和浩特途中地貌

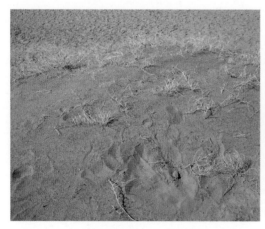

彩图 23　2012 年 4 月 22 日二连浩特—四子王旗—呼和浩特途中地表 1

彩图 24　2012 年 4 月 22 日二连浩特—四子王旗—呼和浩特途中地表 2

彩图 25　2012 年 4 月 23 日呼和浩特—库布齐沙漠—鄂尔多斯沿途地貌之一

彩图 26　2012 年 4 月 23 日呼和浩特—库布齐沙漠—鄂尔多斯沿途地貌之二

彩图 27　2012 年 4 月 24 日鄂尔多斯—黄河大桥—呼和浩特沿途地貌

彩图 28　2012 年 4 月 24 日黄河大桥采样点（左起：韩同林、郑柏玉、刘艳菊、朴祥镐）（王欣欣摄）

彩图 29　2012 年 4 月 25 日呼和浩特—岱海—黄旗海—张家口—宣化—怀来—北京沿途采样

彩图 30　2013 年 7 月 31 日乌拉特前旗沙漠地貌

彩图 31　2013 年 7 月 31 日乌拉特前旗沙漠采样（左起：刘庆阳，刘艳菊，刘蔚轩，刘新建摄）

彩图 32　2013 年 8 月 2 日银川—兰州高速公路边
采样（地表坚硬）

彩图 33　2013 年 8 月 3 日兰州—西宁公路边
采样

彩图 34　2013 年 8 月 3 日兰州—西宁公路边样地

彩图 35　2013 年 8 月 4 日青海湖采样

彩图 36　2013 年 8 月 6 日刘庆阳于兰州—天水途中高速公路边采样

彩图 37　2013 年 8 月 7 日天水—西安撂荒地样品采集（左起：刘庆阳，刘蔚轩）

彩图 38　2013 年 8 月 7 日天水—西安雨中地貌

彩图 39　2013 年 8 月 8 日西安—乡宁途中黄土高原地貌

彩图 40　2013 年 8 月 8 日西安—乡宁途中样品采集 1（刘蔚轩摄）

彩图 41　2013 年 8 月 9 日乡宁—太原路途地貌

彩图 42　2013 年 8 月 10 日石家庄—北京高速路　　彩图 43　2014 年 7 月 28 日北京—赤峰途中地貌
　　　　　边样品采集地貌

彩图 44　2014 年 7 月 29 日赤峰附近农牧交错带　　彩图 45　2014 年 7 月 29 日库伦旗塔敏查干沙漠
　　　　　样品采集　　　　　　　　　　　　　　　　　　　样品采集（刘新建摄）

彩图 46　2014 年 7 月 30 日松原查干湖采样点　　　彩图 47　2014 年 7 月 30 日通辽样品采集——雨
　　　　　　　　　　　　　　　　　　　　　　　　　中撑伞显真情（左起：刘艳菊、刘庆阳、刘蔚轩）
　　　　　　　　　　　　　　　　　　　　　　　　　　　　　　（刘新建摄）

彩图 48　2014 年 7 月 31 日松原—大庆—齐齐哈尔路途中撂荒地样品采集

彩图 49　2014 年 7 月 31 日松原—大庆—齐齐哈尔途中企业排放

彩图 50　2014 年 8 月 1 日齐齐哈尔—呼伦贝尔采样点地貌

彩图 51　2015 年 5 月 22 日乌鲁木齐—克拉玛依途中地貌

彩图 52　2015 年 5 月 23 日克拉玛依—乌鲁木齐途中黑油山

彩图 53　2015 年 5 月 23 日克拉玛依—乌鲁木齐途中黑油山样点地貌

彩图54　2015年5月23日克拉玛依—乌鲁木齐途中魔鬼城附近雅丹地貌

彩图55　2015年5月24日乌鲁木齐—库尔勒—群克尔食宿站途中地貌
（采样人员左起：杨峥、张鹏骞、刘艳菊、王欣欣）

彩图 56　2015 年 5 月 24 日乌鲁木齐—库尔勒—
　　群克尔食宿站途中样点（刘艳菊）

彩图 57　2015 年 5 月 25 日群克尔食宿站—吐鲁
　　番途中戈壁采样

彩图 58　2015 年 5 月 26 日吐鲁番—哈密途中采样

彩图 59　2015 年 5 月 27 日哈密—酒泉途中采样

彩图 60　2015 年 5 月 28 日酒泉—敦煌途中
　　样点

彩图 61　2015 年 5 月 29 日敦煌鸣沙山附近沙漠
　　采样

彩图 62　2015 年 5 月 30 日哈密—乌鲁木齐
　　地貌

彩图 63　2015 年 5 月 30 日哈密—乌鲁木齐途中
　　样品采集

彩图64　考察成员正在安固里诺尔干盐湖采集盐　彩图65　考察成员正在安固里诺尔干盐湖采集盐
　　　　碱土样品并认真校对卫星定位数据　　　　　　　碱土样品

彩图66　2011年在北京—银川路线考察过程中采　彩图67　2011年在北京—银川路线考察过程中采
　　　　集农耕地样品　　　　　　　　　　　　　　　集山地顶部样品

彩图68　在北京现代汽车有限公司赞助下采用拖　彩图69　实验试种碱蓬终于如愿以偿长出绿油油
　　　　拉机播种碱蓬种子进行防风压碱试验　　　　　　的嫩芽

彩图 70　播种第 2 年碱蓬生长十分喜人，地表覆　　彩图 71　2011 年 9 月 8～9 日"查干诺尔干涸盐
盖度大大增加（郑柏峪提供）　　　　　　　　碱湖盆治理项目现场观摩暨科学评估会"

彩图 72　郑柏峪（右 4）团队碱蓬人工种植实验终于获得成功（郑柏峪提供）

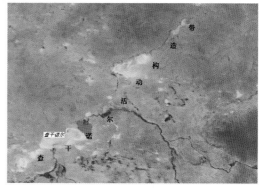

彩图 73　北京尘暴尘源区第三纪玄武岩为　　彩图 74　查干诺尔活动构造带形成北东向明显串
200 万～300 万年前内蒙古统一大冰盖　　　　珠状湖泊分布特征
冰川切割形成的桌状山地貌

彩图75A　古冰盖存在过的证据一：内蒙古统一大冰盖冰川作用形成的冰蚀洼地积水成湖地貌特征

彩图75B　古冰盖存在过的证据二：内蒙古统一大冰盖冰川作用形成的查干诺尔冰川湖泊地貌特征

彩图76 古冰盖存在过的证据三：达尔湖附近环绕第三纪玄武火山口分布的特有放射状冰川"U"形谷地貌

彩图77 古冰盖存在过的证据四：内蒙古统一大冰盖冰川作用形成的浑线状山体冰蚀丘陵地貌特征

彩图78A 尘源区曾发生冰盖冰川作用的证据五：内蒙古中部查干诺尔干盐湖首次发现冰筏沉积——巨大变质岩冰川漂砾

彩图78B 尘源区曾发生冰盖冰川作用的证据六：内蒙古中部查干诺尔干盐湖首次发现大量不同岩石类型的冰筏沉积

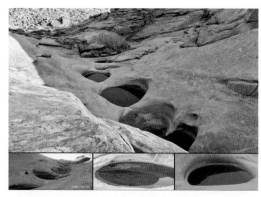 

彩图 79　尘源区曾存在过冰盖的证据七：尘源区周边蒙古国发现冰盖冰川作用形成的冰臼群

彩图 80　分布于内蒙古克什克腾旗山顶的冰臼群

彩图 81　分布于内蒙古克什克腾旗山顶的冰盖——花岗岩冰川石林

彩图 82　分布于内蒙古克什克腾旗山顶的泛冰湖湖浪冲蚀作用形成的巨大湖蚀洞穴（已成为穿洞）

彩图 83　浑善达克沙地绝大部分为固定和半固定沙丘所组成的地貌特征

彩图 84　安固里诺尔干盐湖盆区形成的盐碱荒漠　　彩图 85　内蒙古统一大冰盖冰川作用形成的冰蚀丘陵地貌特征

彩图 86　农耕地（A）多围绕湖泊、干盐湖周边分布特征

彩图 87A　浑善达克沙地局部仍发育流动沙丘地貌特征

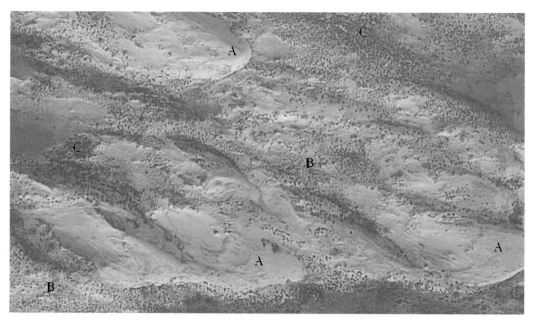

彩图 87B　浑善达克沙地分布的流动沙丘（A）、固定（B）和半固定沙丘（C）卫星影像特征

彩图 88　同在 4～5 级风力吹蚀作用下干盐湖区"风尘滚滚"（后半部白色尘部分），
而农耕地则"风平浪静"，无任何粉尘被吹起（前半部分）

彩图 89 干盐湖盐碱粉尘在旋卷风作用下迅速扬起（郑柏峪提供）

彩图 90 干盐湖盐碱粉尘在旋卷风作用下大量盐
碱粉尘迅速被扬起特征（网上下载）

彩图 91 地表粉尘在旋卷风的吹蚀作用下迅速被
扬起特征
（dust devil on the sources of Kerya river）（网上下载）

彩图92　2006年4月16日北京尘暴发生时，京城"黄天漫漫"景象（网上下载）

彩图93　2010年3月19日北京尘暴发生时，狂风大作、黄尘滚滚（网上下载）

彩图94　轿车及地面布满降尘

彩图95　2010年3月19日北京尘暴发生时居民区轿车顶

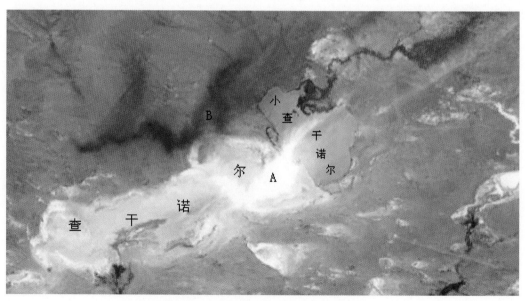

彩图96　查干诺尔发生尘暴时卫片特征

A.白色盐碱物质腾空而起后在阳光的照射下呈一片白色；B.其投影呈黑色

彩图 97A　查干诺尔干盐湖白茫茫的盐碱壳分布

彩图 97B　查干诺尔干盐湖盐碱壳近观

彩图 98　安固里诺尔干盐湖强盐碱分布区（白色）碱蓬

彩图 99　查干诺尔干盐湖西段为人工种植碱蓬所覆盖（中间绿色部分）

彩图 100　人工种植碱蓬生长旺盛

彩图 101　中外记者采访查干诺尔干盐湖人工种植碱蓬

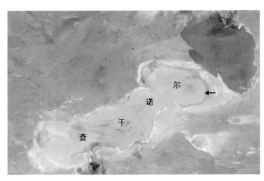

彩图 102　干涸的查干诺尔在 2013 年夏天乳白色的"咸雨水"几乎淹没整个湖面（箭头示湖水与陆地界线）（谷歌地球下载）

彩图 103　干涸的查干诺尔在 2013 年夏天乳白色的"咸雨水"碧波荡漾为利用"咸雨水"种植和养殖咸水植物和动物提供丰富无污染咸水资源

彩图 104A　丘陵区通过围封草地措施的治理草场
　　　　　一片绿油的地貌特征

彩图 104B　丘陵区通过围封草地措施的治理草场
　　　　　生机勃勃地貌特征

彩图 105　库布齐沙漠流动沙丘经初步治理后部分流动沙丘已开始向半固定沙丘转化

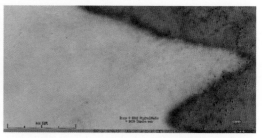

彩图 106A　通过围封措施治理的浑善达克沙地局
　　　　　部流动沙丘的卫星像片地貌特征（浅黄色）

彩图 106B　浑善达克沙地局部流动沙丘卫星像片
地貌局部放大特征（浅黄色）通过围封措施治理
大部分已开始有植被生长（绿色斑点部分）尤其
在流动沙丘边缘地带绿色植被生长更好
（网上下载）